国家出版基金资助项目
"新闻出版改革发展项目库"入库项目
"十三五"国家重点出版物出版规划项目

国家出版基金项目
NATIONAL PUBLICATION FOUNDATION

钢铁工业绿色制造
节能减排先进技术丛书

主　编　干　勇
副主编　王天义　洪及鄙
　　　　赵　沛　王新江

钢铁原辅料生产
节能减排先进技术

Advanced Technologies of Energy Conservation and Emission Reduction
in the Production of Raw and Auxiliary Materials for Iron & Steel Industry

李红霞　主编

北　京
冶 金 工 业 出 版 社
2020

内 容 提 要

本书系统、全面地阐述了钢铁原辅料生产节能减排的先进技术与最新成果及其在实际生产中的应用，并指出了今后的技术发展方向。全书共分为 4 章，内容包括：采矿和选矿的工艺概论、技术进步现状和发展趋势、节能减排先进技术及典型案例，铁合金、炭素制品及耐火材料的生产工艺概论、生产技术进步现状和发展趋势、节能减排先进技术及典型案例。

本书对采矿、选矿、铁合金、炭素、耐火材料等行业从事生产、研发、管理及安全环保工作的技术人员及大专院校师生有很好的参考价值。

图书在版编目（CIP）数据

钢铁原辅料生产节能减排先进技术/李红霞主编 . —北京：冶金工业出版社，2020. 10

（钢铁工业绿色制造节能减排先进技术丛书）

ISBN 978-7-5024-8660-0

Ⅰ. ①钢… Ⅱ. ①李… Ⅲ. ①钢铁—冶金原料—节能减排—研究 ②钢铁—辅料—节能减排—研究 Ⅳ. ①TF4

中国版本图书馆 CIP 数据核字（2020）第 257594 号

出 版 人 苏长永
地　　址 北京市东城区嵩祝院北巷 39 号　邮编 100009　电话 （010）64027926
网　　址 www. cnmip. com. cn　电子信箱 yjcbs@ cnmip. com. cn
策划编辑 任静波
责任编辑 夏小雪　任静波　美术编辑　彭子赫　版式设计　孙跃红
责任校对 王永欣　责任印制　李玉山
ISBN 978-7-5024-8660-0
冶金工业出版社出版发行；各地新华书店经销；三河市双峰印刷装订有限公司印刷
2020 年 10 月第 1 版，2020 年 10 月第 1 次印刷
169mm×239mm；28.5 印张；550 千字；435 页
125. 00 元
冶金工业出版社　投稿电话　（010）64027932　投稿信箱　tougao@cnmip. com. cn
冶金工业出版社营销中心　电话　（010）64044283　传真　（010）64027893
冶金工业出版社天猫旗舰店　yjgycbs. tmall. com
（本书如有印装质量问题，本社营销中心负责退换）

丛书编审委员会

顾　　问　（按姓名笔画为序）

　　　　　王一德　　王国栋　　毛新平　　张寿荣

　　　　　殷瑞钰　　翁宇庆　　蔡美峰

主　　编　干　勇

副 主 编　王天义　洪及鄙　赵　沛　王新江

编　　委　（按姓名笔画为序）

　　　　　于　勇　　王运敏　　王新东　　方　园　　叶恒棣

　　　　　朱　荣　　任静波　　刘　浏　　苍大强　　李文秀

　　　　　李红霞　　李新创　　杨天钧　　杨春政　　杨晓东

　　　　　汪　琦　　沈峰满　　张功多　　张立峰　　张欣欣

　　　　　张建良　　张春霞　　张福明　　范晓慧　　周光华

　　　　　郑文华　　赵希超　　郦秀萍　　贾文涛　　唐　荻

　　　　　康永林　　储少军　　温燕明　　蔡九菊

丛书出版说明

随着我国工业化、城镇化进程的加快和消费结构持续升级，能源需求刚性增长，资源环境问题日趋严峻，节能减排已成为国家发展战略的重中之重。钢铁行业是能源消费大户和碳排放大户，节能减排效果对我国相关战略目标的实现及环境治理至关重要，已成为人们普遍关注的热点。在全球低碳发展的背景下，走节能减排低碳绿色发展之路已成为中国钢铁工业的必然选择。

近年来，我国钢铁行业在降低能源消耗、减少污染物排放、发展绿色制造方面取得了显著成效，但还存在很多难题。而解决这些难题，迫切需要有先进技术的支撑，需要科学的方向性指引，需要从技术层面加以推动。鉴于此，中国金属学会和冶金工业出版社共同组织编写了"钢铁工业绿色制造节能减排先进技术丛书"（以下简称丛书），旨在系统地展现我国钢铁工业绿色制造和节能减排先进技术最新进展和发展方向，为钢铁工业全流程节能减排、绿色制造、低碳发展提供技术方向和成功范例，助力钢铁行业健康可持续发展。

丛书策划始于 2016 年 7 月，同年年底正式启动；2017 年 8 月被列入"十三五"国家重点出版物出版规划项目；2018 年 4 月入选"新闻出版改革发展项目库"入库项目；2019 年 2 月入选国家出版基金资助项目。

丛书由国家新材料产业发展专家咨询委员会主任、中国工程院原副院长、中国金属学会理事长干勇院士担任主编；中国金属学会专家委员会主任王天义、专家委员会副主任洪及鄙、常务副理事长赵沛、副理事长兼秘书长王新江担任副主编；7 位中国科学院、中国工程院院士组成顾问团队。第十届全国政协副主席、中国工程院主席团名誉主席、中国工程院原院长徐匡迪院士为丛书作序。近百位专家、学者参加了丛书的编写工作。

针对钢铁产业在资源、环境压力下如何解决高能耗、高排放的难题，以及此前国内尚无系统完整的钢铁工业绿色制造节能减排先进技术图书的现状，丛书从基础研究到工程化技术及实用案例，从原辅料、焦化、烧结、炼铁、炼钢、轧钢等各主要生产工序的过程减排到能源资源的高效综合利用，包括碳素流运行与碳减排途径、热轧板带近终形制造，系统地阐述了国内外钢铁工业绿色制造节能减排的现状、问题和发展趋势，节能减排先进技术与成果及其在实际生产中的应用，以及今后的技术发展方向，介绍了国内外低碳发展现状、钢铁工业低碳技术路径和相关技术。既是对我国现阶段钢铁行业节能减排绿色制造先进技术及创新性成果的总结，也体现了最新技术进展的趋势和方向。

丛书共分 10 册，分别为：《钢铁工业绿色制造节能减排技术进展》《焦化过程节能减排先进技术》《烧结球团节能减排先进技术》《炼铁过程节能减排先进技术》《炼钢过程节能减排先进技术》《轧钢过程节能减排先进技术》《钢铁原辅料生产节能减排先进技术》《钢铁制造流程能源高效转化与利用》《钢铁制造流程中碳素流运行与碳减排途径》《热轧板带近终形制造技术》。

中国金属学会和冶金工业出版社对丛书的编写和出版给予高度重视。在丛书编写期间，多次召集丛书主创团队进行编写研讨，各分册也多次召开各自的编写研讨会。丛书初稿完成后，2019 年 2 月召开了《钢铁工业绿色制造节能减排技术进展》分册的专家审稿会；2019 年 9 月至 10 月，陆续组织召开 10 个分册的专家审稿会。根据专家们的意见和建议，各分册编写人员进一步修改、完善，严格把关，最终成稿。

　　丛书瞄准钢铁行业的热点和难点，内容力求突出先进性、实用性、系统性，将为钢铁行业绿色制造节能减排技术水平的提升、先进技术成果的推广应用，以及绿色制造人才的培养提供有力支持和有益的参考。

中国金属学会

冶金工业出版社

2020 年 10 月

总　　序

　　党的十九大报告指出，中国特色社会主义进入了新时代，"我国社会主要矛盾已经转化为人民日益增长的美好生活需要和不平衡不充分的发展之间的矛盾"。为更好地满足人民日益增长的美好生活需要，就要大力提升发展质量和效益。发展绿色产业、绿色制造是推动我国经济结构调整，实现以效率、和谐、健康、持续为目标的经济增长和社会发展的重要举措。

　　当今世界，绿色发展已经成为一个重要趋势。中国钢铁工业经过改革开放 40 多年来的发展，在产能提升方面取得了巨大成绩，但还存在着不少问题。其中之一就是在钢铁工业发展过程中对生态环境重视不够，以至于走上了发达国家工业化进程中先污染后治理的老路。今天，我国钢铁工业的转型升级，就是要着力解决发展不平衡不充分的问题，要大力提升绿色制造节能减排水平，把绿色制造、节能环保、提高发展质量作为重点来抓，以更好地满足国民经济高质量发展对优质高性能材料的需求和对生态环境质量日益改善的新需求。

　　钢铁行业是国民经济的基础性产业，也是高资源消耗、高能耗、高排放产业。进入 21 世纪以来，我国粗钢产量长期保持世界第一，品种质量不断提高，能耗逐年降低，支撑了国民经济建设的需求。但是，我国钢铁工业绿色制造节能减排的总体水平与世界先进水平之间还存在差距，与世界钢铁第一大国的地位不相适应。钢铁企业的水、焦煤等资源消耗及液、固、气污染物排放总量还很大，使所在地域环境承载能力不足。而二次资源的深度利用和消纳社会废弃物的技术与应用能力不足是制约钢铁工业绿色发展的一个重要因素。尽管钢铁工业的绿色制造和节能减排技术在过去几年里取得了显著的进步，但是发展仍十分不平衡。国内少数先进钢铁企业的绿色制造已基本达到国际先进水平，但大多数钢铁企业环保装备落后，工艺技术水平低，能源消耗高，对排放物的处理不充分，对所在城市和周边地域的生态环境形成了严峻的挑战。这是我国钢铁行业在未来发展中亟须解决的问题。

国家"十三五"规划中指出，"十三五"期间，我国单位GDP二氧化碳排放下降18%，用水量下降23%，能源消耗下降15%，二氧化硫、氮氧化物排放总量分别下降15%，同时提出到2020年，能源消费总量控制在50亿吨标准煤以内，用水总量控制在6700亿立方米以内。钢铁工业节能减排形势严峻，任务艰巨。钢铁工业的绿色制造可以通过工艺结构调整、绿色技术的应用等措施来解决；也可以通过适度鼓励钢铁短流程工艺发展，发挥其低碳绿色优势；通过加大环保技术升级力度、强化污染物排放控制等措施，尽早全面实现钢铁企业清洁生产、绿色制造；通过开发更高强度、更好性能、更长寿命的高效绿色钢材产品，充分发挥钢铁制造能源转化、社会资源消纳功能作用，钢厂可从依托城市向服务城市方向发展转变，努力使钢厂与城市共存、与社会共融，体现钢铁企业的低碳绿色价值。相信通过全行业的努力，争取到2025年，钢铁工业全面实现能源消耗总量、污染物排放总量在现有基础上又有一个大幅下降，初步实现循环经济、低碳经济、绿色经济，而这些都离不开绿色制造节能减排技术的广泛推广与应用。

中国金属学会和冶金工业出版社共同策划组织出版"钢铁工业绿色制造节能减排先进技术丛书"非常及时，也十分必要。这套丛书瞄准了钢铁行业的热点和难点，对推动全行业的绿色制造和节能减排具有重大意义。组织一大批国内知名的钢铁冶金专家和学者，来撰写全流程的、能完整地反映我国钢铁工业绿色制造节能减排技术最新发展的丛书，既可以反映近几年钢铁节能减排技术的前沿进展，促进钢铁工业绿色制造节能减排先进技术的推广和应用，帮助企业正确选择、高效决策、快速掌握绿色制造和节能减排技术，推进钢铁全流程、全行业的绿色发展，又可以为绿色制造人才的培养，全行业绿色制造技术水平的全面提升，乃至为上下游相关产业绿色制造和节能减排提供技术支持发挥重要作用，意义十分重大。

当前，我国正处于转变发展方式、优化经济结构、转换增长动力的关键期。绿色发展是我国经济发展的首要前提，也是钢铁工业转型升级的准则。可以预见，绿色制造节能减排技术的研发和广泛推广应用将成为行业新的经济增长点。也正因为如此，编写"钢铁工业绿色制造节能减排先进技术丛书"，得到了业内人士的关注，也得到了包括院士在内的众多权威专家的积极参与和支持。钢铁工业绿色制造节能减排先进技术涉及钢铁制造的全流程，这套丛书的编写和出版，既是对我国钢铁行业节能环保技术的阶段性总结和下一步技术发展趋势的展望，也是填补了我国系统性全流程绿色制造节能减排先进技术图书缺失的空白，为我国钢铁企业进一步调整结构和转型升级提供参考和科学性的指引，必将促进钢铁工业绿色转型发展和企业降本增效，为推进我国生态文明建设做出贡献。

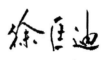

2020 年 10 月

前　言

目前，我国可持续发展面临的资源能源环境压力巨大，节能减排绿色发展成为国家的重要发展战略。国家"十三五"规划中指出，"十三五"期间，我国单位 GDP 二氧化碳排放要降低18%，二氧化硫、氮氧化物排放总量分别降低15%。钢铁是我国重要的基础原材料，我国钢铁产量已经连续多年世界第一，生产主要以高炉炼铁、转炉炼钢的长流程生产为主，"高能耗、高污染、高排放"问题突出，CO_2、SO_2、NO_x、粉尘等主要污染物治理、固体废弃物综合利用等任务十分艰巨。因此，如何实现钢铁行业的节能减排对推动钢铁工业可持续高质量发展、对国家"十三五"目标的实现及环境治理的实效至关重要，破解钢铁工业高能耗、高排放的难题成为行业关注的热点，也是难点。

鉴于此，为贯彻执行国家战略，为钢铁工业实现绿色转型和健康发展提供科学的方向性指引，中国金属学会和冶金工业出版社共同策划，组织多位冶金领域的院士和众多权威专家、学者共同编写"钢铁工业绿色制造节能减排先进技术丛书"。本书是"钢铁工业绿色制造节能减排先进技术丛书"的分册之一，从能源、资源的高效综合利用等角度，系统、全面地阐述了采矿和选矿、铁合金、炭素及耐火材料领域的节能减排先进技术与最新成果，以及新技术新成果在实际生产中的应用，并指出今后的技术发展方向。本书的出版，将对钢铁工业原辅料生产节能减排与绿色可持续高质量发展起到科学的方向性指引，有重要的作用和意义。

本书共包括采矿及选矿、铁合金生产、钢铁工业用炭素制品及耐火材料四个部分，其中第 1 章由河北钢铁集团矿业有限公司的黄笃学、张国胜、韩瑞亮、王亚东、陈彦亭、胡亚军、禹朝群、南世卿、王得志和中钢集团马鞍山矿山研究总院股份有限公司的许传华、代碧波、孙国权、王星编写；第2章由中国钢研科技集团有限公司的庞建明、宋耀欣、蒋伯群、罗林根、潘聪超、李石稳、岳锦涛和中钢集团吉林机电设备有限公司的郑文超、朱德明编写；第3章由中国炭素行业协会的孙庆和中钢集团鞍山热能研究院有限公司的张功多、王守凯、屈滨、战丽、和凤祥、姜雨、胥玉玲、刘书林、郭明聪、陈雪、孟庆波、李强生、王海洋、王广兴、徐秀丽、张世东编写；第4章由中钢集团洛阳耐火材料研究院有限公司的李红霞、石干、孙小飞、杨文刚、刘文涛、王文武、柴俊兰、敖平、袁波、王刚编写；全书由李红霞统稿。

　　本书详细介绍了采矿和选矿、铁合金、炭素及耐火材料的生产工艺概论、技术进步现状和发展趋势、节能减排的先进技术及典型案例，本书的出版将对从事上述行业生产、研发、管理及安全环保工作的技术人员及大专院校师生具有很好的学习与借鉴意义。

　　由于编写者学识有限，书中难免存在不妥之处，敬请广大读者批评指正。

作　者

2020 年 10 月

目　　录

1 采矿、选矿

1.1 采矿、选矿工艺概论

1.1.1 采矿工艺

现代文明有三大支柱，即能源、材料和信息，而矿产资源构成了能源和材料两大支柱的主体。矿产资源的勘探、开发和利用是国民经济重要基础产业之一。矿产资源埋藏在地下，要转化为国民经济所需要的原料产品，必须通过一定的技术和手段将其开发出来。自地表或地壳内开采矿产资源的过程称为采矿，而与此相关的工艺即为采矿工艺。经过 50 多年发展，我国钢铁原辅料生产中的开采方式已经发展成为包含露天采矿、地下采矿、露天与地下联合采矿等多种方式。

1.1.1.1 露天开采

露天开采是采用采掘设备在敞露的条件下，以山坡露天或凹陷露天的方式，一个台阶一个台阶地向下剥离岩石和采出有用矿物的一种采矿方法。通常是把矿岩划分成一定厚度的水平分层，自上而下逐层开采，并保持一定的超前关系，在开采过程中各工作水平在空间上构成了阶梯状，每个阶梯就是一个台阶或称为阶段。台阶是露天矿场的基本构成要素之一，是进行独立剥离岩石和采矿作业的单元体。露天矿开采工艺一般包括穿孔爆破、采装、运输和排岩[1]。

穿孔作业就是在露天采场矿岩体中钻凿炮孔，根据钻进或能量利用方式可以分为机械穿孔和热力穿孔两大类，机械穿孔作业如图 1-1 所示。

爆破作业一方面使岩石产生新的裂隙，另一方面使岩体中原有的节理、裂隙等结构面张开，使岩体分裂成岩块而形成爆破堆积体。常用的爆破方法有如下几种：按爆破延期时间可分为齐发爆破、秒差爆破、微差爆破，按爆破方式可以分为浅孔爆破、中深孔爆破、深孔爆破、硐室爆破、多排孔微差爆破、多排孔微差挤压爆破、逐孔起爆技术，现场爆破作业如图 1-2 所示。

采装工艺是指用某种设备和方法把处于原始状态或经爆破破碎后的矿岩挖掘出来，并装入运输设备或直接倒卸至一定地点的作业。其理论基础是岩石的可挖性，改善采装工艺的关键是使采装设备的选型与采装工作面参数互相适应，主机和辅助作业设备良好匹配。采装工艺主要有单斗挖掘机采装、索斗铲采装、前装

图 1-1 机械穿孔作业

图 1-2 现场爆破作业

机采装、铲运机采装、推土机采装等,采装作业如图 1-3 所示。

运输的任务是移动露天采场的基本物料(剥离物与矿石)至废石场、选矿厂或储矿场,移运辅助物料及生产人员至工作地点。露天矿运输系统分为内部和外部运输系统,其中内部运输系统是指将矿岩移运到受料地点,将辅助物料运往露天采场;外部运输是从选矿厂或储矿仓将矿石移运给用户。运输方式主要分为单一运输和联合运输,其中单一运输方式主要有汽车(公路)运输(如图 1-4 所示)、铁路运输(如图 1-5 所示)[2]、胶带运输、平硐-溜井等。

图 1-3 采装作业

图 1-4 汽车（公路）运输

排岩工作（如图 1-6 所示）是将岩土运送到废石场并以一定方式堆放岩土的作业。排岩工艺根据运输方式和排岩设备的不同而不同，常见的有汽车运输-推土机排岩、铁路运输-挖掘机排岩、排土犁排岩、前装机排岩和胶带排土机排岩[3]。

1.1.1.2 地下开采

地下开采是指从地下矿床的矿块里采出矿石的过程，通过矿床开拓、矿块的采准、切割和回采步骤实现，是研究开拓、采准、切割、回采工作在空间、时间上的有序组合。

图 1-5　铁路运输

图 1-6　排岩作业

　　矿床开拓是指为了开采地下矿床，需从地面掘进一系列巷道通达矿体，使之形成完整的提升、运输、通风、排水和动力供应等系统。矿床开拓方式可以分为两大类，即单一开拓方式和联合开拓方式。其中单一开拓方式主要有平硐开拓、斜井开拓、竖井开拓、斜坡道开拓等；联合开拓方式是指采用两种或两种以上单一开拓方式的组合[4]。竖井单一开拓方式如图 1-7 所示，竖井-斜坡道联合开拓方式如图 1-8 所示。

　　采准是指在已开拓完毕的矿床里掘进采准巷道，将阶段划分为矿块作为回采的独立单元，并在矿块内创造行人、凿岩、放矿、通风等条件。采准工程三维立

图 1-7　竖井单一开拓方式

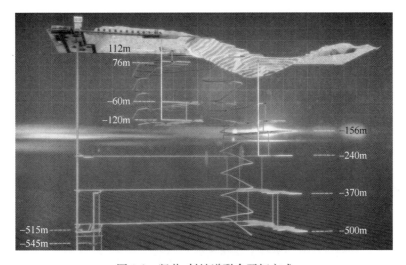

图 1-8　竖井-斜坡道联合开拓方式

体图如图 1-9 所示。

切割工作是指在已采准完毕的矿块里，为大规模回采矿石开辟自由面和自由空间，创造良好的爆破和放矿条件。切割工作三维立体图如图 1-10 所示。

回采工作是在切割工作完成之后的大规模采矿，包括落矿、运搬和地压管理三项工作。地下采矿方法分类繁多，常用的以地压管理方法为依据，可以分为空场法、充填法以及崩落采矿法。

1.1.1.3　露天与地下联合采矿

露天与地下同时联合开采指矿山从开始生产并在以后相当长的时期内，采用露天与地下方法联合进行开采。这种开采方法的优点是：能最大限度地强化矿床开采，露天与地下的开拓基建工程能相互结合，减少投资和生产费用，投产与达

图 1-9   采准工程三维立体图

图 1-10   切割工作（辟漏）三维立体图

产的时间短，有利于露天矿的废石排放和环境保护。露天与地下同时联合开采从矿山设计开始就要研究露天与地下同时开采的相互影响及其配合协调关系，研究总的矿山能力及其平衡，确定露天与地下开采的最优境界，研究露天与地下的开拓运输系统和可能的联合开拓方案，全面、综合研究通风、排水、公共设施和安全等问题[5]。露天与地下联合开采三维立体图如图 1-11 所示。

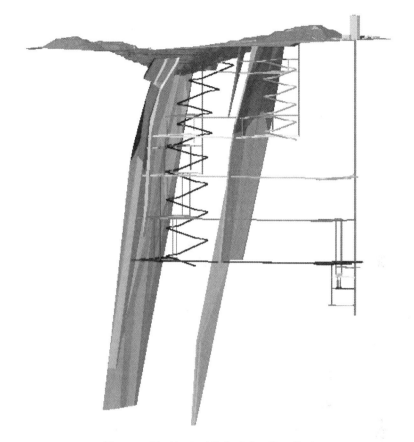

图 1-11　露天与地下联合开采三维立体图

1.1.2　赤铁矿矿石选矿工艺

多年来，围绕提高赤铁矿矿石选矿技术水平，国内开展了大量的研究与实践，取得了重大进展。目前，国内最具代表性的赤铁矿矿石选矿工艺有连续磨矿—弱磁选—高梯度强磁选—阴离子反浮选工艺、阶段磨矿—粗细分选—重选—磁选—阴离子反浮选工艺、阶段磨矿—粗细分选—磁选—重选—阴离子反浮选工艺，在赤铁矿选矿生产中得到了推广和应用[6]。

1.1.2.1　连续磨矿—弱磁选—高梯度强磁选—阴离子反浮选工艺

该工艺流程的特点如下：

（1）工艺流程结构合理，选别方法优势互补。从目前国内赤铁矿选矿现状来看，高梯度强磁选是最有效的抛尾手段之一，阴离子反浮选是提高精矿品位最有效的手段之一；同时，高梯度强磁选能为反浮选提供良好的选别条件。

（2）对矿石具有较强的适应性，便于生产稳定操作。连续磨矿工艺直接将矿石磨至单体解离度较高的水平，用高梯度强磁机脱泥抛尾，既为阴离子反浮选工艺准备了较高品位的入选物料，也消除了原生矿泥和次生矿泥对阴离子反浮选工艺的影响，且高梯度强磁选本身具有较好的稳定性。阴离子反浮选由于强磁选为其提供了较好入选物料，本身也具有较好的稳定性。

（3）工艺过程易于控制，生产指标稳定，具有精矿品位高、浮选温度低、适于管道输送、分选效果好、浮选泡沫稳定性和流动性好等工艺特点。

1.1.2.2　阶段磨矿—粗细分选—重选—磁选—阴离子反浮选工艺

该工艺流程的特点如下：

（1）采用阶段磨选工艺，实现分级入选。一般情况下可提前获得粗粒级精矿，抛出合格尾矿，极大地降低了后续流程的处理量，有利于降低选矿成本；同时，粗粒级铁精矿有利于过滤脱水。

（2）选别作业的针对性强。一次分级后的粗粒级相对好选，采用简单的重选工艺可及时选出合格粗粒精矿，抛掉粗粒尾矿；分级后的细粒级相对难选，采用选矿效率高但相对复杂的高梯度强磁选—阴离子反浮选工艺的精选抛尾，具有经济上合理、技术上先进的双重特点。

（3）实现了窄级别入选，能在较大程度上杜绝浮选过程混乱现象发生，可提高选矿效率。

1.1.2.3　阶段磨矿—粗细分选—磁选—重选—阴离子反浮选工艺

该工艺流程的特点如下：

（1）采用了阶段磨选工艺，减少了二段磨矿量，比较经济。

（2）高梯度强磁选机预先抛尾，大大减少了后续作业入选矿量，有利于重选作业提高精矿品位。

（3）二段磨矿控制比较重要，容易对重选，特别是反浮选效果产生不利的影响。

1.1.3　磁铁矿矿石选矿工艺

1.1.3.1　单一磁选工艺

该工艺流程的特点如下：

（1）工艺流程比较简单、易管理。在单一磁选工艺中，选别设备主要为磁选机，流程中设备相对单一，管理更加容易，更易于提高操作的熟练程度和实现岗位替换。

（2）有利于节约能源成本。与磁选—重选工艺相比，单一磁选工艺节水效果明显，更适宜缺水地区；与弱磁选—阴、阳离子反浮选工艺相比，不使用药剂选矿成本较低，不用配制药剂及加温矿浆，可节约能源。

1.1.3.2　磁选—重选工艺

磁选—重选工艺是针对弱磁选机机械夹杂现象比较明显的实际情况，通过在磁选作业后采用磁聚机、磁选柱和磁场筛选机等设备提高选矿技术指标的工艺。其工艺流程的特点如下：

（1）选别技术指标高。与传统的弱磁选机相比，磁聚机、磁选柱和磁场筛选机等磁重双力场设备精选效果更好，能更好地提高选矿特别是铁精矿的技术指标。

（2）选矿成本较低。与浮选方法相比，磁聚机、磁选柱和磁场筛选机等磁重双力场设备选矿成本更低。

（3）工艺实现了优势互补。对于弱磁选机而言，细粒脉石的夹杂作用是制约提高技术指标的关键所在，也是设备自身不足所在。对于磁聚机、磁选柱和磁场筛选机等磁重双力场设备而言，其分选作用原理导致设备消除细粒脉石的夹杂作用效果非常强。因此，弱磁选机与磁聚机、磁选柱和磁场筛选机等磁重双力场设备的应用有利于实现工艺的优势互补，优化整个工艺结构。

1.1.3.3 弱磁选—阴、阳离子反浮选工艺

近些年来，弱磁选—阴离子反浮选和弱磁选—阳离子反浮选在我国得到了较好的应用，其工艺流程的特点如下：

（1）工艺流程适应性强。弱磁选与阴、阳离子反浮选工艺相匹配后，增强了工艺流程的适应性。当矿石性质及其他因素变化导致弱磁选指标波动时，阴、阳离子反浮选因药剂调整余地大、种类多而使得阴、阳离子反浮选调整余地大，增强了工艺流程的适应性。

（2）提质效果明显。弱磁选—阴、阳离子反浮选工艺具有明显的提铁降硅效果，可大幅提高铁精矿的品位，降低精矿中二氧化硅含量及其他杂质的含量。

（3）利于工艺流程潜能发挥。由于阴、阳离子反浮选工艺具有明显的提质效果，可明显减小弱磁选部分的压力，有利于浮选前工艺流程的潜能释放，也为缩短弱磁选工艺部分提供了有利条件。

1.2 采矿、选矿技术进步现状和发展趋势

1.2.1 采矿技术进步现状

采矿科学技术的基础是岩石破碎、松散物料运移、流体输送、矿山岩石力学和矿业系统工程等理论。在矿山科技工作者共同努力下，我国采矿科技领域取得了丰硕成果，一大批关键技术攻关取得突破，如露天矿陡坡铁路关键技术、露天转地下开采平稳过渡关键技术、地下矿安全高效开采技术、富水及破碎等难采矿体开采技术、全尾砂胶结充填绿色开采技术等；同时，采矿装备机械化程度逐步提高，矿山数字化技术初步得到应用。

1.2.1.1 特大型露天矿安全高效开采技术

该技术针对我国以及我国在海外拥有的特大型露天铁矿山矿床赋存特点，从

高效、经济、安全的角度，开发出急倾斜露天矿床剥离洪峰控制动态优化技术，基于经济动态评估、采剥总量均衡的生产规模优化技术，特大露天矿开采多因素干扰下的矿石损失贫化控制自适应技术，特大型露天矿新水平多区段开拓技术等，突破了特大型露天矿山高效、低成本开采关键技术难点，建立了特大型露天矿山开采技术经济体系；涵盖了特大型露天矿山从规划、设计、施工到生产四个方面，有效地降低了我国海外矿山开采成本，提高了实现我国铁矿石稳定供给的科技力量，对保障国家矿产资源安全、提升我国相关产业竞争力，具有极大的经济和社会效益[7]。

1.2.1.2 露天间断-连续开采工艺

从 20 世纪 80 年代开始，我国部分金属露天矿（如东鞍山铁矿、大孤山铁矿、德兴铜矿等）开采先后开始采用间断-连续开采运输工艺。该工艺在采场工作面通过铲运机装载矿岩至汽车，经汽车运输至采场内的破碎站破碎后，由胶带运输机将矿岩运出采场。此工艺综合了汽车运输机动灵活和胶带运输机输送能力大、成本低等优点，尤其适合于深凹露天矿开采。可移动式破碎站是间断-连续开采工艺的核心技术装备之一。随着开采深度的增加，为了使汽车运输始终保持最佳运距，破碎机组必须随时快速移动。近些年针对固定式破碎机组建设时间长、造价高、移动拆装工作量大、搬迁困难、费用高的缺点，大型移动破碎机组的研发取得了快速发展。国外大型露天矿（诸如澳大利亚的纽曼山铁矿、加拿大的兰德瓦利铜矿、美国的西雅里塔铜钼矿等）的间断-连续开采工艺也多采用可移式破碎站。我国鞍钢齐大山铁矿于 1997 年在国内首次建成了采场内矿岩可移式破碎胶带运输系统，该系统自投产后一直运转正常，标志着我国深凹露天矿间断-连续开采工艺达到了世界先进水平。

1.2.1.3 露天转地下开采平稳过渡关键技术

露天转地下平稳过渡开采技术是一项庞大而复杂的系统工程，但其技术内涵及外延不完整、不明确，对诸如开拓系统衔接、安全高效采矿方法、过渡期应力应变场的动态演变过程和预测预报技术、采空区破坏与控制等的露天转地下开采平稳过渡关键技术国内外还缺乏系统性研究，亟待攻关解决。该技术提出了露天转地下开采的矿山发展三阶段的技术思想，系统研究了露天转地下开采的合理时空界限，揭示了覆盖层移动迹线和覆盖层雨水渗漏规律，提出了安全覆盖层厚度计算方法，建立了保持覆盖层移动迹线的连续性和完整性与降低贫化损失的定量关系，实现了矿石资源的高效回收利用，成果已在多个矿山应用，效益十分显著，技术整体上处于国际领先水平。

1.2.1.4 地下矿安全高效开采技术

目前矿山设备逐步大型化，地下矿山的 3 种高效率采矿法——大直径深孔落矿空场采矿法、机械化充填采矿法及大结构参数无底柱分段崩落采矿法，在大规模开采和集中强化开采中发挥着重要作用。

大直径深孔落矿空场采矿法在我国得到了推广应用。如凡口铅锌矿，采用 ROC-306 型潜孔钻机，孔径 165mm，采场出矿能力达 1000t/d，为普通采矿法的 3~5 倍；安庆铜矿采用 simba-260 潜孔钻机凿岩，孔径 165mm，同一采场连续回采高度达 120m；金川二矿区、金厂峪金矿、凤凰山铜矿等相继开展了大直径深孔采矿技术的试验研究，并取得了成功。

新桥硫铁矿采用了凿岩台车、铲运机、锚杆台车配套的机械化水平分层充填采矿法。两步骤回采，矿柱宽度 10m，矿房宽度 12m，最大控顶高度 5m，分层回采高度 3.2m。首先回采矿柱，胶结充填后，形成人工矿柱，在人工矿柱的保护下，第二步回采矿房，进行非胶结充填。采场生产能力可达 300t/d，机械化装备水平高，降低了工人劳动强度。

无底柱分段崩落法自引进以来，历经几十年的发展，其结构参数由最初的 10m×10m 逐步加大到 20m×20m。该技术具有组织生产容易、开采强度大、机械化程度高、开采安全、采矿成本相对较低等技术经济优点，在梅山铁矿、大红山铁矿、镜铁山铁矿等国内大型地下矿山得到了很好的应用。针对该方法损失率与贫化率高的技术难题，建立了以崩落体为核心的系统优化理论，并在弓长岭井下矿得到了应用，为优化无底柱分段崩落法结构参数、降低损失贫化率提供了新的途径。

1.2.1.5 富水矿床开采关键技术

针对铁矿较强电磁干扰特性，采用 γ 能谱和电磁波 CT 联合探测方法，查明矿区导水通道，为注浆封堵提供设计依据。探索了应力、位移、渗流"三场"耦合分布规律，提出了不同导水断层与地应力、水压力及顶板厚度条件下的顶板稳定性与突水风险定量关系。

1.2.1.6 全尾矿充填技术

凡口铅锌矿利用尾矿作采空区充填料，其尾矿利用率达 95%。冬瓜山铜矿利用全尾砂成功处理了数百万立方米的特大型空区，不仅避免了采空区崩落带来的安全问题和崩落区的复垦难题，而且不需占用大量土地建设尾矿库，经济效益巨大。安徽省前常铜铁矿位于淮北平原，选矿厂排放的尾矿经过技术处理后，全部用于充填采空区。济南钢城矿业公司采用胶结充填采矿法，矿石回采率提高 20% 以上。

1.2.1.7 大型深凹露天矿陡坡铁路运输关键技术

大型深凹露天矿陡坡铁路运输关键技术有效解决了陡坡铁路爬行、机车牵引力不足、网路安全供电的技术难题，成功突破了大型深凹露天矿陡坡铁路运输的"瓶颈"。攀钢集团朱家包铁矿应用该成果，铁路坡度由 2.5% 提高至 4.5%，延深铁路运输深度 45m，多采出铁矿石 3000 万吨，减少剥采比 0.42t/t，铁运比提高 20.72%，延长矿山服务年限 15 年，开采成本降低 25.33%，直接经济效益 7.23 亿元。本溪钢铁集团公司歪头山露天铁矿应用该成果，延深铁路运输深度 72m，节省投资 1.5 亿元，采矿成本降低 30.43%，直接经济效益 5.6 亿元。

1.2.1.8 大型深凹露天矿岩土工程灾变控制技术

该技术针对露天开采的三大危险源：采场边坡、排土场和尾矿库，通过地质条件分析、材料参数测试及分析、爆破震动测试分析、地震危险性分析、综合稳定性分析、参数优化设计决策分析、灾害控制技术研究，实现露天开采三大危险源灾变的控制。该技术率先采用多目标优化决策理论，对边坡设计方案进行优化，建立相应的边坡方案优化多目标决策模型，对多个矿山边坡设计方案进行优化，经济效果显著。该技术提出的"临界滑动场"分析方法，是从边坡整体滑动机制出发，建立在最优原理基础上，通过数值分析得出的边坡在临界状态下边坡体各点的最危险滑动趋势组成的"场"。由滑动场代替滑动面，能更好地分析边坡的稳定性，同时避开了临界滑动面的搜索。该技术重点攻克了露天矿岩土工程灾害防治的共性难题，有效抑制了灾害事故的发生，改善了矿区周边生态环境，逐步达到了经济、社会和环境的协调发展，经济效益、社会效益、环境效益十分明显，推动了矿山行业灾害防治技术进步。

1.2.2 采矿技术发展趋势

根据我国长远发展规划目标，在 21 世纪中叶我国将达到中等发达国家的水平。根据矿产资源消耗生命周期理论，在未来的 50 年中，我国社会与经济发展对矿产资源的消耗强度将是各个发展时期最高的，而且在达到消耗强度高峰后，降到较低的水平是一个相对漫长的过程。因此，矿产资源仍然是我国重要的工业原料之一。保证矿产资源的充足供给，在未来相当长的一个时期是国民经济持续发展的重要条件之一。

从世界范围来看，采矿技术已发生了巨大的变化，新装备、新工艺、新理论的不断涌现，已突破了传统的技术范畴。根据世界采矿技术发展趋势及结合我国具体采矿实际，未来金属矿业可归纳为以下三大发展方向：绿色开发、深部开采、智能采矿。这三大发展方向将引领钢铁原辅料生产中采矿业的发展方向，并影响未来发展的历史轨迹。

1.2.2.1 遵循矿业可持续发展模式——绿色开发

"绿色开发"是把矿区的资源与环境作为一个整体，在充分回收、有效利用矿产资源的同时，协调地开发、利用和保护矿区的土地、水体、森林等各类资源，实现资源-经济-环境三者统一协调的开发过程。"绿色开发"是可持续发展理念在矿业中的延伸。它阐明了矿床开采的发展模式，指明了金属矿业的发展道路[7]。

20 世纪是人类生产力发展最快的 100 年，也是人类对地球破坏最严重的 100 年，它动摇着人类生存的根基，迫使人类不得不重新审视走过的发展道路，为人类带来新的觉醒。"绿色开发"是可持续发展理念的延伸。现代矿业的发展是把双刃剑，在为人类提供大量工业原料的同时，也给人类的生存环境带来了严重破坏：采矿活动破坏了大量的耕地和生产建设用地，诱发地质灾害，造成大量人员伤亡和经济损失，使矿区的水均衡系统遭受破坏，下游水质污染，开采废渣、废气排放产生大气污染和酸雨，采矿破坏村庄和景观，引发社会纠纷。

矿区"绿色开发"就是在为国家建设提供大量工业原料的同时，还要为人类自己的明天建设一个与自然结合良好的、具有生态良性循环的人居和生产环境。

（1）矿区资源的绿色开发设计。矿产资源开发过程中，矿区生态环境不可避免会受到破坏，但其破坏程度是可预见的。由于矿区生态环境与矿山的开发设计和生产密切相关，所以，矿区环境保护与生态修复应由过去的"先破坏、后修复"的被动模式，转变为贯穿于矿区开发全过程的动态的、超前的主动发展模式。为此，传统的矿山设计应该转变为矿区资源绿色开发设计（包括矿床开采设计、矿区生态环境设计和矿山闭坑规划设计），使矿山在生产、流通和消费过程中，能更好地推行减量化、资源化和再利用。科技创新需求主要有矿区资源绿色开发设计、经济-生态-环境统一的开采方法与采掘工艺、矿区循环经济园区规划设计、矿区各类资源的保护与利用规划、矿物资源综合利用与产品高值化。

（2）固体废料产出最小化和资源化。在金属矿物的加工过程中，原料中的 80% ~ 98% 被转化为废料。当前，我国金属矿山的废石、尾砂、废渣等固体废物堆存量已达 180 多亿吨，每年的采掘矿岩总量还以超过 10 亿吨的速度在增长。因此，大力开发和推行废石、尾砂回填采空区的工艺技术，推行尾砂、废石延伸产品的规模化加工利用，有相当大的发展空间。

现代矿山的开拓系统与采掘工程设计在满足生产高度集中、工艺环节少和开采强度大的同时，要从源头上控制废石产出率，采用合理的采矿方法，降低矿石损失贫化，强化露天边坡的管理与控制，减少废石剥离量等，努力实现废石产出最小化。科技创新需求主要有矿山无废开采程度的可行性评价、开拓与采矿工程的废石产出最小化、废石和尾砂不出坑的工艺技术创新、深井全尾砂/废石胶结充填设备与工艺、矿区尾矿规模化综合利用技术。

（3）矿产资源的充分开发与回收。矿产资源的主要特征是稀缺性、耗竭性和不可再生性，人类必须十分重视合理开发利用和保护矿产资源。当前，我国露天矿的采矿回采率为 80% ~ 90%，而地下矿只有 50% ~ 60%。随着地表资源枯竭，地下开采比重逐步增加。地下开采损失贫化大，回采效率较低，要大力创新采矿技术。科技创新需求主要有地下大型化智能化无轨采掘设备研制、地下金属矿山连续开采技术、两步骤回采所留矿柱的整体高效回收技术、特大型矿床深部开采综合技术、矿块自然崩落智能采矿技术、露天井下协同开采技术、井下采选一体化无废开采技术、露天矿智能无人开采技术、露天矿高台阶开采综合技术研究。

（4）矿区水资源的保护、利用与水害防治。采矿过程中，矿岩被采动后形成的导水裂隙可能破坏地下含水层，使含水层出现自然疏干过程，致使矿区地下水位发生变化，对地表的生态带来严重影响，在开采过程中，耗水过高，不仅浪费水资源，同时增大了污水排放量和水体污染负荷，水污染使水体丧失或降低了其使用功能，并造成水质性缺水，加剧水资源的短缺。所以，矿区水资源的保护与利用直接影响人类的健康、安全和生态环境，关系到矿业的发展。科技创新需求主要有汞、镉、铅、铬、砷等污染水体的防治技术，区域/流域的水污染防治综合技术，废水处理与污水回用技术，不同开采环境的保水技术，矿山地下水污染控制与修复技术。

国际潮流要求矿业走"绿色开发"的道路，现实国情迫使矿业走"绿色开发"道路，社会责任需要矿业走"绿色开发"的道路。

1.2.2.2 开拓金属矿业的前沿领域——深部开采

地应力随开采深度逐步增大，当到达某深度时，岩爆发生频率明显增加，这时定义为进入深部开采。但矿岩结构复杂，例如在构造应力较大的情况下，即使在浅部也可能频繁发生岩爆，所以学术表达有其不确定性，因此，一般界定为：金属矿山开采深度达到800~1000m时，视为矿山转入了深部开采。

国外有大批金属矿山进入深部开采。据不完全统计，国外金属矿开采深度超过1000m的矿山有80多座，其中数量最多的是南非。按开采深度划分：深度1000~2000m的有60多座，2000~3000m的有12座，3000m以上的有3座。其中最深的是南非卡里顿维尔金矿，竖井4164m，开采深度已达3800m。

我国的金属矿山也有一批进入了深部开采：弓长岭铁矿1000m、河南灵宝金鑫金矿1600m、红透山铜矿1300m、东峪金矿1300m、夹皮沟金矿1500m、会泽铅锌矿1360m、冬瓜山铜矿1100m、寿王坟铜矿1000m，还有凡口铅锌矿、金川镍矿、高峰锡矿、湘西金矿等。在未来的15~20年内，我国将有大批金属矿山转入深部开采[8]。

我国过去深部资源勘探不足，主要开采600m以上矿床。近5年来，实施深部找矿工程，有160多个矿山在深部找到了价值超过1万多亿元的矿产资源。深部资源潜力很大，深部开采是矿业发展的必然。

深部开采是人们涉足较晚的领域，其开采环境与浅部不同，突出表现为"三高"，即高应力、高井温、高井深。这个特殊的开采环境，导致采矿过程出现种种深井灾害[9~11]。

（1）关于高应力（40~80MPa）灾害。在高应力环境下，如果采掘空间围岩内形成较大的集中应力和聚集大量的弹性变形能，则变形能可能在某一诱因下突然释放，导致岩石突然从岩体工程壁面弹射、崩出的一种动态破坏现象，即为"岩爆"。岩爆是一种突发性的碎岩喷射现象，其猛烈程度足以致人伤亡，甚至造成井下重大事故，如美国某矿1906年发生一次岩爆，地震强度达到了里氏3.6级，导致铁轨弯曲，还诱发空气爆炸，导致火灾。

目前，红透山铜矿等20多个矿井也有过发生岩爆的记录。在深部高应力环境下，围岩受到岩性、水分、温度等因素的影响，可能发生大变形，如果围岩过量变形，就可能出现岩石裂纹，采场片帮、冒落，巷道鼓底、断面收缩等。如果传统采矿工艺和支护技术与深井高应力环境不相适应，必然危及作业安全。关于高应力灾害，国内外开展过许多研究，主要包括岩爆发生机理、微震监测、岩爆预报、岩爆区的支护体系、岩爆和天然地震信号与核爆信号的差异判别等。

（2）关于高井温（30~60℃）灾害。根据欧洲对2000m的钻孔观测，地温梯度大体为0.025~0.03℃/m。在深部开采的特殊环境下，影响井下温度的因素很多，主要热源有围岩散热、坑内热水放热、矿岩氧化放热、机电设备放热、空气压缩放热和人体放热等。我国冬瓜山铜矿（井深1100m）开拓范围内的井温为32~40℃，南非的西部矿（井深3300m）井下气温达到50℃，日本丰羽铅锌矿（井深500m）因受裂隙热水影响，井下气温达到80℃。

深井高温环境对人的生理影响很大，使工伤事故上升，劳动效率大幅下降。根据国外统计资料，当井下温度超过26℃以后，温度每增1℃，井下工伤事故上升5%~14%，工人劳动生产率下降7%~10%；当井下气温超过35℃时，将威胁人的生命。此外，深井通风和降温费用增加，生产成本大增。

（3）关于高井深（1000~5000m）难题。高井深将直接影响矿井提升、通风、充填、排水、供水、供电、信息等各大系统的工程复杂性，增加系统建设、运行和维护的困难，增大系统的运行成本。

深井通风系统的风流路线长、总风阻大，井下通风降温所需风量大、能耗大。此外，风流沿千米风井垂直下行时，在井筒围岩干燥的情况下，风流的自压缩将成为进风井筒升温的主要热源，它将助升井下热环境。

充填采矿法是深部开采的主要采矿法之一。由于深井垂直高度大，充填砂浆压力过高，易引起充填系统漏浆和管爆，若输送砂浆的流态不稳定，易产生水击现象，也会引发充填爆管事故。此外，充填砂浆在垂直输送的过程中，由于高速运动的砂浆向管壁迁移冲刷，会造成管路高速磨损，如果管段带有倾斜，则磨损更加严重，以致降低充填系统的可靠性。

应该特别指出的是深井提升问题。随着井深增加，提升钢绳的质量直线增大，且提升机的有效提升量（矿石）显著下降，提升费用大幅增加。如果开采深埋贫矿床，则提升成本将很大程度影响开采的经济性。

关于深部开采的合理深度问题，国外深井提升一般不超过2000m，当达到

2000~4000m 井深时，往往采用两段提升。南非德兰士瓦公司在设计矿井时以 4000m 作为极限开采深度，因为 4000m 深井的地压大，采矿爆破后可能集中引发岩爆，甚至出现一次能量大释放的地震事故，另外，4000m 深处的原岩温度通常达到 45~50℃，矿井降温、排水和通风问题更加突出。

1.2.2.3 走向金属矿业的未来目标——智能采矿

在矿山数字化的基础上，利用系统工程理论、现代采矿技术，以及物联网、自动控制、人工智能等技术，以开采环境数字化、采掘装备智能化、生产过程遥控化、信息传输网络化和经营管理信息化为特质，以实现安全、高效、经济、环保为目标的采矿工艺过程，称为智能采矿。未来矿山的智能采矿是 21 世纪矿业发展的重要方向和前瞻性目标。

"智能采矿"是世界矿业正在生长发展的、富有知识经济时代特点的采矿模式，其科技内涵大致包括：矿床建模和矿区绿色开发规划与工程设计、金属矿山智能化采掘/装载/运输设备、与智能采矿设备相适应的采矿工艺技术、矿山通信/视频与数据采集的传输网络、矿山移动设备遥控与生产过程集中控制、生产辅助系统监测与设备运行智能控制、矿山生产计划组织与经营管理信息系统等[12]。智能矿山技术体系如图 1-12 所示。

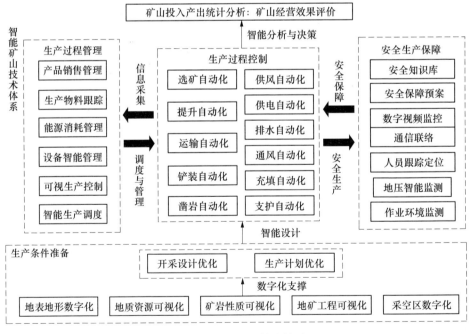

图 1-12 智能矿山技术体系

矿床赋存是一个条件复杂、形态多变、信息隐蔽的大系统，而采矿工程是以矿产资源评估、矿床开采技术和现代经营管理为主线的综合性的工程学科。在推进智能采矿的过程中，矿山数字化是基础，它为矿山资源评价、开采设计、生产过程控制与调度自动化、生产安全和管理决策等提供新的技术平台，这需要多目标的科学技术创新，它所涉及的领域非常广泛，因此，需要包括数字、地质学、岩体力学、现代采矿学、信息与系统工程、机器人与自动控制理论、现代工程管理等多学科交叉，以及相关工业部门的密切合作，要有自动化、信息化、智能化等高技术的强力支撑[13~16]。

随着信息技术的飞速发展，智能采矿已经成为世界矿业共同关注和优先发展的技术前沿，它的实现将给矿业带来深远的影响。

（1）实现采矿作业室内化。使大批矿工远离井下工作面，深部开采的工人远离有高温、岩爆危害的恶劣环境，将最大限度地解决矿山井下安全问题。

（2）实现生产过程遥控化。可大幅地减少井下生产人数，降低矿井通风降温费用，全面提高井下的技术装备水平，这对深部开采具有特别重大的意义。

（3）实现矿床开采规模化。智能采矿有利于推进集中强化开采，提高矿山产能，实现矿山规模效益，这有利于使大量低品位金属矿床得以充分的开发利用。

（4）实现技术队伍知识化。传统矿业将向知识型产业过渡，职工素质将大幅提高，工资待遇得到改善，将使矿工这一弱势群体的社会地位得到根本改变。

（5）推动矿业的全面升级。实现矿业的跨越式发展，推动我国从矿业大国向矿业强国过渡；此外，还将带动机械制造与信息技术等产业链的延伸和发展。

1.2.3　选矿技术进步现状

1.2.3.1　铁矿石超细碎高压辊磨工艺技术

高压辊磨机作为一种矿岩粉碎设备具有单位破碎能耗低、单位钢耗低、单位处理能力大、破碎产品粒度均匀、占地面积少、设备作业率高等特点，受到国内外专家和学者的关注，成为多碎少磨技术的发展趋势。高压辊磨机实施的是准静压料层粉碎，颗粒本身就可以充当传压介质。当料层受挤压时，各个颗粒之间相互挤压产生的巨大压力导致颗粒破碎或变形，选择性破碎效果明显，粉碎产品内部微裂纹发育更充分，产品的粒度分布较宽，细粒级含量高，矿物解离效果好。

A　高压辊磨机工作原理

高压辊磨机工作时，两个压辊等速相向旋转，喂料在料柱重力和两辊表面压力的共同作用下连续进入破碎腔。粉碎压力由动辊通过两辊间的密实料层颗粒传递到定辊。随着物料层的前进和辊隙的逐渐减小，料层颗粒便在密实状态下被压实和预粉碎，当压力峰值达到一定值时，各颗粒之间产生不同程度的粉碎或变形。高压辊磨机的粉碎方式属于粒群粉碎或粒间粉碎、层压粉碎。对于"层压粉碎"，德国舒纳德教授作了这样的阐述："物料不是在破碎机工作面上或其他粉碎介质间作单个颗粒的破碎或粉磨,而是作为一层(或一个料层)得到粉碎。该料层在高压下形成,压力导致颗粒挤压其他邻近颗粒,直至其主要部分破碎、断裂,产生裂纹或劈碎。"研究表明,脆性矿石用高压粉碎方式进行层压粉碎时,所需能耗远远低于传统的粉碎方式(如冲击、剪切等)。层压粉碎的关键在于:在有限的空间内,压力不断增加使颗粒间间隙越来越小,直至颗粒之间可以互相传递应力,当应力强度达到颗粒破碎强度时,颗粒即开始粉碎。因此,料层粉碎有以下特点:(1)料层介质的作用施加在多层聚集的物料群上;(2)施加稳定而持续的高压;(3)尽量减少冲击破碎;(4)充分利用二次粉碎能量。

传统粉磨过程中能量利用效率仅仅是在缓慢施压情况下完成单颗粒破碎的一部分,其能量利用率低的原因主要是由于磨机在设计和使用过程中一系列的相互关联的内部因素和在破碎过程中颗粒之间的不可避免的相互影响或作用。从能耗角度讲,最有效的破碎方式为单颗粒的压碎,其次为颗粒层的压碎(如高压辊磨机),再次为随机性破碎(如球磨机)。

相对于传统的粉磨设备,高压辊磨机的这种破碎方式并不发生由于颗粒摩擦或细粒造团所引起的能量损失,其粉碎效率得到明显的改善,磨损也明显的减少,能耗降低 30% ~ 50%。在磨碎钢耗方面,以水泥熟料为例,磨损仅 1.5g/t,约为球磨机(200g/t)的 1%;在基建方面,当生产能力一定时,高压辊磨机的尺寸远小于相应的球磨机或半自磨机的尺寸,所需建筑物尺寸减小 25% ~ 30%,相对降低了基建费用[17]。

B 高压辊磨工艺特点

高压辊磨机实施的是准静压粉碎,是采用挤满方式给料的一种料床粉磨设备,对物料实施的是料层粉碎,是物料与物料之间的相互粉碎,辊子间的物料受挤压后粉碎,另外在未被粉碎的颗粒内部产生大量裂纹、塌散、疏松,使物料可磨性大为改善,在后续工序的磨机内易于磨碎,节省大量能耗。因此,先用高压辊磨机对铁矿石进行处理,从节能、提质、环保等方面均可产生较大的效益,具有较好的应用前景。和常规破碎—磨矿流程相比,高压辊磨工艺具有流程适应性强、配置灵活、单机处理能力大、易于实现自动控制、可提高矿石的可磨度、实现湿式粗粒抛尾以及节能降耗、投资和经营费低等优点。高压辊磨机的工艺特点:在工艺应用中既可以代替细碎作第三段破碎;又可以在三段破碎后作第四段超细碎;既可以全开路破碎,也可以在开路条件下进行边料返回破碎;既可以实现高压辊磨后单独湿筛闭路粗粒湿选,也可以组合成高压辊磨—分级—球磨后粗粒湿选;既可以与碎矿系统同步作碎矿设备,又可以与磨矿同步作磨矿设备。

C 高压辊磨机的国内外应用情况

高压辊磨机首先由德国 Schonert 教授在 20 世纪 80 年代设计,其与德国 KRUPP 等制造公司密切合作,先是制造出实验型的高压辊磨机,而后生产出半工业型和工业型设备，于 1985 年正式应用到水泥行业。高压辊磨机问世以来，由于其具有增产节能的效果，德国的伦格里希早在 1987 年就已经使用它来破碎水泥和烧结块，德国的多特蒙德与西班牙的莱莫纳用它来破碎烧结块与高炉炉渣，土耳其的伊兹密尔用它来破碎烧结块，瑞士的罗什用它破碎石灰石。随着高压辊磨机迅速发展，除了以上国家外，其他国家（如美国、希腊、阿根廷、澳大利亚等）也使用了高压辊磨机。目前高压辊磨机已形成了多种规格的系列设备，辊径由 200mm 到 2800mm 不等，生产能力可由每小时数吨到上千吨，给料粒度范围根据设备规格而定，最大可达 250mm，给料干湿均可。

高压辊磨机在铁矿石破碎流程中的应用已有不少成功的工业实例。智利 CMH 公司的洛斯科罗拉多斯（Los Colorados）选厂是全球第一家用高压辊磨机取代传统的破碎机完成细碎作业的新建铁矿石选厂。该厂投产于 1998 年底，年产 520 万吨铁精矿作为下游球团厂的给料。露天开采的矿石最大块度为 1.2m，用旋回破碎机粗碎后进入双层筛筛分，双层筛上层筛孔尺寸为 75mm，下层筛孔尺寸为 45mm。筛上物料（+75mm）经标准圆锥破碎机中碎后，与筛下物料（-75mm）合并作为高压辊磨机的给矿。此给矿的实际粒度分布为最大粒度约 65mm，且 -38mm 约占 80%。高压辊磨机辊径 1700mm，辊宽 1800mm，柱钉点阵辊面，驱动功率为 2×1850kW，最大处理量 2000t/h，与打散机和筛分机构成闭路循环作业。高压辊磨机的排矿产物经 2 台打散机打散处理后分配给 5 台上下层筛孔尺寸分别为 19mm 和 7mm 的双层振动筛。筛上产物（+7mm）通过皮带输送机返回高压辊磨机的给矿仓，筛下产物（-7mm）作为后续干式磁选抛尾的给矿，其细度为 -6.35mm 约占 80%。原来安装的 2 台打散机是根据半工业试验时的物料性质确定的，用来使呈压饼状团聚的高压辊磨机排矿产物松散，以保证后续干式筛分有足够高的筛分效率。后来，随着矿石性质的变化，实际排矿压饼变得较为松脆，可以在物料的输运和筛分过程中自行松散，打散机因此而被停用。此高压辊磨机实际作业处理量为 1600t/h，比能耗约为 1.1kW·h/t，循环负荷约 30%。柱钉辊面的工作寿命为 1.46 万小时。在半工业试验中通过比较物料球磨功指数显示出的高压辊磨机对下游球团厂球磨机生产能力的正面影响得到了工业生产实践的证实，在满足磨矿细度为 $P_{80}=44\mu m$ 的条件下，依矿石性质的不同，球团厂球磨处理量的提高幅度为 27%~44%。

美国密歇根州的恩派尔（Empire）铁矿率先将高压辊磨机应用于自磨流程中顽石的破碎。该高压辊磨机辊径 1400mm，辊宽 800mm，柱钉点阵辊面，驱动功率为 2×670kW，安装于 1997 年，用来与 1 台圆锥破碎机一起破碎来自 3 台自磨机排矿中粒度为 12~75mm 的顽石物料。自磨机排矿产物经筛分得到的顽石物料通过圆锥破碎机开路破碎后作为高压辊磨机的给料。高压辊磨机给料最大粒度为 63.5mm，作业处理量为 400t/h，比能耗为 1.7kW·h/t，排矿产物细度为 -2.5mm 占

50%。高压辊磨机的排矿产物直接返回自磨机中。原定的应用目标是将自磨系统的处理能力至少提高 20%，而实际效果是处理能力的提高幅度超过 33%。据有关报道，该设备的运转率达 95%，柱钉辊面的工作寿命可高达 1.7 万小时。

马钢集团南山矿业公司凹山选厂是国内首家成功地将高压辊磨机应用于铁矿石超细碎生产作业的矿山企业。该选厂原破碎流程为常规的三段一闭路流程。2000 年后，随着凹山采场进入开采末期，选厂逐步过渡到处理品位低、硬度高、嵌布粒度较细且不均匀的高村采场矿石。为了应对矿石性质的变化，稳定铁精矿产量，必须解决碎矿、磨选和尾矿处理等一系列瓶颈问题。在碎矿系统的技术改造方面，该厂除了完成原碎矿系统的更新升级，在提高系统生产能力的同时将碎矿产物粒度由 35~0mm 降至 20~0mm 外，一个关键的举措是在碎矿与磨矿系统之间加入以高压辊磨机为核心的超细碎工段来进一步破碎 20~0mm 的细碎产物，并在此阶段抛弃一部分粗粒尾矿。所采用的高压辊磨机辊径为 1700mm，辊宽为 1400mm，柱钉点阵辊面，驱动功率为 2×1450kW，设备处理量约 1300t/h，比能耗为 1.1kW·h/t。高压辊磨机的排矿产物通过筛孔尺寸为 3mm 的湿式圆筒筛打散筛分和直线振动筛筛分，筛上产物经磁滑轮干选丢弃一部分粗粒尾矿后返回高压辊磨机，筛下产物进入湿式磁选，磁选尾矿通过螺旋分级机分出粗粒尾矿和细粒尾矿，磁选精矿送入主厂房进一步磨选。此超细碎系统于 2006 年 2 月开始负荷试车，高压辊磨机调试工作较顺利，但与之配套的其他国产设备暴露的一些问题影响了调试进程。在随后的约 1 年半时间内，该厂对影响生产的部分配套设备和局部工艺进行了改造和优化，基本解决了湿式筛分及物料输送等方面的诸多问题。超细碎系统于 2007 年 7 月起进入连续稳定的生产运行。第 1 套柱钉辊面的工作寿命已接近 2 万小时，至今还在使用。高压辊磨机的投产不但取得了节能降耗的效果，而且使主厂房的入磨粒度由 20~0mm 降至 3~0mm，加上实现了将合格的粗粒尾矿提前抛弃并送往排土场堆存，主厂房的磨矿负荷及细粒尾矿的浓缩输送量显著减少，从而提升了选厂整体的生产能力并缓解了尾矿库容不足对产能的制约。

新近建成的澳大利亚万斯地尔（One Steel）选厂每年处理磁铁矿矿石 520 万吨，其碎矿流程中亦采用高压辊磨机进行矿石物料的超细碎。分为两个平行系列的超细碎回路于 2007 年 6 月投入运行，每个系列各有 1 台辊径和辊宽均为 1400mm 的高压辊磨机与湿式筛分构成闭路，将粒度为 −37mm 占 80% 的给矿物料破碎至 3~0mm 的超细碎产物。湿式筛分的 +3mm 筛上产物返回高压辊磨机，筛下产物进入湿式磁选（粗选），磁选尾矿直接抛尾，磁选精矿再经筛孔尺寸为 700μm 的筛子筛分，筛下产物进入后续的磨选回路，+700μm 的筛上产物返回高压辊磨机。高压辊磨机辊面一开始采用的是 Hexadur 表面抗磨蚀技术，因磨损严重，现已改用柱钉点阵辊面。

河北钢铁集团司家营研山铁矿选矿厂设计处理原矿规模 1500 万吨/年，其中赤铁矿 1200 万吨/年，磁铁矿 300 万吨/年。工程分两期建设，一期主要处理赤铁矿，于 2010 年底建成投产，二期主要处理磁铁矿，于 2014 年 10 月建成投产。司家营研山铁矿选矿采用典型的"两段破碎+高压辊磨"破碎工艺，是国内首个新建的、规模较大的应用高压辊磨机的铁矿选矿厂。高压辊磨的循环形式经历了从一期的边料循环到二期的闭路筛分返回的改进，最终保证球磨机的给矿粒度维持在 10~0mm，实现了选矿厂的稳定生产，节能降耗作用明显。高压辊磨工艺流程如图 1-13 所示，生产参数见表 1-1。

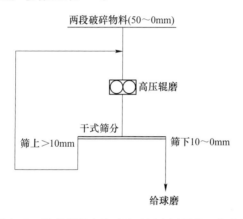

图 1-13　司家营研山铁矿选矿厂高压辊磨工艺流程

表 1-1　司家营研山铁矿选矿厂高压辊磨生产参数

名　称	生 产 参 数
高压辊磨规格及台数（辊径×辊宽）	φ1.7m×1.8m，2 台
高压辊磨功率及生产厂家	2×2240kW，洪堡
高压辊磨实际生产处理量	新给矿量：约 1000t/h，通过量：约 2200t/h
高压辊磨给料粒度	新给料粒度：50~0mm
高压辊磨闭路筛分循环负荷	100%~120%
闭路筛分的筛子设备数量及型号	一期 3.6m×7.3m 圆振动筛 1 台，二期 3.6m×7.3m 直线振动筛 4 台
筛下产品粒度	产品粒度：10~0mm，-8mm 占 80%
高压辊磨设备作业率	设计 79.1%，约每天工作 21h
检修方式	采用 75t 桥式吊车检修

研山选矿厂第三段破碎采用高压辊磨机代替传统的圆锥破碎机，破碎产品粒

度更均匀，物料表面和内部产生大量的微裂纹和裂隙，有利于球磨机的解离和磨碎。

1.2.3.2 铁矿石预选工艺技术

铁矿石预选技术分为干式预选和湿式预选。

A 铁矿石预选技术简介

随着钢铁行业迅猛发展，地质条件好、资源品位高、可选性好的铁矿资源正接近枯竭，而可选性较差的低品位铁矿资源将成为选矿技术研究的重点。我国对国外矿石依赖度长期高于50%，因此开发利用低品位铁矿资源显得更加重要。

采用"多碎少磨"技术降低入磨矿石粒度、预选抛尾提高入磨矿石铁品位、阶段磨选尾矿早抛、精矿早收技术是低品位矿石选矿研究的主要方向。目前，粗粒矿石采用干式磁滑轮预选，细粒采用湿式筒式磁选机预选。预选效果与矿物嵌布粒度、矿石结构构造密切相关。由于采矿过程会夹杂、混入围岩，故减少脉石的磨选能耗、降低生产成本，对低品位铁矿尤为重要。确定合理的破碎—干式预选流程，强化磨前抛废，已成为超贫铁矿开发利用的关键。当前超贫磁铁矿干式预选工艺中，粗粒干选一般选用磁滚筒，但细粒级别相对含量较大或细粒干选时，抛尾产率低、精矿品位提高幅度有限、磁性铁损失大、粒度越细分选效果越不理想。近年来为解决这一问题，很多新工艺、新设备不断涌现，在细粒物料预选机研制上取得了很大进展。

矿石开采过程中混入废石不可避免，这部分废石在入磨前通过预选抛出，可降低磨选工序的处理量，从而降低选矿厂生产成本、延长尾矿库的服务年限。目前，我国磁铁矿石的干式预选抛废设备主要是磁滑轮，通常在破碎筛分工序进行1段或2段预选抛废。磁滑轮预选抛废存在的主要问题有：（1）给料在皮带上多呈堆积状态，块状物料往往有多层，细粒物料或粉料多达数十层甚至更多，磁滑轮预选抛废时，下层的非磁性颗粒被上层的强磁性颗粒所压，抛出困难，极大地影响着磁铁矿石的富集。（2）处于最上层的、含磁铁矿较少的矿块，由于所受的磁力较小，容易随废石抛出，从而造成磁性铁损失。因此，单一磁滑轮预选抛废存在"精而不精，废而不废"的问题。

预选工艺不仅能提高矿石的入磨品位，而且可使伴生废石得到综合利用；预选工艺也是实现铁选厂扩产、技术改造的有效途径。预选工艺早期多指干式粗粒磁选，俗称磁滑轮干选。受当时制造技术、磁性材料性能制约，所用预选设备规格小、磁场强度低、分选效果差，因此起初多用于低于边界品位含矿岩石中铁矿物的回收。

超贫磁铁矿石由于入选品位低，若采用常规的分选工艺，生产成本高而难以实施。在其分选过程中，磨矿过程能耗最高，且所占生产成本最大。若在磨矿前采用预选工艺将矿石中的大部分废石抛掉，不仅可以降低磨矿能耗，还可以进一步提高后续选别过程中物料的入选品位，进而使得由于常规分选技术成本高而不能被开发利用的贫磁铁矿问题得到解决。

强磁性矿物湿式预选工艺是近两年选矿科研新成果，其目的是通过对进入磨机前的碎矿产品进行湿式选别，提前抛除已经满足要求的合格尾矿，使有用矿物得到充分富集，提升磨机的磨矿效率，大幅降低选矿成本。

磨前预选可实现提前抛废、减少入磨量、提高入磨品位、降低矿石单位能耗和选矿成本、显著增加企业经济效益。据统计，我国铁矿石细碎至 -12mm 粒度后将有 10% ~ 30% 的脉石矿物解离，可作为合格尾矿抛除，故国内很多大中型铁矿选矿厂都采用了磨前预选作业。

B 铁矿石预选技术的应用

冶山铁矿是江苏省地方骨干铁矿，矿山始建于 1958 年，初期为露天开采，后转入井下开采，经过 40 多年的开采，矿产资源已接近枯竭。选矿厂于 1971 年投产，原设计年加工原矿 50 万吨，经过不断挖潜和改造，现年加工原矿 80 万吨，年产铁精粉 30 万吨。选矿厂生产流程为三段一闭路破碎、一段闭路磨矿，先浮后磁，产品为铁精矿、铜精矿和硫精矿。井下主要采矿方法为无底柱分段崩落法，受此采矿方法影响，采出的原矿中不可避免会混入大量废石，另外为了充分回收资源、延长矿山服务年限，矿山也在有组织地对前期遗留的一些残存矿进行综合回收利用，这部分原矿中的废石混入量也相当大。由于以上原因，入破原矿品位呈日渐降低趋势，近几年来甚至降到了 28% 左右。虽然近年来选矿厂先后在 5 号、6 号、7 号、11 号皮带头轮处安装了磁滑轮抛废系统，月抛出废石量都在 1 万吨以上，废石抛出率节节攀升，但由于受入破原矿废石量太大、皮带上料层太厚、矿石细碎后矿石和废石在细粒级中混杂严重和磁滑轮分选性能、设备故障等多方面影响，入磨矿石中废石含量仍为 15% ~ 20%，几年来入磨矿品位并没有得到提高，相反却呈连年下降趋势。

该细碎磁铁矿干式预选机的抛废效果明显，废石抛出率一般可达 15% 左右，入磨品位可提高 5% 左右，磁精矿品位一般稳定在 41% 以上。年废石抛出量近 8 万吨，减少球磨开机时间近 2000h，仅节约材、电消耗一项就达百万元以上，经济效益十分显著。

攀西钒钛磁铁矿干式磨前预选工艺系统通常采用常规磁滚筒构成一次粗选、两次扫选工艺流程。常规筒式干选机利用分选筒体旋转产生的离心力及颗粒自身的重力和筒体磁力的作用来实现磁性颗粒与非磁性颗粒的分离。受其结构形式及分选性能限制，常规干选系统主要有三方面问题：一是磁性物夹杂较为严重，造成精矿品位提升幅度有限，影响后续入磨品位；二是抛废率低，增加了后续无效入磨量；三是钛铁矿采用常规高场强磁滚筒分离不清，无法保证尾矿指标，尤其是尾矿中钛含量超标。以攀西某选矿厂现有干选工艺系统为例，近两年开采已经逐步进入中深部开采阶段，低品位难选钒钛磁铁矿比例增多，分离性变差、选矿富集难度加大，原干选流程分选指标逐年恶化，目前抛废率不足 10%，精矿 TFe 提升 1.5%~2%、TiO_2 提升 0.5%~0.8%，尾矿品位 TiO_2 含量 4%~4.5%，无法满足选矿厂生产指标需求。相对于干式预选，湿式预选最大的特点是引入水作为良好的分散剂，可有效缓解微细粒对于大颗粒的黏附及细泥间的团聚絮凝，尤其适于粒度分布宽、细粒含量多的分选场合。

攀西是我国钒钛磁铁矿主产区，近年随着开采深度不断增加，矿石品质不断下降，分选难度逐步增大，直接影响到矿企的经济效益。新增或改善磨前预选工艺流程，可提前抛除合格尾矿，提高入磨品位、降低后续磨选能耗，最终实现降本增效。干式预选工艺无需水介质参与，其尾矿可直接干堆，省去湿选尾矿筛分处理等诸多环节，运行与维护成本更低。将以 CYB 磁异步干选机为核心的新型干式预选工艺系统应用于攀西某钒钛磁铁矿干式磨前预选作业，可实现抛尾率高达 25%，精矿铁、钛品位分别提高 4.4% 与 1.8%，尾矿 TiO_2 品位低于 3.6% 的良好选别指标。与由多个常规筒式干选机组成的干式预选工艺系统相比，新系统不仅分选指标显著提高，而且空间结构配置简单、紧凑，可大幅简化磨前预选工艺流程，可以预见对于攀西钒钛磁铁矿的应用前景将非常广阔。

武钢金山店铁矿 1978 年就已经采用磁滑轮干选技术用于自磨机排料中"难磨粒子"的回收，随着制造技术的进步、设备性能的改进，预选工艺技术也取得了很大进步。西石门选厂 1994 年增设 1 台 CTDG-121 型大块磁选机，用于自磨前矿石（-350mm）预选。项目投产后，入选矿石铁品位提高了 4 个百分点，抛废产率为 14%，铁精矿产量比改造前增加 14.8%，当年增加利润 240 多万元，而且采用预选工艺大幅减少了矿山对尾矿库容的需求。

尖山铁矿选矿厂年处理量为 900 万吨。尖山选矿厂破碎工艺均采用"三段一闭路—中碎后干选—细碎"流程，细碎工艺采用世界先进的短头圆锥破碎机，最终入磨产品粒度为 12~0mm。根据层压破碎的原理，细碎过程中必然产生一部分沿解离面分离的弱磁性脉石矿物。尖山选矿厂一段 LMNX 旧系列 $\phi3600mm \times 4500mm$ 格子型磨机与 YZ 新系列 $\phi3600mm \times 6000mm$ 格子型磨机，利用系数已高达 $4.22t/(m^3 \cdot h)$、$3.9t/(m^3 \cdot h)$，居全国首位，入磨量方面已无潜能可挖，只能从提高入磨矿石品位上想办法。在此背景下，尖山铁矿在一段磨矿工序前加入干式预选工序，并于 2012 年一季度达产达效，有力保证了 2012 年铁精矿生产任务的完成。细碎后干选甩尾率控制 3% 以上，原矿磁铁含量提高 0.75 个百分点，年度增产 8 万吨精矿，在磨矿之前剔除这部分脉石矿物，提高入磨品位、减少磨矿量、提高产能、最大限度地提高经济效益成为必要。

尖山铁矿干式预选工艺顺利投产并很快达产达效，为年精矿产量任务的完成提供了保障。面对新工艺带来的诸多问题，选厂技术人员全程跟踪调试，解决了一个又一个难题，既保证了产量任务的完成，又保证了整个工艺流程的稳定平衡。根据尖山铁矿此次干式预选达产达效总结的经验，若选厂球磨机利用系数暂时难以提高，加入干式预选提高入磨品位是可行的。需要注意的是，磨矿品位的提高对后工序影响是明显的，容易导致后工序循环量远大于设计量，造成生产和指标的不平稳。在此建议在上马预选类项目的同时，考虑后工序磨机与其他辅助设备的处理能力。

河钢集团矿业公司石人沟铁矿在现场考察的基础上，确定改造方案为在 3 台磨机前各增加 1 台 CCTS-1030 粗颗粒湿式磁选机，球磨给矿皮带将原矿在高压水造浆的作用下直接给入磁选机，磁选精矿直接给入球磨机，尾矿由磨机平台下溜槽排入主厂房外清砂机中。改造后工艺流程如图 1-14 所示。

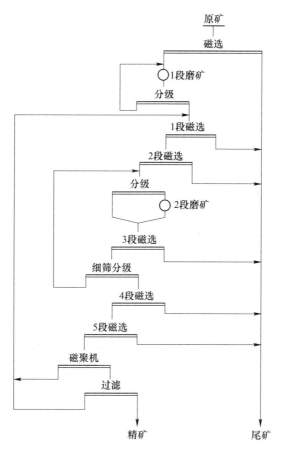

图 1-14　石人沟铁矿改造后工艺流程

通过对石人沟铁矿原矿进行湿式预选，可提前抛除产率为 16.05%、品位为 6.83% 的合格尾矿，入磨品位由 28.44% 提高到 32.57%，提高 4.13 个百分点，不仅提高了选厂处理能力，而且由于原矿品位的提高使磨矿效率得到改善。石人沟铁矿选厂共有 3 个系列，按每个系列的磨机处理量为 60t/h 计算，可提高产能 27.19 万吨/年，年可增加效益 1237.15 万元，经济效益显著。

河钢集团矿业有限公司司家营铁矿磁矿选矿系统原设计年处理矿石 100 万吨，台时能力为 111.11t/h，主体设备均有较大富余。为了提产增效，2011 年对磁矿系统进行了扩能改造，扩能改造后磁矿系统年处理矿石量达到目前 170 万吨以上，台时提高至目前 200t/h。磁矿破碎干选系统原设计只有对细碎产品干选抛尾，投入使用后干选效果不是很好，原矿品位提高幅度有限，遂又增加对粗碎产品的大块干选抛尾，并对细颗粒干选抛尾进行了优化改造。破碎前矿石品位在 22.5% 左右，破碎产品粒度为 -12mm 占 85% 以上，破碎经两次干选甩废后品位提高至 24.5% 左右，台时处理能力为 200t/h。而随着精粉产量任务的提升，较低的入磨品位已经不再适应生产需求，故磁矿选矿系统磨前预选提品研究有较大意义[18,19]。湿式预选改造前流程如图 1-15 所示。

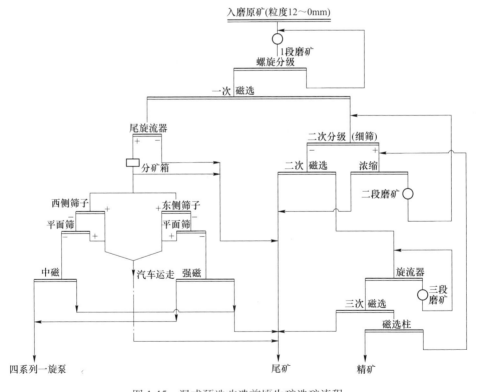

图 1-15　湿式预选改造前原生矿选矿流程

1.2.3.3　铁矿石破碎自磨、半自磨工艺技术

富矿储量的枯竭，以及对金属需求的增加，导致需要处理的矿石量日益增

加，这要求选矿设备规模不断增大，性能不断提高。选矿流程的关键作业之一是磨矿。磨矿工艺可以分为两大类：一类是传统的碎磨流程，另一类是自磨、半自磨工艺。传统的磨矿流程经多年的生产实践检验，表现出工艺流程长、所用设备型号和数量多、金属消耗量大、基建投资和生产费用高等缺点；而自磨、半自磨回路由于其流程简单（省去了两段破碎机及筛分设备），配置方便、投资省，在国内外已被越来越多的矿山采用。它的优越性不仅在处理量大的选矿厂直接显示出来，而且这种工艺正在越来越多地应用到中等或更小规模的选厂。我国于20世纪70年代初开始在工业上应用自磨、半自磨技术。20世纪90年代后，自磨、半自磨技术愈加成熟，越来越多的新建选矿厂采用自磨、半自磨机磨矿，且许多历史较长的矿山在改造后也采用了自磨、半自磨机磨矿[20]。

A 自磨、半自磨简介

自磨、半自磨机是一种具有粉碎和磨矿双重功能、一机两用的设备，可对磨机内超过100mm的矿石进行研磨，从而使矿石的粒度符合要求。自磨机进行磨矿作业时，是靠所磨矿石自身作为磨矿介质进行研磨；半自磨是在自磨的基础上添加少量钢球以弥补矿石自身作为介质的不足，一般粒径在20~80mm之间的矿石，由于磨矿能力较差而很难被磨矿，为了使磨矿的物料被有效利用，一般会在自磨机中放入些大钢球，以促进磨矿效率的提升。自磨、半自磨机主要特点为低转速、重载荷，以及起动转矩大。

B 自磨和半自磨与常规碎磨的经济比较

常规碎磨和自磨、半自磨作为磨矿流程为不同选矿厂所采用，由于两者对矿石性质有不同的要求，设计时要根据选矿试验提供的数据及设计的原始条件等因素，认真合理地进行取舍。但如果某种矿石用上述两种流程均可处理，这时就必须通过技术经济分析进行比较。美国的皮马选矿厂在前三期工程中均采用了常规碎磨流程，而经过半工业试验后在第四期工程中采用了半自磨流程。与常规碎磨流程比较，半自磨工艺的总钢耗和生产费用降低。另外，通过对符山铁矿和玉石洼铁矿选矿厂的投资和经营费的比较，以及对基司顿金矿和阳光金矿的投资和经营费的比较也表明，当矿石同时适应常规碎磨和自磨、半自磨两种流程时，采用自磨、半自磨流程比常规碎磨流程投资少、见效快、生产流程短、生产工艺对含泥量大的矿石适应性强，这些优点值得一些同类矿山在工艺流程合理的情况下建厂时优先考虑自磨、半自磨工艺。另外，自磨和半自磨流程建设周期短，生产操作人员数量相对较少，这种优势对于那些偏僻的地区特别值得考虑。

C 自磨、半自磨国内应用现状

安徽铜都铜业股份有限公司冬瓜山铜矿选矿厂是我国第一个采用半自磨机+球磨机工艺的大型选矿厂，该选厂由中国有色工程设计研究总院设计，设计处理能力1.2万吨/天，2004年10月投产。此后，大红山铁矿、乌山铜矿、德兴铜矿、袁家村铁矿、鹿鸣钼矿、东沟钼矿、普朗铜矿、甲玛多金属矿等众多新建工程或扩建（改造）工程都采用了半自磨工艺。国内半自磨典型应用实例见表1-2[21]。

表 1-2　国内半自磨典型应用实例

投产年份	用户	建厂规模 /万吨·年−1	半自磨机			球磨机		
			规格/m×m	功率/kW	数量/台	规格/m×m	功率/kW	数量/台
2004	冬瓜山铜矿	400	φ8.53×3.96	4850	1	φ5.03×8.23	3300	2
2007	大红山铁矿	400	φ8.53×4.27	5400	1	φ4.8×7.0	2500	2
2009	乌山铜矿Ⅰ期	1000	φ8.8×4.8	6000	2	φ6.2×9.5	6000	2
2010	德兴铜矿	750	φ10.37×5.19	5586×2	1	φ7.32×10.68	5586×2	1
2012	乌山铜矿Ⅱ期	1150	φ11.0×5.4	6343×2	1	φ7.9×13.6	8500×2	1
2012	袁家村铁矿	2200	φ10.36×5.49	5500×2	3	φ7.32×12.5	6750×2	3
2014	鹿鸣钼矿	1650	φ10.97×7.16	8500×2	1	φ7.32×11.28	5800×2	2
2015	东沟钼矿	660	φ10.37×5.19	5586×2	1	φ7.32×12.0	6250×2	1
在建	善朗铜矿	1320	φ9.76×4.27	4250×2	2	φ6.7×11.58	4750×2	2
在建	甲玛铜矿Ⅱ期	1320	φ10.37×5.19	5586×2	2	φ7.32×12.5	6750×2	2

半自磨工艺适应性强、应用广泛，已经成为新建或改扩建选矿厂时的重要考虑方案。国外特别是多金属硫化矿选矿厂，半自磨工艺已经成为优先选择方案。半自磨工艺的设备运转率已与常规碎磨工艺相当，年运转率为92%~95%。但在我国由于设备制造能力、自动控制水平、电力供应等各方面的原因，半自磨工艺的应用发展较慢。大型设备不能制造，如果从国外引进，价格太高、投资太大，即使引进了国外的设备，备件均要依赖国外进口，生产运营成本也很高，这是半自磨工艺在我国尚未推广应用的主要原因。21世纪初，随着美卓自磨机进入中国选矿市场，国内半自磨机制造技术日趋成熟，新（改）建矿山选用的半自磨机、球磨机规格及其传动功率逐步增大。由表1-2可知，德兴铜矿750万吨/年规模采用1台。不难看出，国内大功率球磨机均采用双同步电动机齿轮驱动（简称双驱电机）。

20世纪70年代以来，国外许多新建选矿厂不管最终是否采用半自磨，在设计中都将其作为一个主要方案来考虑。一些原来采用常规碎磨的老厂，有的已在扩建或改造中改为半自磨。随着大型设备制造技术及半自磨工艺的发展，半自磨流程在国外应用越来越广泛。与国外相比，我国的自磨、半自磨工艺在近些年才得到推广。近年通过不断对国外自磨、半自磨设备的引进并吸收，国产大型（半）自磨主体设备制造水平已基本与国际接轨，特别在近10年取得了很大的进展和突破。但在关键技术方面，如设备选型手段、成套电机驱动系统、生产自动化控制手段、关键精密部件、润滑系统、设备检修工具等均为国外引进，特别是设备投产后配合工艺参数的调整或优化较国外先进理念和实践经验有一定差距。如现阶段国内尚不能制造大型高压驱动电机、成熟的高压变频系统、可靠的自动控制单元，而从国外进口的费用过高。即使是对磨机运转率影响较大的衬板使用寿命和性价比与国外相比，也有较大差距。国外衬板使用周期至少 6 个月，国内一般 3 个月。国外半自磨运转率 95%，国内 85%~90%。

自磨、半自磨工艺已是成熟的技术，替代传统的"破碎+磨矿"在有色金属矿山成为了新的趋势。在原矿品位较低的情形下，从向规模要效益角度考虑，选矿厂的规模在不断扩大。减少作业次数、设备数量、人员配置及提高劳动生产率成为首先考虑的因素，自磨、半自磨工艺将是国内矿山技术升级首选方案。

1.2.3.4 铁矿石精选工艺技术

目前钢铁业对铁精矿的质量要求不断提高，如何提高铁精矿的品位，一直是选矿工作研究的重点课题，磁选柱和淘洗磁选机作为高效精选设备在提升铁精矿品位、优化缩短选别工艺流程方面起到了重要的作用。

A 磁选柱结构与特性

磁选柱是一种既能充分分散磁团聚，又能充分利用磁团聚的电磁式低弱磁场高效磁重选矿设备。其主要工作单元有三个部分：（1）控制电路。控制电路由单片微机、控制键、显示电路、开关电源等组成。（2）驱动电路。驱动电路由调压电源、驱动和整流模块、电压表、电流表和电磁系工作指示灯等组成。（3）电磁系。磁选柱电磁磁系由多个直线圈构成，线圈由上而下分成几组。由上而下顺序循环接通电源，产生断续周期变化的循环磁场。磁选柱结构及磁场特性如图 1-16 所示。

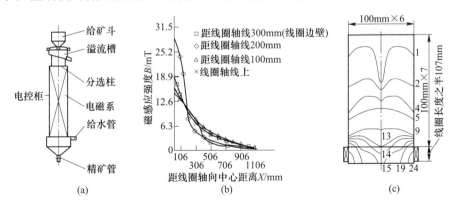

图 1-16 磁选柱结构及磁场特性

（a）磁选柱结构；（b）$\phi 600mm$ 磁选柱磁场特性（$I=12A$）；
（c）$\phi 600mm$ 磁选柱磁场等位线（$I=12A$）/mT

从图 1-16 可以看出，在轴向及径向分选空间内均存在着磁场梯度，单个线圈轴向上能作用于上一个线圈的中心，在上一个线圈磁场消失时能有效地将磁铁矿颗粒吸引过来，磁性颗粒径向上有向边壁运动的过程，轴向上有向下运动的过程，且两个运动过程一个逆流于水流，一个错流于水流。磁系磁感应强度在 0～20mT 之间，分选区磁感应强度在 10～20mT 之间，约为筒式磁选机的 1/5。通断电循环周期调节范围为 1～9s，磁感应强度和变化周期可以根据入选物料的性质不同而任意调节。磁场的特点为低弱、不均匀、时有时无、非恒定的脉动磁场。因此可以精选低品位磁选精矿，生产出高品位铁精矿，甚至超纯铁精矿。

B　磁选柱分选过程

磁选柱由直流电源自动供电励磁，在柱内形成顺序下移循环往复的脉动磁场力，允许的旋转上升水流速度高达 2～6cm/s。其分选过程是：给矿矿浆由给矿斗经给矿管进入磁选柱中上部，磁性矿粒，特别是单体磁铁矿颗粒在由上而下的磁场力作用下团聚与分散反复交替进行，再加上由下而上的切向上升水流的冲洗、淘汰作用，使夹杂于其中的单体脉石和中、贫连生体由上升水流带动上升，由上部溢流槽溢出成为尾矿。磁铁矿颗粒，包括单体磁铁矿颗粒和磁铁矿富连生体，在连续向下的磁场力及磁链有效重力的作用下，不为上升水流所冲带，而由下部精矿排矿管排出成为高品位磁铁矿精矿。对选别效果起主要作用的只有两种力：旋转上升水流动力和循环顺序下移的磁场力。旋转上升水流动力所起的主要作用：一是从磁团聚中分离出连生体和脉石，二是将它们带入尾矿腔；磁场力所起的主要作用是创造磁团聚反复分散—团聚—分散的条件，以利于旋转上升水流从磁团聚中分离出夹杂的连生体和脉石，从而生产出高品位的磁铁矿精矿。这两种动力的有效配合是保证磁选柱获得高品位铁精矿的必备条件，对不同性质矿石的选别主要是通过调节这两个参数来达到最佳选别效果。磁选柱之所以能够获得高品位磁铁矿精矿就在于入选的磁性物料在磁选柱一机上可以实现多次反复的分散和团聚。分散时，夹杂在磁团聚中的连生体和脉石被旋转上升水流动力不断向上冲出成为尾矿；团聚时，磁团聚在本身有效重力和磁场力的作用下向下运动。经过反复 6～7 次的分散和团聚作用，磁团聚中夹杂的连生体和单体脉石受到充分的淘洗作用，品位越来越高，最后从磁选柱下部排出成为精矿。因此，磁选柱能够有效地剔除磁团聚中夹杂的连生体和单体脉石，获得令人满意的高品位铁精矿。因为磁团聚现象对细粒磁铁矿也有一定捕集作用，所以磁选柱对磁铁矿的作业回收率也较高。

C　淘洗磁选机

淘洗磁选机主要由给料槽、控制箱、分选中心筒、给水管、精矿箱以及溢流管等部件组成。核心部分是分选中心筒，分选中心筒内设置了固定磁场、循环磁场以及增设的补偿磁场，补偿磁场的设计使得选别区域形成一个均匀向下的背景磁场。给水管的设计也与传统的给水装置不同，独特的给水设计使上升水在选别区域内形成等速的水流，使得矿浆在分选中心筒内运动轨迹更加平稳，使得矿粒在悬浮过程中更加均匀。淘洗磁选机的控制系统采用 PLC 自动控制系统，通过计算机对淘洗机进行控制，针对不同的矿石性质，设置磁场强度、矿浆浓度、上升水流等选别参数，以确保精矿品位。淘洗磁选机结构示意图如图1-17 所示。

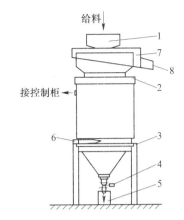

图 1-17　淘洗磁选机结构示意图
1—给料槽；2—桶体；3—桶体基础支架；
4—精矿阀；5—精矿箱；6—给水管；
7—溢流面；8—溢流口

淘洗磁选机的分选突破了传统的"团聚—分散—团聚"原理的局限，解决了分散不充分、磁性夹杂以及磁性包裹现象多、影响分选效果的问题。当矿浆从上部给矿槽给入淘洗机，矿浆进入磁场区域后，中心筒内形成自下而上的连续背景磁场，磁性矿物在固定磁场、循环磁场和补偿磁场 3 种联合磁场的作用下，形成磁链均匀悬浮。受向下磁场力、磁性矿物的重力以及给入的上升水流合力作用，给料下行形成精矿，实现了铁矿物和脉石矿物的分离。在分选中心筒内，固定磁场的作用在于跑尾，循环磁场在于控制精矿品位，补偿磁场可形成均匀磁场背景，防范中心筒内形成"磁空洞"。

D　淘洗磁选机应用实践

淘洗磁选机由于其先进的结构设计、集约化的控制操作系统，以及良好的分选效果，在国内铁矿山精矿提升工艺中得到了广泛的应用。

河钢集团矿业有限公司庙沟铁矿主要金属矿物为磁铁矿，金属矿物呈微细粒不均匀分布，嵌布粒度为 0.01~0.15mm，脉石矿物主要是石英和铁闪石，原精选作业采用磁场筛选机来进行，效果不是很理想。2010 年庙沟选厂用精选淘洗机取代原磁场筛选机进行精选作业，淘洗磁选机分选后的尾矿采用中场强磁选机进行扫选，扫选所得粗精矿返回 3 段磨矿作业，取代全部中矿返回处理系统。淘洗磁选机平均给矿品位为 61.54%，试验所得精矿品位达到 66.33%，金属回收率达到 98.40%，取得了比较理想的效果。同时由于减少了中矿返回，磨机的循环负荷降低，提高了磨机的效率。

包钢巴润矿业公司白云西矿混合矿原矿铁品位 TFe 含量为 28.48%，原矿中S 含量为 1.90%，SiO_2 含量为 8.11%，铁矿物中磁性铁占 71.82%，硫化铁占5.70%，硅酸铁占 3.35%。磁铁矿嵌布粒度为 0.42~1.65mm 的累计分布率为53.53%；磁铁矿嵌布粒度为 0.21~1.65mm 的累计分布率为 79.33%。巴润矿业公司选厂年处理 1000 万吨混合矿，采用 3 段磨矿—4 段选别的阶段磨选流程，选别作业原采用单一磁选进行选别，由于常规磁选设备——磁选机，矿物在选别过程中存在磁团聚现象，容易产生磁性夹杂和非磁性夹杂，导致磁铁矿精矿品位提高比较困难。巴润矿业公司选矿厂对弱3精矿采用淘洗磁选机进行提精试验，固定磁场强度为 117.8kA/m，循环磁场强度为 107.4kA/m，补偿磁场强度为 99.5kA/m，上升水量 330m³/h，水压为 0.11MPa，在给矿量为 55t/h 左右的条件下，获得了铁精矿品位为 67.15%，回收率为 98.91%，硫含量为 0.594%，二氧化硅含量为 0.97%的最终精矿，取得了比较理想的指标。

承德柏泉铁矿是超低贫钒钛磁铁矿，原矿品位低，铁品位仅为12%左右，且矿石嵌布粒度细，选矿产率低，原选别工艺流程采用2段磨矿、3次磁选工艺流程，磨矿细度−0.074mm 占80%以上，但精矿品位很难达到63%。为提高精矿品位，达到钢铁公司要求的收购品位，在流程中引入淘洗精选机，对精矿进行精选，工艺流程改为2段磨矿产品通过2段磁选机选别后，由渣浆泵给入2台淘洗磁选机，淘洗机精矿直接给入过滤机，成为最终精矿，淘洗机溢流尾矿直接流入尾矿管路。精选淘洗机平均给矿品位62.19%，平均精矿品位63.86%，精矿品位提升了 1.67 个百分点，金属回收率达到 96.15%。

精选淘洗机作为一种复合作用选别设备，解决了传统磁选柱分散不充分的缺陷，对分选筒内的磁场采用自动控制系统，并改进了上升水流的分散作用，对国内微细粒铁矿石的精选，以及钒钛磁铁矿的选别都取得了比较理想的选别结果。精选淘洗磁选机对含泥量高的磁铁精矿，通过其独特的分选原理，也可以有效地提升选别效率。由于精选淘洗机有效地回收了有用金属，故与传统磁选工艺相比，减少了中矿返回量，有效地提升了磨机的负荷，提高了原矿处理量，节约了能耗，简化了选别工艺流程，对提升选厂的经济效益也有着重要作用。

1.2.3.5 铁矿石选矿浮选技术

A 阴离子反浮选技术

我国应用比较广泛的铁矿石选矿是阴离子反浮选技术，目前已经在鞍钢齐大山铁矿、齐大山选矿厂、东鞍山烧结厂、鞍千矿业选矿厂、弓长岭选矿厂、太钢尖山铁矿等地得到应用，效果理想。阴离子反浮选技术的优点是：

(1) 对 FeO 变化有较强的适应性。与酸性正浮选相比，阴离子反浮选对 FeO 变化有较强的适应性。这主要是因为：一方面阴离子反浮选对 FeO 变化较频的矿石具有较好适应性而有利于技术指标的稳定，另一方面阴离子反浮选选别的对象是脉石矿物，本身就不受 FeO 变化，导致铁矿物种类变化大而影响对脉石矿物的选别，因此该工艺对 FeO 的变化适应性较强。

(2) 阴离子反浮选技术有效地利用了矿物的物理特性。阴离子反浮选技术捕收的对象是石英，而正浮选捕收的对象是铁矿物。一般地，石英的密度在 2.65g/cm³ 左右，铁矿物的密度在 5.0g/cm³ 左右，浮选作业矿浆密度一般在 1～

$2g/cm^3$ 之间。这使得石英在浮选作业矿浆中有效密度在 $0.65 \sim 1.65g/cm^3$ 之间，铁矿物在浮选作业矿浆中有效密度在 $3.0 \sim 4.0g/cm^3$ 之间。因此，石英在浮选作业矿浆中有效重力将远远低于铁矿物在浮选作业矿浆中有效重力。这使得以铁矿物为捕收对象比以石英为捕收对象大大增加浮选过程的混乱度，造成浮选过程效率低下。

（3）NaOH 的加入实现了对矿物表面、矿浆和药剂状态的有效控制。阴离子反浮选技术中，NaOH 的主要作用是调整矿浆 pH 值、改变矿物表面电位、影响其他药剂的存在状态。调整矿浆 pH 值过程中，NaOH 加入量的多少将直接影响矿浆 pH 值的高低。NaOH 加入量的多少对矿浆表面电位起决定性作用。影响其他药剂的存在状态中，对于阴离子反浮选捕收剂 NaOH 的多少影响捕收剂以离子或分子状态存在及二者含量多少的现象，必然会对捕收剂作用产生影响。正是因为 NaOH 对矿物表面、矿浆和药剂状态的有效控制，为阴离子反浮选高效选别奠定了基础。

（4）淀粉的抑制作用使阴离子反浮选工艺尾矿品位更低。在阴离子反浮选技术中，淀粉的作用主要是抑制铁矿物上浮。在淀粉中存在大量—O—基和—OH—基，通过氢键力和范德华力对铁矿物产生吸附作用，可达到抑制铁矿物上浮的目的。因此，在阴离子反浮选工艺中，浮选尾矿品位往往较低。

（5）CaO 的活化作用使石英被捕收得更彻底。在阴离子反浮选技术中，CaO 的作用是活化阴离子反浮选过程中的石英。一般认为，这种活化过程依靠 CaO 溶解在水中后形成 $Ca(OH)_2$，$Ca(OH)_2$ 在水中电离生成 $Ca(OH)^+$ 来实现。pH 值小于 11 时，矿浆中 H^+ 含量较高，CaO 在水中钙的存在形式主要是 Ca^{2+}，对石英的活化作用很弱；pH 值大于 11 时，矿浆中 $Ca(OH)^+$ 含量急剧升高，从而对石英产生强烈的活化作用。正是因为 CaO 的这种活化作用，使得在阴离子反浮选工艺中，浮选精矿品位往往较高。

（6）多种药剂的综合作用使选别效果更佳。在阴离子反浮选中，存在 4 种药剂共同作用。阴离子反浮选过程中药剂种类多、作用的针对性强、协同性强，使得阴离子反浮选技术具有较高的选矿效率。

B 常温药剂发展现状

国内绝大部分铁矿选矿厂采用阴离子反浮选工艺提铁降硅，使用的捕收剂为脂肪酸类物质。阴离子反浮选工艺具有生产稳定、指标好的优点；缺点是捕收剂配制和所需浮选温度较高（配制温度通常为 $50 \sim 70℃$，矿浆温度一般为 $35 \sim 40℃$），导致浮选矿浆需要加温处理，增加了生产成本。常温高效铁矿捕收剂的研制成为相关专家和学者的研究热点。近年来，国内从事常温捕收剂研发工作的单位主要有东北大学、长沙矿冶研究院、武汉理工大学、武汉工程大学等。东北大学以脂肪酸为基体，通过在其 α 位碳原子引入 Cl、Br、胺基等原子或基团的方法，研制出 DMP-1、DMP-2、DMP-3、DTX-1、DL-1、DZN-1 等一系列常温改性脂肪酸类捕收剂。为验证其捕收性能，用新研制的捕收剂对齐大山选矿厂、东鞍山烧结厂的混合磁选精矿进行了反浮选试验。结果表明，在浮选温度为 25~30℃的条件下，采用该改性捕收剂浮选，获得了精矿铁品位 64%~66%、回收率 68%~90% 的良好指标。长沙矿冶研究院对两种化工原料进行官能团改性后，按一定比例复配制备出低温捕收剂 Fly-101；在脂肪酸中引入酰胺基、羧基，研制出 CY 系列低温捕收剂，并将其用于铁矿反浮选试验。结果表明，Fly-101 在浮选温度 15℃ 和 35℃ 下均达到了现场原使用捕收剂 35℃ 时的浮选指标（精矿铁品位 66.71%、回收率 84.06%）；CY 系列捕收剂对浮选温度变化具有较强的适应能力，在浮选温度 15℃ 下即可实现铁矿石的有效分选。武汉理工大学研发了 GE 系列阳离子捕收剂和 MG 系列阴离子捕收剂。GE 阳离子捕收剂浮选试验表明，该系列捕收剂克服了泡沫黏、难以消泡的缺点，在常温下浮选即可获得较高的铁品位指标。MG 阴离子捕收剂耐低温性能强，采用该捕收剂对西部铜业巴彦淖尔铁矿磁选铁精矿进行常温反浮选处理，获得了精矿铁品位 68.55%、回收率 94.7% 的指标，精矿铁品位提高了 6 个百分点。罗惠华等开发出一种新型改性脂肪酸捕收剂，在浮选温度 25℃ 下对司家营铁矿磁选精矿进行浮选试验，产出了铁品位 65.79% 的精矿，金属回收率为 83.01%，该捕收剂在常温下具有较好的水溶性和捕收能力。针对铁矿常温浮选，国内开发出了一系列具有低温溶解性、捕收性强、选择性优的新型高效捕收剂，实现了在常温下对铁矿石的有效分选。

1.2.4 选矿技术发展趋势

1.2.4.1 复杂难选铁矿石高效利用

近年来，国内相关研究单位围绕菱铁矿、微细粒矿、褐铁矿、鲕状赤铁矿等劣质铁矿资源的高效开发利用，开展了大量基础研究和技术开发工作，基本达成的共识是采用选冶联合工艺才能实现劣质铁矿资源的高效利用。其中磁化焙烧—磁选是处理劣质铁矿最为有效的技术，研制出生产效率高、运行稳定、能耗低的磁化焙烧装备成为选矿研究和产业界的共同目标。

磁化焙烧—磁选是指将铁矿石在一定气氛中加热进行化学反应，使赤铁矿、褐铁矿、菱铁矿等弱磁性铁矿物转变为强磁性的磁铁矿或磁赤铁矿，再利用铁矿物与脉石的磁性差异进行磁选分离。近年来，国内许多单位针对劣质铁矿石流态化磁化焙烧工艺与装备开展了大量的研究工作。余永富院士提出了循环流态化闪速磁化焙烧的概念，并对昆明王家滩矿、大西沟菱铁矿、重钢接龙铁矿等铁矿石进行了粉矿流态化磁化焙烧研究，获得了精矿铁品位 55%~60%、铁回收率 70%~75% 的良好技术指标，为我国劣质铁矿石开发利用开辟了新的途径。中国科学院过程工程研究所提出了低温流态化磁化焙烧工艺，2008 年在云南建成 10

万吨/年示范工程，2012 年工业试验结果表明，铁品位 33% 的褐铁矿经磁化焙烧—磁选后，获得了精矿铁品位 57% 以上、铁回收率 93%~95% 的良好技术指标。西安建筑科技大学对粒度为 40~60μm 的大西沟菱铁矿粉进行悬浮磁化焙烧试验，获得了铁品位为 58.21%、铁回收率为 79.39% 的焙烧产品。浙江大学采用铁矿石代替循环流化床锅炉的床料，提出一种燃煤发电和铁矿磁化焙烧联合技术，给矿为铁品位 47.45% 的鲕状赤铁矿，焙烧物料经磁选获得了铁品位 55% 以上、铁回收率 70% 以上的选别指标。

传统磁化焙烧工艺处理含菱铁矿、赤（褐）铁矿等混合型劣质铁矿石时，存在以下几方面的问题：（1）由于不同类型铁矿物相同工况条件下反应不同步，易出现弱磁性铁矿物不能完全转化为强磁性铁矿物，或者出现过还原生成无磁性的浮氏体，恶化分选指标。（2）铁矿石加热和还原是在同一炉腔内进行，还原气用量大且难以保证还原气氛。（3）未对焙烧后铁矿石冷却过程的潜热进行回收利用。

2005 年以来，东北大学联合中国地质科学院矿产综合利用研究所、沈阳鑫博工业技术股份有限公司针对以上问题，将矿物加工、冶金和流体力学等多学科有机交叉融合，创造性地提出采用"预氧化—蓄热还原—再氧化"多段悬浮焙烧新技术，开展了大量的悬浮焙烧基础理论、工艺及装备研究，形成了非均质矿石颗粒悬浮态控制、铁矿物多相转化精准调控、蓄热式高效低温还原、冷却过程铁物相控制同步回收潜热等一系列关键技术及装备；建成了复杂难选铁矿石悬浮焙烧小试和 150kg/h 的中试系统，完成了单台 200 万吨/年大型工业化悬浮焙烧装备的设计工作，该装备具有环保无污染、生产能力大、成本低及自动化程度高的特点。东北大学又针对劣质铁矿石铁品位低、铁矿物种类多的特点，利用自主研发的铁矿悬浮焙烧系统进行了系统的试验研究，形成了劣质选铁矿石"预富集—悬浮焙烧—磁选"新工艺 PSRM（Preconcentration-Suspension Roasting-Magnetic Separation）。

2012 年以来，东北大学开展了鞍钢东部尾矿、东鞍山铁矿石、眼前山排岩矿、酒钢粉矿及尾矿、渝东典型沉积型赤褐铁矿、五峰鲕状赤铁矿等劣质铁矿资源和尾矿的 PSRM 小试及中试试验，均获得良好的焙烧效果和分选指标。鞍钢东部尾矿来自齐大山选矿厂、齐大山铁矿选矿车间和鞍千矿业公司选矿厂，年排放尾矿 2850 万吨。该混合尾矿属于高硅（SiO_2 含量 >65%）、高铁（TFe 含量 >10%）型尾矿，铁矿物主要以赤、褐铁矿为主，脉石矿物主要是石英和硅酸盐矿物，有害杂质 S、P 含量低。

2015 年 1~2 月，东北大学对鞍钢东部尾矿进行了 PSRM 中试试验，在给矿铁品位 11.48% 的条件下，获得了精矿铁品位 65.69%、尾矿铁品位 5.68%、焙烧物料铁作业回收率 89.85%、铁总回收率 55.33% 的良好技术指标。同年，鞍钢矿业集团完成了东部尾矿 2850 万吨/年 PSRM 项目的初步设计，工程总投资约 15 亿元，据估算该项目在不增加新采出矿石量的前提下，每年可回收合格铁精粉 260 万~300 万吨，精矿成本仅为 260 元/t 左右，该项目于 2016 年 10 月已正式启动。甘肃省嘉峪关地区已探明铁矿资源达 5.54 亿吨，该类铁矿属镜铁矿石，铁矿物嵌布粒度微细、褐铁矿与菱铁矿含量高、矿物间共生关系复杂，导致其可选性极差，资源利用效率较低。酒钢年产粉矿（-15mm）约 550 万吨，因常规磁化焙烧设备（竖炉、回转窑）及焙烧工艺等方面的限制，这部分粉矿只能采用强磁选工艺处理，仅能获得精矿铁品位为 45%~48%、SiO_2 含量 11% 左右、铁回收率 65% 左右的技术指标，造成资源浪费。

2015 年 10 月，东北大学开展了酒钢粉矿悬浮焙烧中试试验研究，分别采用"预富集—悬浮焙烧—磁选—反浮选"和"悬浮焙烧—磁选—反浮选"工艺处理酒钢粉矿。在原矿铁品位 32.50% 的条件下，采用"预富集—悬浮焙烧—反浮选"工艺，获得了铁品位 38.63%、回收 85.08% 的强磁预富集粗精矿，预富集粗精矿经 72h 悬浮焙烧连续扩大试验，中试系统运行顺畅稳定、工作参数控制简单、焙烧产品质量优异，最终获得了精矿铁品位 60.67%、回收率 76.27%、SiO_2 含量 4.02%，综合尾矿铁品位 15.63% 的分选指标。采用悬浮焙烧—磁选—反浮选工艺处理酒钢粉矿，经 48h 悬浮焙烧连续扩大试验，最终获得了精矿铁品位 60.59%、回收率 85.62%、SiO_2 含量 4.11% 的精矿产品，综合尾矿铁品位为 10.72%。

2016 年 6 月，酒钢集团 650 万吨/年 PSRM 项目一期工程已正式开工建设，据估算工程达产后酒钢集团吨铁生产成本预计可降低 57.98 元，每年可降低生铁成本 3.01 亿元，经济效益巨大。劣质铁矿资源悬浮焙烧技术的成功推广，可实现我国赤铁矿、褐铁矿、菱铁矿以及堆存尾矿等劣质铁矿资源的高效回收与利用，初步估计可盘活铁矿资源 100 亿吨以上，同时可大幅提高我国劣质铁矿石现有选矿回收，属我国复杂难选铁矿石高效利用方面重大突破。

1.2.4.2 选矿自动化技术应用

选矿自动化技术在矿业中的应用还处于发展阶段，但这对于我国矿产资源开发和利用所带来的促进作用是不可忽视的。总的来说，选矿自动化技术的应用有以下几方面的优势：第一，保证选矿质量，提高生产效率；第二，降低人工成本，优化操作流程；第三，降低选矿损耗，保证经济效益目标的实现。选矿自动化技术的应用能够提高采矿效率和采矿质量，降低选矿过程中的损耗，有助于社会经济水平的提高。

我国对于采矿技术的应用早在 20 世纪 40 年代就有所体现，一些企业逐渐发现自动化技术的优势，并将其应用于选矿技术当中。20 世纪 50 年代后，自动化控制技术越发成熟，并得到了更深一步的研究和应用，但是当时的技术水平主要以模拟仪表的控制技术为主，在实际的应用中存在很多不稳定因素。以上两个阶段虽然自动化技术的应用并没有太多体现，但是为后来自动化技术在选矿中的应用打下了基础。20 世纪 60 年代，新一代的自动化检测仪器诞生，选矿自动化技术水平得到很大提升。在应用与优化创新下，20 世纪 70 年代自动化检测技术受到矿业人士的高度重视，其应用范围也越发广泛。当前，我国计算机技术、网络技术、信息技术、控制技术都有了很大进步，选矿自动化面临广阔的发展空间，相信在未来的发展中，选矿自动化技术将会朝着集成化、智能化、自动化的方向不断进步，为我国采矿产业提供更好的技术支持。

A　当前选矿自动化技术的应用

（1）破碎自动控制。选矿作业中的第一步就是进行破碎操作，破碎工序主要为后边的作业提供有力的物料支持。诸多分析表明，破碎过程中产生的能源消耗极大、能量转换效率低，不利于矿业的可持续发展。将自动化控制应用到破碎系统中可以提高破碎的效率，降低过程中产生的低能耗问题，实现更高的经济效益。破碎自动化控制应用中主要有两方面的重点内容：第一，在矿料破碎过程中对粗、中、细碎不同要求负荷配置进行优化。第二，对碎矿与磨矿之间负荷配置进行优化，破碎完成后需要进行磨矿操作，控制碎矿粒度能够为磨矿提供最佳的入磨矿石原料，有效降低磨矿损耗。破碎机在运转中不可避免地会出现一些故障问题：比如皮带跑偏、打滑等，破碎自动化控制能够对设备进行连锁保护，提高破碎设备的稳定性，真正实现无人破碎，从而为后续作业提供支持。

（2）磨矿分级自动化控制。磨矿分级可以说是选矿技术中最为关键的一个环节，只有保证磨矿作业参数的科学合理，才能实现磨矿产品的质量要求，并以此为基础为后面的浮选提供准确的选别指标参考。从工艺分析来看，磨矿分级属于非线性的一个过程，作业参数的耦合性比较高，如果简单地依靠输入、输出PID 控制回路难以实现应有的效果。对于这一问题，当前的磨矿分级自动化控制系统增加了模糊控制器，以实现对参数的协调控制。对磨矿分级作业参数实现自动化检测，可方便工作人员及时发现故障问题并进行处理，避免传统工艺中欠磨、过磨等质量问题，在很大程度上提高选矿厂生产力水平。

（3）浮选作业自动化控制。浮选过程是选矿工作的最后一步，严格按照前面的磨矿指标进行浮选分析，传统的浮选操作主要由工作人员根据自身经验进行药剂加入量的控制，往往在滴漏或者最终指标出来后才进行相应的调整。自动化技术在浮选加药控制中的应用，能够保证加药过程的顺利进行，避免人工操作造成的不利影响。在具体的应用中，浮选自动加药控制系统能够实现远距离的定量、定时加药，通过现代化程序控制设定对加药机进行调节，保证给药过程的准确、有效。自动化技术不仅可以提高浮选作业的稳定性，还可以保证矿物回收率的提高。当前我国采用较多的槽液位控制主要是间接测量，根据实际需要有时候也会采用超声波测量。

B 选矿厂选矿自动化存在的问题

（1）选矿自动控制设计不合理。我国对选矿自动化控制系统的研究比较晚，在技术方面还不够成熟，而选矿自动化控制设计不够合理，是导致自动化控制系统不能长期正常运行或者无法有效运行的主要原因。国内一些设计不切合实际，例如，控制过程的程序设计不够合理，仪表选择不合理，因此，无法在具体的运作中真正发挥其自动化系统的功能，而且对仪表可能出现的问题也没有办法进行准确的预测。

（2）传感器设计缺乏创新。选矿自动化系统的核心在于传感器。国内一些选矿自动化控制过程中的传感器安装依然比较复杂，而且可靠性不强，在测量过程中精准度比较低。传感器设计方面的问题，将会直接影响到选矿自动化控制的推广与发展。另外，选矿作业环境本身比较差，加之对传感器的高度使用极容易损坏传感器。因此，国内传感器设计缺乏创新导致的问题必须得到重视。

（3）大量维护。选矿控制系统投入到实际运行之后同时需要大量的维护与保养工作。国内许多选矿厂对自动化系统的长期使用和维护方面缺乏必要的重视，没有规划长期的维护与保养计划，或者缺乏专业团队进行维护与保养。选矿自动化系统一旦出现故障，将直接影响到选矿厂的生产经营。另外，由于系统开放缺少技术上的支持，系统很有可能因为设备方面的故障、工况的变化、技术人员的变化等不确定因素的影响，最终难以正常运作。

（4）选矿厂选矿自动化发展的趋势。

1）矿山专用检测仪表的研发：选矿自动化系统要充分融入电子技术方面的一些最新成果，例如，新型传感器对传统检测方式的替代；充分利用高分辨率、低噪声半导体传感器。积极研发新一代载流品位分析仪，能够对相邻元素与低含量元素测定进行有效的改进，从而提升仪器的使用效能。

2）向智能化、网络化发展：传统选矿工艺在成本、能源消耗、环保、效率各个方面都存在一定的局限性，很多新型的选矿工艺与设备正在逐步改进，从而替代原来的生产方式。将自动化技术与新的工艺、设备进行有效结合，能够实现"高效益、低能耗、无污染"的生产。主动积极研发，向智能化、网络化发展，现代选矿企业选矿自动化系统已经从对某个单独系统独立的管理向智能化、网络化方向发展，能够对整个生产环节进行管控。智能化、网络化的研发在我国并不成熟，在未来应该作为重要的研究方向[22]。

3）自动控制理论创新，加强控制软件的开发：自动控制理论与方法的发展方向为人工智能技术，控制理论与人工智能的发展为先进控制技术打下了坚实的基础。例如，DSC 的普及，为提高先进控制 APC 的应用提供了更加有力的硬件设施与软件平台。未来的发展趋势，将不再停留在 PID 控制策略方面，会逐渐发展比值、串级、均匀、前馈、专家系统、模板控制、预测鼓励等更为成熟，也更加复杂的控制系统。这样的系统能够满足单变量控制系统的一些非常特殊的要求，但并非是对所有的过程或者所有的要求都能够适用。先进控制理论与控制软件的开发在选矿自动化系统中的应用，必定能够推动选矿自动化更好的发展。

1.2.4.3 基因矿物加工工程

基因矿物加工工程，简称 GMPE（Genetic Mineral Processing Engineering），是以矿床成因、矿石性质、矿物特性等矿物加工的"基因"特性研究与测试为基础，建立和应用数据库，并将现代信息技术与矿物加工技术深度融合，经过智能决策、模拟仿真和有限的选矿验证试验，可以快捷、高效、精准地选择选矿技术与工艺流程。

基因矿物加工工程通过对矿床、矿石和矿物基因测试与研究，为选矿技术和工艺流程的制定提供重要的信息基础，并借助于数据库的建立及现代信息技术的深度融合，形成三位一体的基因矿物加工工程研究体系，对传统的研究方法有可能实现根本性的创新。基因矿物加工工程研究的技术路线图如图 1-18 所示。

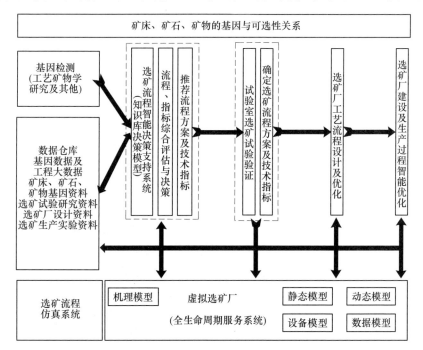

图 1-18 基因矿物加工工程技术路线图

A 矿物加工研究中的基因要素

在矿物加工科学研究中某些研究者已自觉或不自觉地关注和运用了基因特性，并取得了一定的成果。

影响矿石分离特性的矿床基因：矿床成因的差异，导致不同矿床中含有的矿物种类不同，进而导致矿石分选方法和工艺的差异。在硫化矿物浮选实践中，常常发现不同矿床或同一矿床不同区段的同一种矿物，其浮选行为存在很大的差异。由于不同产地硫化矿物成矿温度、压力及环境的不同，导致同一种硫化矿物的晶胞参数、杂质和性质有很大的区别，从而导致矿物浮选行为的差异。

贾木欣等通过对不同铁矿床与矿石选矿分离特性的关系研究发现：

（1）对于变质沉积成因铁矿床，引起矿石可选性差异的成因因素是变质程度、氧化程度和成矿时代。变质程度高、氧化程度低、成矿时代老，则矿石磁铁矿含量高，赤铁矿含量低，矿石易选；反之，赤铁矿含量高，需强磁选及反浮选。

（2）对于岩浆结晶分异矿床及岩浆分异晚期灌入矿床，岩浆分异导致铁钛共生，铁钛回收相互制约。

（3）对矽卡岩型铁矿床，常伴生硫化矿物，回收磁铁矿的同时还要回收伴生铜，有时需要回收铅锌；矽卡岩成矿常可形成高温的磁黄铁矿，铁精矿需考虑浮选除硫。

（4）对于与碱性侵入岩、次火山岩、火山岩相关含有大量铁氧化物（磁铁矿、赤铁矿）同时伴生其他贱金属、稀有金属矿物的一类矿床，矿石成分复杂，需多元素综合回收，选矿流程长，分选难度大。

（5）对于沉积型铁矿床，矿石特点为鲕状赤铁矿并含胶磷矿，由于赤铁矿嵌布粒度细而难以通过选矿得到高品位铁精矿，一般需还原焙烧使赤铁矿转变为磁铁矿或磁赤铁矿再磁选，或深度还原焙烧得到金属铁再磁选回收铁。

此外，对于铜镍硫化物型、斑岩型、矽卡岩型和火山岩型等铜矿床，花岗岩型、矽卡岩型、斑岩型、海相火山岩型、陆相火山岩型、海相碳酸盐系型、海相泥岩-细碎屑岩型、砂岩型等铅锌矿床，壳源改造花岗岩成因石英脉型和矽卡岩型钨矿床，以及造山带型、斑岩型及高硫低硫浅成热液型、卡林型等金矿床，其矿床成因与选矿也具有密切的关系，不同成因矿床中由于成矿成因的差异，导致矿石中伴生的矿物种类不同，有价金属的赋存状态多样化，目的矿物的结晶和嵌布粒度存在差异，以及矿物的泥化程度高低不同，进而影响矿石的分选效果。

矿石的结构构造基因与可选性的关系：矿石的结构、构造特点能反映出有用矿物颗粒形状、大小以及相互结合的关系。因此，矿石结构构造直接决定着矿石碎磨过程中有用矿物单体解离的难易程度以及连生体的特性，影响矿石的可选性。一般来说，浸染状构造、斑点状构造、条带状构造的矿石碎磨时易于解离；具有复杂的鲕状构造、胶状构造、星点状构造的矿石则对选矿较为不利。呈交代结构以及固溶体分离结构的矿石，选矿彻底分离比较困难；而压碎结构、自形晶结构以及半自形晶结构的矿石一般有利于有用矿物的单体解离。

矿物的晶体结构及其他物性的基因：文书明等研究发现，矿物的流体包裹体杂质制约着矿物晶体的表面性质及疏水特性，影响矿物的可浮性和浮选分离，是重要的矿物基因特征。研究认为，矿物在成岩、成矿及晶体生长过程中，成矿流体及元素会不可避免地造成宏观和微观两个方面的矿物缺陷出现并保留至今。宏观方面是包括液体、气体和固体在内的矿物流体包裹体，这些大量的流体包裹体有的分布在晶体内，有的分布于晶界，也有的赋存于愈合的微观裂隙内，至今在主矿物中完好封存且与主矿物呈现明显的相界。同时，伴随着成矿流体的运动，在矿物晶体生长过程中，流体包裹体组分内外的原子会在矿物晶体内部存在，造成异质原子的取代、掺杂，形成微观方面的晶格杂质信息，由此，造成矿物晶体本体几何和电子结构性质的变化。由于流体包裹体的破坏、离子的释放并吸附在矿物表面，引起矿物表面化学性质和可浮性的变化。矿物流体包裹体是矿物基因信息的组成之一，基于流体包裹体基因导向的表面重构、自活化、自抑制、交叉活化与抑制浮选效应，是基因矿物加工学的重要组成部分。

B　基因矿物加工工程的主要研究内容和技术路线

矿物、矿石和矿床基因特性的研究与测试：矿床、矿石和矿物基因是决定可选性的重要因素，它包括矿床成因和类型、矿石的结构构造、矿物组成、嵌布特性、结晶粒度、解离特性；矿物的晶体化学特征，包括元素组成、化学键特征、晶体构造类型、表面和内部缺陷及矿物表面特性等。利用现代工艺矿物学的多种研究手段，对矿物、矿石的基因特性进行系统研究测试，提出原则的磨矿分级流程和选别流程，推测理论选矿指标，这是制定选矿工艺流程的基础。

基因矿物加工工程数据库与数据仓库的建设：将庞大的矿石工艺矿物学研究，矿床、矿石和矿物的基因测试，选矿工艺试验研究，选矿厂生产实践数据以及选矿厂工程设计资料等历史的、现今的、国内的、国外的大量资料进行收集、研究、建立数据库。建立基因矿物加工工程数据库之后，对数据进行分类、整理，建立面向分析决策的数据仓库；基于数据仓库，进行数据分析、挖掘，形成知识库，为决策系统提供数据支撑。

选矿工艺流程智能决策系统：选矿工艺流程智能决策系统，根据待处理矿床、矿石、矿物的基因，利用数据库和由此形成的矿物加工工艺流程知识库，开发决策模型，进而通过推理，匹配知识库中可行的选矿工艺流程，并搭建虚拟选矿厂，实现初选选矿工艺流程与技术指标的决策。虚拟选矿厂对初选流程进行仿真，预测技术指标，再对流程、指标进行综合评估，推荐流程和指标。

有限的选矿试验验证：针对智能决策系统推荐的工艺流程方案开展有限的试验验证，包括实验室开路和闭路试验，必要时进行扩大连选试验，验证工艺流程的稳定性和工艺指标的可靠性，选择最优的工艺流程。在验证试验过程中，有可能对推荐的工艺流程进一步优化。经验证试验确定的选矿工艺流程和技术指标作为选矿厂建厂或技术改造设计的依据；对于验证不成功的工艺流程，反馈到数据库和智能决策系统进一步优化。

虚拟选矿厂：虚拟选矿厂是在计算机内的虚拟空间，通过建模技术，模拟实体选矿厂的生产状况，进行动画处理，实现选矿厂运行的仿真功能。实现这些技术的手段涉及建模仿真技术、计算机图形学、网络技术、多媒体技术。在基因矿物加工工程研究体系中，虚拟选矿厂的主要功能有：（1）在初选工艺流程阶段，借助于虚拟选矿厂对初选流程进行仿真，预测技术指标，再对流程、指标进行综合评估，推荐工艺流程和指标。（2）在选矿厂设计优化阶段，基于基因信息，再利用试验验证数据，通过模拟进行工艺流程、设备选型和操作参数优化。（3）在选矿生产智能优化阶段，虚拟选矿厂要实现实体选矿厂生产流程的全信息模拟，即生产流程的完全再现，为流程调试、设计指标的实现与流程优化运行提供保障[23]。

1.2.5 智能矿山建设

1.2.5.1 智能矿山建设意义

随着科技的发展，国外矿业发达国家均制定了矿山信息化、自动化及智能化方面建设长远发展规划，同时也在积极推进相关具体工作。随着专家系统、模式识别等人工智能技术，全球卫星导航技术，遥感技术，数据分析决策系统等在矿山的应用，国际上一些大型矿山已实现智能分析矿床模型、自动生成矿山开采计划、生产现场无人化管理、数据高效利用与挖掘等技术的成熟应用，成为引领矿山信息化自动化技术发展的先行者。

近年来，受矿业发达国家智能矿山建设影响，我国政府和相关部门也对矿山智能化建设高度重视。2015 年，国务院印发的《中国制造 2025》明确提出，加快推动新一代信息技术与制造技术融合发展，把智能制造作为两化（信息化和工业化）深度融合的主攻方向，全面提升企业研发、生产、管理和服务的智能化水平。2016 年 11 月 29 日，国土资源部发布《全国矿产资源规划（2016—2020年)》，明确提出未来 5 年要大力推进矿业领域科技创新，加快建设数字化、智能化、信息化、自动化矿山，大力发展"互联网+矿业"。

在国际潮流的推动以及国内政策的引领下，面对矿业持续低迷的行业环境，矿山企业急需开展矿产资源绿色开发利用技术创新和转型升级。国内矿山已经陆续投入智能矿山建设浪潮中，河钢矿业搭建了纵向四级（基础装备数字化、生产过程数字化、生产执行数字化、企业资源计划数字化）、横向四块（应用 GIS 地理信息系统、MES 生产执行系统、ERP 企业资源管理系统、OA 信息系统）的智能矿山整体框架，使采矿和选矿方面信息化智能化大大提高；山西潞安矿业（集团）有限责任公司自主研发的"基于 3G 无线技术的智能矿山综合应用平台"，实现了对井下的环境及设备信息的实时监控，极大地提升了矿井的安全管理水平，降低了生产成本；鞍钢矿业开展的"矿山智慧工厂研究与应用"建设，2013

年至今共为企业创造直接经济效益 21.23 亿元。提升矿业信息化和自动化技术水平，通过"机械化换人，自动化减人"实现降本增效，是矿山企业实现可持续发展的必由之路[24]。

智能矿山建设要以实现产线智能制造为核心，以实现矿山提产降本、本质安全、绿色发展为根本目的。在统一规划、整体部署的基础上，从矿山实际情况出发，"一矿一策"，确保智能矿山建设能够切实落到实处，要与产线紧密结合，确保智能矿山建设能为矿山带来真正的效益。具体规划原则如下：

（1）总体规划、分步实施：从公司发展的整体角度出发，统一规划，逐层细化落实、统一设计、分步组织实施。

（2）细化方案，小步快走：根据对技术发展的预期，以及各矿山的实际发展需求，制定细致明确的实施方案，以有利于生产、容易实现的、效果明显的项目起步，确保能够建成见效，在已经取得经验和效益的基础上，加快系统部署的步伐。

（3）合理设定优先级：根据实际生产需要和投资规模等设定合理的建设目标和建设步骤，做到"以需求为导向，以应用促发展，统一规划，分步实施，协同发展"。

1.2.5.2 智能矿山整体架构

紧跟社会发展潮流，时刻保持对矿山行业智能制造前沿技术的关注、应用与探索，依据自身的实际情况以及矿山的行业特点，确立打造"安全、高效、智能、绿色"矿山的指导思想，系统搭建智能矿山建设体系，全面提升矿山生产经营过程的自动化、信息化、数字化水平。

智能矿山建设的总体思路是围绕智能化开采、选尾全流程自动化生产、安全管控一体化指挥与企业信息化管理四个方面开展。打造六层平台整体建设构架，即决策支持层、企业管理层、生产执行层、安全保障层、过程控制层和基础设备层六个层面，智能矿山建设的着重点在决策支持层与企业管理层，各矿山智能矿山建设的着重点在安全保障层、生产执行层、过程控制层与基础设备层。各个层面定位如图 1-19 所示。

第一个层面基础设备层：以矿山生产装备智能化、生产设备及各类传感器自动化、调度指挥中心、应急救援指挥中心、机房工程、企业管理网、工业光环网作为建设目标。

第二个层面过程控制层：以矿山生产工艺过程、生产环境、生产安全的自动化监视、监测与监控作为建设目标。

第三个层面安全保障层：以矿山的本质安全为建设目标，通过信息自动化系统提高人员、设备的安全系数，实现安全管理预警与完善的闭环管理。

第四个层面生产执行层：包括矿山技术管理、生产管理，是智能矿山建设的

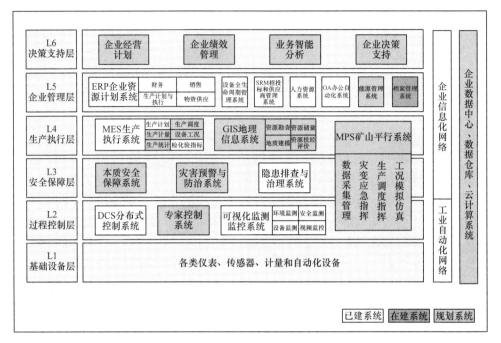

图 1-19　智能矿山建设六层架构

核心，包括以下四个方面。

（1）在管控指挥上以 MPS 矿山平行系统为中心，将设计、计划、生产、调度、指挥与管理集成在一个三维可视化平台上，实现安全环境监测、设备巡检维护、生产调度指挥、事故应急指挥、岗位培训演练的集成管理，在设计阶段实现仿真模拟，在生产阶段实现在线展现与集成监控，在技改阶段实现回放与分析。

（2）在生产管理上以 MES 系统为主导，实现以生产成本管理为中心的工艺流程、生产指标、生产计划、生产调度、生产统计、生产成本、设备工况、材料能源、计量质量管理。

（3）在矿产资源管理上以资源开采价值、储量动态保有、矿石在加工过程的贫化与损失管理为主线，实现资源勘查、资源评价、动态资源储量、采矿资源、选矿资源管理。

（4）在设计与技术管理上以矿业工具软件作为支撑平台，实现资源建模与评价、采矿计划与工程预算、矿山测量与动态资源储量、采掘（剥）计划管理数字化、选矿工艺模型分析等。

第五个层面企业管理层：以人、财、物、产、供、销为主体的 ERP 系统，以企业制度、知识库、办公自动化为基础的企业管理平台作为建设目标。

第六个层面决策支持层：以企业经营计划管理、绩效考核管理、业务智能分析、数据挖掘与分析、决策支持作为建设目标。

1.2.5.3 智能矿山数据流

智能矿山各平台的数据流如图 1-20 所示,它主要包括企业数据中心的企业决策数据、企业管理数据和矿山数据中心的生产执行数据、平行系统数据、矿产资源数据、专家系统数据、监测监控数据。

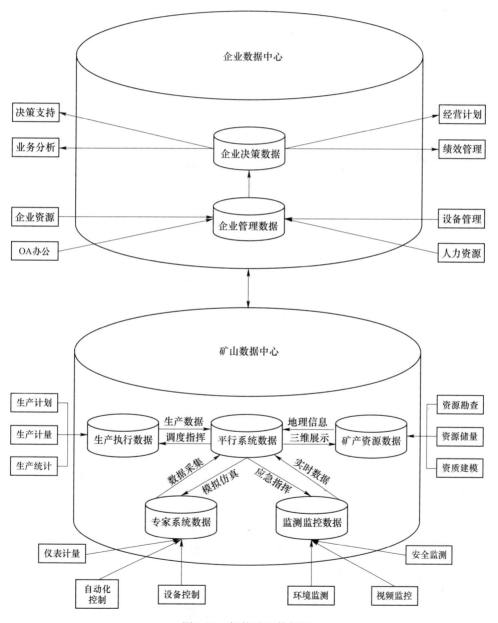

图 1-20 智能矿山数据流

A 存储模式

数据存储设计从项目的应用单位与应用用户的情况出发，考虑企业、矿山、个人工作环境的对立性，系统设计时考虑企业数据中心、矿山数据中心和桌面云三个层面，为项目实施实现灵活部署的要求。

由于智能矿山各平台的应用大多是矿山业务与技术支撑数据，在处理与应用中关系十分复杂，通过结合实际的综合分析，从企业现有的管理构架和矿山通信条件、工作相对独立性考虑，采用 2+1 存储模式（如图 1-21 所示），建设企业和矿山两级数据中心，便于将来的扩展应用。

（1）企业数据中心：主要存储企业级应用系统数据、下属矿山成果数据。

（2）矿山数据中心：主要存储矿山过程与成果数据。

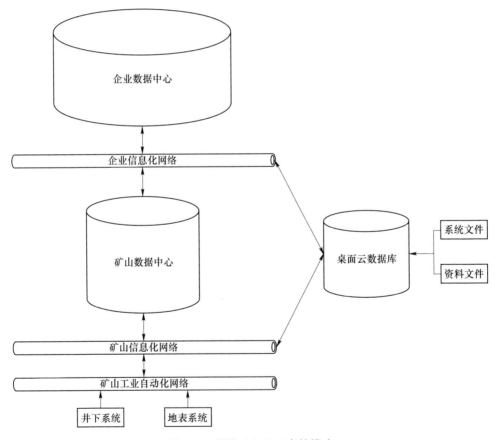

图 1-21 智能矿山 2+1 存储模式

B 作业流

通过业务逻辑组织、数据流、存储模式，保障业务作业按如图 1-22 所示的方式完成作业流。

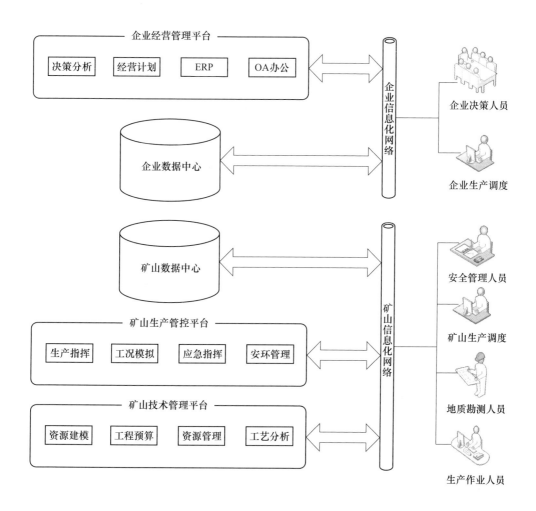

图 1-22 智能矿山作业流

C 多级部署

智能矿山建设系统规划设计考虑矿业公司、矿山、作业区多级部署方式，充分体现多级的资源优势，根据多级的不同职能进行管理与建设定位。利用生产调度与通信系统实现多级联控，利用各级矿山平行系统、MES 系统实现与矿业公司 ERP 衔接，利用 MES 系统实现安全生产各级职能分工与定位，利用矿山平行系统实现矿山生产管理、安环管理、调度指挥、应急指挥的信息化，提高生产管理水平与指挥调度水平。利用自动化手段不断提高生产过程控制水平。规划矿业公司、矿山、作业区三级管控，如图 1-23 所示。

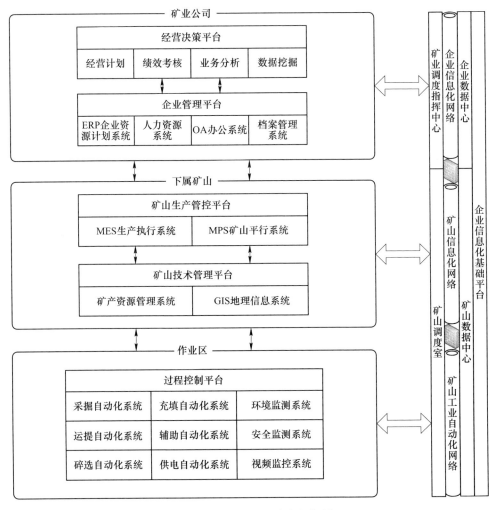

图 1-23　智能矿业系统多级部署

1.2.5.4　智能矿山建设内容

A　信息网络一体化

（1）视频监控系统。基于各矿山具有的视频监控系统和 VPN 主干网络，搭建公司级的视频监控平台，对各矿山的视频监控系统进行集成，建立二级视频监控体系，实现公司对各矿山和调度指挥中心视频的随意调取与查看，实时监控各矿山现场设备及人员工作情况。

（2）管控一体化调度指挥中心。基于各矿山自动化系统的管控一体化功能和 VPN 主干网络，搭建公司级的管控一体化平台，对各矿山的管控一体化系统进行集成，建立二级管控一体化体系，公司能够实时查看各矿山生产的关键实时数据，为大数据分析与处理、整体分配资源与综合调度生产引导打下良好的基础。

（3）数据中心。在公司机关与各矿山进行数据中心建设，利用数据中心采集、管理、共享智能矿山的信息资源，实现集中统一协调管理。建立数据仓库，梳理、归纳、汇总 ERP 等信息化系统中沉淀的数据。为数据的高效利用与各矿山的数据对标打下良好的基础，实现整个矿业公司内部的大数据共享。

B　生产过程自动化

（1）露天矿 GPS 车辆智能调度管理系统。实现对生产采装设备、移动运输设备、卸载点及生产现场实时监控和优化管理。优化卡车运输调度，节能降耗，有效提高采装与运输效率，实现电铲、卡车、钻机综合调度，优化生产，合理配矿，提高资源利用率。

（2）铲斗高精度定位及矿岩运输品位控制。根据品位对矿区进行划分，通过对作业挖掘设备和运输设备的管控，实现对矿石品位的控制。系统对接地质信息系统，形成品位界限。挖掘设备安装智能车载终端，实时下载设备作业区域以及矿岩分界线数据。精确定位采掘位置，避免越界操作、乱装、乱排现象，改善贫化问题。加强品位控制，提高矿山生产、作业率，提高产量，实现配矿、计划控制。

（3）油量跟踪管控系统。实现对总油库、分油库、加油站、油槽车、作业设备、指挥车油耗的管理。对油库注油统计、出油统计，对油量的进出进行严格的核算，杜绝跑、冒、滴、漏的情况出现。矿山作业设备及车辆由油量传感器实时监测油量，身份识别加油，降低不必要的生产成本，有效预防偷油漏油情况发生。

（4）露天重型卡车无人驾驶系统。通过精确的 GPS 导航系统，使卡车能自动找到方向，利用激光传感器和雷达来发现障碍物，实现通过预先设定的轨迹自动运行。提高采区的安全性，具有工作效率更高、人力成本低、运输管理更为科学等一系列优点。

（5）井下遥控铲运机远程遥控技术。基于 CAN 总线控制技术、WIFI 无线信号传输技术和无线电遥控技术，配合无线视频遥控系统，实现铲运机无线视频遥控操作，铲运机在行驶途中无需人为干预操控，按照在电脑中提前设定的行车路线自动行驶，操控人员通过摄像头远程监视现场环境，以应对突发状况，在操作台综合显示铲运机的行车路线、行车轨迹、工作时间等信息，大幅提升设备作业效率与操作人员作业安全系数。

（6）井下电机车无人驾驶系统。井下电机车无人驾驶系统覆盖调度计划生成与自动执行、信号联锁与列车安全防护、矿石转运计量、有线网络及车地无线通信以及视频监控信息管理等各个环节。实现电机车自主运行调整、进退向选择、前方障碍识别、速度控制等功能，按照信集闭系统调度，行驶到装载站进行装载后自动行驶到卸载站自动卸载，反复循环，取消井下有轨运输作业人员，并且将操控作业的工作面转移到地表。电机车通过智能调度系统，根据各溜井的料位及实时情况自动完成电机车调度，系统自动分配电机车最优运行方案，提高电机车运输效率。

（7）井下破碎提升自动化系统。将主溜井、破碎系统、提升系统进行集成，实现井下运输系统与破碎系统、提升系统的协调统一。系统自动生成每天运量、破碎能力、提升量等关键数据的报表统计，清晰显示每天井下的生产状况。破碎系统进行破碎机与运输皮带的系统联锁，实现远程控制与无人值守。提升井下本质安全水平，最大限度释放设备协同生产效率。

（8）井下安全避险六大系统。井下安全避险六大系统要实现人员定位系统、监测监控系统与通信联络系统的三网合一，实现有线调度电话与井下无线手机的互联互通，实现井下人员的实时定位与风险预警，实时监测监控井下作业环境的状况，达到相关法律法规要求的建设标准，为井下安全生产提供有力的保障。

（9）井下智能通风系统。实现对主风机与局扇的远程控制，建立起智能调控通风体系，系统根据用风地点的所需风量，在对通风系统分析、解算的基础上，完成对部分风路的风阻自动分析、循环风自动分析和不同地点所需风量的智能分析，从而根据分析结果自动分配开启风机的地点、数量及时间安排，用智能化分析取代人工经验判断。利用智能通风系统提高通风有效利用率，最大限度地避免通风不足以及过度通风情况的发生，更有效地排出掘进工作面的矿尘及各种有害气体，在保障安全生产的条件下降低能耗及人工成本。

（10）自动给排水平衡系统。实现对各个排水设备的远程启停控制与监控，实现各个水泵房的无人值守，最终达到根据工况条件，系统合理分配开启水泵数量，依据电量合理分配水泵用电时间，对各水泵给出预诊断建议，从而达到水泵始终保持健康、高效、节能、稳定的运转。中央水泵房依据"避峰就谷"的用电原则结合当前蓄水池液位自动分配水泵启停数量与启停时间，实现高效、节能运转。

（11）供配电无人值守系统。井下的中央变配电所和地面各水平变电室通过视频监控、温度、烟雾检测、智能电度表等装置，实现供电系统综合信息的汇集。通过通信管理机光纤传输，将微机综保系统的通信数据、监控参数全部远程传到地面指挥控制中心。供配电系统的远程电量计量管理，在控制中心实现对各系统用电情况远程实时监测与智能分析，为能源管理提供数据支持。通过细化、规范停送电执行流程，提高业务执行的流畅度，最终实现全面远程停送电操作。

（12）破碎自动控制系统。对破碎生产中工艺设备的顺序联锁控制，包括顺序启车、顺序停车、事故停车及料线选择功能。实现远程控制一键启停车，设备启动顺序原则上按照物料走向的逆向顺序依次启动，正常停机的顺序按照物料走向的正向顺序依次延时停车，缩短启停车时间，根据工艺要求对设备实施设备运行检测、开车鸣铃和连锁保护，实时监控现场设备运行情况，实现无人值守、集中监视和集中管理。

（13）布料小车自动寻址布料。主要包括矿仓料位检测与控制、布料小车位置检测与控制，以及对相关设备实施逻辑连锁与保护控制。系统实时监测各料仓的料位情况，布料小车根据料位设定与实际料位对比进行自动寻优布料，通过编码器与接近开关或激光测距仪等设备，实现小车精确定位，从而实现布料小车依据工艺需求自动化运行，取消现场岗位人员，提高布料小车工作效率。

（14）选尾一键启停系统。实现选尾球磨机、振动筛、分级机、旋流器、磁选机、过滤机、罗茨风机、鼓风机、淘洗机、浓密机及各渣浆泵等设备的远程启停及监控，各设备上下级工序之间实现两水一矿、定值给料、恒水恒压等局部连锁，并具备局部一键启停车的能力，从而降低选矿工序成本，降低人员劳动强度，提升工序之间的衔接，提升设备工作效率、稳定产品质量。

（15）磨选专家控制系统。通过对磨选厂房所有设备运行状态采集，对设备运行参数变化、原矿品位、最终精矿品位等多因素的综合分析判断，进行球磨机智能控制、旋流器智能控制，提高选矿厂生产效率、稳定铁精粉品位。真正实现节能降耗、挖掘设备潜力、减少设备故障停机时间、提高设备作业率、降低岗位工人劳动强度、提高劳动生产率。

（16）磅道无人值守系统。采用智能卡技术、交通控制设备，实现称重过程的自动化。采用智能卡封装计量数据，杜绝人为修改计量数据，确保计量数据安全。采用各种防作弊功能，提高称重过程中计量数据准确性。采用无人值守自动称重操作方式，提高汽车衡的称重速度，满足大批量物料连续快速称重的应用要求，并且实现磅道系统与 MES 生产执行系统数据畅通、无缝集成。

（17）充填自动化系统。自动充填系统采用自动控制方法，替代工人来控制尾矿砂浓度。借助现在用途广泛的 PLC 和目前市场主要应用的自动控制理论控制尾矿充填的工艺指标，从而满足回填工艺的要求，提高生产效率，节约人力资源和成本。

（18）特殊岗位使用机器人代替人工操作。让机器人承担部分巡检、检修任务，在球磨机换衬板、充填管道巡检、巷道撬毛、尾矿库泄洪管道清理等一些劳动强度大、工作环境恶劣、危险性高的地点用机器人代替人工工作，从而降低工人的劳动强度，减少安全事故隐患。

C　技术管理数字化

（1）地质模型建模与高效开采。利用三维矿业软件建立地质模型以及矿山工程模型，将块体模型数据库和三维图形系统相结合，准确显示工程与矿体的对应关系，直接用于储量和方量计算、圈矿和出图，设计各种斜坡道和采掘带，报告采掘带矿岩量和品位，大幅度提高工作效率，为矿山的安全高效开采提供有力的技术保障。

（2）矿产资源管理系统。实现矿产资源数据的分权限上传、审批、检索、下载、三维查看及简单操作、数据统计分析，打破公司现有矿产资源信息孤岛，实现公司矿山地质、测量及部分采矿信息的数字化、网络化管理，实现矿业公司矿产资源信息的共享与融合，提高信息利用效率。利用卡车调度系统的定位信息实现采场现状模型的概略性动态更新，准确报告指定范围内矿体的储量品位情况，实现资源储量动态监管，为生产计划的制定提供数据依托。

（3）露天矿智能优化配矿系统。实现配矿信息的自动获取、标识、正交组合规划求解优化配矿、配矿结果三维显示，人机交互进行多日配矿计划编制，自动导出 Excel 表格，动态定量化进行配矿，减少配矿技术人员经验、责任心等因素对配矿工作的影响，使配矿方案最优化。

（4）露天矿损失贫化率预测系统。基于三维模型对不同铲装推进方向、不同台阶高度、不同矿石截止条件等情况下损失贫化率进行预测，实现所需三维模型的自动处理，高效、精准地进行配矿计划的损失贫化率分析，为配矿及采矿生产管理提供定量化依据。

D　生产管理信息化

（1）MES 生产执行系统。以业务管理为基础，以生产过程管控为核心，以生产工艺为主线，以增强指标控制能力、提高生产效率为目标，将生产经营过程中生产、调度、设备、能源、安全、技术、销售、质量、计量等业务进行集成化管理，实现标准化的生产组织和控制；提高生产效率、增强指标管控能力；实现与四级 ERP 系统和二级自动化控制系统的数据衔接。

（2）矿山平行系统。矿山平行系统采用三维 GIS、虚拟实现等技术手段，实现对矿山生产环境、生产状况、安全监测、人员和设备状态的实时高仿真显示，并实现三维可视化集中管控与调度指挥，生产执行系统涉及矿山生产管理的安全、生产、质量、设备、经营各个方面，以生产计划为依据实现生产过程信息化管理，应急救援指挥系统在应对生产安全事故和突发环境事件时保持灾前系统预警、灾中快速响应与处置，并进行相关信息系统联动，灾后需评估与总结，防止问题与事故再次发生。

（3）矿山安全风险管控系统。以信息化为基础建立风险处理、排查、点检系统。代替纸质记录，将隐患进行分级处理。实现 App 端用户隐患随手拍、点检任务、整改事项和一些查询统计的功能。实现安全隐患整改闭环管理，提高工作效率。

（4）边坡稳定性监测系统。利用先进的监测仪器、设备、数据传输等技术，通过无线通信与管理部门的监控系统进行融合，通过数据分析得出边坡结构随时间的变化状况，对边坡的地质、地形、地下水、降雨情况以及边坡是否滑动等特性进行监测，实时分析边坡形体移动的规律，提供边坡稳定性分析资料，从而能够及时了解和掌握滑坡的形态、规模和发展趋势，预报滑坡，保障矿区安全，提供边坡灾害的预警及治理根据。

（5）尾矿库在线监测系统。采用数字化、信息化的手段检测和监视日常尾矿库状况，实现对尾矿库的在线监测。通过对技术参数的处理，在线监测数据与实际工作性态的反分析，以及尾矿库各项数据、指标的监测，保障尾矿库长期稳定的运行，实时关注尾矿库的运行状态，保障库区周围人民群众的生命财产和生态环境安全。

（6）"无人机"采矿边坡、尾矿库巡检系统。针对采矿边坡与尾矿库复杂的环境特点，利用无人机三维航空测量系统，补充和完善露天矿山、尾矿库等测量工作的局限，促进矿山测量由传统模式向自动化、数字化模式的变革。利用无人机航测操作简便、作业效率高、能提供多种数字产品的特点，将传统矿山测量工作转入到室内计算机自动处理，减轻测量技术人员工作强度，提高作业人员的安全性。

E　企业管理规范化

（1）设备管理系统。通过对设备基础资料（设备编码，设备四大标准等）进行彻底的梳理，将现场的点检、异常、检修工作等纳入信息系统中并加以规范，利用信息系统推进操检合一工作，构建设备的三层防线，推进全员生产维修，积累设备状态、成本等原始数据，通过对数据的深度挖掘，为矿山设备管理水平的提高提供有效数据支撑，提高设备管理水平。

（2）生产管理系统。对生产过程、销售过程数据进行系统化管理，配备全方位的查询功能，将企业的数据采集、生产过程、物料存储等业务数字化、网络化，实现资源共享，方便动态信息的查询，提高公司的生产运营效率，降低运营成本，增加公司的可持续经营能力。

（3）能源管理系统。将分布在不同地点的多台计量仪表设备进行联网，实现计量仪表的在线实时数据采集和管理。通过遥测和遥控合理调配负荷，实现优化运行，有效节约电能，并有高峰与低谷用电记录，提供各种能源消耗情况的统计报表资料，各车间、工艺、主要设备的消耗情况，同时在管理上对提供的数据作进一步的分析，确保对能源的合理使用和控制管理。

（4）档案管理系统。基于各矿山现有的档案管理工作体制和办公自动化系统，构建公司级的档案资源信息共享管理服务平台，支持档案管理全过程的信息化处理，实现与办公自动化系统无缝衔接，对各矿山的文书档案与电子档案进行集成管理，并建立二级单位档案管控体系，分别设置权限，以统一的标准规范整个档案管理，实现技术中心对档案的整体管控及各矿山的限权管理职能，大幅提高管理效率。

F 决策支持科学化

（1）企业级数据中心、云计算系统建设。通过各矿山数据中心基础建设，以矿业公司总部企业级数据中心为平台，利用企业私有云系统，实现数据的汇总与对标，涵盖数据标准、数据采集、数据维护以及数据的输出几个部分，最终实现监测监控数据、自动化系统数据、数字采矿软件系统数据、信息管理系统数据的一站式管理。

数字采矿软件提供地质管理、采矿管理、测量管理和生产计划管理，为其他系统提供指导。

信息管理系统实现矿山企业管理、矿山安全生产管理、查询统计与分析功能。

监测监控系统监测矿山各类监测设备的配置、实时工艺过程点数据。

三维管控平台通过三维建模、实时数据采集，实现矿山三维可视化管理。

（2）数据仓库建设。以企业级数据中心为基础，打造矿山数据仓库，形成面向主题的、集成的、时变的、相对稳定的、海量数据的集合。打造数据仓库数据分析，维度、维表的定义，数据抽取转换，数据存储，数据展现分析五层结构，对元数据库的表和字段进行分析，在目标数据仓库中按应用主题建立维度、维表，事实表与维表根据条件建立映射关系，从面向主题的、海量的数据当中进行数据展现分析（如钻取、旋转、切片多角度图表分析应用）。

矿山数据仓库存储对不同矿山、不同地点、不同来源、不同格式的数据进行组织、维护、管理，同时满足不同级别请求、决策的需要，实现三个层面的管理：矿山资源管理、矿山生产管理、矿山企业管理，根据矿山的业务特点将数据分为企业资源、矿产资源、生产、物流、经营几个主题，然后根据主题分类建立数据集市，以数据集市为基础建立分析模型，实现企业决策支持。

1.3 采矿、选矿节能减排先进技术

1.3.1 采矿节能减排技术

1.3.1.1 露天开采节能减排技术

随着生产的发展、科技的进步，国内外露天开采技术在节能减排方面取得了长足发展，主要体现在露天技术、露天切割开采技术、缓剥岩开采工艺技术、露天采矿装备大型化、集约化等方面发展迅速。

A 采场无公害爆破技术

采场无公害爆破技术针对矿山爆破的三大主要公害（爆破尘毒、爆破振动和爆破飞石），通过爆破尘毒收集及测试分析系统、新型高效毒气吸收剂、微尘毒装药结构实现矿山爆破无（低）公害化。采用水力增压装药结构及合理编排起爆时序和时差，采取缓振软塞垫层的综合减振爆破工艺技术，大大降低粉尘和爆破振动，并明显改善爆破效果，首次研制了飞石柔性防护网系统，爆破飞石抛掷距离降低 50%，飞石块度可控制在 100mm 以内，形成了矿山爆破公害控制成套技术。该技术整体上处于国际先进水平。

电子雷管起爆网路示意起爆器通过双绞线与编码器连接，编码器放在距爆区较近的位置，爆破员在距爆区安全距离处对起爆器进行编程，然后触发整个爆破网路。起爆器会自动识别所连接的编码器，首先将它们从休眠状态唤醒，然后分别对各个编码器及编码器回路的雷管进行检查。起爆器从编码器上读取整个网路中的雷管数据，再次检查整个起爆网路，起爆器可以检查出每只雷管可能出现的任何错误，如雷管脚线短路、雷管与编码器正确连接与否。起爆器将检测出的网路错误存入文件并打印出来，帮助爆破员找出错误原因和发生错误的位置。只有当编码器与起爆器组成的系统没有任何错误，且由爆破员按下相应按钮对其确认后，起爆器才能触发整个起爆网路。

国外露天矿广泛采用大区多排微差爆破技术，以增加每次爆破的矿岩量，减少爆破次数，提高设备利用率，改善爆破质量，这已是一般通用的形式。新型炸药以及爆破器材不断问世对提高爆破精度、改善爆破质量、加强爆破安全等都有重大的影响；同时等离子爆破技术、无线分段起爆网络技术、精准爆破技术也均取得了不少进步。

B 高效切割开采技术

德国维特根公司研发了一种采用分层切削岩石的露天采矿机，用于目标矿物的选择性开采。通过分层切削，露天采矿机能够一次性完成矿物的选择性开采，消除传统开采的三步骤。大幅提高了露天采矿的产量、品质、经济性和环保性。非爆破性开采可简化采矿工艺，高度选择性开采可确保更好的成品矿质量，坚固、整齐的切削边缘台阶。更高的工作效率、更低的施工成本，多个工序只需要一台机器，简化了采矿过程的协调和计划，机器的使用、运行及维护保养，是其高度的选择性开采能力。

中间间杂着岩石夹层的薄矿层能够得到精确、经济的开采。矿料质量更好，回采率更高，剥采比更佳，所需后续加工量更少。维特根公司始终致力于使环境污染最小化，维特根露天采矿机就是这一原则的完美体现。其环境友好性体现在切削、破碎、装载的一次性完成上。不仅不需要钻孔、爆破，也不产生破坏性震动，灰尘及噪声也很低。与此同时，由于对周边环境影响很小，矿藏资源得到最大限度的利用，能够直接开采到居民区的边缘。噪声低、灰尘少、安全环保，仅需一台维特根露天采矿机，无需穿孔、爆破、装载、初级破碎设备以及大块岩石破碎等辅助工序。不需粗碎，可调整开采粒度，有利于带式输送机长距离运输。与传统采矿工艺相比，投资更低，由于所需设备及人员少，因而施工成本更低，回采率更高。

C 缓剥岩开采工艺技术

缓剥岩开采工艺技术主要是为了降低生产剥采比，降低前期的剥岩量，均衡生产剥采比，推迟剥岩达到降低生产成本的一种方法，是加陡露天矿剥岩工作帮所采用的工艺方法、技术措施和采剥程序的总称。它是针对凹陷露天矿初期剥岩量比较大、生产剥采比大于平均剥采比这一技术经济特征，为了均衡整个生产期的剥采比，推迟部分剥岩量，节约基建投资而发展的一项有效的工艺措施。

a 分期开采

分期开采是在矿山储量较大，开采年限较长时，选择矿石多、岩石少、开采条件较好的地段作为第一期开采，以较少的基建投资获取更大利益的一种开采方式。

一般按照经济合理剥采比原则，先确定最大境界或最终境界，然后在最大开采境界内再划分分期开采小境界。分期开采小境界划分方法分两种类型，当矿体厚度大、倾向延续深、储量丰富、开采年限长时，沿倾向划分小境界；当矿体走向很长、储量丰富、开采年限长时，沿走向划分小境界。

分期开采可以减少基建期的剥采比，获得品质更优的矿石，从而减少基建期费用，使新建、改扩建矿井尽快达产，分期开采可以利用沟谷、荒地、劣地，避免迁移住户，分期开采可以选择在地质条件较好的地段，分期开采可以避免对环境的危害和污染。

分期开采一般适用于矿体走向长或延续深、储量丰富，而采矿下降速度慢，开采年限超过经济合理服务年限，矿床覆盖岩层厚度不同，地表有独立山峰，基建剥离量大；矿床地表有河流、重要建筑物和构筑物以及村庄等；矿床厚度变化大，贫富矿分布在不同区段，或贫富矿石加工和选别指标不同，矿床上部某一区段已勘察清楚。一般先在已获得的工业储量范围内确定分期开采境界，随着矿山开采和补充勘探扩大矿区范围和深度，并增加矿产资源，引起境界扩大而形成自然分期开采。

分期开采在国外矿山比较常见，在国内较少，一般为不得已造成的，有的可以算作二次扩帮开采。

b 陡帮开采

陡帮开采是加陡露天矿剥岩工作帮采用的工艺方法、技术措施和采剥程序的总称。它是针对凹陷露天矿初期剥岩量比较大，生产剥采比大于平均剥采比这一技术经济特征，为了均衡整个生产期的剥采比，推迟部分剥岩量，节约基建投资而发展的一项有效的工艺措施。它还可缩短最终边帮的暴露时间，有利于边坡的稳定。陡帮开采与缓帮开采不同的是，在露天境界内把采矿与剥岩的空间关系在时间上做了相应的调整。在保持相同采矿量的前提下，用加陡剥岩工作帮坡角的工艺方法把接近露天境界圈附近的部分岩石推迟到后期采出。它与分期开采的目的相同，而比分期开采更加有效、灵活。

露天矿工作帮坡角的大小与台阶高度成正比，与工作平盘宽度成反比。缓帮开采工艺因受最小工作平盘限制，平盘宽度很难减小。陡帮开采则是把剥岩帮上的台阶分为工作台阶和暂不工作台阶，只要求工作台阶的工作平盘宽度大于或等于最小工作平盘宽度，而暂不工作的台阶则可按保证安全及运输通道的要求，尽量减小宽度。因此说，陡帮开采是通过控制暂不工作台阶数并减小它们的宽度来减小整个剥岩工作帮上台阶所占平盘宽度来实现加陡剥岩工作帮坡角的。其加陡的程度，从大于一般缓工作帮坡角（8°~15°），直到接近最终边坡角。陡帮开采方面，我国陡帮开采的工作帮坡角在 40°左右，而露天采矿技术较先进的美国、加拿大、俄罗斯工作边坡角已达 45°左右。

陡帮开采适用条件如下：

（1）适于开采倾角大的矿体即倾斜和急倾斜矿体，前期生产剥采比小，可获得好的经济效益。

（2）对覆盖岩层厚度大的矿体，采用陡帮开采与缓帮开采比较，基建剥岩量和前期生产剥采比可大大减少。

（3）当开采形状上小下大的矿体时，采用陡帮开采可获得好的经济效益。

（4）陡帮开采适用于开采剥离洪峰期和剥离洪峰期到达以前的露天矿。

（5）采运设备的规格越大，越有利于在工作帮上实现台阶依次轮流开采和分组轮流开采方式，并容易使工作帮坡角加大。

陡帮开采方式主要有四种：

（1）组合台阶开采方式：采场划分水平台阶由上向下逐层开采，开采台阶高度 12~15m，推进至终了境界时每两个台阶并段为 24~30m，采、剥工作面沿矿体走向方向（南北方向）布置，受下盘岩层顺倾影响，为保证开采作业安全，由下盘向上盘推进，工作台阶坡面角 75°，开段沟最小底宽 30~50m，最小工作线长度为 300m。

剥岩台阶采用组合台阶开采，组合台阶参数为：组合台阶高度 60~75m（4~5 个开采水平为一组），工作平台宽度 50m，安全平台宽度 15~20m。陡帮剥岩时，每隔 60~75m 设置一个 20m 的接滚石平台。

（2）倾斜条带式开采方式：该方法是沿采场四周或分为几个阶段，把剥岩帮划分为若干倾斜条带，由里向外扩帮，各阶段从上到下尾随式开采，尾随的工作平台宽度，根据运输方式和工作面运输线路布置确定，一般为 150~200m，各阶段除正在作业的地段有较宽的工作平台外，其余地段仅留较窄的安全平台，每个作业阶段上一般设置 1 台挖掘机，双侧掘沟时设置 2 台挖掘机，当剥离帮上每个阶段均推进到一定的宽度后，完成一剥岩周期，一般为 1~3 年。

倾斜条带式开采实际上是剥岩帮上以一组台阶形式作业，因此，可以说它是组合台阶开采的特例。

（3）工作台阶追尾式采剥：追尾式采剥与组合台阶开采的区别在于前者工作线横向布置纵向推进，后者工作线纵向布置横向推进，其他工艺基本一样。

（4）并段穿爆、分段采装：此开采工艺主要是利用了集中铲装，有利于铲装效率的提高和生产规模的提高，一定程度上减小了安全平台的宽度，但后期连续生产时容易带来穿孔的困难。

D 高台阶开采

随着露天开采设备大型化的发展，国外一些矿山研究并采用高台阶开采工艺。我国对高台阶开采技术的研究起步较晚，采用高台阶开采的露天矿不多，台阶高度大多集中在 12~15m 范围。近年来，我国大型露天矿装备水平有了较大的提高，为高台阶开采工艺提供了有力的保证。高台阶开采做到了高度集中开采，提高了钻孔、装载和运输设备的利用率。根据生产实践，台阶高度为 24~30m 时，单位炸药消耗量比 12~15m 台阶条件下降 5%~7%，每米钻孔的崩岩量提高 30%~35%，钻机效率提高 40%~50%，钻孔费用下降 30%~40%，钻孔爆破综合成本下降 10%~16%。另外，由于台阶高度的增加，运输水平和道路总长度减小，辅助工作量减小，运输费用降低，台阶高度由 12~15m 提高到 20~24m，运输成本降低 8%~9%。因此，采用高台阶开采对露天矿山开采的节能减排效果具有重大的现实性和必要性。

E 露天坑岩土回填工艺技术

伴随着矿山规模的扩大，排土场也越建越大。作为矿山重大危险源之一，排土场如设计、生产管理不规范将严重影响矿山的安全生产，一旦发生滑坡事故将威胁周围居民的生命财产安全，同时在征地建设过程中和岩土排弃过程中对生态环境造成巨大的影响。同时，矿山建设排土场，存在征地困难、排土成本高、对生态环境影响大、安全隐患多等问题。

针对一些大型露天采场，尤其是采场矿体赋存深度不同的露天矿山，在具备分区开采的情况下，可利用采场不同分区的开采时间差、空间差，根据生产工艺的时空关系，合理安排好衔接过渡，将前期结束较早采区作为后期采坑的排土场，实现短距离内岩石回排，既能降低运输成本，又能够节省排岩空间占地。开展岩石内排工艺一般需要开展的工作步骤如下：

在现状的基础上，根据矿区储量核实报告及相关图纸，查明区内地层、构造及岩浆岩特征，矿体的产状、形态、规模及分布情况，查明区内水文地质、工程地质及环境地质条件，矿山境界内、境界外铁矿资源储量。

根据境界内铁矿资源储量、矿体的产状、形态、分层矿量等进行整体设计，分区开采，优先开采矿石质量高、水文地质条件简单的区域。

在优先开采矿石质量高、水文地质条件简单的区域3~5年后，待资金、设备、人才、技术等条件成熟的情况下，开始开采境界内其余区域。

在整体境界分区开采均达产的情况下，尽可能扩大矿石质量高、水文地质条件简单区域的出矿能力，提前结束露天开采；境界外考虑地下开采回收矿体，为境界内其余区域提供岩土排弃空间，实现采场内排。

在分区开采时，境界贯通区域采用陡帮开采，尽快贯通，以便境界内形成整体开拓运输系统，以尽快实施岩土内排。

对整体境界的开采开展攻关研究和优化设计，逐年编排分区开采的采剥进度计划，确定合理的衔接平台，同时进行技术、经济合理性研究，确定最佳的岩土内排时间节点，减少前期排土场征地面积和排土费用，保证岩土内排的安全、合理，确保整个矿床开采效益最大化。

在整体境界分区开采及实施岩土内排时，境界内各工作帮、固定帮按设计边坡角推进，保证边坡稳定。

实施岩土内排时，通过相应的试验、研究工作，确定岩土内排时岩土自然安息角、安全平台宽度、台阶高度及最终边坡角。

实施岩土内排时，经研究确定合理的安全距离，保证境界内采矿作业的安全、高效。

F　露天采矿装备大型化、集约化

传统的露天开采是矿岩爆破后，在工作面用铲装设备装载到运输工具（汽车或铁路），然后运输到目的地。几十年来，露天开采技术不断发展，开采装备日趋大型化，国内露天矿山的挖掘设备斗容达到20m³以上，大型运输设备——电动轮汽车载重吨位达到220t以上，极大提高了矿山产能；但是，随着石油等主要原材料价格的不断上涨和CPI物价指数的高攀，矿山开采成本直线上升；随着露天矿山深凹开采条件日益恶化，矿山运输距离增加，运输效率降低，运输能耗加大，矿场内环境污染加剧等诸多问题制约着我国露天开采技术的发展，需要从露天采矿工艺源头探寻新型采矿技术方法与配套装备，解决矿山高成本、高污染、高能耗问题。大型露天矿集约化、连续化开采技术将转变矿山运输理念，摈弃移动式运输工具传统观念，发展露天开采传输式物流新观念，创新露天开采技术理论，实践建立露天采场工作面矿石装载—破碎—输送的集中化开采系统。这将是一个全面提高矿山开采技术水平，实现高效、环保、节能目标的新型露天采矿方法，是未来大型露天矿山技术发展的趋势[27]。

回顾采矿历史，露天采矿的发展主要就是通过采矿设备的进步实现的，在过去的20多年里，采矿设备大型化的趋势十分明显，特别是没有作业空间限制的露天矿设备，工作质量达数百上千吨乃至数千吨的设备种类繁多。采矿装备水平的快速发展，极大地改变了采矿方法和工艺，推动了采矿技术的发展。国外大型露天矿最高年产矿石量已达到 4000 万~5000 万吨，普遍采用 $10m^3$ 以上斗容的电铲和载重 170t 以上的卡车，最大电铲斗容达到 $75m^3$，卡车载重已达 360t，爆破炮孔直径目前已普遍向 400~440mm 发展，每次爆破规模保持在 60 万~100 万吨；台阶高度普遍达到 15m 以上，个别达到 20m。而我国最大的露天矿（单一采场）年产仅为 800 万~1200 万吨铁矿石，电铲斗容多数为 4~$10m^3$，卡车载重大多在 25~75t。

可移动、半移动设备具有迁移困难、费用高的缺点，目前大型移动破碎机组的研发取得了快速发展。国外大型露天矿诸如澳大利亚的纽曼山铁矿、加拿大的兰德瓦利铜矿、美国的西雅里塔铜钼矿等的间断—连续开采工艺也多采用可移式破碎站。我国鞍钢齐大山铁矿于 1997 年在国内首次建成了采场内矿、岩可移式破碎胶带运输系统，该系统自投产后一直运转正常，标志着我国深凹露天矿间断—连续开采工艺达到了世界先进水平。

目前，我国已有部分露天矿山进入极深部开采阶段，已取得了一定经验，也存在一定问题：（1）进行极深露天开采时，开采成本增加、运距增加，运输条件恶化，生产产量进入衰减期；（2）露天矿进入极深部开采时为解决高陡边坡稳定性和深层水对边坡影响问题，投资巨大；（3）对进入极深露天矿开采的矿山，由于采场爆破等有害气体的扩散缓慢，造成开采效率下降和环境污染问题。未来 10 年内，国内大部分露天矿山都将陆续进入深部、极深部开采阶段，解决好极深部露天矿开采的特殊技术问题，以较小的投资、较短的时间安全地实现矿山稳产增产，对实现矿山可持续发展具有重要理论价值和实用意义，是我国金属采掘业发展面临的迫切需要解决的综合性技术问题，具有广阔的应用前景。

露天数字化矿山技术将改变矿山传统开采技术和工艺，实现矿山作业的自动控制和科学管理自动化。我国露天数字化矿山技术在"十一五"及"十二五"国家科技计划项目的支持下，已取得了一定成就，但总体而言，我国矿山采矿生产的信息化和智能化水平与国外矿业发达国家相比仍然存在巨大差距，我国矿山的技术装备水平、劳动生产效率和安全保障能力远低于国外先进水平，亟须进一步发展自主的智能开采技术与装备，并促进其产业化。这包括矿山虚拟现实平台、矿山开采过程智能化管控平台、智能开采软件、矿山生产智能化系统、矿山物联网关键技术、矿山开采过程智能化实时监测与控制技术、智能开采装备及其智能操控技术、智能开采标准体系、采矿环境监测监控技术等。数字化矿山技术将从根本上提高我国矿山的本质安全性，增强我国矿业行业的核心竞争能力，使我国从矿业大国真正走向矿业强国；同时，将有力促进智能矿山仪器与装备这一新兴产业的兴起与发展。

G 其他节能减排措施

（1）合理选择露天矿开拓运输方式，在条件具备时，优先采用平硐溜井开拓方式。在总图运输方案选择时，合理确定选矿厂和排土场位置，缩短矿石和废石运输距离。

（2）正确选用露天矿穿爆作业参数：孔间距、排距和抵抗线，采用高效新式穿孔设备，提高穿孔和爆破效率，降低大块率，提高装载效率。临近边坡的矿体爆破宜采用预裂爆破、光面爆破、微差爆破等控制爆破技术。

（3）露天开采条件具备时，应尽量采用土岩内部回填措施。露天排土一般不得压矿，避免二次倒运。

（4）露天开采矿山宜采用移动式空压机供风或利用设备自带空压机供风。

（5）露天矿排水，位于总出入沟以上台阶采用自流排水，深凹露天矿采用分段截流排水方式。

1.3.1.2 地下开采节能减排技术

A 井下保水开采技术

为防止矿山井下发生突然透水灾害，各类矿山可结合采掘特点和具体情况，采取查、探、堵、放四个方面的防治水措施，即查明水源、超前钻孔探水、隔绝水路堵挡水源、放水疏干。

（1）查明水源。查明矿井水源应掌握以下信息：

1）冲积层的厚度、组成，各分层的含水、透水性能。

2）断层的位置、错动的距离、延伸长度、含水导水性质、破碎带的范围。

3）矿井含水层、隔水层的数量、厚度、含水性能及距开采层的距离。

4）老空区的开采时间、深度、范围、积水区域及其分布状况，老空区与新采区的水力联系，老井口及各空区的标高、界境及矿柱情况。

5）观测现采区顶板破坏情况及地表陷落情况，观测矿井涌水量的变化，进而判断透水灾害的可能性。

6）收集地面大气降水量的历史和现状资料，调查地面水系的水文地质情况，查明地表水体分布范围和水量。

7）通过对探水钻孔和水文观测孔中的水压、水位、水量等的变化的观测，查明矿井水的来源，矿井水与地下水和地表面的补给关系。

研究矿区地下水化学成分，探查老窿水：

1）矿井的老窿水具有较高的硬度、矿化度和钙、镁等盐类。

2）地下老窿存水，在强烈的还原条件下，硫酸盐可以大部分转化成硫化氢（H_2S），在探查老窿水中，H_2S 是值得注意的指标。

3）处于停滞状态的地下水，经常会出现亚铁离子（Fe^+），所以亚铁离子是老窿水的另一特征。亚锰离子（Mn^+）也是探水的指示元素。

4）因为地下水中氡含量的变化与岩溶裂隙的发育程度有关，富水性强、水量大的含水层中，氡（Rn^{222}）的含量相对较低。

利用钻孔测温确定含水段、岩溶发育程度，含水层的补给关系及判断断层的导水性：

1）石灰岩富水时，其含水段的热导率大为提高。

2）地下水达到最大循环深度时，水温也达到最高值；地下水上升途中，水温高于岩温，进入排泄区则具有高温度、高梯度、高热流的特点。

3）突然涌水的出水点水温偏低。

4）如在断层两侧各打观测钻孔，在同一水平测点的两孔温度较高时，说明两孔之间及其附近区间内的含水层没有水力联系。用测孔温差可判断这一断层导水性差。

利用钻孔电磁波透视法探查溶洞积水。该法是新发展起来的勘探石灰岩地区岩溶水源的科学手段。在一个钻孔中放入高频电磁发射机，向高阻的石灰岩层中辐射电磁波，在传播的路径上若遇有溶洞或破碎带，即产生反射或衰减等现象，在另一钻孔中放入接收机，它将收到穿透过岩溶溶洞及其边缘的散射信号，形成溶洞的阴影。通过阴影的位置、大小可以判断出溶洞的位置、大小和形状。

（2）超前钻孔探水。为深入探明矿山水文情况，确切掌握可能造成水灾的水源位置和距离，在采掘工作之前必须超前钻孔探水。有疑必探，先探后掘。

掘进工作面遇到下列情况必须探水前进：

1）接近溶洞、含水断层、含水丰富的含水层（包括流砂层、冲积层、风化带等）时。

2）接近可能与河流、湖泊、蓄水池、含水层或大量积水区相通的断层时。

3）接近被淹井巷或有积水的小窑、老空区时。

4）打开隔离矿柱放水时。

5）在灌过泥浆的已熄灭火区下部进行采掘时。

6）上层有积水，在下层进行采掘工作的层间垂直距离小于回采工作面采高的 40 倍或小于掘进巷道高度的 10 倍时。

7）采掘工作面发现疑似出水征兆时。

探水的起点——离可疑水源的安全距离由于积水范围不可能掌握得十分准确，所以从探水的起点至可疑水源必须留出适当的安全距离。

探水区的起点应根据水文资料的可靠程度与积水区的水头压力、积水量大小、迎头岩层的厚度和硬度以及抗拉强度等因素决定。根据我国煤矿的经验，必须在离可疑水源 75～150m 以外开始打探孔钻，有时在 200m 以外就开始打钻探水。

在探水地点开始探水前应进行以下各项安全准备工作：

1）加强靠近探水工作面的支护，以防高压积水冲垮岩壁及支架。

2）检查排水系统，应根据预计出水量确定是否加开排水泵，清理水沟、水仓使其畅通及缓冲泄水。

3）探水工作面要经常检查瓦斯、硫化氢等有毒有害气体。当 CH_4 含量大于 1% 时必须停止钻机，CH_4 含量达 1.5% 时必须停止工作。应设法改善通风，使其降到 1% 以下时，方可开动钻机。

4）水压较大的探水孔要设套管，加装水阀控制放水量。

5）探水工作地点要安装电话，可及时与调度站和中央水泵房联系。

6）制定、检查安全撤退路线及安全出口。

探水钻孔的深度、孔径及布置：

1）钻孔深度与超前距离。一般钻孔探水是先探后掘，当钻孔钻进一定深度未发现可疑突水征兆时，方可开始掘进巷道，且钻孔深度对巷道掘进距离应始终保持一段超前距离，以确保掘进工作的安全。钻孔的超前距离一般不得小于 20m，以使工作面前方经常保持不小于 20m 的保护矿柱。金属矿岩层中的探水钻孔则需超前 5～10m。钻孔深度应是掘进距离与超前距离之和，一般为 40m 左右，即每打一次钻孔可连续掘进 20～30m。

2）钻孔直径和孔数。探水钻孔探到积水区以后，就利用探水钻孔执行放水钻孔的任务，因此钻孔直径的大小既要使水顺利流出，又要防止钻孔径大压高而冲垮岩壁，一般探水钻孔直径以不大于 75mm 为宜。钻孔数目以工作面前方的中心与上下左右都能起到探水作用为准，故最少应在 3 个以上。

3）探水钻孔的布置。钻孔布置是否合理，对保障矿井与施工人员安全、节约钻探工程量、提高掘进速度等均有重要影响。布置钻孔时应针对积水资料的可靠程度、积水区周围的地质构造、掘进巷道所在位置与积水区相对关系以及积水压力大小、岩层硬度和厚度等条件具体确定。一般而言，矿体厚或含水层厚时钻孔应多些，有断层时，钻孔应增加倾向断层方向的个数，探老窿区的钻孔应加密、加深。

（3）隔绝水路堵挡水源。注浆堵水、修筑水闸门和水闸墙。水闸门由墙体、闸门、管路、仪表组成，在选定的闸址按设计开挖闸巢。水闸门实际上是带门的水闸墙。水闸门有不同类型，按门硐数可分为单门硐和双门硐两种；按流水方式可分为不设流水管装置、设流水管并带闸阀、设水沟带水沟闸门的；按闸门外形分为矩形、圆形；按止水方式分为橡皮止水、铅锌合金止水等。建水闸门并非万无一失，还需使用得当，进行良好的维护才能确保安全。

水闸门构筑中应注意的问题:

1) 确定水闸门位置时,必须注意该处的工程地质及水文地质条件,应避开断层破碎带、岩溶发育带、裂隙带,建在岩石坚硬、稳定不渗水的岩层中;同时还要考虑遭受水灾后能有恢复生产或绕过事故区,开拓新区的可能。

2) 施工前应进行周密的设计。所用水泥等原材料一定要合乎标准,严禁使用失效水泥,砂石要洁净,水质要好,配比要严格;浇注后要进行适时养护,并进行压力试验。

3) 水闸门必须精心设计,技术人员亲临现场指挥,精密施工,保证围岩灌浆质量,使门扇与门框紧密接触。

4) 闸门之下所设的短节易卸拆的道轨应保证遇事能快速卸除。水闸门建成后应定时做开启试验,并进行保养维护。

5) 通过水闸门的水沟,应与有阀门的水管相通,管口加铁篦子,并留设观测管孔。

水闸墙是井下用来封闭局部水患区和危险隐患区的有效措施。一般用来封闭充水工作面或采矿场、出水的掘进头、老空区、与地表水体相连的巷道、小窑充水水体以及断层水等。

水闸墙筑前需按设计开挖足够尺寸的闸墙沟巢,墙基既可筑成混凝土凸缘基座,也可采用锚杆基座。在墙体的一定部位装有管线和仪表。压力表、测压管是必不可少的,有的墙体还应设有检查孔道,在孔道上装有严密的孔盖。墙体还必须设有带高压阀门的放水管。

水闸墙按墙面形式分为弧形水闸墙和平面水闸墙两种。还有抗高压的多段水闸墙。

水闸墙首要的作用是密闭隔水,所以水闸墙的强度应大于建墙地点最高水头压力。因此,墙体应有一定的厚度和质量。

水闸墙在构筑中必须注意下列安全要求:应选在围岩坚硬完整、断层裂隙少、不受干扰而稳固的地方构筑水闸墙。建墙的巷道应选在断面小、两帮坚固的部位。水闸墙的壁后必须注浆加固。为封死水源,彻底消除水患,应实行墙内全面注浆。墙体必须牢固,整个封堵环节不可出现溃决绕流等薄弱地带,以免造成工程失效。为避免围岩产生裂缝,水闸墙建造过程的凿槽工作绝对不允许使用炸药,只能用风镐或手镐开凿。为防止水闸墙因受硫酸钙、碳酸钙、氧化钙反应的影响而遭到损坏,可用铝钙水泥构筑闸墙的前半部分(厚 2m 左右)。水闸墙应有足够的厚度,以确保当最大水压突然冲击时的安全支撑,平面形水闸墙在单方向承压的条件下,在其反面可能产生拉力,所以平面水闸墙的厚度一般不应小于巷道宽度的一半。

注浆堵水是将制成的水泥浆液通过管道压入地层裂隙,经凝结、硬化后起到隔绝水源的目的。

注浆堵水的工艺、设备均较简单，效果好，成为国内外矿山、铁路涵洞、水工建筑等方面防治地下水害的有效方法。

注浆堵水，一般在下列条件下应用：

1）当老窿水或被淹井巷水与强大水源的水力联系密切，单纯排水已不可能或不经济时。

2）在建井过程中，当井筒或巷道必须穿过含水丰富的含水层或充水断层时，如不先堵住水源，就不能掘进，无法进行矿井建设。

3）当井筒的工作面淋水严重，井壁失稳水大，为了加固井壁，改善劳动条件，减少排水费用，可以采用注浆堵水措施。

4）某些涌水量特大的矿井，为了减少矿井涌水量，降低无法承担的常年排水费用，亦可采用注浆的办法以堵住水源。

为了保持水资源的平衡，在注浆钻孔位置设置回灌区，把帷幕内的水抽出来排至周边的水域，保持周边地区环境的换水平衡。

（4）放水疏干。放水疏干是指对水文地质复杂的大水矿床，按照开采设计的要求，分期、分段预先疏干地下水，或放水已知的老空积水，以防突然涌水而淹没矿井。疏干方式有地表疏干、地下疏干及联合疏干等三种。地表疏干是在地面布置成排的抽水井，内装潜水泵或深井泵抽水。井径一般为 300~500mm，潜水泵扬程为 300~400m，排水量 600~700m³/h，井位、井距和井数要根据井的集水能力、设备性能、允许残余水头和季节性水位变化等因素确定。地下疏干是在隔水层布置疏干巷道和疏干洞室，向强含水层、断裂带、溶洞群、地下河、采空区积水等处打放水钻孔，放出地下水。放水钻孔有水平或倾斜的丛状孔，放水孔均装有能控制放水量的孔口管和阀门。联合疏干是当含水层深度大、透水性上强下弱时，宜在上部采用地表疏干，下部用地下疏干。

B 井下空区处理技术

大面积采空区条件下矿床开采的关键在于采空区的治理方案。在采空区治理上，国内外矿山处理方法大致形成了"封、崩、撑、充"几种方式，其中"封"常是"崩""撑""充"的前期措施。具体的采空区处理方法有以下几种。

a 崩落围岩处理空区

崩落围岩处理空区的特点是用崩落围岩充填空区并形成缓冲保护垫层，以防止空区内大量岩石突然冒落所造成的危害。崩落围岩处理空区的适用条件是：

（1）地表允许崩落，地表崩落后对矿区及农业生产无害。

（2）采空区上方预计崩落范围内的矿柱已回采完毕，井巷设施等已不再使用并已撤除。

（3）围岩稳定性较差。

（4）适用于大体积连续空区的处理。

（5）适用于低品位、价值不高的矿体空区的处理。

采用崩落围岩处理空区，能及时消除空场，防止应力过分集中和大规模的地压活动，并且可以简化处理工艺，提高劳动生产率，已为国内矿山广泛采用。

b 用充填料充填处理空区

用充填料充填处理空区是在坑内外通过车辆运输或管道输送方式将废石或湿式充填材料送入采空区，把采空区充填密实以消除空区的一种方法。充填料充填空区的作用在于通过充填体支撑空区，控制地压活动，减少矿体上部地表下沉量，防止矿岩内因火灾。用充填法处理采空区，一方面要求对采空区或采空区群的位置、大小以及与相邻采空区的所有通道了解清楚，以便对采空区进行封闭、隔离及对充填料进行脱水，防止充填料流失；另一方面，采空区中必须有钻孔、巷道与天井相通，以便充填料能直接进入采空区，达到密实充填采空区的目的。

充填法处理空区一般用于围岩稳固性较差、上部矿体或矿体上部地表需要保护、矿岩会发生内因火灾以及稀有、贵重金属及高品位矿体的开采。

充填处理空区可分干式充填和湿式充填两种。目前应用比较广泛的空区处理方法是湿式充填。

c 留永久矿柱或构筑人工石柱处理采空区

留永久矿柱或构筑人工石柱处理采空区，一般用于矿体呈缓倾斜，厚度在薄至中厚以下，用房柱法、全面法回采，顶板相对稳定，地表允许冒落的矿山。用矿体支撑空区，在矿柱量不多的情况下，不仅在回采过程中能做到安全生产，而且能保证在回采结束后空区仍不垮落。该法的关键是矿岩条件好、矿柱选留恰当、连续的空区面积不太大。但也有一些用矿柱支撑空区的矿山，随着时间的推移和空区暴露面积的增大会出现大的地压活动，危及矿山安全。因此，决定用矿柱支撑处理采空区时，必须认真研究岩体力学性质和地质构造情况，以便得到合理的矿柱尺寸和进行地压预测。

d 联合法处理采空区

由于采空区赋存条件各异、生产状况不一，有些采空区内采用一种空区处理方法不能满足生产的需要，从而产生了联合法处理空区的方式，即同时采用两种或两种以上的方法来共同处理采空区，以达到消除采空区隐患的目的。目前，处理采空区的联合法有矿柱支撑与充填法联合、封闭隔离与崩落围岩联合等。

C 井下无废开采技术

在采矿过程中，矿山不仅获得了所需要的有用物质，同时也产生大量的废弃物形成灾害，如废石、尾矿在地表的堆置，地表塌陷和边坡破坏等。废石、尾矿堆置在地表，不仅占用大量宝贵的土地，而且会产生严重的大气与水体污染，同时也为形成泥石流、滑坡和尾矿坝垮塌事故提供了条件，地表塌陷、边坡滑塌给人们的生命财产造成了巨大损失。因此，国外近20年来对减废开采技术进行了大量研究。

实现无废开采的途径，一是采用产生废弃物少的采矿方法和工艺技术。二是无废开采模式。无废开采的目标是最大限度地减少废料的产出、排放，提高资源综合利用率，减轻或杜绝矿产资源开发对生态和环境的破坏。矿山无废开采模式遵从工业生态学的观点，以采矿活动为中心，将矿山生态环境、资源环境和经济环境联成一个有机的工业系统，以最小的排放量获取最大资源量和经济效益，采矿活动结束后通过最小的末端治理使矿山环境与生态环境融为一个整体。为了实现无废开采，应大力提高采选技术水平，大力降低矿石贫化率等，实现废料产出最小化，从源头上控制废石产出率；同时，尽可能提高选矿回收率，减少尾矿排放量，将矿石资源中由于选冶水平低而不能利用的成分减到最少；加强综合回收，实现废弃物的资源化，提高废弃物的整体利用水平，努力实现矿山故土废弃物的零排放、零堆存。

要实现无废采矿，不仅要在观念上充分认识其重要性，更要在采矿工程布置、开采工艺技术、集运装备技术等方面进行系统的研究[28]。

D 井下诱导冒落技术

东北大学本着"三律"（岩体冒落规律、散体移动规律与地压活动规律）适应性原理，已解决了20多座矿山难采矿体的高效开采技术难题，并在和睦山铁矿试验成功了诱导冒落采矿法，总结出"三律"适应性高效开采理论，累计提出了十余种新型采矿方法，这些研究工作为项目研究奠定了理论与工艺基础。

海南铁矿露天转地下开采时期，在总结国内外露天转地下研究成果与生产经验的基础上，分析了传统过渡模式对矿床高效开采的不适应性，提出了过渡期地下诱导冒落法开采挂帮矿体、露天延深开采坑底矿体的楔形转接过渡模式，研究了该模式下露天地下协同开采的技术方法，并提出了相应的采动岩移控制方法。此外，研究了露天地下协同安排回采顺序、协同形成覆盖层、协同布置开拓系统与协同优化产能管理等的理论方法与工艺技术，由此形成了完整的露天转地下楔形过渡协同开采方法。

E 现代化高强度开采工艺技术与装备

国际大型坑内矿第一位的瑞典基律纳铁矿的生产水平是3500万吨/年。以司家营南区铁矿为代表研发创造超级采场下嗣后充填采矿法等现代化高强度坑内开采新工艺，实现地下矿年产2000万吨以上。

通过高效率电传动地下运输车、地下大型低污染铲运机、井下设备智能化操控系统、高效多功能锚杆钻装车、高效深孔凿岩设备、地下矿山安全环保型炸药及地下中深孔乳化炸药装药车工艺设备的研制，生产具备新型驱动技术且载重吨位35~40t的井下自卸车样车，可提高爬坡能力10%，运输效率提高10%~15%，斗容 6~8m³ 的地下大型低污染铲运机可使工作效率提高 7%~10%，爬坡能力达 25%，锚杆钻装车钻孔速度比现有锚杆钻凿设备提高 1 倍，高效深孔凿岩设备钻孔直径、钻速、台班效率均可实现现有气动凿岩设备的约 2 倍，乳胶基质安全指标、性能指标合格，炮孔利用率高，实现全方位装填，返药率低。基本建立井下设备智能化操控应用系统，排放达到国际地下非公路车标准要求。

F 地下采选一体化技术

在绿色矿山的建设中，地下采选一体化技术优势突出，有广阔的发展前景。地下采选一体化技术主要工程包括采矿工程、选矿工程、精矿提升、尾矿输送、充填等公辅设施，布局合理，相互协调、总体优化，充分发挥了采选一体化技术和工程的优势。它将选矿平台建在井下，选矿厂靠近采场，减少了原矿从采场到选厂的提升运输，地下选矿后直接向地面输送精矿，可大量减少废石的提升量，是解决提升难题的一个重要途径，废石与尾矿就近充填采空区，实现原地利用，减少了地表固体废物的排放和对生态环境的污染、破坏，选矿厂建到地下，减少了地表占地和选矿厂对地表环境的影响。

对于深部开采，将矿石预选后在井下破碎、研磨成矿浆，用管道输送的方法送至地表选矿厂，是一项具有发展潜力的技术。管道水力输送与其他运输方案相比，具有基建投资低、对地形适应性强、不占或少占土地、连续作业受外界条件干扰小以及自动化程度高、技术可靠等一系列优点。

G 地下开采其他节能减排措施

（1）地下开采凿岩爆破节能措施。有条件时应尽量采用中深孔爆破技术。炮孔排列方式、炮孔间距和排距、爆破抵抗线合理，矿石爆破时，大块产率小，无过粉碎现象。

应尽量采用凿岩台车凿岩，以提高凿岩效率。采用风动凿岩机凿岩时，风压要达到设备额定风压。中深孔或深孔凿岩要求风压较高时，应附加增压设备。应研发和推广使用液压凿岩机，以取代风动凿岩机。

（2）地下采场运搬节能措施。应选择与矿块生产能力相匹配的出矿设备。尽量采用大斗容的铲运机出矿。条件允许时，采场出矿应推广使用电动铲运机。

合理布局采场溜井数量，缩短出矿设备运距。当坑内运搬距离较远时，可采用铲运机和坑内卡车联合出矿。

根据矿体赋存条件尽量选择自重放矿。采场放矿应采用振动放矿机装矿，尽量不采用气动闸门。

（3）矿井提升节能措施。当提升量大时，应优先采用箕斗提升和多绳提升系统，箕斗卸矿系统应采用无动力自动卸矿设施，节省能源。多绳提升系统应采用等重尾绳或者采用重尾绳，以降低电动机的起动过载系数。大型矿山宜采用同一套箕斗提升系统提升矿石和废石，中型矿山可采用罐笼与箕斗互为平衡的一套提升系统提升矿石、废石、人员、材料和设备，小型矿山可采用一套罐笼提升系统提升矿石、废石、人员、材料和设备。

提升矿石和废石的罐笼井宜采用双罐笼提升系统。除掘井作业外，生产竖井不应采用不带平衡装置的单容器提升系统。竖井提升容器宜采用滚轮罐耳，斜井提升系统的钢丝绳应采用带滚动轴承的托辊支承。

大型提升机应优先采用交流变频调速电动机或直流电动机拖动。新建矿山提升系统不应采用串电阻调速系统。在满足提升能力要求的前提下，应采用大规格提升容器和较低的提升速度与加（减）速度，降低电动机功率和能量消耗。

（4）井下运输节能措施。井下运输系统应避免反向运输和重车上坡运输。选择井下有轨运输系统方案时，应将能量消耗作为重要内容进行比较。优先选用有轨运输方式，轨道规格和参数应与采用的电机车和矿车的规格相匹配，电机车运输应优先选用550V电压，少用或者不用汽车运输方式。

（5）矿井通风系统节能措施。应根据通风技术条件，结合矿床开采特点、采掘作业面分布，选择矿井通风阻力最小的通风系统。当矿区内开采矿体较多而相距较远时，或矿体走向很长、风阻很大时，宜采用分区通风系统。通风网络和通风系统比较复杂的矿井应采用多级机站通风系统。

通风网络应设置风门、调节风门、风墙等必需的通风构筑物，使风流有序流动，减少漏风和短路。新建矿井的通风机应采用高效节能风机，其工况点效率应不低于65%。矿井通风系统有效风量率应不低于60%。固定叶片角度的主通风机和辅助通风机应采用交流变频调速电动机或者直流电动机驱动。

（6）矿井防排水节能措施。采用平硐溜井开拓的矿山应采用自流排水方式，必要时可开凿专用排水巷道。矿井排水系统采用分段接力排水还是采用集中排水方式，需进行技术经济比较，其中能源消耗是比较的主要内容。在经济效益相近条件下，优先选用分段接力排水方式。

涌水量大、水文地质条件复杂、含水带位于开采矿床上部的矿井，应设置中段截流巷道，分段集水后排出地表。水文地质和岩石条件较好的矿山，可采用设置高位水仓、潜没式泵站的压力注水方式向泵腔注水，有条件时宜采用无底阀排水。

应考虑设备排水能力与排水管路直径的匹配，最大排水速度不应超过2.5m/s。

（7）压缩空气系统节能措施。空压机站应靠近压气设备使用点，一般宜设在副井井口，用气点距离较远时应设分区空压机站或井下空压机站。用气地点分散、用气量不大时，可采用移动式空压机。

压气管直径选择合理，压气管网总压降应不大于空压机站额定压力的12%或者0.1MPa。

1.3.1.3   露天转地下开采整体节能减排

研究表明，应将矿床开采的生命周期作为一个整体规划设计，矿山充分利用露天与地下开采的有利工艺特点，确定好各个阶段开采的合理时机，统筹规划露天与地下开采的工程布置，可实现露天开采向地下开采的平稳过渡、产量均衡和效益的最大化，可以使矿山的基建投资减少 25%～50%，生产成本降低 25% 左右。

我国大多数露天转地下的矿山在设计时没有对矿床进行统筹规划，确定露天开采与地下开采的界线时，既没有考虑露天开采成本随开采深度的变化，也没有考虑矿石品质随深度的变化，露天下部的矿体何时开始向地下开采过渡，露天地下产能怎么衔接，露天地下采矿开拓系统如何相互利用，如何实现平稳过渡，针对这些问题提出的矿山露天转地下三阶段开采技术思想，以整个矿床开采获取最大效益为目标，将矿床开采划分为露天开采阶段、露天转地下过渡阶段和地下开采阶段，将矿床开采的生命周期进行整体规划、设计，这种方法能有效避免露天转地下的矿山在露天地下过渡时期遇到的如产量衔接、过渡时机、投资浪费等问题。

1.3.2   固体废物井下充填节能减排技术

1.3.2.1   全尾砂胶结充填技术

A   全尾砂充填发展历程

选矿尾砂是金属矿山废料的主要来源，尾砂排放需占用大量土地，且尾砂库安全隐患较大，是矿山主要危险源之一。随着管道输送技术的提高，20 世纪 30 年代末期，尾砂水力充填逐渐取代古老的废石充填，并于 60 年代开始成为国外普遍推广应用的一种充填方式，尤其是尾砂加水泥的尾砂胶结充填成为矿山提高矿石回采率和回采作业安全性、减轻尾砂地面堆放压力的主要方法。我国也于 1966 年在招远金矿等开始引进尾砂充填技术，目前尾砂胶结充填采矿法已成为地下矿体开采和保护矿山地表的一种最有效的采矿技术，在地下矿山中得到日益广泛的应用。

20 世纪 80 年代以前，国内外矿山主要用分级尾砂充填，但该充填工艺在长期实践过程中存在着严重的缺点：

（1）尾砂产率低。排走大量细粒级尾砂（一般为 $-37\mu m$）后，分级尾砂产率比较低，一般在 50% 左右。

（2）离析严重。尾砂充填料浆浓度普遍仅 65%～70%，料浆充入采场后需进行脱水，并易带走大量细泥，污染巷道，胶结充填时，还造成水泥流失，加剧水泥离析程度，影响充填质量。

（3）排出的细粒尾砂难以堆坝，增加尾矿库建设与维护难度和费用。为此，全尾砂应用引起了国内外高度重视，并在近几年得到了大力发展，当前新建矿山尾砂充填系统绝大部分都采用全尾砂充填。

B 全尾砂充填主要工艺特点

全尾砂胶结充填工艺用不脱泥全粒级尾砂作充填骨料，其主要工艺特点包括：

（1）使用以絮凝沉降技术为基础的高效浓密机接收处理尾砂，浓缩难沉的细粒级尾砂效果显著，浓密机的底流尾砂产率可达到95%以上。

（2）采用真空过滤脱水，获得含水率较低的全粒级尾砂滤饼，为制备高浓度料浆提供了前提条件。

（3）一些矿山应用带破拱架的振动放料机，可保证料浆制备时絮凝成团的尾砂均匀连续给料，使用变频调速器调节尾砂给料，用可调速的双管螺旋给料机进行水泥给料，有利于按设计参数制备料浆。

（4）使用强力机械搅拌技术，破坏固体颗粒表面的分子水膜，混合物的触变性结构被稀释，变成具有流动性的溶胶状态，颗粒在机械冲击力作用下作激烈的伪布朗运动，从而使水泥颗粒均匀分布，水化反应充分完全，有利于制备出高质量的均质充填料。

C 全尾砂充填评价

与分级尾砂充填相比，全尾砂胶结充填具有如下突出优点：

（1）尾砂利用率高，解决了分级后细泥难以堆坝排放的难题，有效避免了环境污染，大大减少了尾矿库筑坝费用。

（2）全尾砂充填容易形成均质料浆，输送性能好，分层沉淀现象得到抑制。

但其主要缺点是：全尾砂细粒级含量较高，渗透系数小，脱滤水速度慢，凝固时间长，充填体强度，尤其是早期强度可能会受到影响。

为克服全尾砂充填的上述缺陷，应尽量提高全尾砂充填浓度，实现高浓度充填，采用高浓度全尾砂料浆，不仅可以提高充填质量，而且可以减少水泥消耗，降低充填成本。

D 全尾砂储存与浓缩方式

尾砂储存与浓缩有两种方式：

（1）干式全尾砂系统。选厂尾砂浓缩、压滤成饼（含水率15%~20%），并通过汽车干运至充填制备站堆场或卧式砂仓储存，充填时，通过机械设备（装载机、电耙、抓斗提升机等）将滤饼转运至搅拌桶，与水泥加水搅拌，形成符合浓度要求的全尾砂胶结充填料浆。该工艺的最大优点是质量浓度可控，有利于提高充填质量浓度，加快作业循环，提高采场生产效率和能力。其缺点是尾砂需压滤，成本高，生产能力受到限制，且干料运输容易污染环境，干运至充填制备站后，还需加水重新制成符合要求的浆体，经济合理性不高。该工艺一般适用于充填量不大的中小型矿山。

部分小型矿山将选厂排出的全尾砂（质量浓度 15%~20%）泵送至充填制备站若干个小型卧式砂仓，自然滤干，充填时多个砂仓交替使用。

（2）湿式全尾砂系统。将选厂排出的全尾砂（质量浓度 15%~20%）泵送至充填制备站砂仓，在砂仓内自然沉降。充填时，利用风水系统在砂仓内造浆，砂仓放出的质量浓度 60%~70%的全尾砂浆进入搅拌系统与水泥搅拌，形成符合浓度要求的全尾砂胶结充填料浆。此种全尾砂储存、浓缩和放砂工艺包括立式和卧式两种砂仓系统。

立式砂仓系统利用储仓直接将沉淀尾砂制备成高浓度砂浆。立式砂仓充填系统利用自然沉降制备高浓度的料浆，具有很多优点：静态条件下的溢流浓度低，带走的尾砂细泥很少，尾砂利用率高；结构简单，整套脱水设施无任何运动部件，相对于浓密和过滤脱水，可以大大降低基建投资；采用自然沉降脱水，较浓密和过滤脱水可大大节省能耗，大幅度降低脱水成本，同时操作简单、维修方便；全尾砂造浆后，浓度均匀，有利于充填料的制备和输送。

立式砂仓一般容积 1000~1500m³，多采用钢筋混凝土结构或钢结构。由于立式砂仓建设周期较长，近年来不少矿山开始推广应用深锥浓密机代替立式砂仓。深锥浓密机絮凝全尾砂原理与立式砂仓基本相同，但其絮凝效果更佳，且设备简单，易于实现高浓度连续充填。

卧式砂仓系统不需建设高大的立式砂仓，工艺相对简单，但浓缩沉降速度慢，砂仓占地面积大，放砂浓度受到限制，对于充填能力较大的矿山并不适应。

上述各系统优缺点见表 1-3。由于国内外冶金矿山年生产规模较大，不适宜采用充填能力有限的干式全尾砂充填或卧式砂仓湿式全尾砂充填工艺，而应采用充填能力大、自动化程度高的立式砂仓或深锥浓密机全尾砂充填技术。

表 1-3 充填骨料储存系统优缺点比较

项目	堆场	卧式砂仓	立式砂仓	深锥浓密机
适应物料	干式物料（含压滤后尾砂滤饼）	干式物料或选厂排放低浓度尾砂	选厂排放低浓度尾砂	选厂排放低浓度尾砂
结构复杂程度	简单	简单	复杂	较复杂
放砂浓度	可调	可调	较高	较高
放砂连续性	一般	一般	好	好
放砂自动化控制程度	一般	一般	好	好
占地面积	大	大	较小	小
推荐使用情况	（1）干式骨料；（2）尾砂需干排时	（1）分级尾砂；（2）充填能力不大时	充填能力较大的尾砂充填矿山	充填能力较大的尾砂充填矿山，未来发展前景较好

根据充填动力不同，高浓度全尾砂充填可分为重力自流充填和膏体泵送充填两种形式。在充填倍线不大于 5~6 的情况下，可采用自流输送，如果充填倍线超过此值，则宜采用加压泵送方式。

1.3.2.2 废石胶结充填技术

A 废石胶结充填优势

在冶金矿山中，如果废石量较大，或自产尾砂量不足，其他的充填材料不足以充填井下空区时，则应该考虑使用废石胶结充填系统。废石胶结充填是将一定量的粗骨料和胶结料浆混合充入采场或采空区，并使之成为胶结整体的工艺过程。与其他充填系统相比较，它具有以下优势[29]：

（1）废石充填本身是一个投资较小、生产费用较低的充填工艺。主要表现在进入采场之后充填料浆的浓度高，因此水泥等胶结剂的消耗量比全尾砂自流充填系统小；同时由于废石在地下与其他充填材料混合之后即进入采场，故充填骨料的加工费用较低。

（2）进入采场的料浆浓度高（可以达到90%），致使形成的充填体强度高、整体稳定性好，因此充填体质量较高。料浆进入采场之后脱水量小，几乎不对巷道产生污染，因此矿山的排水排泥费用很低。

（3）可以在地下对废石进行破碎加工，节省矿山的提升费用；同时减轻了矿山的提升负担，使矿石的正常提升不受干扰，有助于提高矿山产量。由于废石不提升出地表，因此可以杜绝矿山由于废石带来的环境污染。

（4）由于部分骨料在井下添加，可以缓解充填管道的压力，减轻管道的高压和磨损，有助于提高充填系统的寿命。

（5）能较快形成充填体强度，可缩短回采作业循环时间，因此矿山的劳动生产率高。

（6）系统充填能力大、充填效率高，不易发生采充失调现象，不影响采矿进度。

B 充填材料的制备及配合比选择

废石充填由于骨料的粒度较大（-300mm），因此料浆不可避免地要离析分层，同时如果级配不合理，会在充填体内部形成空区，降低充填体质量，因此对骨料的基体加工、其他细颗粒骨料对块石骨料粒级组成不足的补偿优化、水泥耗量、充填料浆浓度确定等要依据各个矿山的具体情况，在保证安全回采的前提下，使充填费用达到最小。废石胶结充填骨料的要求及配合比的选择，要遵循以下基本原则：

（1）在胶结充填矿山中，胶结材料费用在充填材料成本构成中所占比例最大，因此在保证安全回采（即现场对充填体的强度要求）的条件下，水泥的用量应该达到最少。在废石胶结充填的矿山，水泥耗量一般为料浆总重的 3%~5%，澳大利亚芒特艾萨矿水泥耗量为 0.62%~1%，这与他们依靠科技进步、不断降低充填成本有关。在废石胶结充填系统中，粉煤灰、细磨炉渣等具有胶结性能的材料的使用非常重要，一方面可以利用其火山灰性质和胶凝性能取代部分水泥；另一方面可以利用其细颗粒成分填补废石等大块骨料之间形成的空隙，增加充填体密度，提高充填体强度，从这个意义上，也可以降低水泥耗量。

（2）废石的加工。充填体强度要求越高的矿山，对骨料中最大颗粒的尺寸限制越严格；否则会导致充填料浆的离析分层，降低充填体的密实度，损害充填体质量。

（3）分级尾砂等细骨料。在废石胶结充填系统中，由于废石等粗骨料的颗粒尺寸较大，会在充填体中形成很多空隙。因此在充填料浆中添加部分细颗粒骨料，以提高充填体的密实度，具有特别重要的意义；同时由于对料浆脱水的具体要求，以使用分级尾砂较好，而对于尾砂来源不足、充填体强度要求又高的矿山，只能采用棒磨砂来补偿废石骨料级配的不足。

（4）粗骨料与细骨料的比例。使用废石胶结充填的矿山，在粗细骨料的合理比例上基本达成了共识，就是+5mm 粗颗粒含量占 75%，-5mm 细颗粒含量占 25%（其中-1mm 粒级部分接近 6%）。

（5）充填料浆的浓度。充填料浆的浓度遵循胶结充填的一般规律就是在保证料浆能顺利输送、进入采场后能充分接顶和有一定流动性的条件下，使用最高的料浆浓度。高浓度充填是降低水泥耗量、提高充填体强度、减小料浆的离析分层及脱水量等成本质量控制的最直接、最根本的办法。因此，在废石胶结充填中更应该采用高浓度充填。因为废石胶结充填基本上不用考虑料浆的输送问题，废石与细砂浆的井下混合为提高充填料浆的浓度开辟了更加重要的途径，只要能提高搅拌质量，保证充填材料在井下充分、均匀混合，就可以达到用理想的浓度进行充填的目的。

C 井下充填料浆的混合方式

国外使用块石胶结充填技术的矿山很多，技术发展已经很成熟。目前，废石胶结充填矿山的共同特点是地表制浆（水泥浆、水泥+尾砂浆、水泥+细砂浆等）、地下混合；同时能使用井下废石代替其他块石作充填骨料的都尽量使用，有的矿山干脆就用废石充填，其不同点在于井下混合方式。井下混合方式概括起来大概有以下几种：

（1）汽车内混合。汽车先在井下块石仓下方依靠块石仓震动出矿机给料，装车后，在喷射器下让车内块石淋浆，淋浆结束后，车开入采场需要充填的地点，料浆的混合依靠汽车后移动及行车期间的上下颠簸进行。

（2）充填天井处混合。块石在料仓中下放后，通过一段或多段皮带运输到待充采场上部的充填斜天井，在此处与水泥浆混合，共同下放到采场。

（3）电耙道混合。这种混合方式能使各充填材料混合充分、均匀。块石通过皮带运输到电耙巷道，下皮带时，让水泥浆冲击进行初步混合，之后用电耙扒运至采场，期间达到第二步混合的效果。

（4）块石先进入充填采场，之后淋浆。这是一种最简便的混合方式，适合于空场法采后充填的矿山，上向水平分层充填，因为在下放块石和扒平的过程中，由于设备运行的影响，必然要降低块石料的渗透性，减少或阻碍砂浆向块石中的渗透，从而也会影响到整体充填质量。

以上前三种混合方式如图 1-24 和图 1-25 所示。

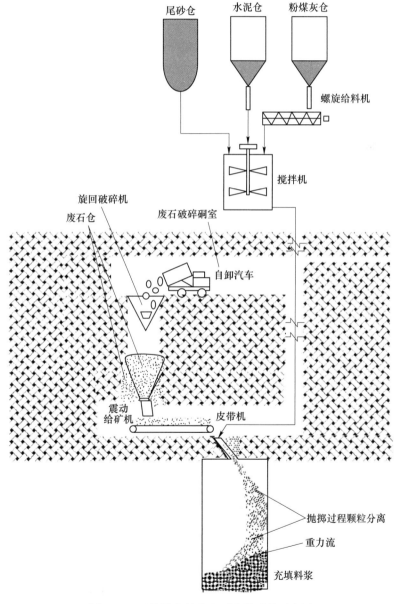

图 1-24　天井混合料浆废石充填系统示意图

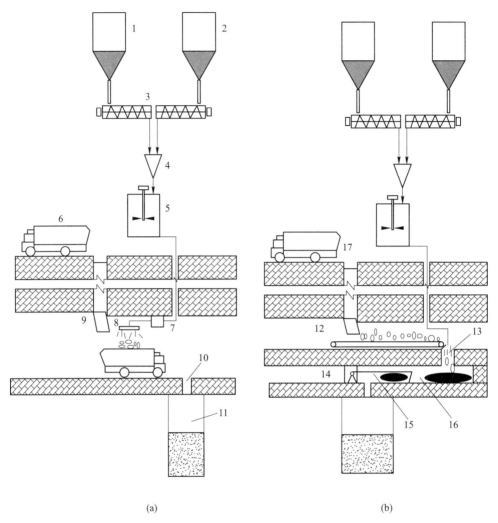

(a)   (b)

图 1-25 汽车内混合料浆充填和电耙道混合料浆系统示意图

（a）汽车内混合料浆充填示意图；（b）电耙道混合料浆系统示意图

1—水泥；2—粉煤灰；3—螺旋给料机；4—计量仓；5—搅拌筒；6—块石运输汽车；
7—给料；8—喷射器；9—溜槽；10—管道井；11—充填采场；12—皮带运输机；
13—斜溜井；14—电耙硐室；15—耙；16—电耙道；17—块石井

以上四种块石与细砂浆或水泥浆的混合方式的采用取决于矿山对充填体质量的具体要求及现场的具体条件。对于那些采用空场法采后充填的矿山，可以采用块石先进入采场，之后淋浆的方法；当矿山对充填体强度要求较高，或采用下向充填采矿法，只能用其余三种方式。对这三种混合方式进行比较，水泥浆与块石混合最充分的是电耙扒运混合方式，但是这类混合方式工艺复杂、效率较低。它包括水泥浆冲击块石，电耙多次扒运、斜溜井中各物料再次相互渗透等多次混合过程，因此它基本包括了斜溜井混合方式。汽车内混合方式是通过水泥浆喷洒块石和汽车在喷射器下方前后开动，进行初步混合，之后在汽车开动后借助颠簸进行二次渗透混合，在待充采场上方将料浆倒入采场，在其下落过程中，进行第三次混合，很明显，其效果不如电耙混合方式。斜溜井口混合方式适用于采场高度较大（大于 50m）的矿山，其混合机理包括抛掷输送、扭击、重力流动等。

D 块石胶结充填案例

新桥硫铁矿于 1991 年进行了利用掘进矸石和青山充填站的江砂胶结料浆进行分层胶结块石的工业试验。试验采场北半部长 35m，平均宽度 8.5m。分层充填厚度 3m。在充填过程中，每次先下掘进矸石，用电耙扒平，层厚 2.5m，再充入浓度为 74%（灰砂比 1：5.5）的砂浆，利用砂浆良好的流动性和渗透性，自然渗透入块石的空隙中，采场周边的砂浆相对集中，渗透深度大，中部因人行设备运行影响，渗入块石中的砂浆相对较少，但采场周边能形成一定厚度的胶结硬壳，充填体的宏观整体性较好，嗣后在第一步空场充填回采矿柱中使用，效果更为理想，并对第二步矿房的安全回采、降低矿石损失率和贫化率都十分有利。分层回填掘进矸石 735m³，砂浆 879.1m³，充填体的灰料（江砂+废石）比为 1：16，现场取样测定试块平均抗压强度 R_{28} 为 3.3MPa，满足安全回采和控制地压的要求。

对新桥硫铁矿连续块石胶结充填工艺的应用评价如下：

（1）系统运行可靠，皮带输送平稳，无跑偏现象，输送能力大，实测输送块石能力达 165.6t/h。

（2）井下采用主皮带和分支皮带运输机运输块石，实现了连续充填，自行设计研制的井下移动式分支皮带，移动定位方便，减轻了劳动强度，大大提高了充填效率。

（3）块石胶结充填参数合理。充填体强度高，灰砂比为 1：15 的试块，其平均抗压强度为 3.3MPa，为灰砂比 1：5 的江砂胶结体强度（1.65MPa）的 2 倍。

（4）除了块石充填体强度高的优点外，直接充填成本为江砂充填成本的 1/3（胶结）~1/2（非胶结），每年可为矿山节约充填费用约 500 万元，经济效益十分显著。

（5）充分利用井下掘进废石，既节省了废石提升费用，降低了充填成本，又大大减轻了环境污染，社会效益显著。

（6）目前，该套系统是矿山的主要充填系统，使用正常，运转可靠。

新桥硫铁矿块石胶结充填系统示意图如图 1-26 所示。

1.3.3 矿山固体废物综合利用技术

矿山废物综合利用一是按照矿产资源开发规划和设计，较好地完成了资源开

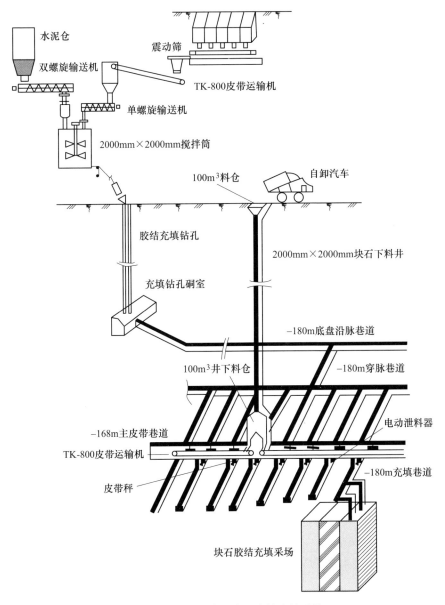

图 1-26　新桥硫铁矿块石胶结充填系统

发与综合利用指标，技术经济水平居国内同类矿山先进行列。二是资源利用率达到矿产资源规划要求，矿山开发利用工艺、技术和设备符合矿产资源节约与综合利用鼓励、限制、淘汰技术目录的要求，"三率"指标（开采回采率、选矿回收率和综合利用率三项指标）达到或超过国家规定标准。三是节约资源，保护资源，大力开展矿产资源综合利用，资源利用达国内同行业先进水平。

1.3.3.1 矿山围岩的综合利用途径分析

采矿过程中剥离的围岩是矿山开发中产出最多的固体废料，目前国内除极少数矿山将废料用于回填采空区或筑路外，基本上没有再利用，绝大部分堆存在排土场。但也有少数矿山企业在综合利用方面进行了卓有成效的探索和实践。

（1）首钢矿业公司大石河铁矿在对裴庄东排土场进行勘探的基础上，对排土场进行重新规划设计，实施矿石干选回收工程。2007年先后建成4条大块矿石粗选生产线，对过去混杂在岩石中的矿石资源进行干选回收。2007年累计处理废石510万吨，回收品位20.73%矿石39万吨，生产品位64.6%的铁精矿8.46万吨。

首钢矿业公司投资300余万元，在水厂铁矿建成了年产40万立方米的铁路道砟生产线，生产4种规格的铁路道砟和公路细砟，其产品结构致密、硬度高、抗风化、耐腐蚀，被广泛应用于大秦线、京沪线等主干铁路的路基铺设，已累计销售120万立方米以上，销售收入超过了3300万元。

（2）河南安钢舞阳矿业公司通过对铁古坑露天矿剥离岩石的自然类型以及力学试验的研究，确认该区围岩强度和稳定性较好，可用于工业厂房混凝土建材的骨料以及公路和铁路的道砟等，并对矿区周边的漯河、驻马店等地处平原、基本无建筑用石材地区进行了广泛的市场调研，经过周密的市场预测和成本测算，建成了年产100万立方米的建筑石子厂，生产5~10mm、10~20mm、10~30mm、20~40mm和大于40mm各种规格的建筑用石子，同时对生产石子时产生的石粉进行水洗制成人工砂，用于各种规格的混凝土。产品供不应求，经济效益良好。

（3）马钢集团南山矿业公司经过研究发现，该公司高村铁矿围岩中闪长玢岩及花岗闪长玢岩占围岩总量的50%以上，异常坚硬，全区有3700多万吨围岩可用来生产建筑混凝土粗骨料及铁路路基道砟。

马鞍山市金鼎建材有限公司通过对高村铁矿排土场废石的研究，开发了废石除铁及制砖工艺，于2007年建成了年产9000万块新型建材砖生产线。排土场废石经C80颚式破碎机和多通道可调式高细破碎机两段破碎后，再经干式磁选回收含铁矿石，含铁矿石经一段磨矿分级两次弱磁选得到铁精矿和细粒（-200目❶占50%）级制砖面料。10~0mm的干选尾矿直接作为合格的制砖骨料。骨料和面料在制砖配料中达80%以上。该公司每年消耗高村铁矿采矿废石100万吨左右，用于生产三种型号的蒸压砖。

（4）北京密云铁矿目前年生产精矿粉45万吨，产生围岩200多万吨，尾矿100万吨。围岩已全部加工成建筑骨料，尾矿全部作为建筑细骨料，其中30%直接作为建筑用砂，其余用于建筑砖和砌块等产品的生产。基本实现了尾矿的零排放，已初步建成花园式矿山。

---

❶　-200目=-75μm。

(5) 本钢歪头山铁矿进行了采用磁滑轮从排土场废石中回收铁矿石的试验研究，并计划利用回收的矿石资源新建一座年产品位 65%、产量 10 万吨的中型选矿厂。

1.3.3.2 排土场废弃资源的综合利用

根据棒磨山铁矿排土场实际情况，采取综合措施对其进行治理，即首先对排土场岩土进行干选，回收有价值的矿石，同时将表土与废石进行分离；其次利用排土场岩土干选后的废石回填露天采坑，然后利用表土或干选后的细料集中进行覆土；最后建设成能满足农业用地标准的土地[30]。

A 排土场开挖工艺

排土场开挖如果由下部直接开挖，则存在一些较危险的滑动面，其安全系数大大降低，不能满足规程要求，造成很大的安全隐患；并且如果排土场没有设置平台，或平台宽度过小，其安全系数计算结果也不能满足规程的要求，就会存在安全隐患，因此在排土场施工中要严格按照由上向下、分台阶开挖。

台阶高度根据装岩设备确定，应不大于机械的最大挖掘高度。露天矿开采的台阶高度越高，单位炸药消耗量越少，每米炮孔爆破量越大，而对于排土场开挖直接采用反铲挖掘机装车，不必凿岩爆破，因此，台阶高度不宜过高，台阶高度过高不利于安全铲装，台阶高度应不超过挖掘机最大挖掘高度。选用 $1.5 \sim 2.0 \mathrm{m}^3$ 斗容的挖掘机，台阶高度确定为垂高 5m，最小工作平台宽度不小于 30m。

B 干选工艺流程设计

a 工艺流程

为充分利用排土场废石资源，目前部分矿山多采用干选工艺对矿石进行回收。如首钢矿业公司水厂铁矿采用单一的磁滑轮干选流程对排土场废石进行回收，本钢南芬选厂也采用干选回收生产线对露天矿排土场中的混矿岩石进行了大规模的干选回收利用，磨盘山选厂在排土场设置了 7 条生产线，采用破碎—干选工艺对矿石进行回收利用，其中 1 条生产线对排出的岩石进行破碎，分成 4 个粒级用作建筑材料。

参考其他矿山排土场干选生产线的成功经验，结合棒磨山排土场的实际情况，棒磨山排土场岩土的资源回收及治理、岩土回收治理的总体技术方案为：破碎—皮带输送—干式磁选—充填露天采坑—排土场复垦。其中的破碎—干选工艺流程如图 1-27 所示。

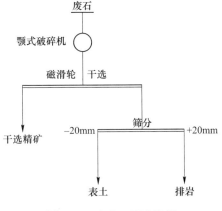

图 1-27 破碎—干选流程

废石场采用挖掘机装车,以自卸汽车将剥离出的废石(0~1000m)倒入受矿槽(临储仓)。在槽底通过电振给矿机给入颚式破碎机,破碎产品进入磁滑轮干选,实现矿、岩的自动分离。回收的矿石经矿石皮带落至临时堆放点,之后通过有关人员的取样、化验、检查、验收等程序之后对其进行定期回收由自卸汽车拉至选厂进入生产工艺流程,磁滑轮抛出的岩石经岩石皮带直接抛至采坑。

为回收岩土中的表土用于后续的排土场覆土复垦,对两条生产线中破碎—干选后的排岩进行筛分,筛下表土回收。即磁滑轮干选后的废石通过皮带进入振动筛,筛上排至采坑,筛下表土运至临时堆放点堆放。

b 工艺指标

废石品位 TFe 6%~8%,干选处理排岩量 4142.4 万吨,根据估算,其中含平均品位 22% 左右的矿石 137 万吨,依 95% 的回收率计算总计可回收 22% 左右的矿石(干选精矿)130.15 万吨,按破碎—干选流程入选量计,选矿比 32,产率为 $1/32=3.1\%$,若将直接排岩的大块废石考虑在内,即以排土场总岩土量计,选矿比为 40。

C 干选初期位置及场地布置

干选场地布置在露天开采境界附近。排土场在露天采场西北方向,确定干选场地在露天采场西北侧,占地 17829.5m²。在干选场地内由南向北依次布置 5 套干选系统,每套由受料仓、给矿机、破碎机、皮带、干选机组成。在南北两侧的两套干选系统中设置表土筛分设备,含土量较多的岩土经过筛分后将土筛分出来,以备将来土地复垦使用。

干选场地分三层平台,最低一层是落料平台,将选出的矿石落在此平台上,平台标高为 68m,废石经皮带直接排运至露天采坑,该平台宽度 40m,干选系统的筛分装置布置在南北两侧,中间是操作平台,标高为 77m,平台宽度 14m,上部是受料平台,运输车辆在此平台卸载,卸入料仓,平台标高 83m,宽度 30m。

由于运输量比较大,因此,需要在干选场地的南北翼各布置一条通往排土场的运输公路,公路最大坡度 8%,用于运输岩土。南侧运输公路与原有的排土场运输公路通过一个回头曲线连接,北侧需要布置一条直接通往北翼排土场的运输公路。相应地在干选场南北侧各布置一个地磅房,用于车辆运载岩土计量使用。

排土场内超过 1000mm 的大块岩石直接在现场粗碎,然后装车运往露天采坑排弃,不再进入破碎系统。为此,在干选场地的南北翼分别有通向露天采坑的运岩公路,大块岩石经磅房称量后,运输至采坑边缘,由推土机推入露天采坑。

1.3.3.3 尾矿库铁尾矿的综合利用

铁矿尾矿是选矿厂在特定经济技术条件下,将铁矿石破碎、磨细、选别出铁精矿后剩余的固体废料,除了含有少量的金属矿物外,其主要矿物组分是非金属矿物,如石英、辉石、长石、石榴石、角闪石等,其化学成分主要以铁、硅、钙、镁、铝的氧化物为主。铁矿尾矿具有粒度细、数量大、污染和危害环境的特点，同时也是一种潜在的二次矿产资源。

我国铁尾矿按照伴生元素的含量可分为单金属类铁尾矿和多金属类铁尾矿两大类。其中单金属类铁尾矿，根据其硅、铝、钙、镁的氧化物含量又可分为高硅鞍山型铁尾矿、高铝马钢型铁尾矿、高钙镁邯郸型铁尾矿、低钙镁铝硅酒钢型铁尾矿四类。多金属类铁尾矿主要分布在我国西南攀西地区、内蒙古包头地区和长江中下游的武钢地区。该类铁尾矿的特点是矿物成分复杂、伴生元素多，除含丰富有色金属外，还含一定量的稀有金属、贵金属及稀散元素。从价值上看，回收这类铁尾矿中的伴生元素已远远超过主体金属铁的回收价值。

由于铁尾矿成分复杂、分布不均，也因地域的不同其中有价矿物组分的种类及含量差别很大，所以尾矿的综合利用要具体问题具体分析。目前，我国铁尾矿综合利用主要集中在以下几个方面。

A　铁尾矿再选和有价元素的回收利用

尾矿再选和有价元素回收是尾矿综合利用首选的主要途径，研究和采用先进生产工艺及设备，尽可能多地将尾矿中有用资源回收利用，获得最佳的经济效益，是尾矿综合利用的重要目的之一。

尾矿再选回收的对象包括堆存的老尾矿和新产生的尾矿。我国目前铁尾矿堆存 50 亿吨左右，占全部尾矿堆存总量的近 1/3，每年新排放 6 亿吨以上，尾矿中 TFe 含量 10%以上，若回收产品为 TFe 品位 63%的铁精矿，产率按 2%，可从堆存的尾矿中回收 1 亿吨铁精矿。同时，全国每年可从新排放的尾矿中回收 1200万吨铁精矿，相当于新建 1 座采选综合能力 3000 万吨/年以上的铁矿山。

根据铁尾矿组分和性质的差异，一般可采用磁选、浮选、重选、酸浸、絮凝等工艺进行再选回收铁，有的还补充回收金、铜等有色金属，经济效益更高。最简单的是回收磁性铁矿物、弱磁性铁矿物，共伴生金属矿物、非金属矿物的回收则相对难度较大。

从铁尾矿中回收单金属类铁尾矿再选的有本钢南芬、歪头山矿，鞍钢东鞍山、齐大山、弓长岭、大孤山矿，首钢大石河、密云、水厂铁矿，太钢峨口，马钢姑山、南山及黄梅山等矿，邯郸地区的玉石洼、西石门、玉泉岭、符山、王家子等选矿厂。多金属类铁尾矿再选的有如下几类：大冶型铁尾矿（大冶、程潮、金山店、张家洼、金岭等铁矿选矿厂）中除含有较高的铁外，还含有铜、钴、硫、镍、金、银、硒等元素，攀钢型铁尾矿中除含有数量可观的钒、铁外，还含有值得回收的钴、镍、镓、硫等元素，白云鄂博型铁尾矿中含有 22.9%的铁矿物、8.6%的稀土矿物以及 15.0%的萤石等。

马钢南山铁矿尾矿中磷、硫平均含量较高，选磷工艺为一粗二精一扫浮选，所得磷精矿含磷 14%~15%，选硫工艺为一粗二精浮选，所得硫精矿含硫 33%~

34%，每年可从尾矿中回收磷精矿 30 万吨，硫精矿 9 万吨，相当于一个中型的磷、硫选厂的精矿产量。攀枝花铁矿采用重—磁—浮—电选流程每年从铁尾矿中回收 V、Ti、Co、Sc 等多种有色金属和稀有金属，回收产品的价值占矿石总价值的 60% 以上。桃冲铁尾矿中钙铁石榴石含量在 85% 以上，且储量大，为充分利用这一资源，采用强磁选一次粗选、二次精选、一次分级摇床选别流程，选出了石榴石含量 97.39%、回收率 41% 以上、磁性物含量 0.54% 的石榴石精矿。包钢选矿厂从磁铁尾矿中回收稀土等。从尾矿再选所取得的成果可以看出，尾矿再选不仅提高了资源的回收率，也给企业带来了巨大的经济效益。

B　铁尾矿综合利用

通过尾矿再选回收有价金属与非金属元素虽然能实现部分有价组分的利用，但是尾矿再选后依然存在大量二次尾矿（次生尾矿），不能从根本上解决尾矿占地和污染环境的问题。尾矿直接利用是指未经再选的尾矿原矿或再选后产生的尾矿的直接利用，既包括直接利用尾矿的某一粒级，也包括直接利用整个粒级的尾矿。如利用尾矿作建筑材料，作土壤改良剂及磁化复合肥，作采空区充填料等。

（1）铁尾矿用于生产建筑材料。我国铁矿资源嵌布粒度细，一般需经 2~3 段磨矿，除破碎环节预选抛出部分粗粒尾矿外，大部分尾矿粒度较细，一般尾矿粒度在 -200 目（$-0.75\mu m$）的占 50%~75%。铁尾矿的主要组分是 SiO_2、Al_2O_3、CaO、MgO，非金属矿物含量在 80% 以上，成分与许多建材、轻工、无机化工等非金属材料接近，掺入少量其他原料，经过适当调配，即可用做许多非金属建材的原料，经过一定的制备工艺后得到比较理想的建筑材料。

（2）用作建筑用砂。建筑用砂是最基本的建筑材料，对化学成分没有严格要求，只要求材料具有一定的硬度和粒度。一般用量较大，无需再加工，只要符合《建筑用砂》（GB/T 14684—2001）、《建筑用卵石、碎石》（GB/T 14685—2001）的国家标准规定就可再利用，这样可以弥补价格低的缺陷，同时可以解决堆存场地问题。

河北迁安部分小铁矿尾矿将经筛分后得到的粗粒尾矿作为建筑用砂，每年供应天津建筑市场上百万吨。水厂铁矿采用旋流器将尾矿砂分为不同粒级产品，作为优质建筑用砂。从 2001 年起，水厂投产了尾矿砂分级生产线，产品作为不同建筑材料发往周边京津地区，同时投产了一条彩砖生产线，可满足公司内部环境美化需要。尾矿砂分级及彩砖生产线的投产，不仅为公司创造利润，同时也缓解了企业减员增效所带来的劳动就业压力。

（3）用于墙体材料生产。普通墙体砖是建筑业用量最大的建材之一，其技术简单、投资少，是尾矿综合利用有效的途径之一。长期以来，我国墙体材料一直以黏土烧结砖为主，而黏土烧结砖生产破坏了大量土地资源，已引起社会各界的高度重视，我国已从 2003 年 6 月 30 日起，在全国 170 个城市禁止生产和使用黏土实心砖。随着工业化程度的提高，各种工业废渣日益增多，我国除了应用粉煤灰、煤矸石等研制生产墙体材料外，在利用铁尾矿研制生产墙体材料方面也做了大量工作，主要生产建筑用砖、地面砖、装饰面砖等，按生产工艺可分为烧结砖、蒸压砖、蒸养砖、双免砖等。

（4）用于生产水泥。铁尾矿用于水泥生产，一是利用尾矿中含有的铁代替通常水泥配方中使用的铁粉，尾矿在水泥配方中的比例在5%左右。二是利用尾矿代替水泥原料的主要成分，一般尾矿成分不完全符合水泥配方，需要另外加入一些成分。由于铁尾矿成分、属性的差异，研制生产水泥的品种、尾矿用量也相差很大。

唐山协兴水泥有限公司利用尾矿砂代替黏土和铁矿石生产水泥熟料，可使水泥吨熟料成本下降2~3元，熟料抗压强度提高3~5MPa，使水泥吨综合成本下降10元以上。

（5）用于微晶玻璃生产。微晶玻璃是一种新型高档建筑装饰材料，具有强度高、抗磨损、耐腐蚀、耐风化、不吸水、无放射性污染等特性。该产品色调均匀一致，色差小，光泽柔和晶莹，表面致密无暇，其力学性能指标、化学稳定性、耐久性和清洁维护方面均比天然石材优越，广泛用于建筑内外墙、地面及廊柱等高档装修饰面。

在欧美国家，微晶玻璃的研究起步较早，目前主要是用矿渣及其他玻璃原料混合熔化后浇注成平板状晶化玻璃，再经磨抛工艺，制成具有漂亮花纹的微晶玻璃板用于建筑装饰。在亚洲，日本是用尾矿开发微晶玻璃最早的国家，主要用烧结法生产微晶玻璃装饰板，产品色泽艳丽、美观大方，有棕红、大红、橙、黄、绿、蓝、紫、白、灰、黑各种基色，任意组合色调，纹理清晰，代表了当前这种产品的世界水平，是当今世界各国机场、银行、地铁、宾馆酒楼、别墅及个人居室等场所首选的理想装饰板材。国内已应用微晶玻璃板装修的实例工程有上海东方明珠演播厅、天津海洋宾馆、首都国际机场、上海国际会议中心、广州市地铁站等。

目前，国内在尾矿微晶玻璃方面也开展了大量的研究，中国地质科学院尾矿利用技术中心从20世纪80年代起一直致力于尾矿的综合利用研究，已拥有多项研究成果，并在北京通州开发区建了一个生产实验基地，可年产微晶玻璃8000~10000m^2，尾矿加入量达50%。利用高钙镁型铁尾矿生产出来的高级饰面玻璃，其主要性能优于大理石，而尾矿加入量也达到70%~80%。南京梅山铁矿利用尾矿生产建筑装饰用微晶玻璃花岗岩，实现了产业化；武汉工业大学的烧结法微晶玻璃装饰板材生产工艺技术及产品达到国内领先、世界先进水平；琅琊山尾矿微晶玻璃厂采用成型玻璃微晶化工艺，制造黑色微晶花岗石板材；宜春尾矿微晶玻璃厂采用碎粒烧结结晶工艺，制造浅绿色微晶花岗石板材；北京科技大学以大庙铁矿、沈阳建筑工程学院和东北大学利用歪头山铁尾矿研制建筑用微晶玻璃，均获得了较好的试验效果。实践证明，一般 SiO_2 含量为 70%～80% 的尾矿比较适宜生产微晶玻璃。

近年微晶玻璃市场出现热销，产品供不应求。国内已有多家单位利用尾矿为主要原料制备微晶玻璃产品，但年产量不足 40 万平方米，且只有白色、少量黄色、灰色品种，尚没有红、黑、绿、棕、蓝色产品面市。数量和品种上都远不能满足目前装饰市场的需求。

目前，我国利用尾矿生产建筑材料已有一些成型技术，但主要是借鉴建材行业已有的成熟工艺，原始创新性不足，产品附加值低，销售半径小，没有显示出生产成本、运输成本和产品质量的综合优势，难以大范围推广。一些尾矿高值利用技术，如尾矿制备微晶玻璃、超耐久性尾矿高强混凝土技术等，已经在关键技术、工艺和成本方面取得了突破，有望成为将来大宗利用尾矿的有效技术项目。

（6）用于烧制陶粒。陶粒是以各类黏土、泥岩、板岩、煤矸石、粉煤灰、页岩、淤污泥及工业固体废弃物等为主要原料，经加工成粒、焙烧而成的颗粒状陶质物，为一种人造轻骨料。其特点为具有浑圆状外形、外壳坚硬且有一层隔水保气的栗红色釉层包裹，内部具有较多的孔洞，呈灰黑色蜂窝状。由于陶粒容重小，内部多孔，形态、成分较均一，且具一定强度和坚固性，因而具有质轻、耐腐蚀、抗冻、抗震和良好的隔绝性（保温、隔热、隔音、隔潮）等多功能特点，被广泛应用于建筑、冶金、化工、石油、农业等部门。

当前作为陶粒的生产原料黏土占了近 50% 的份额，其次是页岩占 33%，因此，利用各种固体废弃物生产陶粒，对发展循环经济，实施可持续发展战略，保护环境具有重大的意义。目前烧制陶粒利用的固体废弃物有粉煤灰、江河淤泥、海泥、城市污泥、建筑垃圾、煤矸石、各种尾矿等。

由于尾矿的塑性一般较差或没有塑性，要利用尾矿生产出优质的陶粒需经过合理配料及采用适当的具有膨胀性能的黏结剂。北京大学环境科学与工程学院的杜芳、刘阳生以铁尾矿为原料，粉煤灰、城市污水处理厂剩余污泥为添加剂，进行了烧制建筑陶粒的研究，以陶粒吸水率和堆积密度为评价指标确定了最佳配比和烧结工艺。研究表明，铁尾矿、粉煤灰、污泥的最佳配比为：铁尾矿 40.3%、粉煤灰 44.7%、污泥 15%。在最佳烧结工艺下，可以烧制出满足国家标准 GB/T 17431.1—1998 的 700 级轻粗集料。试验还研究了陶粒在不同浸取条件（水平振荡法、TCLP 毒性浸出法）下的重金属浸出性能。结果表明，在两种不同浸出条件下，只有 Cu、Zn 和 Pb 能够检出而且其浸出浓度非常低。

华中科技大学环境科学与工程学院的冯秀娟等用铁尾矿、粉煤灰等废料能制备出发强度高、孔隙率大、比表面积大、化学和物理稳定性好的生物滤料陶粒。其中尾矿、炉渣、粉煤灰的比例不大于 5：3：1。制备的陶粒具有生物附着力强、挂膜性能良好、反冲洗容易进行、截污能力强等优点。

(7) 铁尾矿用作土壤改良及磁化复合肥。马鞍山矿山研究院在国内率先进行了利用磁化铁尾矿作为土壤改良剂的研究工作。试验表明，磁化铁尾矿施入土壤后，提高了土壤的磁性，可引起土壤中磁团粒结构的变化，尤其是导致"磁活性"粒级和土壤中铁磁性物质的活化，使土壤的结构性、空隙度、透气性均得到改善。田间小区试验和大田示范试验表明，土壤中施入磁化尾矿后，农作物增产效果十分显著，早稻平均增产 12.63%，中稻平均增产 11.06%，大豆增产15.5%。该院将磁选厂铁尾矿与农用化肥按一定的比例相混合，经过磁化、制粒等工序，制成了磁化复合肥，并在当地太仓生态村建成一座年产 1 万吨的磁化复合肥厂。

C 铁尾矿用于矿山采空区充填

矿山采空区的回填是直接利用尾矿最行之有效的途径之一。目前，我国的充填技术经历了从干式充填到水利充填，从分级尾砂、全尾砂、高水固化胶结充填到膏体泵送胶结充填的发展过程，尾矿充填技术已比较成熟。利用尾矿做充填材料，其充填费用较低，仅为碎石水力充填费用的 1/4~1/10。不仅可以解决尾矿堆存问题，避免环境污染，而且能够防止采矿造成的地面塌陷灾害，大幅提高采矿回采率，减轻企业的经济负担，并可取得良好的社会效益，是目前矿山正在积极推广的一项新工艺。

D 尾矿库及排土场的复垦治理

尾矿库、排土场占地面积大，对生态环境破坏严重。国外发达国家对土地的复垦十分重视，矿山土地复垦率达 80% 以上。我国起步较晚，但近年来发展非常迅速，特别是国务院《土地复垦规定》的颁布，明确了"谁破坏，谁复垦"的原则，大大促进了土地复垦工作的进展。

复垦是指将被扰动的土地恢复到预先设定的地表形式，使其与周围的自然环境协调一致，或使其具有新的可持续发展的用途。矿山复垦的具体工作包括塌陷区的工程处理、污染土壤处理、有害水体处理、废石堆和尾矿库等固体废弃物的处理、地形处理、人工植草或植林等，有时需要大量更换、充填或覆盖土壤。

对矿业开发形成的尾矿库、排土场、露天采坑等损毁压占的土地，采取综合整治措施，经过工程复垦、生物复垦，建立生产力高、稳定性好、具有较好经济效益和生态效益的植被，使其变成农田、林地、草场，恢复土地的使用价值和环境生态。

我国铁尾矿量大、分布广、性质复杂，应该在系统全面地掌握我国铁尾矿资源状况的基础上，分别提出其合理利用途径。目前，我国在铁尾矿的综合利用方面，已开展了不少工作，积累了一些经验，研制成功了一批比较成熟的技术和装备，应积极组织推广应用。今后，应重点着眼于铁尾矿整体综合利用的研究与开发，使我国矿山尾矿的利用与治理工作走上良性发展的轨道是矿山实现无尾选矿的最佳途径。

1.3.4 矿山水资源保护与综合利用技术

1.3.4.1 矿山废水综合利用技术

司家营铁矿一、二、三期工程共建设 1500 万吨/年铁矿石处理能力选矿厂两座、750 万吨/年铁矿石处理能力选矿厂一座，选矿生产日均耗新水约 6.072 万立方米。这么大的用水量，不仅给当地水资源的供给造成巨大压力，而且也给当地居民正常生活带来较大影响。因此，合理利用水资源是进行生产建设需要重点考虑的问题。

北区一期工程原设计为采场水经排水泵站通过排水管路直排狗尿河及采场东侧新河方案，选厂供水靠水源井和尾矿回水供应。从生产实际看采场排水约 1 万余吨，造成废水资源的极大浪费。而选厂用水受尾矿回水效率影响不得不从水源井大量补充新水，造成新水用量非常大，每月在 15 万吨以上。仅水资源费就多支出 10 多万元。为解决这一问题，通过研究制定了回水利用方案。

方案介绍：新方案为采场排水经输水管路首先将废水打入沉淀池进行沉淀净化，净化后的水通过输水管路打入选矿循环水池供选场使用，将原排入狗尿河的泄水管路保留，作为夏季防洪和选厂停车时的备用排水管路。

新方案与原方案相比较需增加设施：新增废水沉淀池一座 2000m³、沉淀池至选厂循环水池输水管路一条约 1500m、露天采场排水泵站至沉淀池排水管路两条约 900m（含防洪管路一条），合计新增投资约 50 万元。

优缺点比较：原方案比新方案排水设施简单，投资约少 50 万元，但废水外排造成资源浪费，不利于实现建设绿色环保矿山的目标要求；同时，新方案增加的投资仅从水资源费角度看，在不到半年的时间内就可收回，不仅满足了选厂生产要求，而且采场废水得到充分利用，新方案优势明显。

新方案于 2008 年初开始实施，于 5 月建成投入使用。使用后司家营铁矿新水用量由初期的 15 万吨/月，下降为不足 5 万吨/月，新水用量降低显著。现在选厂正常生产期间很少补充新水，仅尾矿回水和采场排水就可满足要求，司家营铁矿每月新水主要用于生活、电厂生产等对水质要求严格的地方。

根据水文资料和设计资料，北区 I 采场 -157m 水平以上正常排水量 11821m³/d、II 采场 -157m 水平以上正常涌水量 4915m³/d、III 采场 -120m 水平正常排水量 7900m³/d，南区地下采场 -475m 水平正常排水量 18026m³/d，南区充填生产回水量 8449m³/d，以上各采场排水量和充填生产回水量共计约 51111m³/d，经沉淀后可全部供选厂使用，不足部分由水源井取水。因此，根据一期的生产改造经验，在二期、三期选厂用水设计中，均考虑了以采场水和尾矿回水为主、不足时由新水补充的供水方案。因此，对各采场排水和尾矿库回水综合利用，是司家营铁矿实现减量化排放采取的又一重要措施，对周边水环境保护起到了重要作用。

A 采场废水综合利用

2007 年 6 月，司家营铁矿完成了包括综合利用采场废水的一期选矿厂供水系统改造方案设计，2008 年 8 月投资 50 万元建成了一期露天采场和地下采场排水集水池（如图 1-28 所示），并完成高位水池和选厂供水系统改造。采场废水通过澄清后，输送到高位水池，供选矿生产使用。目前司家营铁矿一期工程每年综合利用采矿场废水 330 多万立方米，既合理利用了有限的水资源，又降低了生产费用。

图 1-28 采场排水集水池

B 选矿生产工业废水零排放

司家营铁矿针对选矿生产工业废水进行综合治理，应用水净化专利技术，解决循环水质问题。通过引进国内里弗浓密技术，投资 200 万元对 $\phi 30m$ 澄清池中心筒、溢流堰进行改造，使用阴离子聚丙烯酰胺絮凝剂等选厂给排水系统的优化，使澄清池给水浓度由 13.31% 下降到 3.50% 左右，净化后的溢流水浓度在 0.1% 以下。循环水水质完全满足了选矿生产要求，并新建 $3000m^3$ 事故水池一座，确保生产废水零排放[30]。

根据矿山各部门用水水质要求，改造供水管线，实现阶梯式用水。除电厂外，其他生产用水一律使用循环水和采场排水，不仅实现了选厂生产废水零排放，而且每年节省新水消耗 107 万立方米。

1.3.4.2 地下开采水资源保护

帷幕注浆技术是一种治理大面积涌水的工程技术。20 世纪 50 年代初我国注浆技术的研究和应用开始起步，70 年代开始在岩溶发育地区修建高坝，为防止坝基渗透应用了帷幕注浆法。经过多年的发展，帷幕注浆已广泛应用到水利、建筑、铁路和矿山开采中。

目前，帷幕注浆堵水隔障技术在我国许多矿山中得到了应用，例如临汾石膏矿、开滦东欢坨矿、辽宁五龙金矿、大冶红卫铜矿等都采用了此项技术。帷幕注浆是注浆法的一种，多年来，我国科技工作者对帷幕注浆理论进行了大量的研究，提出了多种注浆理论。帷幕注浆的实质是通过地质探孔和注浆孔，将在水中能固化的浆液通过注浆孔压入含水岩层中（裂隙、孔隙、洞穴），经过充塞、压密、固化过程后，在主要过水断面上形成一条类似帷幕状的相对隔水带，以减少涌水量的一种技术。帷幕注浆一般沿含水岩层走向或倾斜方向进行，在矿井正常生产动水条件下施工，并且具有材料消耗量大、浆液结石无需很高强度的特点。

从我国已建成的矿山防渗帷幕来看，堵水率都不是很高，水口山铅锌矿鸭公塘矿区大型帷幕注浆治水工程采用"地面—井下联合注浆帷幕治水方案"，堵水率在55%左右。此外，从系统安全性角度来看，采用大面积帷幕注浆的矿井，帷幕注浆建成后，只是阻断了幕外区域地下水对矿坑补给的主要通道，幕内地下水位仍然很高，并未解除矿井掘采突然涌水的威胁，一旦帷幕破裂、失效，将导致灾难性后果，矿井突水风险依旧很大。山东莱芜谷家台铁矿二矿区层采用井下大面积帷幕注浆进行开采，1999年在巷道掘进中与灰岩导水断层贯通，发生特大井下涌水事故，造成29人死亡。

因此，针对中关铁矿采用帷幕注浆法开采，开发可以同时进行多点空间分布式微震、声发射、位移-应力等应力和位移实时监测综合安全信息网络，建立帷幕注浆堵水隔障地压监测方法与监测技术标准，对于研究中关大水矿井地压灾害的开采工艺和方法，提高注浆可靠性和有效性具有重要意义。

2006~2009年，中国安全生产科学研究院承担的国家"十一五"科技支撑计划课题"采动动力灾害监测、预警与控制关键技术研究"，在山东莱芜谷家台铁矿开展科学研究工作，建立了帷幕注浆堵水隔障地压监测方法与监测技术标准，提出采用基于光纤光栅（FBG）技术的适用于低频振波测量的传感系统和基于光纤过度耦合（OCFC）技术的适用于低频声波测量的传感系统实现多点监测，提出了控制帷幕注浆堵水隔障地压灾害的开采工艺和技术，将先进的光纤传感器用于地压、岩移、微震、渗压监测工程实验。研发的帷幕注浆堵水隔障地压监测与控制技术在山东莱钢集团莱芜矿业公司谷家台铁矿得到成功应用，企业依靠安全科技进步保证了大水矿床的安全开采，2007年采出矿石20.09万吨，2008年采出36.3万吨，两年产值达3亿元。

A　帷幕注浆技术在大水矿山应用的必要性

由于中关铁矿地处邢台市百泉流域的上游，是邢台市地下水主要补给径流带的枢纽，因此河北省国土资源厅要求必须采取合理有效的地下水治理方案以保护区域水环境。

a　保护地下水环境的必要性

根据 2004 年华北有色工程勘察院提交的《河北省沙河市中关铁矿水文地质勘探总结报告》，中关铁矿周围已存在的多个正在开采的矿山，每日排水量为 32.034 万立方米，区内水位标高与 1974 年相比，累计下降值为 151.55m（表 1-4），已造成较大的降落漏斗。

表 1-4　1974~2004 年区域各地段水位下降情况

时　　间		1974 年 7 月 5 日	1994 年 4 月 5 日	2004 年 7 月 10 日
奥灰水排水量/$m^3 \cdot d^{-1}$		52000	79503	320340
玉石洼铁矿观测孔	水位标高/m	212.50	123.49	55.90
	下降值/m		89.01	67.59
	累计下降值/m			156.60
王窑铁矿（共6孔）	水位标高/m	189.00	111.80	40.18
	下降值/m		77.20	71.62
	累计下降值/m			148.82
中关铁矿（共2孔）	水位标高/m	163.5	97.08	14.28
	下降值/m		66.42	82.80
	累计下降值/m			149.22
平均下降值/m			77.54（20 年）	74.00（10 年）
累计平均下降值/m				151.55（30 年）

报告中，利用数值法取 2004 年度的水位标高对 -110m、-170m、-230m 开采水平进行矿坑涌水量预测，各开采水平预测结果见表 1-5。

表 1-5　各开采水平矿坑涌水量预测　　　　　　　　（m^3/d）

开采水平	丰水年		平水年		枯水年	
	最大	最小	最大	最小	最大	最小
-110m	13.37	10.63	10.68	8.48	8.48	7.16
-170m	14.19	11.38	11.51	9.27	9.23	7.81
-230m	15.03	12.15	12.22	9.95	9.92	8.22

可见中关铁矿如再采用传统疏干排水方式进行开采，矿区周围将形成规模更

大的降落漏斗，引起地下水环境进一步恶化。

中关铁矿位于百泉流域强径流带内，矿区地下水补给主要靠北铭河及西部山区天然降水，矿区地下水经中关强径流带由东北口排出补给邢台地下水，如中关铁矿采用传统的强行疏干，中关铁矿首期开采地下水位将降至-230m，预计矿坑涌水量最大将达到 15 万立方米/天，最小枯水年也有 7.16 万立方米/天。专家预测矿区将形成百余平方千米的地下水人工漏斗，在漏斗范围内地下水向中关矿区汇集，直接影响邢台工农业用水。

采用帷幕注浆堵水方案，中关铁矿开采只影响矿山（不足 2km）范围内的地下水，有效保护了矿区水文地质环境。

b 合理利用地下水资源的必要性

根据河北省水利科学院 2006 年 3 月完成的《邯钢中关铁矿建设项目水资源论证报告》计算结果，矿区奥陶系灰岩多年平均地下水资源补给量为 14.79 万立方米/天，2004 年年底河北省开展矿山整顿，周边矿山停止排水，2005 年中关铁矿地下水位即由 14m 升至 65m 的正常水位。据 2006 年调查统计资料，矿区人工开采量已降低为 14.83 万立方米/天，地下水开采量接近补给量，地下水资源基本达到供补平衡，矿区地下水环境已趋于良性循环状态。

中关铁矿投产后，使区域总排水量有所增加。但在矿山采取各项综合利用措施后，水的循环利用率提高，其中大部分新水可供给当地企业、农业及生活用水，替代现在应用的等量取用的地下水。由整个奥陶系地下水水文特点来看，中关铁矿石灰岩含水层分布广、厚度大、透水性强、补给源充足，像一座天然地下"水库"，从供水角度分析，地下含水层具有很强的调节作用，干旱年需水量大，可以多开采地下水，腾空地下水库容；丰水年需水量小，可以少开采地下水，恢复地下水，达到多年采补平衡。因此采用帷幕注浆堵水方案，既保证了生产又有效合理利用了水资源。

c 安全生产的必要性

一般而言，大水矿山往往表现出多种水害形式，从国内外矿山防治水发展趋势看，应走综合防治道路。采用帷幕注浆截流措施，可从根本上达到预防突水、确保安全生产的目的。同时采用尾矿充填采空区以保护帷幕，既减少地表占地又不引起地表塌陷，可有效保护矿区人文地理环境。

B 帷幕注浆的可行性

帷幕注浆工艺最早在水利水电基岩大坝施工中得到广泛运用，矿山在井巷施工中对该工艺运用较广泛并且十分成熟。近年来采用帷幕注浆技术防止地下水涌入矿坑已成为开采大水矿山的首选方案。

20 世纪 70 年代始帷幕注浆在主要含水层为灰岩的矿山得到成功运用，如山东黑旺铁矿、张马屯铁矿、湖南水口山铅锌矿、大红山铅锌矿及有资料可查的协庄、田庄等煤矿都成功地运用了帷幕注浆堵水方案。现在山东青州店子铁矿帷幕注浆工程正在施工，通过对已施工的帷幕线两侧水位变化的观测，帷幕效果明显。此外，广州、江苏等地正在准备或正在施工矿山帷幕注浆堵水工程。

中关铁矿水文地质条件与山东张马屯铁矿、青州店子铁矿水文地质条件极为相似，铁矿均为接触交代型，矿区主要含水层为奥陶系石灰岩，矿山均处于岩溶不甚发育的北方。尤其是山东张马屯铁矿两期帷幕工程的成功实施，为中关铁矿提供了很好的借鉴经验。

a 帷幕注浆技术运用广泛、技术成熟

由于帷幕注浆技术在水利、水电、煤炭、冶金矿山等行业的广泛应用，各行业根据各自特点或总结了成功经验或制定了规范要求，对注浆材料、浆液浓度、注浆段、注浆压力、注浆结束标准等都有了明确认识。目前，国内外对注浆工艺、技术、设备进行了深入研究，为中关铁矿帷幕注浆提供了很好的理论基础和实践经验。

b 矿山帷幕注浆工程在与中关铁矿地质条件相类似的矿山得到成功的运用。

帷幕注浆工程防治矿山地下水在山东黑旺铁矿、张马屯铁矿、青州店子铁矿已得到成功运用，这3座矿山与中关条件极为相似，其帷幕注浆堵水率均在80%以上，只要利用类似矿山的成功经验、严格管理，中关铁矿帷幕注浆堵水率达到80%以上是完全可能的。

c 矿山帷幕注浆堵水理论成熟，帷幕注浆各项参数计算均有理论基础

帷幕厚度：根据注浆材料渗透破坏值、安全系数、渗透比降和矿山开采出现的最大水头，计算帷幕厚度为7.5m即能满足安全要求，考虑石灰岩岩溶裂隙发育的不均匀性和帷幕的重要性，中关铁矿帷幕厚度选取10m。

帷幕防渗系数（L_u）：根据《水利水电工程钻孔压水试验规程》（SL 31—2003）推荐的计算公式、渗透系数换算公式计算，中关铁矿帷幕单位吸水率L_u可取4~5，考虑到工程的重要性、复杂性和石灰岩含水层富水性的不均一性并结合中关铁矿区两次试验工程的经验，中关铁矿工程施工要求单位吸水率不大于$2L_u$。

浆液扩散半径：根据注浆前岩层的渗透系数、注浆的延续时间、输浆管半径、水与浆液的黏滞系数、岩层孔隙率，计算得出浆液扩散半径$R = 8.06m$。

注浆孔孔距：根据浆液有效扩散半径、注浆帷幕厚度计算钻孔孔距为12.5m。类似矿山的帷幕注浆工程均取经验数值，即孔距10m。2005年中关铁矿帷幕注浆实验孔距10m，经对试验资料分析、计算，帷幕注浆孔距可加大到12m。2006年对矿区西部的12m孔距进行了工程试验，试验结果理想，所以中关铁矿帷幕注浆工程孔距选取12m。

d 现代技术在帷幕注浆施工中得到成功运用

张马屯铁矿、黑旺铁矿等矿山在施工帷幕注浆工程时，其浆液浓度、注浆

量、注浆结束压力主要是人为控制或简单的仪器观测，而中关铁矿帷幕施工时对浆液配比、浆液流量、注浆压力、注浆结束标准均采用现代技术进行自动监控记录。钻探自动测斜技术的应用使控制钻孔偏斜成为可能，中关铁矿钻孔偏斜率将控制在 0.6% 以内。

C 帷幕注浆保水方案

中关铁矿是水文地质条件复杂程度高、矿坑涌水量较大的矿山，矿体全部埋藏于矿区地下水位之下，奥陶系中统灰岩含水层为矿体的直接顶板。矿山建设的首要任务是防治水方案的选择。可供选择的有深井疏干方案与帷幕注浆堵水方案，随着经济的发展，国家对环保的要求也不断提高，特别是水资源保护已有法可循。若中关铁矿选择疏干方案，将对区域地下水环境造成重大影响，这是环保所不允许的。故设计选择矿区南端矿量集中区采用环形单排全封闭接地式帷幕注浆方案，该方案的优点是保护了地下水资源与水文地质环境，显著改善了采矿作业条件，提高了井下作业的安全程度，同时大幅度降低了排水费用。缺点是一次性投资较大，注浆工程量大，施工工期长，注浆工艺复杂，施工技术要求高。

华北有色工程勘察院于 2005 年 5 月至 12 月在中关铁矿矿床东侧实施了帷幕注浆试验工程（帷幕长 50m，注浆孔 5 个，检查孔 2 个），并编写了《中关铁矿帷幕注浆试验工程总结报告》，又于 2006 年 5 月至 8 月在中关铁矿工业厂区西侧实施了勘察、帷幕注浆、物探测试工程（帷幕长 420m），并编写了《中关铁矿工业厂区西侧帷幕注浆勘察工程总结报告》。以上帷幕注浆试验及勘察工程为设计和施工提供了技术参数。华北冶建工程设计有限公司已于 2006 年完成了《中关铁矿采选工程实施方案（代初步设计）》，华北有色工程勘察院在《中关铁矿采选工程实施方案（代初步设计）》基础上进行了进一步论证与完善，并编制本"施工图设计实施方案"，进一步指导施工图设计工作。

a 帷幕注浆工程设计及施工的基本原则

帷幕顶部标高 100m，底部以隔断含水岩层（O_2 灰岩）为原则，一般延深至闪长岩以下 10m；在 +100m 标高矿体错动范围以外 20m 布置帷幕线，帷幕线避开现有村庄；帷幕线北端布置在 -6~7 线附近，并避开附近的通信设施；矿山 2006 年施工的试验帷幕线有两段，东段位于 -6 线附近，长 50m，西段位于 5 线至 2~3 线之间，长 420m，据矿山提供的资料，已施工的试验帷幕线达到堵水要求，尽可能利用；尽可能多圈矿体；施工前先探明采区东南侧煤矿采空区的准确位置，根据采空区的具体情况核定帷幕位置，确定施工方法。

b 帷幕线工程地质与水文地质勘查

帷幕勘查目的与任务：中关铁矿曾进行过 3 次水文地质勘探工作与 2 次帷幕注浆试验，在宏观上对矿区地层、岩性、地质构造，裂隙岩溶发育等情况都有了一定了解，但以此作为专项大型帷幕工程的设计与施工依据，尚不能满足要求。

帷幕勘察是设计程序的基本要求，因为中关帷幕线布设在矿体勘探边缘地段，控制程度不够，研究程度不高，帷幕线上具体工程、水文地质参数尚不清楚，故需要进行帷幕勘察。主要查明帷幕地段含水层、隔水层的空间形态与展布；确定含水层、隔水层平面上分布的连续性和垂向上厚度变化的稳定性，主要构造破碎带的分布、规模、岩石的破碎程度及含水性；注浆层内岩溶、裂隙大小，在空间上分布范围，岩溶率、裂隙率及充填程度，注浆岩层的单位吸水率、渗透系数及含水层的水位、流向、流速、水温、水质等，通过帷幕勘察提供可靠的设计依据。

帷幕勘查工程量：工程勘察孔均布置在帷幕线上，孔距 80m，局部复杂地段可缩小孔距，共计 40 个钻孔，有关技术要求与帷幕注浆孔一致，工程勘察后这些钻孔即转换为帷幕的组成部分，其钻探、压水、注浆、扫孔、测试等费用都包括在帷幕注浆主体工程内，不再单列。

矿区东南侧存在白家中联煤矿的采空区，具体位置不明，施工前须查明。

c　含水层的可灌性分析

中关铁矿含水层属 O_2 石灰岩，为统一含水岩体，分布全矿区，并构成矿体顶板。区内断层有 F_4、F_5、F_6 及 F_1（矿）、F_2（矿）、F_3（矿），岩石破碎、岩溶裂隙颇为发育，裂隙有 3 组，一组平行于主构造线，另外两组为斜交裂隙，一般为张扭和压扭性裂隙。该区钻孔岩芯大部分破碎，钻孔坍塌掉块严重，65 个注水孔中有 52 个钻孔参数为：$q_{注}$ 1～50 L/(s·m)，$q_{抽}$ 2.63～178.82L/(s·m)。水力坡度 0.54%～0.11%之间，矿区孔群抽水时反映压力传导快，即在 2～3h 内，2000m 以内观测孔都有影响，该区裂隙岩溶发育属强富水区，故矿区灰岩含水层的可灌性是好的，具备了采用帷幕注浆的基本条件。

另外，2005 年注浆试验工程总结报告关于石灰岩含水层可注性分析中提出了注浆层的透水性分为上部强带、中间弱带、下部强带。由于其岩溶裂隙发育的差异，表现为各带的可注性具有较大不同，这一点在今后的设计施工中需要注意。

d　帷幕截流效果预测

中关铁矿的矿床成因、地质条件及水文地质条件等方面与山东张马屯铁矿相似。张马屯铁矿也是防治 O_2 灰岩水，采用单排弧形帷幕注浆，受灌层埋深多在 200m 以上，最深达 480m，受灌层厚度平均 100m，帷幕前后两期长 1930m，平均孔深 460m，最深孔 561.68m，堵水效果 85%～90%，故参照张马屯铁矿实践经验，中关铁矿的堵水效果初步确定为 80%。

根据华北有色工程勘察院 2004 年编制的《中关铁矿水文地质勘探总结报告》及帷幕注浆试验设计说明书，当帷幕厚度为 10m，渗透系数不大于 0.08m/d 时，中关铁矿帷幕注浆堵水效果达到 80%是可行的。根据 2005 年注浆试验工程总结报告关于注浆效果分析时的结论："帷幕厚度不小于 10m，另据试验段检查孔压水试验计算幕体渗透系数结果为 $K = 0.03$m/d，小于堵水率达到 80%时的设计渗透系数 0.08m/d，由此可见，试验段幕体堵水率可达到 80% 以上"，为合理选择堵水率及注浆参数提供依据。

e 帷幕注浆设计

帷幕线位置的确定由三个主要因素决定：一是矿区水文地质条件及矿体赋存条件，二是最大限度利用矿产资源，三是结合采矿工程布置情况。帷幕线位置南起 1～2 线，北到-6～7 线，南北长 1090m。原则按充填采矿法错动线与+100m 线交线外推 20m 确定帷幕位置，确定东西两侧的帷幕位置时考虑了矿权范围、煤矿采区、村庄等影响，其最大宽度 850m，平面上形成环形全封闭的帷幕，帷幕线全长 3397m（东南部煤矿采空区须探明后确定幕线位置）。帷幕拐点坐标见表 1-6。

表 1-6 帷幕线拐点坐标统计

序号	X 坐标	Y 坐标
1	4083875.3944	522051.4451
2	4083847.5687	522136.8918
3	4083830.3738	522642.0324
4	4083950.8071	522834.6608
5	4084474.0585	522896.7375
6	4084567.0000	522802.0000
7	4084631.4085	522805.4331
8	4084745.8800	522774.0400
9	4084910.3329	522794.9089
10	4084969.8851	522548.0634
11	4084689.8892	522146.6310
12	4084602.0000	522107.2160
13	4084140.5469	522005.4422

帷幕深度的确定，依矿体埋藏条件与开采深度的要求，结合矿区水文地质条件，参照同类型帷幕工程的实践经验，确定帷幕深度必须穿透 O_2 灰岩、矿体，并进入下部闪长岩中 10m，施工中依实际情况可适当增减，但必须防止幕底绕渗。帷幕底界标高为-96～-568m，平均为-292.15m，钻孔平均深度 523.92m，最小孔深 321m，最大孔深 810m，孔深大于 600m 者约占 30.8%。

帷幕顶界标高与注浆段长确定：帷幕地段内岩性由上至下可分为第四系厚 37～118m，石炭系厚 0～82m，O_2 灰岩（含矿体及矽卡岩）厚 189～620m，闪长岩 10m。

经分析 1994 年中关铁矿水位+97m，这时全区排水总量为 7.9 万立方米/天，中关邻近矿山排水总量为 0.35 万立方米/天，尚未对中关水位产生影响，故设计确定帷幕注浆顶界为+100m 标高。其上不进行压力注浆。

注浆段长度即从+100m 标高向下到孔底，注浆段单孔平均长度 385.5m（其中+100m 以下灰岩平均 375.5m，闪长岩 10m）。

注浆参数的选择：注浆钻孔孔距依华北有色工程勘察院中关帷幕注浆试验工程实际效果，初步设计孔距 $D=12m$，局部复杂地段可适当缩小。

浆液的有效扩散半径 $R \geqslant 8m$。

帷幕厚度 T 依据单一水泥浆材料所能容许的渗透比降和帷幕可承受的最大水头差，设计帷幕厚度 $T \geqslant 10m$。

帷幕防渗要求与注浆压力的确定：防渗要求，依据华北有色工程勘察院水文地质数值法电算结果，帷幕厚度 10m 时，要达到堵水率 80% 的设计要求，则幕体的单位吸水率应为 $q \leqslant 5L_u$，幕体 $K \leqslant 0.08m/d$。据注浆帷幕试验工程总结报告，7 号、8 号检查孔的 q 值为 $0.4 \sim 0.8L_u$，$K=0.03m/d$，说明幕体堵水率可达到 80% 以上。

帷幕注浆压力初步确定为水头压力的 2 倍。注浆帷幕试验工程总结报告中提出由于区内地下水位埋深较大，水泥浆液自重压力每米可达 1.125 ~ 1.8MPa，会出现水泥浆液自重压力大于设计压力的情况，因此注浆压力控制原则可分为两种情况：当浆液自重压力小于静水压力的 2 倍时，按静水压力的 2 倍值作为注浆压力；当浆液自重压力大于静水压力的 2 倍时，地表压力表的读数控制在0.5 ~ 1.0MPa。

　　f　帷幕注浆施工要求

孔径：因+100m 标高以上不进行带压注浆，其孔径与钻孔结构由施工单位自行考虑，但+100m 标高以下，注浆段内钻孔孔径必须保证孔径 $\phi \geqslant 75mm$。注浆孔应分序施工。

孔斜：钻孔全孔应每 30m 测斜一次，钻孔的任一深度的偏距不得超过该孔最大深度的 0.6%。孔斜问题是中关铁矿帷幕注浆工程中最关键技术问题，应继续开展几段帷幕注浆试验，合理确定注浆孔终孔的水平偏距。

钻孔冲洗：所有钻孔注浆前均应进行大流量及压力冲洗，孔内残存的沉积物厚度不得超过 20cm。

压水试验，应分段进行，并按规范计算 L_u 值（吕荣值）。

注浆结果标准：注浆段在设计压力下，注浆量不大于 30L/min 时，继续注 30min 可结束注浆。

注浆方式：设计采用下行式注浆。

封孔：采用压力封孔的方法，应二次填平，并对封孔质量进行抽样检查。

帷幕工程质量检查：帷幕注浆质量应以检查孔压水试验为主，结合对竣工资料和测试成果的分析，综合评定。检查孔的数量为主注浆孔总数的 12%，检查孔应严格按照规范进行分段压水试验。

g　帷幕注浆材料

以单一水泥浆为主，遇特殊地段可适当加入掺合料，所有注浆材料应出具厂家材质合格证并检验后才能使用。

水泥：应采用 425 或 425 以上标号水泥，建议使用矿渣水泥，对水泥细度的要求为通过 $80\mu m$ 方孔筛的筛余量不大于 5%。

掺合料砂：质地坚硬的天然砂或人工砂，粒度<2.5mm，细度模数<2，SO_3<1%，含泥量<3%，有机物含量≤3%。

黏性土：塑性指数>14，黏粒（粒径<0.005mm）含量不宜低于 25%，含砂<5%，有机物含量≤3%。

粉煤灰：应为精选的粉煤灰，不宜粗于同时使用的水泥，烧失量<8%，SO_3<3%。

水玻璃：模数为 2.4~3.0，浓度宜为 30~45 波美度。

h　帷幕注浆施工装备

帷幕以外包形式承建，施工单位的施工设备、机具必需能保证施工质量的要求。

地质钻孔：钻进能力应达到 800m 以上。

注浆泵：最大排量 200L/min，最大压力 20MPa，并可调节压力、流量。

高速搅拌机、双桶低速搅拌机应满足注浆要求。

注浆自动监测系统：可自动记录注浆压力、注浆量、浆液密度等关键参数。

陀螺测斜仪、孔斜控制是帷幕的关键因素，应可测定强磁性地区钻孔中方位角和顶角。分辨率要求：顶角精度为 1′，方位角为 1°。

i　帷幕注浆工程量

帷幕主体工程：帷幕线单排总长约 3397m，注浆孔 283 个，平均孔深 523.9m，注浆段单孔平均长度 385.5m，按 30m 分段共计 13 段（依地质条件可适当调整），帷幕注浆孔钻进：283×523.9＝148264m。

注浆段总长　283×385.5＝109097m

压水试验段数　283×13＝3679 段

注浆总段数　283×13＝3679 段

扫孔长度　283×385.5＝109097m

帷幕加密工程：由于帷幕线长、深度大，帷幕线水文地质、工程地质条件复杂，故考虑 13%的加密注浆孔，共计 37 个孔。加密孔的布设原则如下：经检查未达到注浆设计要求的地段；当矿山疏干降水时帷幕内外地下水位未形成明显高差的地段；石灰岩含水层裂隙岩溶特别发育的地段；加密孔施工的技术要求与帷幕注浆孔一致；加密孔尽量与检查孔结合布置，以减少钻孔工程量。

加密孔设计工程量：加密孔钻探长度 37×523.9＝19384m；加密孔注浆总长 37×385.5＝14264m；压水试验段数 37×13＝481 段；注浆段数 37×13＝481 段；扫孔长度 37×385.5＝14264m。

j　帷幕注浆质量

帷幕注浆质量应以检查孔压水试验成果为主，并参照其他竣工资料及坑内疏干放水等试验综合评定。因帷幕条件复杂，检查孔数量按 12% 考虑，即 34 个孔。注浆质量压水试验检查各段合格率应在 90% 以上，不合格段的透水率值不得超过设计规定值的 100%，且不集中，注浆质量可认为合格。检查孔的布设原则如下：注浆孔揭露显示水文地质条件复杂的地段；透水率与注灰量显著增大的注浆孔附近；未满足注浆结束条件的注浆孔附近；建设部门认为需要检查的地段；检查孔同时起到加密孔的作用，完成检查孔工作后必须按注浆孔技术要求进行施工。

检查孔设计工程量：

检查孔钻探长度　34×523.9＝17813m

压水试验段数　34×13＝442 段

注浆段数　34×13＝442（帷幕堵水效果达到标准地段可一次注浆封孔）

检查孔注浆总长　34×385.5＝13107m

扫孔长度　34×385.5＝13107m

k　长期观测孔

为观测幕内外地下水位变化，检查帷幕堵水效果，地下水观测采用煤科总院西安分院研制的 KJ117 矿井水情监测系统。设计共设 20 个观测孔，幕内外各设 10 个孔，孔深 500m。观测孔的布设原则如下：

（1）地质、水文条件复杂的地段。

（2）富水性较强地段。

（3）有利于地面长期进行观测工作，井下避开采矿工程。

（4）若需进一步查明帷幕内外水文地质状况，可适当增加观测孔数。

1.3.4.3　地下水资源综合利用

热泵是一种以消耗少量电能为代价，能将大量不能直接利用的低温热能变为有用的高温热能的装置。通过一种新型的热泵技术完全可以回收煤矿废热资源，从而满足工业广场地面建筑采暖、井筒防冻及加热职工浴室洗澡热水的需求。

热泵的商业应用有三十多年的历史。如美国，截至 1985 年全国共有 1.4 万台地源热泵，而 1997 年就安装了 4.5 万台，而且每年以 10% 的速度稳步增长。1998 年美国商业建筑中地源热泵系统占空调总量的 19%，其中在新建筑中占 30%。美国热泵行业已经成立了由美国能源部、环保署、爱迪逊电力研究所及众多地源热泵厂家组成的美国地源热泵协会，该协会主要从事热泵开发、研究和推广工作。与美国的热泵发展有所不同，中、北欧如瑞典、瑞士、奥地利、德国等国家主要利用浅层地热资源，地下土壤埋盘管的地源热泵，用于室内地板辐射供暖及提供生活热水。据 1999 年的统计，家用的供热装置中，地源热泵所占比例，瑞士为 96%，奥地利为 38%，丹麦 27%。

中国自 20 世纪 50 年代就已经开始了热泵研究工作，但一直发展缓慢，直到 20 世纪 80 年代初制冷空调工业才快速发展。进入 20 世纪 90 年代后，随城市开放和消费水平的提高，空调机及加热产品迅速进入家庭，能源供应紧张问题突出，节能及有效利用能源的工作刻不容缓，因此，热泵的应用提到议事日程。在中国，水源热泵技术的研究和应用刚刚起步，在北京、沈阳、广州等大城市发展非常迅速，目前主要应用于民用建筑、一般工业建筑的空调和供暖。水源热泵系统的低位热源主要局限于地下水、地表水等。

北京矿大节能科技有限公司在应用热泵技术回收矿井总回风、矿井排水、坑口电厂冷却水等低温热能方面做了大量的研究工作，研发了适合矿山的废热回收技术及成套装备，大大拓宽了热泵的应用领域，并在河北、山西、山东、河南等地完成多个废热回收项目，目前技术及装备水平处于国际领先水平。

钢铁工业是河北省的支柱产业，也是能源资源消耗和污染排放的重点行业。地下矿山须解决冬季副井井口防冻、建筑采暖、全年洗浴热水热源和夏季建筑中央空调冷源。如采用传统的锅炉供热、中央空调制冷方式，不仅消耗大量燃煤，而且产生烟尘、CO_2 和 SO_2 等污染物，造成环境污染和温室效应，因此应尽量不采用。

中关铁矿矿井排水水温在 18℃ 左右，蕴藏大量的低温热能。根据地质资料和现阶段矿井施工地下水出水情况，经过反复的对比论证，2011 年 1 月，公司决定利用热泵技术回收矿井排水低温热能，解决冬季建筑采暖、井口防冻、全年洗浴热水热源和夏季建筑空调冷源的问题，彻底取消锅炉和传统的中央空调，从而实现节能减排的目的。热泵系统节能、环保、一机多用，一套系统可以同时满足冬、夏季冷、热源需要。

水（地）源热泵技术的应用区域已经辐射至全国。应用的主要建筑类型有办公楼、体育建筑、别墅、宾馆、医院、厂房、住宅、商场等，在矿山的应用也日益广泛。目前，冀中能源股份公司章村煤矿、冀中能源邯郸矿业集团云驾岭煤矿等已经采用水源热泵技术回收电厂冷却水、矿井水中的废热，取消了该矿的锅炉房和传统的中央空调，实现了整个煤矿的供热、空调、井口防冻和生活热水。汾西矿业集团新峪煤矿、岱庄煤矿、山东星村煤矿等已采用水源热泵系统回收矿井水中的低温热能，解决浴室热水热源和办公楼采暖及空调冷热源[31]。

中关铁矿利用热泵技术回收矿井水低温热能，实现全矿供热无锅炉化，冬季替代燃煤锅炉供热，夏季制冷改善工作环境，减少煤炭资源的消耗，减少 CO_2 和

SO_2 的排放，对于改变传统铁矿山的供热模式有着重要的变革意义。

A　水源热泵技术关键

（1）高效低噪声热泵机组的设计及制造。要求适应矿井排水 15~18℃ 的温度变化范围条件下，机组输出水温 45~55℃，机组效率高，低噪声，免维护。

（2）井筒防冻散热器设计及制造。在环境温度 -30℃、热源温度 45℃ 条件下换热量满足要求，噪声低，具有自身防冻及除尘功能。

（3）矿井排水热能提取系统设计。矿井的排水热能工艺、设备及控制系统，不影响矿井的正常运作，矿井排水不经过传统的污水处理过程，热能可直接提取。

（4）夏季空调冷凝热回收。夏季制冷时，冷凝热回收用于加热职工浴室洗浴热水。

（5）控制系统研究。在制热、制冷时不同运行工况下实现根据环境温度的变化自动控制制热、制冷量，达到系统运行节能，实现不同季节、不同运行工况下废热提取自动切换和分配。

B　水源热泵考核指标

（1）高温高效低噪声热泵机组进水温度范围 10~25℃，输出热水温度 40~55℃，COP 值制热工况平均不小于 4.5，高低压、断水、温度、压机过载、防冻等保护，PLC 控制及汉显触摸屏显示。

（2）新型井筒防冻散热器可以在环境温度 -30℃ 情况下安全使用，换热后进风混合温度在 2℃ 以上，井筒防冻散热器噪声不超过 50dB。

（3）末端采用中央空调设备的建筑，冬季供暖、夏季制冷，室内温度达到《煤炭工业采暖通风及供热设计规范》要求。

（4）职工浴室洗浴热水温度 42℃ 左右，可根据季节的变化调整水温。

C　水源热泵机组控制系统

热泵机组电源控制柜内设有空气开关来控制各台机组的通断。机组操作由触摸屏控制。

（1）热泵机组采用了先进的微电脑控制系统及方便的中文触摸屏人机界面智能控制系统，可接受面板输入控制指令和遥控指令，完全可以满足客户对智能控制的要求。

控制系统的功能包含：三级密码保护，防止无关人员误操作；根据负荷自动调节压缩机开启数目和压缩机运行时间，实现节能运行；根据采集信号进行预判，自动适应负荷条件；机组运行参数查询、设定和修改；机组故障报警、查询和打印。

（2）控制系统的通信功能：在监控中心，可以远程对每台机组进行监视。

（3）机组设置有高压卸载、高压停机、安全阀泄压三级保护，确保机组在安全压力范围内运行，同时机组还设有多重保护措施，确保机组安全运行。

采暖循环泵及空调循环泵均采用软启动控制，在冬季、夏季分别运行。

洗浴热水一次循环泵采用软启控制，受液位控制，通过设定液位的上下限来控制水泵的启停。

淋浴、池浴供水泵（二次循环泵）采用直启控制，设液位控制，低液位停止并报警，高于低液位自动运行。

矿井水源供水泵采用软起控制，设电子液位控制，防止液位过低水泵缺水，低液位停止并报警。

采暖空调补水泵的控制：受两个电接点压力表控制。

以上各个设备均设手动控制，柜门设有相应的各泵起动停止按钮及运行、故障指示灯，各预留一台备用水泵，故障自投，通过柜内控制接口可以在监控室对各台水泵监视运行、故障等状态。

其他设备：设全自动过滤器电源 2 路、软化水器电源 1 路、电磁阀电源 2 路，以上设备全部预留 PLC 控制接口，可以在监控室对各台水泵监视其运行、故障等状态。预留照明电源、PLC 控制电源、220V 备用电源（各 10kW），三相备用电源 20kW，均具有运行、停止、故障显示。

系统启停顺序如下：

系统启动：阀门→水处理设备→洗澡热水一次循环泵→采暖空调循环泵→定压补水泵→能量采集系统（矿井水）循环泵→热泵机组。

系统停止运行：热泵机组→定压补水泵→洗澡热水一次循环泵→采暖空调循环泵→能量采集系统（矿井水）循环泵→水处理设备→阀门。

自动化系统组成及网络结构：水源热泵系统自动化控制方案由 1 套 PLC 系统及 2 台工控机组成，PLC 选择西门子 400 系列。PLC 系统放置在配电室内，2 台工控机放置在值班室内。网络上采用工业以太网进行通信，采用 modbus 通信协议，为其他控制系统留有以太网接口或者 485 接口，可以形成一整套自动化系统，如图 1-29 所示。

系统组成描述如下：

下位机功能：下位机采用西门子 PLC，除能够实现设备控制功能外，还能实现的功能有通信功能、数据处理、管理功能。

通信功能：下位机 PLC 采用以太网模块和以太网交换机交换数据，采用 EtherNet/IP 网络协议保证网络的高速稳定。

数据处理：实时采集现场数据，反应现场设备的运行状态、故障状态等。采集的信号有工艺过程中的压力、温度、流量，用电设备的电流、电压，设备的开关信号、故障信号，还可以输出数字量、模拟量对现场的设备进行控制。

管理功能：能对主要设备的运行时间、故障时间进行统计，对设备维护提供

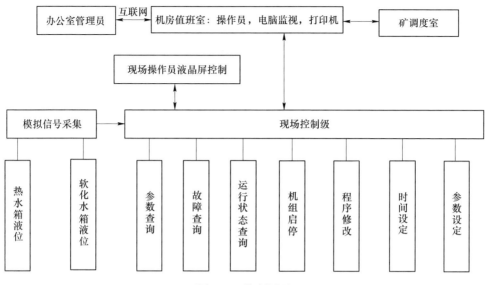

图 1-29　控制原理

依据。

上位机功能：上位机采用 WINCC 编程，用户界面友好、操作方便。主要的监控画面有动画主画面、流程图画面、分组画面、趋势画面、报警画面等。对整个中关铁矿低温热源项目建立动画主界面，这样机房的整个热泵系统的工作原理、工艺流程，以及各种数据一目了然。

动画主画面：根据水源热泵系统的整体结构和工艺流程，在 WINCC 中以多种形式（图形、动画、声音）动态反应系统的状况。用户可以直接在画面上看到各个设备的运行情况、故障状态，能够实时反应系统的实际运行状态。

分组画面：分别显示系统中的各个设备，如机组、泵的启停、故障、运行状态。分组画面可以在总貌画面中直接点设备进入到相应设备详细参数的界面。

参数设置：用户可以在监控室直接通过上位机操作来控制现场设备的启动、停止、参数设置等。

报警查询：当现场设备发生故障时，通过声音、颜色等各种报警方式提醒用户，方便用户及时进行故障处理，保证系统的安全。

用户权限：设有二级权限用户，以防止非法操作，保证系统安全。不同的系统操作员有不同的操作权限，以提高系统的安全性。一级用户只能观看，不能参与控制。二级用户可以控制设备的运行状态等。

系统帮助：提供上位机软件的操作手册，常见的故障及排除方法，方便用户快速有效使用本系统。

数据存储：系统运行参数可以长时间存储在数据库中，可对参数进行打印，还可以对数据库进行备份和还原，保证了数据的安全性、有效项、一致性。

Web 发布：通过浏览器，在线安装控件后就可以监视现场数据。只要有权限能上网就可以随时随地监视工艺流程图、工艺参数、运行状态等。

D 主要检测参数

（1）循环水泵的进出口温度、压力显示，电流指示。

（2）机组的进出口温度、压力、运行状态、故障状态显示，机组压缩机的运行状态、运行时间统计等参数显示。

（3）热水箱、软化水箱的高度位、温度显示，高低水位报警。

（4）旋流除砂器进出水压力显示及压力故障报警。

（5）一次网、二次网总管的流量显示、积算。

（6）矿井水池的温度、液位显示及报警。

（7）各个泵的运行状态、运行故障、远程就地状态显示。

（8）机房总用电量及各项电压、电流。

（9）井口的温度及井口加热器的状态。

（10）为了保证设备运行的安全，采用的仪表全部为性能稳定、质量可靠的进口产品，包括 E+H 的压力变送器、UE 差压控制器、VEGA 超声波液位计等。

1.3.5 矿山生态修复

绿色矿山生态修复理论起源于欧美发达国家，多年的实践表明这些国家也享受到了绿色发展带来的一系列福利，该理论的发展先后经历了废物最小化、无废工艺、清洁生产等一系列的阶段，并于 20 世纪 90 年代形成了一套完善的绿色理论及技术。绿色技术归根结底就是要将资源以及能源的浪费、对生态环境的污染达到最小化，对资源的综合利用达到最大化。

通过科学设计并采用先进技术，既实现科学有序的开采，又把对矿区周边环境的扰动控制在允许的范围内，从而以最小的环境扰动量获取最大资源量和经济效益。特别要有效控制矿区地表和地下岩层稳定，避免和控制采矿引起地表沉陷、边坡崩塌、滑坡等地质灾害的发生，以及由此造成的环境和生态的重大破坏。

采矿和选矿过程采用无废或少废的工艺技术，实现废料产出最小化，以便控制废弃物排放对环境和生态造成的污染和破坏，将传统的采矿环境破坏末端治理转移到从源头上控制，从根本上解决矿山生态环境污染与防治问题；再一个就是与采矿活动同步开展矿山土地复垦与绿化，采矿过程当中保持矿区完整的生态体系，而不是采矿全部结束后环境和生态已经被严重破坏再末端治理，这样只需要少量甚至完全不需要进行末端治理，就能使矿山工程区域与自然生态环境融为一体。遵从自然生态系统和物质循环规律，使矿产资源的开发与矿山系统和谐地纳入自然生态物质循环过程，形成以清洁生态、有效回收和废物资源利用为特征的绿色生态循环。通过以上研究，实现资源开发、经济发展与环境保护协调统一，为实现矿业可持续发展，保证生态环境安全和国民经济的可持续发展提供重要支撑[32]。

1.3.5.1 矿区地表生态修复

矿山企业生态修复主要涉及露天采场（包括地下影响范围内和影响范围外两部分）、排土场及尾矿库三类区域的地灾防治工程、土地整治工程和植被恢复工程以及矿山水体修复工程。

采矿迹地工程复垦是矿山土地复垦工作的重要组成部分，是实现矿区生态修复的前提，矿山土地复垦是指采用工程、生物等措施，对在矿产资源生产建设过程中因挖损、塌陷、压占和自然灾害造成破坏、废弃的土地进行整治、恢复利用的活动。矿山土地工程复垦内容主要包括：一是排土场削坡及防治水土流失的工程措施；二是露天采矿边坡的危岩清理工程；三是各种生态修复场地土壤再造工程，即覆土及土壤改良工程等；四是生态修复各项附属工程措施，如复垦道路的修建、排水及生态用水等设施的构建工程等。

A 适生植物筛选

适生植物及先锋植物筛选是实现采矿迹地生态修复取得良好效果的前提，植被品种选择需考虑复垦土地利用方向、气候和微气候条件、复垦土壤性状以及所需半永久性和永久性植被种类等方面因素。选择的植物品种应具有以下几方面的特点：（1）有较强的适应能力，对干旱、瘠薄、毒害、病虫害等不良土地因子有较强的忍耐力；同时对粉尘污染、烧伤、冻害、风害等不良大气候因子也有一定的抵抗力。（2）有固氮能力。（3）翻种栽植较容易，成活率高，种源丰富、育苗简易且方法较多，适宜播种栽植时期较长，发芽力强，繁殖量大。（4）有较高的生长速度。因此，必须根据各矿区和各复垦土壤类型的突出问题把某些条件作为选择植物的主要根据，首先选用乡土植物，这些乡土植物很适合该地的环境，能保持正常的生长发育，并在群落中维持稳定的状态，植物迁移也能顺利进行。

近年来，我国很多学者针对冀东地区采矿迹地适生植物及先锋植物开展了大量物种筛选试验和引进外来植物的试验研究，并取得了可喜的研成果。采用尾矿库上无覆土直接种植的方式进行植物的种植试验，结果表明在不覆土的情况下尾矿库上可以直接种植沙棘、刺槐、杨柴、沙枣、白柠条、赤峰杨等适应植物，在土源不足的露天采坑边坡可种植爬山虎、山葡萄及野生猕猴桃等藤本植物。规划适生植物优选主要是针对露天采坑边坡适生植物的筛选开展跟踪研究，如爬山虎、山葡萄及野生猕猴桃等北方适生的藤本植物的筛选与培育。

B 采矿迹地植被恢复

采矿迹地植被种植的关键是人类在认识掌握自然规律，协调气候因子、土壤因子、地形因子、生物因子和人为因子5大环境变化因子的基础上，加速复垦土壤的熟化，加速植被的形成。在植被种植初期，应尽可能为植物创造较良好的生长环境。依据采矿迹地生态恢复目的不同，若为农业用地一般先种植豆科草本植物培肥土壤，然后耕种豆科生物增加土壤氮素，在土地达到一定肥力后再种植一般农作物；若为生态矿业修复，一般直接进行种植绿化，为防止土壤侵蚀、增加土壤肥力、利于机械播种，有时也先种植豆科草类，而后植被林木。草本植物一般采用直接播种，直接播种分条播和撒播，林木植被方法主要是栽种。

当前植被恢复工程技术主要有：一是地表塌陷范围内露天采坑植被恢复工程，探索水力播种法，它是利用装在汽车上的水箱、水泵、搅拌和喷洒设备，将水、种子与肥料的混合浆液喷洒到距汽车 50m 以内的土地上，以及采取人工辅助的半自然生态修复技术。二是在缺乏植被恢复土壤的干燥的废石场上，可开展以下几方面的种植试验研究：（1）凝聚陷穴法，即挖很多较深的种植坑，将幼苗种植在坑中心土堆上，坑完全用塑料衬垫覆盖，用石头重量绷紧塑料布，使凝聚的水分沿着衬垫的下面汇集给植物，可有效地灌溉植物；（2）套管法，即将幼苗种植在双层纸管中，纸管长 60cm，用 1.3cm 方形网眼塑料套管加固，当根系长出管底，就可移植至预先钻好的孔中，周围用泥土封顶即可。

C 露天采场生态修复

一方面，由于金属矿山尾矿产出率较高，远大于井下充填所需尾矿量，充填剩余的尾矿必须外排堆放；另一方面，由于尾矿产出的连续性与采场充填间断性之间的矛盾，也要求在不充填期间的尾矿有堆放场地。

一般金属矿山尾矿均在尾矿库内堆存，我国现有尾矿库约 1500 余座，每年排弃尾矿近 3 亿吨，需占用土地面积约 20km²。由于尾矿坝稳固、废水处理、污染控制、土地恢复技术发展与矿山工业发展的不适应，已经开始显露出或预示出潜在的安全和环境问题，严重阻碍可持续发展战略的实施。2008 年尾矿库大检查核定全国尾矿库为 12655 座，其中危库 613 座、险库 1265 座、病库 3032 座、正常库 7745 座，即病、危、险库占 38.8%。尾矿库一旦出现问题不仅涉及矿山本身的生产安全，而且关系周边及下游居民的生命和财产安危，同时也对国家造成不可估量的社会影响，因此，国家对尾矿库的审批越来越严格，新建尾矿库越来越难。管理尾矿库作为一种特殊的工业构筑物，它的服务期也是整个尾矿库的施工期和尾矿坝的堆积期，这个过程比较漫长，少则 5 年、10 年，多则十几年、几十年。而且尾矿库的投资一般都很大，尾矿设施建设占矿山建设总投资的 5%~10%，相当于选厂基建投资的 20% 左右，有些甚至与建厂投资相当，而且每年需要较高的费用进行检查和维护。

正因为尾矿库安全与环境问题越来越严重，建设投资和运营成本越来越高，许多老旧尾矿库容已饱和的矿山都在寻求尾矿的出路。虽然已有利用尾矿制作建筑材料等实例的相关报道，但其利用率仍然有限。对于露天转地下矿山或露天地下联合开采充填矿山，如能利用露天坑干堆充填剩余尾矿，则可真正实现无尾矿外排，彻底解决尾矿处理难题。但露天坑尾矿干堆尚无规范，存在许多技术和安全问题，需要攻关解决。

a 全尾矿干堆技术原理

尾矿经过滤后，充分挤压成为干片状的尾渣饼，浓度达到80%以上，含水量仅有20%左右，用皮带传送机或货车运往尾矿干堆场里分层堆放。为防止粉尘污染，对进入干堆场的尾矿用推土机推平并进行碾压，每逢干旱季节，还应在场内喷雾洒水，使其经常保持湿润状态，并在分层干堆形成的坡段上压土盖沙，栽种植物。这样，压滤处理后尾渣中含有的微量有害物质可被封闭在干堆场里，避免外渗和扩散，经过长期的露天曝晒和自然降解，可基本消除对环境的危害。

b 露天坑尾矿干堆技术方案（三种）

方案一：过滤机方案，工艺流程如图1-30所示。铁尾矿浆直接给入浓密机，浓密机底流直接进入过滤机。过滤机滤液和浓密机溢流作为回水利用，过滤机得出干料运至堆场干堆。此方案先利用浓密机预先浓缩尾矿，再将浓缩

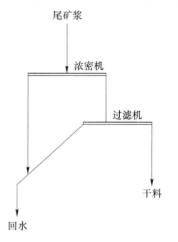

图 1-30 尾矿浓缩工艺流程（一）

产物给入过滤机，从过滤机得到含水量较低的物料，基本上可满足干堆要求。过滤机一般采用盘式真空过滤机，也有采用压滤机或陶瓷过滤机的。

方案二：脱水筛方案，工艺流程如图1-31所示。尾矿首先进入旋流器，经旋流器浓缩后，底流浓度可达到65%~70%，直接进入脱水筛，脱水筛的筛上物含水量在16%以下，由皮带运输机运至干堆场，筛下物返回旋流器给料，即旋流器

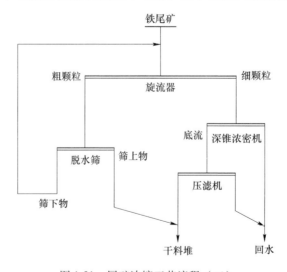

图 1-31 尾矿浓缩工艺流程（二）

和脱水筛形成一个简单的闭路系统，保证干料尽可能由脱水筛产出。旋流器的溢流进入深锥浓密机中二次浓缩，浓密机的溢流作为回水返回选厂使用，浓密机的底流进入压滤机，滤饼由皮带运输机运至干堆场。根据生产经验可知65%~75%的尾矿量由脱水筛实现干堆，占总尾矿25%~35%的细粒级尾矿由过滤机实现干排。

方案三：膏体泵送方案，工艺流程是利用充填系统制成膏体或似膏体，通过充填工业泵泵送至露天坑。该工艺与干堆有所区别，需按充填要求做好脱滤水工作。

c　干堆场排水及防渗技术

目前露天采坑有部分渗水及外来水源，矿山一方面应对渗水量大的边帮进行帷幕灌浆处理，另一方面应在露天采坑中部设立分级泵站，以保证最终的干堆体质量。

露天采坑排水方案：设立单独的溢流井，溢流井随尾砂的高度增加而逐渐增加，自然降水通过溢流井经排水涵管排送至浮船泵站，之后通过排水泵排至地表。具体如图 1-32 所示。

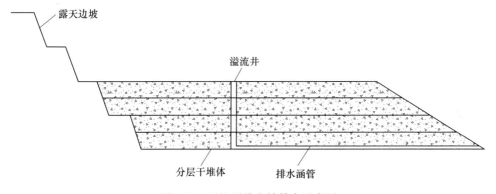

图 1-32　天坑干堆充填排水示意图

露天采坑尾砂干堆按比例加入水泥，尾砂固结，不会流动。干堆场区内的地下水主要表现为地基基岩中的裂隙水和干堆物料松散体中的孔隙水，主要接受大气降水补给。对干堆场稳定性有影响的主要是松散体中的孔隙水。地下水对干堆场稳定性的影响主要体现在以下两个方面：一是浸泡松散干堆物料，使其强度降低；二是形成连续的饱和渗流带，对松散物料产生浮托力，降低其抗滑力。考虑自然降水的因素，如果大量降水汇入，势必会增加井下排水量，亦有可能引发泥石流灾害，故采取了如下几个方面的防渗措施：在露天采坑北部、东部以及西部边界开挖截洪沟，以防止大量的降雨汇集到露天采坑；在尾砂干堆至露天采坑之前应对围岩进行详细调查，在节理裂隙发育地段，需要先铺设土工膜进行防渗处理后再进行干堆。

D   露天边坡生态修复

矿山修复即对矿业废弃地污染进行修复，实现对土地资源的再次利用。矿山开采过程中会产生大量非经治理而无法使用的土地，又称矿业废弃地，废弃地存在因生产导致的各种污染。矿业废弃地多以重金属污染和矿山酸性排水污染为主，治理内容以生态修复和污染治理为主。矿山污染修复受地形地貌、气候特征、水文条件、土壤物理化学生物特征、表土条件、潜在污染等因素的制约，因此，修复技术和实施方案的选择需要考虑各因素的影响。

露天开采边坡生态修复是矿山生态修复中的重点和难点，采用边坡（缓坡）客土喷播、植生袋及苗木移植等常规技术措施很难取得生态修复效果，这主要是因为露天边坡属于近直立边坡，立地条件极为恶劣。目前国内外针对近直立边坡采取的生态修复技术主要有岩面垂直绿化技术、岩壁钻孔技术以及遮挡技术等，但这些技术均存在修复成本过高的致命缺陷。

矿山废弃地的生态恢复，只是土壤、植被的恢复是不够的，还需要恢复废弃地的微生物群落。完善生态系统的功能，才能使恢复后的废弃地生态系统得以自然维持。微生物群落的恢复不仅要恢复该地区原有的群落，还要接种其他微生物，以除去或减少污染物。微生物的接种可考虑以下两种：一是抗污染的菌种，这些细菌有的能把污染物质作为自己的营养物质，把污染物质分解成无污染物质，或者是把高毒物质转化为低毒物质；二是利于植物吸收营养物质的微生物，有些微生物不但能在高污染条件下生存，而且能为植物的生长提供营养物质，比如说固氮、固磷，改善微环境。我国目前矿山的生态环境破坏比较复杂，要从根本上遏制矿山生态环境进一步恶化，就需要根据我国生态环境建设的实际情况，建立各方面参加的多渠道投入机制，才能推动矿山生态环境恢复治理的开展，防止增加新的污染和破坏，逐步恢复矿山生态环境的良好状态。

对矿山采坑、边坡的生态修复方式多种多样，可以将矿山废弃的建筑、道路、矿床以及矿产品堆放场等建设成为矿山公园，将矿山废弃的采坑建成矿山人工湿地，将矿山废弃的平地建设成为居住用地和工业用地，将矿山废弃的洼地、盆地建设成为养鱼场、垂钓园，将矿山废弃的坡地建设成为林业和畜牧业基地。

矿山与旅游结合，主要是以露天矿坑生态修复为依托，通过保护和展示采矿、地质遗迹，生态景观修复与提升，开发休闲体验旅游项目，打造矿山公园，塑造城市新旅游品牌。矿山旅游发展已久，但多为矿山关停后通过生态修复治理发展而成，较成功的案例有英国伊甸园，利用采掘陶土遗留下的巨坑，围绕植物文化而打造，主要项目包括潮湿热带馆、温暖气候馆、凉爽气候馆三大种植馆，各馆内种植了来自全球的数万种植物，发展生态观光、休闲体验、科普教育旅游，从开业至今游客量过千万。在我国，湖北黄石国家矿山地质公园、江苏象山国家矿山地质公园也是利用露天矿坑打造了集矿业文化、科普体验、观光游览、极限运动、休闲度假于一体的矿山公园，取得了很好的效果。

矿山+旅游的发展，必须有文化作为支撑，但是仅仅靠矿山文化不足以担当支撑区域旅游发展的重任，因此，系统思考矿山公园打造，必须与区域文化结合，打造以区域文化展示、体验为核心的旅游区，同时盘活周边资源，配套主题公园、乡村旅游、康体运动、休闲度假等旅游项目，构建综合型旅游景区。

矿山+园区，集约土地推动产业发展。很多地势平坦、土壤肥沃、水源充足的矿山，他们不具备依山造景打造矿山公园的条件，但是适合生态农业开发，建设种植、科研、展示、采摘等多个产业和不同产业环节并存的综合利用现代农业生产格局，同时与林业有机结合，形成多树种、多层次、多色彩、多功能的经济林木和生态农业景观效果，并有效带动周边观光、采摘农业发展。其中，唐山迁安利用矿山废料台建设的集旅游观光、百果采摘、农产品加工销售为一体的综合性农业产业化示范园，取得了良好的经济效益和生态效益。

还有很多矿山，可以通过土地整理，并配备道路、给水、供暖、用电、通信等基础设施，完善区域配套，打造各类现代化的产业园区，推动土地集约利用，实现产业发展。

E 排土场生态修复

排土场作为矿山存在的安全隐患，可诱导发生泥石流、塌方等地质灾害。对排土场进行土地整治工程和植被恢复工程，恢复排土场的生态环境。

根据排土场的容积大小、堆置高度、基地处理措施、排弃物的物理性质、排土场周边的环境情况设施，对排土场的安全稳定性进行评价，根据评价结果采用不同的生态恢复治理措施。根据排土场的最终帮坡角大小、安全平台宽度情况，一般排土场复垦为林地和草地，若排土场边坡比较缓，也可以复垦成耕地。

采矿排土场工程复垦是矿山土地复垦工作的重要组成部分，是实现矿区生态修复的前提，矿山土地复垦是指采用工程、生物等措施，对在矿产资源生产建设过程中因塌陷、压占和自然灾害造成破坏、废弃的土地进行整治、恢复利用的活动。

F 尾矿库生态恢复

对尾矿库库区淹没范围的表土先进行剥离然后用于尾矿库矿坝的表层覆土，在矿坝表层覆土5cm后铺设带有植物种子的生态植被毯进行植被恢复，此措施不仅施工简单易行而且造价低，短期内能起到保持水土流失的功效，同时在已形成的子坝平坡段栽种当地原生态的乔灌木树种，形成长期保持水土流失功能，达到人工与自然的和谐统一。

1.3.5.2　矿山的功能化再开发

在矿山生态功能基本恢复后，可根据矿区自身属性的不同，选择恰当的发展模式进行资源的再开发利用。常见的矿山废弃地生态开发模式有三种：单一复绿模式、农业复垦模式、景观再造模式。再利用模式的选择，依废弃地的规模、环境、交通等因素的不同而不同，不同的再利用模式能够产生不同的综合效益。

A　单一复绿模式

主要适用于地理位置不佳、复垦后可获得的耕地资源有限，基本无景观开发价值的矿山废弃地，可引入水生植物，如芦苇、金鱼藻等，将其培育成人工湿地，增加塌陷区的生态稳定性，而对于一些采深较大、面积较广的露天采坑，可对其边坡和底部进行加固防渗处理，以开发成小型湖泊，特别是对于一些破坏十分严重的矿区，经人工辅助手段后即使能够在它的地表形成植被覆盖，它的生态功能也仍有可能十分脆弱，稍加干扰就会引起植被的大片枯萎、死亡，使矿区再次朝废弃土地的方向逆转，这时可通过法规条例，将其设定为自然保护区，加强监管措施，杜绝人为扰动，为矿区生态正常恢复创造有利条件。

B　农业复垦模式

主要针对经适当修复后可被重新赋予生产力的废弃土地，如马钢姑山矿的多层次立体土地复垦模式是国内铁矿废弃地农业复垦的典型，该矿排岩场是依托矿区原有露天采坑形成的多平台堆积场，根据生态系统的多物种配置和多层次配置原则，设计了可进行农、林、牧、渔综合开发的立体复垦结构，将中心积水采坑设计成鱼塘，进行水产养殖；对水塘浅水区底层土壤施以必要改良措施，进行水稻种植，同时在水稻中放养鸭、鹅等家禽；对排岩场堆积平台则种植上防风林、生态林、经济林等，同时林间修建小道，供市民休闲之用。排岩场斜坡坡度大、渣粒多、水土流失严重，可乔、灌、草间植，增加斜坡植被覆盖率，减少降水对斜坡的侵蚀，增加排岩场的生物多样性，提高生态位的利用率。

C　景观再造——矿山公园建设模式

对于一些具有旅游开发潜力的矿山废弃地，可以将其作为景观资源加以二次开发，为城市的可持续性发展，特别是老工业城市的产业转型提供新的着力点。德国政府综合鲁尔区当时所面临的社会、环境、资源等各方面的问题，制定了符合自身情况的长远规划方案，确保了区域环境治理方法与区域经济发展政策的连续性，设计人员对鲁尔区的铁矿采坑、桥梁隧道以及其他矿区建筑物进行了构思精妙的景观改造，将旧矿区成功开发成了新的旅游资源。

我国是一个矿产资源丰富、类型众多、分布广泛、具有悠久矿业开发历史的国家。在漫长的采矿历史中遗留下众多的珍贵矿业遗迹，这些都是中华文明发展的重要组成部分，也是世界矿业史上重要的篇章之一。为了保护重要的矿业遗迹，促进矿山环境治理和生态恢复，2004 年 11 月国土资源部下发了《关于申报国家矿山公园的通知》（国土资发〔2004〕256 号），并于 2005 年 8 月评审批准了北京黄松峪、安徽淮北等 28 个申报单位的国家矿山公园建设资格，标志我国矿山公园建设正式启动，矿业遗迹的保护和矿山环境的治理向前迈出了新的步伐。

辽宁抚顺是我国重要的煤炭和铁矿基地，大规模的矿床开采作业使得当地地质灾害频发，矿区百姓深受其害，抚顺市在对矿区环境进行全面调查后，以国家"振兴东北老工业基地"政策为契机，将原有废弃矿坑、采坑塌陷地成功打造成特色旅游景区，既缓解了工矿企业与当地居民的矛盾，也促进了区域经济的转型升级。

唐山开滦矿山公园将矿山和地质灾害作为旅游资源开发利用，以矿山文化为主题，包括安全文化、工业创意文化等多个层面贯穿整个园区，通过不同形态与形式，将开滦 100 多年煤矿工业的历史加以追溯，进而展望煤炭工业的未来，通过园区内的各个景区项目设置，引发游客对煤炭工业文明与采煤技术的兴趣和了解。湖北黄石国家矿山公园是我国第一家国家矿山公园，是铁矿遗址开发的典型代表，这种开发模式既有助于保留采址的原有风貌，展现矿区曾经的辉煌成绩，又能够启迪和教育后人，增强游客的环保意识，对其他矿山废弃地的开发利用具有重要借鉴作用。

1.3.6 矿山节能减排技术展望

党的十九大报告对生态文明建设和生态环境保护提出了一系列新思想、新要求、新目标和新部署。新思想，将坚持人与自然和谐共生作为新时代坚持和发展中国特色社会主义的基本方略重要内容，提出生态文明建设是中华民族永续发展的千年大计，人与自然是生命共同体等重要论断。新要求，明确我国社会主要矛盾已经转化为人民日益增长的美好生活需要和不平衡不充分的发展之间的矛盾，我们要建设的现代化是人与自然和谐共生的现代化，既要创造更多的物质财富和精神财富以满足人民日益增长的美好生活需要，也要提供更多优质生态产品以满足人民日益增长的优美生态环境需要。新目标，提出到 2020 年，坚决打好污染防治攻坚战，到 2035 年，生态环境根本好转，美丽中国目标基本实现，到 21 世纪中叶，把我国建成富强民主文明和谐美丽的社会主义现代化强国，物质文明、政治文明、精神文明、社会文明、生态文明将全面提升。在新部署方面，提出要推进绿色发展、着力解决突出环境问题、加大生态系统保护力度、改革生态环境监管体制。这些新思想、新要求、新目标、新部署，为推动形成人与自然和谐发展现代化建设新格局、建设美丽中国提供了根本遵循和行动指南[33]。

1.3.6.1 挖掘资源潜力，实现全面节约与高效利用

牢固树立节约集约循环利用的资源观，推动资源利用方式根本转变，加强全过程节约管理，大幅提高资源利用综合效益。全面推动土地节约集约利用，加强矿产资源节约和管理，实施矿产资源节约与综合利用示范工程、矿产资源保护和储备工程，大幅提高矿产资源开采率、选矿回收率和综合利用率，建立健全资源高效利用机制。

（1）系统分析评价矿山土地等非矿资源价值，开拓资源利用新途径，全面优化提升资源利用效率，实现非矿资源高效利用。

（2）树立节约集约高效利用的资源观，强化节约意识，全面推进全过程能源管理体系、金属平衡管理体系建设，保持矿山开发利用达标率稳中有升。

（3）拓展矿产资源利用途径，大力推进资源综合利用，大力开拓开采废石及尾矿在建材及相关领域的利用途径，实现矿产资源综合利用水平的大幅度调升。

（4）推进技术进步，增加科技投入，依托技术创新和红线约束促进资源利用方式转变，增强矿山全面资源节约和高效利用后劲。

1.3.6.2 持续生态修复，不断推进矿区山青地绿

生态修复是指依靠生态系统的自我调节能力与自组织能力使其向有序的方向进行演化，或者利用生态系统的这种自我恢复能力，辅以人工措施，使遭到破坏的生态系统逐步恢复或使生态系统向良性循环方向发展，主要指致力于那些在自然突变和人类活动影响下受到破坏的自然生态系统的恢复与重建工作。矿区生态修复的目的是使被矿山开采破坏了的生态系统重新具有生产价值、社会服务功能和生态环境平衡功能。坚持"以人为本、绿色发展、生态优先"原则，继续大力实施生态修复工程，尽量保留现有地貌并利用现有绿色基调，以生态原理为基础，依托先天地理优势，完善生产区、办公区和居民区绿化建设，在新思维新视野新方式的指导下，远景目标和近期目标实施相结合，将坚持人与自然和谐共生作为新时代坚持和发展矿区生态文明建设的新要求。到2035年，生态环境根本好转，美丽矿山目标基本实现。

（1）牢固树立"绿水青山就是金山银山"理念，全面提升企业的生态责任意识，从意识形态领域宣传提高认识，明确生态环境保护与修复是冶金矿山可持续发展的根本。

（2）全面推进矿区生态修复技术与管理创新，为矿山生态修复提供技术支持与保障。

（3）全面实施生态修复重大工程，推进矿区生态修复工程落地实施，提升生态系统质量和稳定性，为全面改善矿区生态环境奠定基础。

（4）完善矿山生态修复评价体系与考核机制，为全面建设生态矿山提供制

度保障。落实层级监管责任，充分利用遥感技术和信息化手段，创新监管模式，建立监管机制。

1.3.6.3 拓展生态经济，开创冶金矿山新局面

生态经济是指在生态系统承载能力范围内，运用生态经济学原理和系统工程方法改变生产和消费方式，挖掘一切可以利用的资源潜力，建设体制合理、社会和谐的文化以及生态健康、景观适宜的环境。生态经济是实现经济发展与环境保护、物质文明与精神文明、自然生态与人类生态的高度统一和可持续发展的经济。大力发展以生态农业为代表的生态经济是矿业未来非矿经济发展的重要抓手，应进一步解放思想、创新路径，开拓生态经济，以生态经济推动矿山由单一规模型企业向质量、规模、效率协同发展型企业转变。

1.3.6.4 发展循环经济，实现绿色矿山可持续发展

随着科学技术的进步和社会经济的发展，"绿色矿山"正逐步成为矿产资源开发的发展方向。从矿山勘查、设计、建设、开采、选矿，一直到矿山闭坑、复垦和生态环境重建，全部要统筹规划，实现开采方式科学化、生产工艺环保化、企业管理规范化、闭坑矿区生态化，打造绿色矿山，减轻对周围环境污染和生态环境的影响，使矿山环境与区域环境和景观相协调，实现合理利用资源、保护环境、安全生产、社区和谐和矿业经济的可持续发展[34]。

1.3.6.5 打造智能矿山，提升企业核心竞争力

以智能矿山建设规划总体蓝图为导向，综合运用现代数字技术及科学的企业管理思想，逐步提高企业数字化程度和企业管理水平，力争在未来5年内建立一个集成企业过程控制系统、三维可视化管控系统、生产制造执行系统、ERP系统及企业决策支持系统的现代、科学的综合数字化系统平台，从而满足企业的可持续发展，提高企业核心竞争力的要求，帮助企业更快、更好地实现发展战略目标。全面推进矿山采选技术装备、智能采矿和信息化水平，达到绿色矿山要求的数控化率指标。

（1）矿山生产设备智能化及过程自动化。利用现代化先进智能设备为矿山生产自动化提供有力的支持，利用过程控制平台实现矿山生产、安全、环保过程自动化监视、监测与监控。

（2）矿山技术管理数字化及生产管理信息化。利用三维可视化工具对矿区、矿床模型、工程、设备与工艺过程进行三维建模与统一管理，为生产管理提供全方位的支撑。实现以成本控制为中心的MES生产执行管理、采矿与选矿的精细化管理，利用三维虚拟系统与生产实际集中统一管理，实现矿山柔性生产，通过矿山平行系统简化复杂矿山的管理问题。

（3）矿山企业管理规范化及决策科学化。将以人、财、物、产、供、销为

主体的 ERP 系统、企业制度、知识库、办公自动化为基础的企业管理平台作为建设目标，通过矿山数据中心建设，实现数据的集成采集与共享管理，通过数据仓库建设为实现企业决策提供支持。

1.3.6.6 健全制度体系，提高生态文明软实力

生态文明制度是指在全社会制定或形成的一切有利于支持、推动和保障生态文明建设的各种引导性、规范性和约束性规定和准则的总和。生态文明制度是否系统和完整，是否具有先进性，在一定程度上代表了生态文明水平的高低。良好的生态环境是生态文明的硬实力，先进的制度体系是生态文明的软实力。为保障冶金矿山行业生态文明建设健康持续发展，需制定切实可行的生态文明建设制度体系，引领国内冶金矿山企业生态文明建设[35]。

（1）将生态价值观纳入冶金矿山行业核心价值体系，形成资源节约和环境友好型的执政观、政绩观。建立科学的决策和责任制度，包括矿山生态文明建设综合评价、目标体系、考核办法、奖惩机制、责任追究、管理体制等。以矿山企业生态文明建设指标体系以及自然资源资产负债表为引导，综合考核办法、奖惩机制和责任追究相关制度，特别是建立健全目标考核机制，把生态文明建设纳入矿山企业目标考核。

（2）强化矿山企业的社会责任感和荣誉感，形成对保护环境引以为荣的道德风气。建立有效的执行和管理制度，包括管理制度、有偿使用、赔偿补偿、资源产权、用途管制、生态红线等，主要是针对矿山企业执行过程中的约束以及管理机制。

（3）构建生态文明文化建设服务体系，从意识领域促进生态文明建设水平的提高。对企业员工建立内化的道德和自律制度，包括宣传教育、生态意识、合理消费、良好风气等。加强对企业员工的人文关怀，建立健全职工技术培训体系，完善职业病危害防护设施，逐步提高职工满意度。

（4）形成道德文化制度，提高全行业的生态文明自觉行动能力。培育现代环境公益意识和环境权利意识，逐步形成"利益相关，匹夫有责"的行业主流风气。

1.3.6.7 推进矿地共建，共创矿地和谐新局面

营造一个矿山和地方、职工和群众、人和矿山生态和谐的生动局面，实现矿地共赢，有效提升企业形象和发展质量，创造冶金矿山矿地和谐新典范。

（1）信息互通。寻找矿山建设与当地群众生产生活的连接点，构建矿地和谐的信息纽带与互通有无的信息平台。收集反馈矿区群众的意见及建议，了解矿区群众实际需求，不断完善矿区的文化、教育、卫生、体育等服务。引导群众积极关心和参与矿区公共事务，充分发挥矿区群众在矿区治理中的作用，提升矿区群众责任感，培育群众主人翁心态，形成牢固的矿区认同和归属感，使互通有无

的信息平台成为动员矿区群众参与矿区治理与发展的工作阵地。

（2）矿地互信。抓住矿山与矿区群众之间的契合点，努力构建信任包容的联手共建机制，责任共担、互惠互通、系统共建。与当地群众建立磋商和协作机制，及时妥善解决各类矛盾，达到矿地关系和谐稳定。坚持矿地共建、利益共享、共同发展的办矿理念，加大对矿区及周边群众的教育、就业、交通、生活、环保等支持力度，改善生活质量，促进矿区和谐，实现办矿一处，造福一方。加强对矿区群众的人文关怀，逐步提高矿区群众满意度，及时妥善处理好各种利益纠纷，不得发生重大群体性事件。加强与利益相关者交流，对利益相关者关心的环境、健康、安全和社会风险，主动接受社会团体、媒体和公众监督，并建立重大环境、健康、安全和社会风险事件申诉回应机制，及时受理并回应项目建设或公司运营所在地民众、社会团体和其他利益相关者的诉求。

（3）矿地共赢。寻找矿山建设发展与当地经济社会不断前进的契合点，使地方经济社会发展成为矿山企业不断前进的可靠支撑，矿山的发展壮大成为反哺地方经济社会的强劲动力。自觉承担起节约集约利用资源、节能减排、环境重建、土地复垦、带动地方经济社会发展的企业责任。牢固树立以人为本的发展理念，以改善环境保民生，以矿地共赢促和谐。营造矿区安全文化和谐氛围，打造矿地共建共享的友好格局，促进矿区环境与自然生态环境和谐发展，彰显国有大矿担当与社会责任意识，创造矿地共赢、和谐发展的地矿关系。

2018 年 5 月 18~19 日全国生态环境保护大会在北京召开，中共中央总书记、国家主席、中央军委主席习近平出席会议并发表重要讲话。他强调，要自觉把经济社会发展同生态文明建设统筹起来，充分发挥党的领导和我国社会主义制度能够集中力量办大事的政治优势，充分利用改革开放 40 年来积累的坚实物质基础，加大力度推进生态文明建设、解决生态环境问题，坚决打好污染防治攻坚战，推动我国生态文明建设迈上新台阶。

传承中华文明"天人合一"精髓，将马克思主义中国化，吸收中外文明研究方面的最新成果，一以贯之，并不断升华，形成了系统的生态文明思想。以"人与自然和谐共生"为本质要求，以"绿水青山就是金山银山"为基本内核，以"良好生态环境是最普惠民生福祉"为宗旨精神，以"山水林田湖草是生命共同体"为系统思想，以"最严格制度最严密法治保护生态环境"为重要抓手，以"共谋全球生态文明建设"彰显大国担当。牢固树立社会主义生态文明观，大力推进生态文明建设和生态环境保护，像对待生命一样对待生态环境，树立和践行绿水青山就是金山银山，保护生态环境就是保护生产力，改善生态环境就是发展生产力的理念。建设美丽中国，满足人民日益增长的优美生态环境需要。

绿色开采是实现矿业与资源、环境协调可持续发展的重要手段，是我国矿业发展的主要方向。应坚定绿色矿山建设理念，让绿色信仰流淌于矿山生命的全周期！

1.4　典型案例

1.4.1　循环经济建设矿山典型——司家营铁矿

河北钢铁集团滦县司家营铁矿有限公司（简称司家营铁矿）的办公及选厂全景如图 1-33 所示，工作环境如图 1-34 所示，隶属于河北钢铁集团矿业有限公司，位于河北省唐山市滦县，系国有控股矿山企业，筹建于 2004 年，矿山设计规模为年采选矿石 700 万吨，生产铁精粉 255 万吨，采用露天和井下联合开采方式。2008 年正式转入生产的司家营铁矿，高扬"以矿报国、开矿兴钢"旗帜，紧密围绕转变矿山开发方式和资源利用方式，积极探索、勇于实践，创出了一条国有矿山企业转方式、调结构、求发展的成功之路，成功建设成为以铁矿石采选为主，集耐磨金属制品铸造、物流与造地、工业旅游于一体的现代化大型矿山企

图 1-33　司家营铁矿办公及选厂全景

图 1-34　司家营铁矿工作环境

业。先后荣获"河北省园林式单位"、"河北省工业旅游示范点"、"河北省绿色矿山企业"、第四届全国冶金矿山"十佳厂矿"、"国家级绿色矿山试点单位"、"矿产资源节约与综合利用专项优秀矿山企业"、"全国绿色矿山学习观摩基地"等荣誉称号。

1.4.1.1 废石综合利用填海造地

根据司家营铁矿采矿设计，一、二期露天境界内圈定的矿石量共 5.54 亿吨（预计产出尾砂量约 3.69 亿吨），岩石量共 16.48 亿吨，废石及尾砂总量约 20.17 亿吨。按初期选用排土场和尾矿库合堆于厂址附近大沙地的方案，仅一期工程首期就需占用土地 10736 亩，其中排土场和尾矿库占地就达 6180 亩，为总占地面积的 57.56%。为适应国家加强土地管理的宏观调控和司家营自身发展的需要，司家营铁矿认真研究项目所面临的客观形势，把尽可能减少土地占用作为调整建矿思路的出发点，充分利用曹妃甸大港建设的有利条件，制定了废石填海造地的方案。

矿山生产的岩石经转运站送往铁路装车系统装车（如图 1-35 和图 1-36 所示），岩石经铁路运至曹妃甸填海造地。将原大沙地排土场征地缩减为 2028 亩，建造岩石转载场一座，投资 1.5 亿元建胶带转运—铁路装车系统一座，建铁路专用运输线 8km（由受益单位合作投资及建设）。建成后大部分岩石直接经胶带排岩系统转载后装入铁路装车系统装车，经铁路运往曹妃甸填海；部分落地岩石经胶带排岩机排往转载场，靠装载机装车经铁路运往曹妃甸。表土除部分经公路运往曹妃甸外，其余靠汽车运往岩石转载场由装载机装车运往曹妃甸。

图 1-35 岩石装运过程

图 1-36   岩石运输过程

胶带转运—铁路装车系统于 2009 年 10 月建成，实际运输能力达 10 万吨/天。项目的实施，一是可以减少占用耕地，不征用排土场，只征用转载场和临时堆场，近期可减少征占矿区周边基本农田 4152 亩，减少征地费用 3.32 亿元；二是大量废石填海造地，可减轻矿山开采对当地的环境污染；三是按原排土规划和排土场影响范围，排土场附近的包麻子村需要搬迁，方案调整后，避免了该村的搬迁，节省了大量的拆迁费用；四是废石填海造地方案的出台，也缓解了填海料不足的矛盾，为大曹妃甸港建设规划奠定了基础，具有显著的社会效益和经济效益。

1.4.1.2   利用周边采煤塌陷区作为尾矿库址

围绕减少土地占用，保护周边环境，在司家营铁矿一期工程矿山设计上采取的又一重大举措是选用煤矿塌陷坑作为尾矿库址。原设计尾矿库选用的是利用工业场区附近大沙地废石围库方案，需要占基本农田 6 千余亩。为适应国家宏观调控政策、严格土地管理、严格农用地转为建设用地审批措施需要，切实减少占用基本农田，将采煤塌陷坑做尾矿库方案纳入设计计划范围。根据国家《土地复垦规定》和《河北省土地复垦实施办法》："挖损、塌陷土地的复垦应充分利用邻近企业的废弃物充填，企业排放废弃物应与土地复垦充填相结合，也可报经当地县级人民政府批准，用于企业排矸、排灰、排渣的堆存场地。"基于该政策，结合与企业毗邻的古冶区多采煤塌陷坑的实际，对开滦煤矿已经闭坑的几处塌陷坑进行了考察，最终选定开滦范各庄煤矿塌陷坑作为首期尾矿排放库址。经可研论证和对塌陷坑进行稳定性分析以及尾矿库易址后的环境评价，也证明了在范各庄煤矿采煤沉陷区建尾矿库的可行性。

该库址直距矿区 28km，由于地下采煤形成了 3286 亩塌陷坑，其中积水沼泽面积 1740 亩，最深处达 7m 左右。由于积水形成大片水域和沼泽而未被利用，根据公司一期采选工程尾矿产出量计算，该库址可服务 8.3 年。考虑到该库址北部和南部都有沉陷区，附近有即将闭坑的唐家庄煤矿，生产后可一并考虑做尾矿库使用，累计服务年限可达到 24 年以上。

主要工程变动情况：需要增加尾矿输送管线约 26.5km，筑坝原料由原来的岩石改为当地资源——煤矸石、尾矿输送泵及筑坝技术改变等。

项目和一期工程同时建成投入使用。项目设计及建设过程中，筑坝技术采用加筋土工布构筑柔性坝体，解决了坝体沉降影响生产安全的问题，经使用证明能够满足要求。另外筑坝材料优化为煤矸石，解决了筑坝材料运输距离远的问题，降低了筑坝费用。尾矿输送泵也优化为性能相对可靠的隔膜泵，解决了输送距离远影响设备寿命及备件消耗等实际问题。

从环保角度看，尾矿库易址塌陷坑，采用高浓度输送系统输送至尾矿库，可以避免对矿区周边的污染，避免动迁两个村庄；筑坝采用煤矸石为原料，可将唐山市古冶区内煤矿历年堆积形成的两座矸石山约 200 万立方米从市区搬走，节省煤矸石占地 200 亩，对降低市区污染和综合利用煤矸石都有利；另外，在充填采煤塌陷坑后进行覆土造田，也会对采煤塌陷坑生态环境保护带来积极的影响。

1.4.1.3 构建"企地共建新农村——司家营模式"

司家营铁矿以"开发一方资源，造福一方百姓"为基本原则，积极探索形成了以"支持新农村建设、振兴地方经济、构建企地和谐"为核心的"企地共建新农村——司家营模式"。该模式不仅从根本上处理了拆迁问题，更让 2500 多户搬迁户"搬得出、稳得住、失地有保障、生活有出路"。在为搬迁户足额发放各类拆迁补偿款的同时，还投入 3.8 亿元建立近 40 万平方米的现代化新民居，安置了 6 个搬迁村近 2 万人居住，新民居内学校、幼儿园、文化场馆等设施一应俱全，居住环境变化翻天覆地。每个家庭安排一人到矿山工作，并为失地农民发放失地农民养老金，让农民生活有出路。多项惠农举措使得搬迁农民安居乐业、心情舒畅，新村内其乐融融，成为河北省新农村示范区。

1.4.1.4 科学合理建设热电厂，实现热电联产

在满足选矿生产浮选工艺供热的同时，利用余热进行发电，供公司生产、生活办公场所的用电，还可以部分供应搬迁区电力供应。同时还可实现矿山集中供热，年节约用煤 2 万余吨。每年减少排放二氧化硫 145t、粉尘 47t。

1.4.2 亚洲最大的露天矿——袁家村铁矿

太钢袁家村铁矿位于山西省岚县梁泉庄乡，矿区至县城有公路相通，距离20km。国铁通至古城镇城底，地方铁路通至静乐县城。矿区公路与209国道在县城相连接，太原至佳县高速公路从矿区附近通过，矿区交通便利。袁家村铁矿远景如图1-37所示，其总体平面布置如图1-38所示。

图 1-37 袁家村铁矿远景

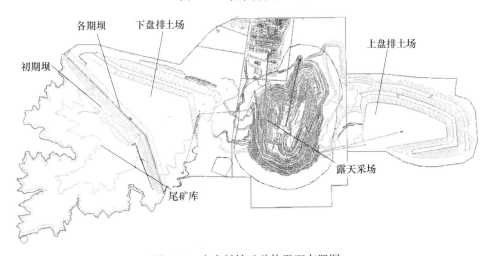

图 1-38 袁家村铁矿总体平面布置图

袁家村铁矿是一厚层状、陡倾斜的大型矿床。矿区附近无大的地表水体，矿体大部在侵蚀基准线（标高1400m）以上，矿床充水来源是大气降水，而主要充水岩层为风化裂隙潜水含水层，当矿床开采到深部特别是侵蚀基准面以下时，基岩裂隙脉状承压水将成为一个重要充水来源。断层的导水性加之承压性，对采场充水的影响较大；矿床水文地质条件属简单类型。

1.4.2.1 矿山生产能力计算及验证

袁家村铁矿按年下降速度验证：根据露天采场境界内的分层矿量，主要分层矿量平均为 2425 万吨，平均每延米矿量为 161 万吨。矿山露天开采可能达到生产能力按下式计算：

$$A = \frac{pvn}{h(1-e)}$$

式中　A——可能达到的生产能力；

　　　p——分层矿量，2425 万吨；

　　　v——下降速度，取 15m/a；

　　　h——阶段高度 15m；

　　　n——矿石回采率，取 96%；

　　　e——废石混入率，取 4%。

经计算，按下降速度 15m/a 验证，矿山可以完成 2425 万吨/年生产规模。

按采矿工作面可布置电铲台数验证：根据矿体赋存条件、地形特点以及露天采矿场形态，采用横向推进的采剥作业方式，一般情况下每个水平采矿工作线长度均在 400m 左右，同时采矿的工作水平至少有 4~5 个，每个水平布置 1 台 16.8m³ 的电铲工作，16.8m³ 的电铲工作效率为 850 万~900 万吨/年。因此，按可布置电铲工作台数验证，矿石最大生产能力可达 3000 万~4000 万吨/年。

按新水平准备验证矿石年产量：山坡露天生产时，新水平准备为掘单壁沟，只需要 4 个月，进入深凹时新水平准备包括斜沟、断沟和扩帮，只需 7 个月，矿山延伸速度达 25m/a。

通过矿山生产能力验证，袁家村铁矿可以达到规模为 2425 万吨/年。完成 2200 万吨/年是完全可能的。

1.4.2.2　矿山生产服务年限

按照设计编制的采剥进度计划，矿山露天开采服务年限为 40 年，矿山于第 3 年投产，第 4 年达产，完成矿山规模 2200 万吨/年，稳产 34 年。

1.4.2.3　开拓运输方式的选择

矿石开拓运输方案采用矿石汽车—半移动破碎—胶带方式。该方案选用目前先进的半移动破碎—胶带系统，半移动破碎机选择旋回破碎机，半移动破碎—胶带系统能力为 2200 万吨/年。从选矿厂原矿堆场建一条明胶带到露天采场北端帮 1530m 处，在 1530m 处设置转运站，当初期山坡露天开采时，首先将半移动破碎机布置在采场内西侧的山脊 1650m 标高处，从 1530m 转运至 1650m 破碎站之间的胶带机以明胶带方式沿地形布置，胶带机一端与半移动破碎机相连，另一端与 1530m 处转运站连接。随着山坡露天采场开采标高下降，半移动破碎机分别移设到 1590m、1530m 处；后期当采场进入深凹露天开采时，再降半移动破碎机由 1530m 标高向采场内移设，约每隔 4 个台阶破碎机移设一次，主胶带机采用明胶带形式布置在采场下盘固定边帮上，随着破碎机下移而向下延伸，最终破碎机固定在 1170m 平台上。

岩石开拓运输方案选择汽车—半移动破碎—胶带方式。设计依据采场上下盘两个废石场同时使用，且岩石量较大，故在采场上下盘分别布置一套岩石半移动破碎—胶带系统。

（1）下盘岩石半移动破碎—胶带系统。下盘岩石半移动破碎—胶带系统在第 8 年投入使用，下盘半移动破碎—胶带系统能力为 3500 万吨/年，半移动破碎机最初布置在下盘采场外西北部，破碎机采用 63′~114′ 可移设旋回破碎机。破碎机卸矿平台标高设在 1560m 标高，在 1545m 设置转运站，从采场下盘境界外 1545m 水平至下盘废石场 1700m 标高布置一条明胶带，胶带长度为 1490m，角度为 8°，带宽为 1800mm；同时用明胶带将 1545m 转运站与矿石 1530m 转运站衔接，这样当矿石半移动破碎机移设时，采场内矿石可通过下盘岩石半移动破碎—胶带系统运输，不影响矿石对选厂供应。

（2）上盘岩石半移动破碎—胶带系统。上盘岩石半移动破碎—胶带系统在第 12 年投入使用，上盘半移动破碎—胶带系统能力在 2880 万吨/年，最初半移动破碎布置在采场上盘东南侧，破碎机卸矿平台标高设在 1560m 标高，破碎机采用 63′~89′ 可移设旋回破碎机。从采场上盘边帮 1545m 水平至上盘废石场 1690m 排土标高设置一条胶带斜井，斜井长度为 635m，斜井角度为 13°，斜井内布置斜井胶带机，带宽为 1600mm。

后期随着采场开采高度下降，每隔 4 个水平将上盘半移动破碎机向下移设一次，主胶带机以明胶带形式布置在采场上盘固定帮上，随着半移动破碎机移设而向下延伸。最终上盘半移动破碎机卸矿平台固定在 1260m 水平。

1.4.2.4 采矿方法简介

采用自上而下的逐水平缓帮分层开采方式。山头清渣后，充分利用地形条件，由北向南采用横向推进，这样有利于多品级矿石质量综合，对保证矿山生产、稳定产品质量十分有利。进入深凹露天采矿，由于采场宽度大，也可以继续采用横向开采或斜向开采。根据矿体赋存条件并参照类似矿山，矿石的损失率和废石混入率均按 4% 考虑，采场内的矿石平均地质品位 32.44%，围岩品位为 4.12%，计算采出矿山品位为 31.31%。

1.4.2.5 选矿方法及选矿厂简介

选矿厂规模：年处理规模为 2200 万吨。选矿工艺流程：碎磨部分采用半自磨方案；选别部分采用两段连续磨矿—弱磁—强磁—再磨—反浮选工艺流程。选矿废水主要是尾矿废水，经厂内尾矿浓缩池沉淀浓缩后送尾矿库，尾矿库溢流水返回选厂回用，不外排。选矿厂工业厂区生活污水经化粪池沉淀后，经厂区排水管网外排。尾矿库—坝—排土场系统全貌如图 1-39 所示。

图 1-39 袁家村铁矿尾矿库-坝-排土场系统全貌

1.4.3 智能化地下矿山建设典型——基律纳铁矿

1.4.3.1 矿山简介

基律纳铁矿位于瑞典北部（办公厂区如图 1-40 所示），深入北极圈内 200km，是世界上纬度最高的矿产基地之一，全年中有一大半时间被大雪覆盖，严寒难耐。同时，基律纳铁矿以产高品位铁矿石著名，其铁矿蕴藏量约 18 亿吨，矿山井下巷道宽阔，采矿设备十分先进，是目前世界上最大的铁矿山之一。基律纳铁矿的主矿体呈一倒立的楔块状，走向长 4km，平均厚度 80m，平均埋深 2km。勘探发现矿石的品位随着埋深越来越高，最高达 70%。

图 1-40 瑞典基律纳铁矿

1.4.3.2　采矿方法及生产能力

基律纳铁矿设计原矿年生产能力为 2200 万吨，采用高分段无底柱崩落采矿法采矿，竖井斜坡道联合开拓，是世界上最大的地下矿山之一，全矿共有 4100 多名员工。

1.4.3.3　智能高效采矿技术

A　开拓

基律纳铁矿采用竖井+斜坡道联合开拓，矿山有 3 条竖井，用于通风、矿石和废石的提升，人员、设备和材料主要用无轨设备从斜坡道运送。主提升竖井位于矿体的下盘，到目前为止，采掘面和主运输系统已经下移了 6 次，历史开采先后形成的主要运输巷在 275m、320m、420m、540m 和 775m 水平，目前的主要运输巷在 1045m 水平。

主斜坡道位于矿体北部的下盘，坑口在工业场地附近，标高为+230m，在进口段为单车道、双巷，延伸至 420m 水平时合并成为一条双车道的单巷斜坡道，直线折返形式向下延深与各生产水平、辅助水平联结。斜坡道的坡度为 1：10，巷道局部采用喷锚网支护，路面均进行了硬化处理。

B　采矿

1965 年，基律纳铁矿由露天转入地下开采后，一直采用特大规模无底柱分段崩落法开采并沿用至今，分段高一般为 50~55m。

基律纳铁矿多年的安全高效开采得益于分段崩落法的成功应用，这种采矿方法的优点主要有：有利于大规模、机械化、高强度开采，井下作业场所比较安全，采矿工艺灵活，开采工作面易灵活调整，可多个作业面同时回采，回采工艺简单，生产设备和开采工序可实现标准化。

井下开采从采准巷道掘进、采场钻孔、爆破、采场装载出矿、运输、卸矿至矿仓、胶带输送至箕斗、竖井提升、矿石成品运输的开采工艺流程如图 1-41 所示。

C　钻孔装药及爆破

巷道掘进采用凿岩台车，台车装有三维电子测定仪，可实现钻孔精确定位。巷道掘进采用深孔掏槽，孔深一般为 7.5m，孔径 64mm。采场凿岩采用瑞典阿特拉斯公司生产的 SimbaW469 型遥控凿岩台车，孔径 115mm，最大孔深 55m，该台车采用激光系统进行准确定位，无人驾驶，可 24h 连续循环作业。

采场大直径（115mm）深孔（40~50m）装药使用山特维克公司的装药台车，炸药为抗水性好、黏度高的乳化炸药，可以预装药，不受孔内积水影响，返药量少。爆破网络为人工连接，一般采用分段导爆管雷管、导爆管和导爆索网络。

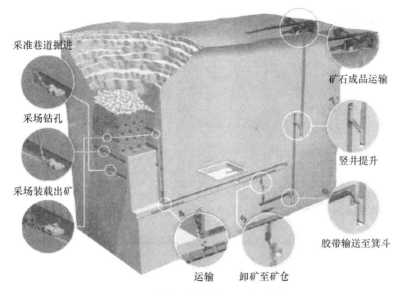

图 1-41 瑞典基律纳铁矿开采工艺流程

D 矿石远程装载和运输与提升

基律纳铁矿采场凿岩、装运和提升都已实现智能化和自动化作业，凿岩台车和铲运机都已实现无人驾驶。矿石装载采用阿特拉斯公司生产的 Toro2500E 型遥控铲运机（如图 1-42 所示），斗容 25t，单台效率为 500t/h，周平均出矿量 3.0万~3.5 万吨。这种铲运机无废气排放、粉尘少、低噪声、使用寿命长，便于集中维修。

图 1-42 遥控铲运机

井下运输系统有胶带运输和有轨自动运输两种类型，胶带运输主要负责井下破碎站至提升箕斗段运输，有轨自动运输一般由 8 列矿车组成，矿车为连续装、卸载的自动化底卸车。

胶带输送机自动将矿石从破碎站运送到计量装置中，竖井箕斗在指定位置停稳后，矿石自动装入箕斗，工作人员按下手柄提升机随即起动，将箕斗提升至地表卸载站后，箕斗底门自动打开，完成卸矿。装载和卸载过程为远程控制。

2010 年，为了提高产量，提高设备的可靠性和效率，矿山对提升系统进行了大规模改造，对用于停车和紧急制动的液压盘式制动器进行了检修，安装了新型传感器。通过技术改造，提升系统实现了智能化。

E 遥控混凝土喷射技术支护加固技术

巷道支护采用喷锚网联合支护。喷射混凝土厚度一般为 3~10mm，由遥控混凝土喷射机（如图 1-43 所示）完成，锚杆和钢筋网安装使用锚杆台车（如图 1-44 所示）。大量智能遥控机械设备的投入使用，大大减少了支护工作量和成本，改善了支护效果。

图 1-43 遥控混凝土喷射机

基律纳铁矿基本实现了"无人智能采矿"，仅依靠远程计算机集控系统，工人和管理人员就可实现在远程执行现场操作。在井下作业面除了检修工人在检修外，几乎看不到其他工人。这一切都得益于大型机械设备、智能遥控系统的投入使用，以及现代化的管理体系，高度自动化和智能化的矿山系统和设备是确保安全高效开采的关键[35]。

图 1-44 锚杆和钢筋网安装使用锚杆台车

1.4.4 智能化露天矿山建设典型——力拓铁矿

全球矿业巨头——力拓公司旗下的 15 座矿山分布在皮尔巴拉矿区。身在矿区，你可以听到机械的轰鸣声，但却看不到太多的工作人员。机械的轰鸣声来源于该矿智能化的机械设备，而看不到太多工作人员的原因在于力拓的控制中心远在 1000 多千米外的珀斯市。

1.4.4.1 矿区的"变形金刚"

目前，力拓集团在 4 个矿山中启用了来自日本小松公司的无人驾驶卡车（如图 1-45 所示）。这种无人驾驶的采矿卡车，采用耦合脉冲激光校准制导系统和全球卫星定位系统相结合引导卡车沿着预定的路线行驶，如果卡车偏离行驶路线，控制终端能显示警告信息。也就是说，卡车能够自动找到方向，并利用激光传感器和雷达来发现障碍物。

图 1-45 无人驾驶矿用卡车

近年来力拓公司主力研发的"智能火车系统",就是全球首个无人驾驶的重载列车系统,从而进一步"智能化"矿石运输系统。

1.4.4.2 矿区系统的"大脑"——远程遥控中心

1000 多千米之外,巨大的显示屏可显示几乎矿区系统所有的控制页面及运行状态,如图 1-46 所示。操作台被划分为矿山、港口、火车运输、排期等不同小组。运营中心不仅能为矿山制定生产计划,给火车系统制定运输线路图,甚至在任何时刻都能清晰地看到每列火车、卡车、挖掘机的位置信息。

图 1-46　远程控制中心

而力拓的"未来矿山"计划中,远程控制中心不但可以操控每台矿山钻机和翻斗卡车,且每台钻机和卡车之间也可以"对话",实施同步数据交流,以达到机机协作。

1.4.5 井下充填与尾矿内排绿色矿山典型——石人沟铁矿

河钢集团矿业有限公司石人沟铁矿位于遵化市兴旺寨乡,1975 年 7 月投产,属采选联合矿山企业,露天采选设计能力 150 万吨/年。核定地质储量 2.5249 亿吨,矿石地质品位 TFe 31.24%,精矿品位在 67% 以上,质量国内领先。2001 年 7 月和 2003 年 10 月,随着露天资源的枯竭,先后启动转地下开采一、二期工程建设,设计采矿能力 130 万吨/年,2005 年投入生产。2005 年 10 月,石人沟铁矿采选扩能技改工程(三期工程)开工建设,采用分段凿岩阶段出矿嗣后充填法进行开采,是河北省首家充填采矿法矿山,其三期主井和充填站如图 1-47 所示,采选配套能力 200 万吨/年。

1.4.5.1 采场充填配比参数选择

根据新型胶凝材料现场工业试验结果,确定一步采矿柱充填配比参数为胶砂

图 1-47　石人沟铁矿充填站

比 1∶8，质量浓度 68%~73%，28d 抗压强度可达 1.56~2.23MPa；二步矿房充填配比参数为胶砂比 1∶12，质量浓度 66%~68%，28d 抗压强度可达 0.53~1.01MPa。

采空区充填配比参数主要依据充填目的确定：

（1）周围有残矿资源需要回收的空区充填配比参数。

1）间柱回收：间柱周围采空区充填配比参数为胶砂比 1∶8，质量浓度 68%~73%。

2）底柱回收：采空区底部 3~5m，采用胶砂比 1∶8、质量浓度 68%~73% 的高强度充填配比参数，其余部分采用胶砂比 1∶12、质量浓度 66%~68% 的低强度充填配比参数。

3）顶柱回收：采用胶砂比 1∶12、质量浓度 66%~68% 的低强度充填配比参数。

（2）不考虑残矿资源回收空区充填配比参数。不存在残矿资源回收问题的采空区采用胶砂比 1∶12、质量浓度 66%~68%（或者更低强度，甚至非胶结充填）的低强度充填配比参数。

1.4.5.2　采场充填关键技术

采场充填工艺主要包括封闭待充采场或采空区与外界联系的充填挡墙构筑、充填体脱滤水及接顶充填。与水平分层充填采矿法相比，嗣后充填法由于一次充填体积大及高度高，且人工无法进入空区进行充填作业，因此对工艺提出了更高的要求。

A　采场封堵技术

采场或采空区充填前必须首先进行采场封堵，以防止全尾砂充填料浆流出采场或采空区。采场封堵的关键在于选择合适的充填挡墙材料、参数和构筑工艺，以保证在充填过程中挡墙安全前提下，尽可能简化挡墙构筑工艺，降低采场封堵成本。正确分析充填挡墙的受力状况，合理计算充填挡墙受力大小，进而确定充填挡墙结构和构筑工艺，不仅可以保证矿山安全生产，而且有利于降低矿山充填成本、提高矿山整体经济效益。充填挡墙的设置一般需要考虑以下几个方面的因素：

（1）充填挡墙受力大，容易产生局部位移变形，充填时跑浆，不但污染井下工作环境，也产生胶凝材料流失、充填不能够接顶等充填质量问题。

（2）充填挡墙受力太大倒塌，不但大量砂浆流失，还可能会造成人员伤亡、设备损坏、巷道堵塞，严重的还可能导致矿山停产。

（3）充填挡墙设置过多或过厚，会造成人力、物力上的浪费，同时还延时误工，影响整个矿山的生产进度，降低劳动生产率。

充填挡墙位置选择：充填挡墙不但是防止充填料浆泄漏的主要手段，也是充填过程中排水的主要出口，因此正确选择充填挡墙的位置是充填成功的前提。充填挡墙位置选择应遵循下列原则：所处围岩状况要好，没有大的裂隙和突出岩石，巷道表面平整易于施工；所处巷道断面应尽量小，断面过大不但不易施工，而且充填挡墙的厚度会因此而增大，成本较高；所处位置应利于充填区的排水，不应离充填区太远，以减小排水管铺设长度，节约成本；对于嗣后采场充填，一般每个采场均需进行封堵，封堵挡墙大多设置在出矿进路内；对于采空区充填，为减少挡墙数量，降低封堵成本，应根据采空区周围残矿开采需要和后续采矿对保留巷道的需要，尽量将多个空区合并封堵，挡墙一般设置在需要保留巷道内，不需保留的巷道可以与采空区一并充填。

充填挡墙排水设计：水对充填挡墙将产生压力，及时排除充填挡墙后的水，对减小挡墙压力及防止充填料浆离析有积极意义。排除充填挡墙后的水，通常是在墙身设置排水孔，排水孔眼的水平间距和竖直排距均为 $1\sim2m$，排水孔向外按 5% 的坡度布置，以利于水的迅速下泄。孔眼选择圆形，直径为 $50\sim100mm$，排水孔上下层应错开布置，即整个墙面为梅花形布孔，最低一排排水孔应高于墙前地面，当充填挡墙前有水时，最低一排排水孔应高于挡墙前水位。充填挡墙排水孔的设计如图 1-48 所示。另外，充填挡墙应该留出滤水孔，用于和采空区中的滤水管连接，滤水管的布设情况根据充填采空区大小和实际情况确定。

料浆反滤层设置：充填挡墙为长期使用的构筑物，为确保墙后排水孔通畅不被堵塞以及防止充填料浆外流，孔的进口处必须设置料浆反滤层。一般使用废石

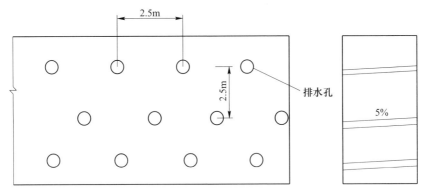

图 1-48　充填挡墙排水孔的设计

作为反滤层，将废石堆放于充填挡墙后，靠近挡墙处应尽量避免堆放大块度的废石，废石堆放厚度一般为 100~150cm。

B　采场充填脱滤水技术

管道输送的充填料浆进入采场或采空区后，胶凝材料水化反应所需之外的多余水分必须及时排出，以加快充填体硬化，缩短充填体养护时间，加快作业循环。脱水量的多少与充填料浆浓度有关，普通两相流充填脱水率（脱除水分占充填料浆质量的百分比）可能高达 10%~20%，膏体（似膏体）充填由于质量浓度高，脱水率一般不超过 5%，甚至不需脱水。即使采用充填料浆几乎无需脱水的膏体充填，由于充填前后洗管水仍有可能进入采场或采空区，因此，充填滤水仍然是采场（采空区）充填的一项关键技术。尤其是对于嗣后充填，由于人员无法进入空区布置脱滤水装置，因此，其脱滤水难度更大。

充填效果是否好，关键在于脱水工艺是否可靠，如脱水效果不佳，充填挡墙将承受较大的浆柱压力，易造成井下跑浆等安全事故；反之，如果脱水工艺可靠，空场内脱水状态良好，不仅充填挡墙受压显著变小，可以保证安全，且充填体更密实，充填速度可明显加快，也更有利于矿山的地压管理与生产管理。充填体脱滤水设计之前必须对充填料浆的脱水性能进行充分研究，根据需要进行脱水设施设计。

a　分层充填采场脱滤水技术

分层充填采场脱水工艺形式较多，主要包括泄水井、泄水笼、泄水管等，尺寸及规格应结合采场规模调整。

泄水井：可以用钢筋混凝土预制件、木材、砖砌等形式随工作推进顺路架设，泄水井四周用尼龙布或土工布包裹，以防止细粒物料，尤其是胶凝材料随滤水一起排出，降低充填体强度，污染井下工作环境。由于泄水井断面大，滤水效果好，在充填技术发展初期阶段得到广泛应用。但泄水井构筑工艺复杂、成本较高，随着充填浓度越来越高，充填脱滤水压力得到一定程度的缓解，因此，泄水井脱水工艺应用比重越来越低。

泄水笼：为采用钢线和钢筋制作成的具有一定孔网的钢筋网笼。网笼下底面开口与外接滤水管道用似梯柱形钢片接口相接。泄水笼外表面用80目（177μm）尼龙布或土工布缠绕，并用细铁丝扎紧。与泄水井相比，泄水笼构筑工艺简单，但其强度不高，容易在浆体压力下变形。

泄水管：由于脱滤水井人工架设工程量大，施工困难，为降低充填成本，提高充填效率，可采用PVC塑料脱水管，在管壁均匀钻凿泄水孔，管外用两层砂布包裹。脱滤水通过布置在采场底部的水平管导入底盘沿脉平巷水沟。由于泄水管构筑简单、成本低，因此成为分层充填采矿法矿山首选的充填脱滤水工艺。但该工艺存在的主要问题是，泄水管直径小，排水孔容易被细泥堵塞从而失去脱滤水效果。

溢流脱水：上述3种脱水工艺不仅能够将采场内充填料浆上部的溢流澄清水排出，而且能够在充填体垂直方向上将充填体内多余水分排出，因此脱水速度较快。但随着充填料浆浓度的提高，充填泌水率已大大降低，尤其是采用膏体充填的矿山，几乎无需渗流脱水。因此，越来越多的矿山为简化充填工艺，已放弃充填体内构筑脱滤水设施的传统脱滤水方法，而任由充填体自然沉降，在充填体完全沉降后利用简易排水设备将充填料浆溢流澄清水抽出。

b　嗣后充填脱滤水技术

与分层充填不同，嗣后充填（包括采空区充填）由于人员无法进入充填采场施工脱滤水设施，因此其脱滤水难度更大。可根据采空区形态及与周围工程的联系，选择采用如下脱滤水方法。

（1）充填盘区周边侧向中深孔溢流排水。根据试验研究可知，尾砂沉降速度快，而充填体渗透率低，导致积水大多聚集在充填体表面，为此可在相邻未落矿采场的分层巷道内用中深孔凿岩机打孔并凿穿盘区壁柱，形成不同高度的侧翼脱水倾斜通道，当充填体表层水位上升到大于某一孔口高度时，表层积水便通过该孔及时排除，当充填料浆上升到该孔口时，采用麻布包扎木楔及时堵塞溢流孔即可。该方法的关键是孔的布置，中深排水孔布置应遵循如下原则（如图1-49所示）：流孔上倾，以利于澄清水自流排出；为保证泄水效果，应设置不同高度的排水孔；根据采场充填料沉降脱水模型，排水孔应远离充填钻孔布置。

该方法有一定局限性，要求采空区旁必须有未落矿的采场并已开凿分层巷道，现场可根据实际情况决定是否采用。另外，利用该方法只能排出充填料浆表层的水，当充填料浆达到孔位时，便不能发挥排水作用。

（2）采空区充填底部中深孔脱水。主要针对采空区内部有大量废石的情况。在进行全尾矿胶结充填的时候，充填料浆进入采空区后，由于自然离析等原因，

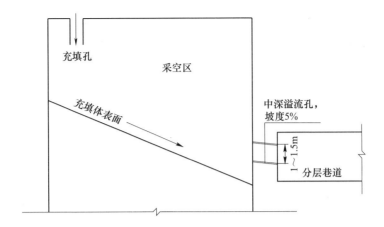

图 1-49 中深孔侧翼溢流脱水施工示意图

充填料浆会充塞废石体的间隙，使该地段废石充填体形成自然的过滤层，此时可在充填体下部用中深孔凿岩机开凿放水孔直接排水，实现底部放水的目的（如图1-50所示）。采用该方法时，应首先充填一定的料浆并初凝之后才能施工钻孔，所以要掌握好打孔的时机，避免打孔过早引起漏浆造成安全问题。

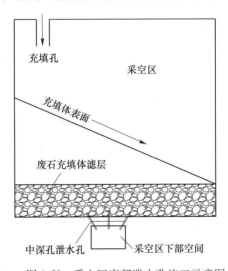

图 1-50 采空区底部泄水孔施工示意图

（3）采空区内布置滤水管，通过挡墙上埋设的滤水管排出。该方法为目前主要的嗣后充填采场或采空区充填脱水方式，排水效果明显且不受地质条件等因素影响，布置方式灵活，可根据现场情况灵活布置滤水管的形式，但是由于人员无法进入采空区内，故滤水管悬吊困难。

（4）利用钻孔安装滤水短管进行排水。当采空区情况较复杂，无法布置贯穿全场的滤水孔，或者滤水管无法从充填挡墙中伸出时，可利用该方法，在适合的位置打钻孔，从钻孔中把滤水管引出，该方法施工成本较高。

（5）利用采场原有的裂隙、断层构造排水。受开采影响，围岩会产生较多裂缝，对于较小的裂隙、断层可以用来排水，而不产生漏浆；对于较大的裂隙和断层，必须进行处理，防止漏浆。该方法具有很大的偶然性，另外对于围岩的裂隙、断层在漏水的时候要时刻观察，防止因压力过大，缝隙变大，产生漏浆。

（6）利用自然渗透：该方法不需要布置任何工程，但是滤水速度慢，不利于充填，一般不能单独使用，需辅以上述方法。

C　接顶充填技术

充填接顶是充填工作的主要内容，关系到相邻采场回采作业的安全，一直是矿山充填作业的技术难点。一般现场通过充填接顶调查，采取一些补救措施，或者采用相应的充填技术实现充填作业的最大接顶率。

虽然充填接顶越充分，充填效果越好，但在实际操作中，由于受到多种因素（充填料的强度、充填体的刚度、充填料的级配、接顶的方式、采场顶板的不规则性等）的影响，很难实现百分之百的接顶充填，而且即使实现了百分之百的接顶充填，但随着充填体脱水、压缩，已经接顶的地段也极有可能脱离接顶。为在保证充填体支撑围岩作用的前提下，尽可能降低充填成本，应合理确定接顶充填指标。

接顶充填程度可以用接顶充填率来衡量。接顶充填率可分为平面接顶率和体积充满率两个方面，前者指完全接顶充填平面面积占采空区顶板面积的百分比，后者指充填料浆体积与充填空区体积之比。从充填体支护效果角度考虑，前者更具有指标意义。根据研究，当平面上接顶率超过50%以上时，充填体就已经具备了良好的承载能力。

a　分层接顶充填技术

对于分层充填或进路接顶充填一般采用分区、分次加压输送充填料方式，即在接顶层分区段构筑隔墙，先充1~2次，让充填料沉缩后再用砂浆泵高压泵送充填料强行灌入接顶缝中，以利于提高接顶密实性。

b　嗣后接顶充填技术

改进回采工艺，为充填接顶创造良好的条件，实现接顶充填。最理想的采场条件是：空场顶部齐整，不出现局部超挖现象，因为超挖部位是充填死角，充填浆体难以逆流充满接顶；充填下料点位于最高点，且向四周有一定的下向坡度（如图1-51所示），这样可借助于充填料浆的自流，充满整个空区。根据试验，质量浓度70%左右的胶结充填料浆自流坡度一般为9°左右。

为使形成的最终空场满足上述要求，在回采最后一个分层时，应对爆破参数

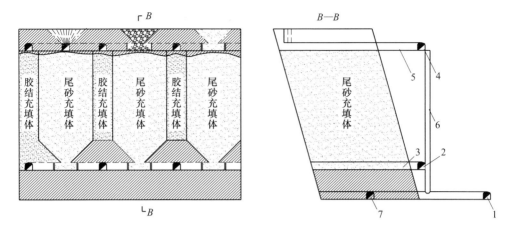

图 1-51　接顶充填理想的空场顶板示意图

1—中段运输平巷；2—中段出矿联络平巷；3—中段出矿平巷；4—副中段出矿联络平巷；

5—副中段出矿平巷；6—中段溜井；7—中段脉内运输平巷

和回采工艺进行一定的调整。具体做法是：实测并绘制分层空场形状草图；在采场采矿方法设计图上，以充填井为中心，画出最终空场形状线；结合两图，按实际使用的炮孔网度，重新计算最后一个分层上向炮孔（挑顶孔）的深度和装药量，用上向孔挑顶后，布置一排微倾斜炮孔（倾角依最终空场形状而定），按光面爆破方式设计爆破参数，进行压采，以使最终空场齐整并具有所要求的坡度。

嗣后接顶充填施工工艺（如图 1-52 所示）：对采空区进行探测，得到采空区内部边界、体积及顶板最高点位置坐标；在顶板最高点位置钻射充填钻孔，进行胶结充填；当充填至距离顶板最高点位置 3m 时停止充填；对顶板周围进行处理，

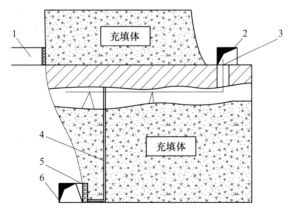

图 1-52　接顶充填施工过程示意图

1—上阶段出矿进路；2—上阶段巷道；3—充填管道；

4—泄水管；5—充填挡墙；6—下阶段巷道

去除突出的岩石，并使顶板周围具有9%的坡度；在充填钻孔的充填管上加装一个三通旋塞阀，通过三通旋塞阀在充填管上引出冲洗管路；采用胶结充填料，只要充填系统能够承受，不发生堵管现象，胶结体的浓度控制最高，继续进行充填，当充填至距离顶板最高点位置1m时，将充填管延伸至离充填钻孔最远处，同时，在充填钻孔处加设1~1.5m高的临时挡墙；当胶结体充满后，继续进行充填，观察充填钻孔处临时挡墙，临时挡墙首先排出的是水，然后是细颗粒，当发现粗颗粒从临时挡墙中涌出时，停止充填；将三通塞阀打开，通过冲洗管路将水引走，完成充填接顶工作。

c 补充接顶充填

如上所述，受充填工艺所限，充填法接顶充填非常困难，即使采取措施做到充填过程中最大程度的接顶，但随着充填体中多余水分的排出和充填体本身的沉缩，经过一段时间后，本已接顶的充填体也可能重新脱离接顶。如果对充填接顶要求较高，则需要进行专门二次补充接顶充填。

泵压接顶充填：膏体泵压充填是效果最好的补充接顶充填工艺，充填工业泵压送高浓度浆体进入空区实现接顶充填。由于浆体浓度高、沉缩小、泵送压力大，可以实现良好接顶。但该工艺需要泵送系统，对于采用自流充填的矿山并不合适。

贯入式充填接顶：利用高浓度充填料浆不易沉淀和较好的触变性等特点，通过地表到采场的高差而形成的流体静压力，挤压塑性极强的高浓度料浆体进行接顶充填。贯入式充填接顶的进路采场须有泄压口，做到一端进砂，一端泄压（如图1-53所示）。贯入式充填接顶对采空区顶板和长度要求不高，但要求充填质量浓度高、流量大、充填倍线

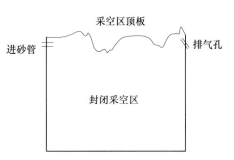

图 1-53 贯入式充填接顶示意图

小，以保证足够的压力。与泵压接顶充填相比，具有接顶工序简单、效果良好、成本低、安全程度高等优点。

1.4.5.3 废石不出井就地胶结充填技术

为回采地下矿产资源，除需要开凿一系列开拓井巷工程，形成矿山八大生产系统（提升、运输、通风、排水、供水、供气、供电、充填）外，还需掘进大量的采准工程。为尽量减少工程压矿，许多采准工程都布置在脉外，因此，回采过程中不可避免地会产生一定量的废石。掘进废石量与所采用的采矿方法有关，一般占矿石产量的10%~15%。由于废石产生地点分散，且大多远离采矿工作面，因此，井下掘进的废石除少量回填于空区外，大多通过提升系统提至地表堆

存。废石提升不仅增加了提升费用，而且堆存地表占用土地，污染环境。为实现矿山固体废料减量化，应尽量做到废石不出井，与尾砂胶结充填系统一起构筑废石胶结充填。

A 废石集料与输送技术

由于三级矿量平衡要求，掘进工作面一般要超前开采工作面，且比较分散，呈现典型的"点多、面广、量少"特点，如何经济、方便地将不同地点的废石汇集在一起，通过集中与移动相结合的输送系统输送至采场或采空区，是该技术能否得到推广应用的关键。

根据金属矿床开采技术特点，实用的废石集料与输送技术包括以下几种：

（1）充填地点临时就地堆存、充填。该方法是最简单的废石不出井就地充填工艺，适合于上向水平分层充填法、上向进路充填法、下向进路充填法。

临近采场或进路采准切割工程产生的废石，临时堆存到回采工作面附近，采场（进路）充填时，采用铲运机等铲装设备运至采场或进路内，简单堆平后，接入胶结充填料浆，进行灌注充填。

（2）集中储料集中充填。该方法适用于井下掘进废石量大，掘进工作面相对集中的大中型矿山。在井下适当地点建立废石料仓，各掘进点废石通过运输系统汇集到废石仓。充填时，通过给料设备（如振动出矿机）向运输设备供料，由电机车牵引矿车间断运输，或者采用固定式胶带运输机（主干道）+移动式胶带运输机（至充填采场分支）连续运输至采场充填天井（或钻孔），卸入采场进行充填。

B 废石与胶结砂浆混料技术

进入采场的废石应与充填制备站输送的胶结料浆均匀混合，以便形成具有较高强度的废石胶结充填体。废石与胶结砂浆可采用如下两种混料方式：

（1）同步充填。废石与胶结砂浆利用各自输送系统同时进行充填，两种充填物料充入采场或采空区过程中自然混合。

该方式的优点是废石与胶结砂浆全过程自然混合，胶结料浆能充分包裹大块废石，废石胶结充填体强度高且相对均匀；其缺点是废石充填需要专门充填天井，系统相对复杂。

使用条件：建有集中废石储料仓且采用废石连续充填的大中型矿山。

（2）灌注充填。掘进废石通过运输设备卸入待充采场，简单平场后，启动胶结砂浆充填系统，胶结砂浆利用穿透力灌入废石空隙。该方式废石充填工艺简单、灵活，但其缺点是受胶结砂浆穿透力影响，充填质量难以保证，尤其是当掘进废石中含泥量高、堆积高度过大时，砂浆难以填满废石空隙。

使用条件：废石量少，无集中废石集料系统的矿山。

C 石人沟铁矿废石不出井就地胶结充填工艺

石人沟铁矿采矿方法为分段空场嗣后充填采矿法，为实现废石不出井就地充填，降低废石提升费用和充填成本，结合嗣后充填工艺特点，矿山在每个中段设置若干个废石临时堆场。废石堆场一般利用废旧巷道进行改建，规格尺寸以满足装卸设备工作空间要求而定，堆场至各充填采场的距离控制在 300m 以内。各掘进工作面产生的废石采用铲运机或铲运机+地下汽车就近运输至各废石堆场。充填时，铲运机铲装矿石通过上阶段充填回风井卸入采场，与全尾砂充填系统一起构筑废石胶结充填体。

石人沟铁矿采用废石不出井就地充填技术后，每年掘进 26 万吨废石中，约 70%~80% 可不出井就地充填，另少量远离地下废石堆场部位掘进废石提升至地表后回填至露天坑，取得了较好的经济效益和社会、环境效益。

1.4.5.4 露天坑胶结堆填技术

露天坑胶结堆填技术参数包括堆填容积、堆填总高度、打底堆填高度、分层堆填高度、堆填质量要求、堆填配比参数等。

A 露天坑胶结堆填容积及堆填高度

露天坑胶结堆填尾矿首先应确定尾矿库可堆填容积，能否满足矿山剩余服务年限内充填多余尾砂的堆放要求。

将露天采坑每两个封闭圈间的充填体近似为台体，进行尾砂库容计算，计算石人沟铁矿不同堆填标高的堆填容积，结果见表 1-7。

表 1-7 石人沟铁矿露天坑尾砂容量

堆填标高/m	面积/m²	体积/m³	累计容积/m³
±0	21873	0	0
+20	47527	68×10^4	68×10^4
+40	68597	115×10^4	183×10^4
+60	125108	191×10^4	374×10^4
+80	184389	308×10^4	682×10^4

结合露天边帮稳定性分析、尾砂富余情况、矿山服务年限确定采坑充填总高度为 $H=80m$，露天采坑尾砂容量约为 682 万立方米。

B 露天坑胶结堆填分区

由于露天采坑一般面积较大，尤其是当矿体厚度不大，而走向较长时，最终会形成一个狭长的露天坑，如石人沟铁矿于 2003 年露天采坑南北长约 2.8km，东西宽约 230~340m。为实现露天坑胶结堆填尾砂与地下采矿之间的工艺协同，减少露天坑胶结堆填作业对地下开采活动的影响，以及地下开采活动对露天坑胶结堆填脱滤水工艺的影响，大面积露天坑应根据地下采矿作业安排，实行分区交替堆填。

露天坑胶结堆填分区原则是：

（1）与地下开采盘区划分尽可能一致，最大程度地实现同一垂直方向上，露天坑胶结堆填与地下开采错峰作业。

（2）考虑胶结料浆流动性能，本着尽可能减少排放点移动次数的原则，确定分区尺寸。

（3）综合考虑胶结堆填体凝结时间、分区挡墙设置方案、地下采矿作业点安排，确定各区交替排放量与排放时间。

单点排放料浆流动距离 L_0 可按下式计算：

$$L_0 = H/\tan\alpha$$

式中　　H——胶结堆填带高度，石人沟铁矿 $H=80m$；

　　　　α——充填料浆流动坡面角，$\alpha=6°\sim8°$。

将有关参数代入上述公式，可得 $L_0=760m$。

据此，并结合地下开采盘区布置，将石人沟铁矿露天坑沿矿体走向（即露天矿南北长轴方向）分为 4 个胶结堆填分区，各区最大长度平均 630（坑底）~680m（堆填至 80m 高度），宽度 10~30m（坑底）至 200~210m（堆填至 80m 高度）。

C　露天坑打底胶结堆填厚度

矿山露天转地下过程中，为了确保产量衔接，需要露天开采、边坡残采和地下开采同时进行，为保证作业安全，一般需留设境界顶柱。石人沟铁矿在 0~-16m 水平间留设了境界顶柱。同时-60m 水平采用浅孔留矿法开采，顶柱高度 6m。矿山露天境界顶柱实际厚度在 22m 左右，矿量约 33 万吨。为了最大限度地回采宝贵矿产资源，露天坑胶结堆填时应提高底部堆填强度，构筑人工假顶，以便后期能在人工假顶保护下及时回收境界顶柱。因此，应根据未来境界顶柱回采工艺，合理确定露天坑打底堆填厚度。

a　未来境界顶柱回采工艺

由于露天后期开采与地下开采的多次扰动，以及露天开采结束后坑内雨季积水的渗透作用，导致境界顶柱力学性质发生了变化。

石人沟铁矿-60m 中段采用浅孔留矿法开采，三期工程采用充填法开采，并对采空区进行充填处理。综合考虑石人沟铁矿工程地质条件及开采经济技术状况，拟定未来采用两步骤回采的上向水平分层充填法回收境界顶柱。

沿矿体走向交替布置矿柱和矿房，一步骤回采矿柱宽度 10~15m，采用 1:8 尾砂胶结充填，二步骤回采矿房宽度 15~20m，采用 1:20 尾砂胶结充填。留设 5m 顶柱。采一充一，最大空顶高度 6m。

从-60m 水平下盘掘斜坡道到达已充填完成的空区顶部水平，掘进分段巷道和分层联络道，铲运机由分段巷道通过分层联络道进入矿房中。在脉内布置滤水井、充填天井，矿石溜井布置在下盘脉外。矿石崩落后由铲运机倒入溜井，自

-60m水平放出。

　　b　基于三带理论的打底堆填厚度计算

　　境界顶柱开挖后，采场应力场由重新协调达到平衡，引起上覆堆填体发生弹塑性变化，采空区顶板以上形成冒落带、裂隙带及弯曲带三个带。冒落带与裂隙带可成为导水通道，因此堆填厚度要大于这两个带的厚度。

　　当空区顶板坍塌冒落后，崩落体体积变大，坍落的高度达到某一值时，采空区被崩落矿岩填满，抑制顶板进一步冒落，顶板塌落高度即为冒落平衡拱拱高，考虑一定的安全系数，就是顶板冒落的安全厚度。

　　若采空区体积为 V_0，高为 H_0，冒落体积为 V_m，高为 H_m，岩石松散系数为 K，根据上述假设得：$V_m K = V_m + V_0$，则：$V_m = V_0/(K-1)$。假定冒落体充满整个空区，则冒落带高度可简化为：$H_m = H_0/(K-1)$。

　　按上向水平分层充填法最大空顶高度 $H_0 = 6m$，矿石松散系数为 $K = 1.5$ 计算，上向水平分层充填法空区冒落带高度最大为 $H_m = 12m$。

　　根据煤矿经验，裂隙带高度按下式计算：

$$H_d = AM/(BM + C)$$

式中　H_d——裂隙带高度，m；

　　　A——常数，为100；

　　　M——有效采高；

　　B，C——与覆岩相关的系数，参考相关文献，采用类比法 B 取 0.85，C 取 6.2。

　　与冒落带可能在空区形成后短期内就形成不同，裂隙带发展是一个长期的过程。因此，计算冒落带高度时，可按最大空顶高度考虑，而裂隙带计算时的采厚 M 可以采用充填未接顶高度。根据国内外上向水平分层充填法实施情况，未接顶充填高度一般不会超过 $M = 0.5m$，将有关参数代入式 $H_d = AM/(BM+C)$，得裂隙带高度为 $H_d = 7.55m$。

　　如上所述，石人沟铁矿境界顶柱回采时，裂隙带与冒落带厚度合计 19.55m，由于留设了 5m 的顶柱，则打底胶结堆填厚度不应低于 19.55-5 = 14.55m。考虑到计算过程中系数选取采用类比法，同时开采过程中胶结堆填体可能受到多次爆破扰动的影响，为安全起见，露天坑胶打底胶结堆填厚度取 20m，此时安全系数为 1.37。

　　D　分层堆填高度

　　由于露天坑大多采用分区堆填方式，故分层堆填高度主要取决于分区之间挡墙的设置情况，包括挡墙材料与构筑工艺，以及长度、高度、厚度等结构参数。与采场充填挡墙属永久性构筑物不同，分区堆填挡墙是临时设施，相邻分区堆填后即失去作用，因此，分区堆填挡墙宜尽可能采用低成本构筑材料和简易构筑工艺。

另外，与采场充填挡墙多为进路封堵，挡墙规模有限不同，露天坑分区挡墙一般垂直于分区长轴方向布置，长度为分区宽度，一般较大。如石人沟铁矿分区宽度最大可达 200~210m（堆填至 80m 高度）。与近似方形挡墙不同，长条形挡墙更容易垮塌，为降低堆填挡墙构筑成本，宜采用较低的分层堆填高度。

根据采场充填挡墙经验，充填挡墙高度一般为 3m 左右，考虑到分区胶结堆填体积更大，从降低堆填挡墙压力和构筑成本角度考虑，确定分层堆填高度 1.5~2.0m。

按坑底分区长度 630m、宽度 20m 计算，每分层堆填体积为 630m×20m×2m＝25200m³，按小时充填 100m³ 计算，可连续充填 252h。

E　堆填质量要求（堆填结构）

露天坑胶结堆填体强度主要取决于露天转地下境界顶柱回采工艺：

（1）如果境界顶柱全部回采，按照《冶金矿山安全规程》规定："下向胶结充填法充填用混凝土标号不得低于 50 号，如加钢筋网，则不得低于 40 号。"《有色金属采矿设计规范》（GB 50771—2012）规定："分层假顶应充填完整坚实，充填体强度不应小于 3MPa。"根据国内外下向进路充填法矿山经验，上覆堆填体打底堆填 1~2m 高度内 28d 单轴抗压强度 4~5MPa，并需铺设钢筋网，其余打底胶结堆填部分 28d 单轴抗压强度 1.5~3.5MPa。

（2）如果境界顶柱采用上向水平分层（进路）充填法回采，且留设一定高度的顶柱，根据国内外矿山经验，上覆堆填体打底堆填 1~2m 高度内 28d 单轴抗压强度 2~3MPa，根据需要确定是否铺设钢筋网，其余打底胶结堆填部分 28d 单轴抗压强度 1.5~2.5MPa。

按照上述要求，并结合未来境界顶柱回采工艺设计，石人沟铁矿胶结堆填质量要求为：底部 0~2m 段，28d 单轴抗压强度 2~3MPa；底部 2~20m 段 28d 单轴抗压强度 1.5~2.5MPa；其余部分 28d 单轴抗压强度 0.5~1.0MPa。

F　堆填配比参数

露天坑胶结堆填配比参数为：

0~2m 打底充填：灰砂比 1∶4，质量浓度 68%~71%，充填体 28d 强度大于 3MPa；

2~20m 高度：灰砂比 1∶8，质量浓度 68%~71%，充填体 28d 强度大于 1.5MPa；

其余部分：灰砂比 1∶20，质量浓度 68%~71%，充填体 28d 强度大于 0.5MPa。

G　露天坑胶结堆填防渗技术

石人沟铁矿露天坑总汇水面积为 96.5 万平方米，该区域既接受大气降水，又汇集采场边坡及地下涌水，经计算（按 10 年一遇暴雨频率），雨季昼夜最大汇水量为 8.52 万立方米，非雨季节平均汇水量为 0.7 万立方米/天。由于 14~16 线非法采空区距离露天坑底仅为 1.8~4m，露天坑底的积水及西侧山上流下的水（外部小型尾矿库的水）通过岩石的裂隙流入非法采矿采空区，因此局部水流会通过采空区继续通过断层、节理和裂隙逐步渗透到井下，增大井下排水压力。

另外，虽然采用全尾砂膏体胶结堆填，但充填体中仍会有少量滤水排出，如未进行防渗处理，充填脱滤水连同部分超细颗粒会沿裂隙渗入井下，不仅增大井下排水压力，而且会污染井下作业环境。

因此，在胶结堆填前必须对露天坑进行防渗处理，以避免露天坑积水和堆填体滤水渗入井下，影响地下开采作业环境，增大井下防排水压力。

H　露天坑胶结堆填脱滤水及排水技术

目前露天采坑有部分胶结堆填体和露天坑边帮渗水以及降雨、降雪等外来水源，矿山一方面应对渗水量大的边帮进行帷幕灌浆处理，另一方面在露天采坑中部设立分级泵站，以保证最终的胶结堆填体质量。

露天采坑排水方案：在露天采坑北部、东部以及西部边界开挖截洪沟，以防止大量降雨汇集到露天采坑，在雨季降雨汇集到洪沟后流入浮船本站。另设立单独的溢流井，溢流井随尾砂的高度增加而逐渐增加，部分自然降水以及边帮渗水通过溢流井经排水涵管排送至浮船泵站，之后通过排水泵排至地表。

I　露天坑胶结堆填质量监测技术

每季度在已结束胶结充填露天坑内采用地质钻钻取胶结堆填体试样，测定其最终强度，对照全尾砂胶结堆填体质量要求的规定要求，评价干堆效果。根据评价情况，适当调整相关配比参数和胶结堆填工艺。

测量各类型堆场的反坡坡度，每 100m 不少于 2 条剖面，测量精度按生产测量精度要求。实测的反坡坡度应在各类型堆场设计规定范围内。分析堆场变形、裂缝的发生原因。堆场出现不均匀沉降、裂缝时，应查明沉降量、裂缝走向及长度、宽度，以及引起的沉降原因，判断危害程度并采取安全措施。堆场发生滑坡时应检查滑坡位置、范围、形态和滑坡的动态趋势并分析原因。汛期应对堆场、排水系统构筑物、截洪沟进行巡查，发现问题及时修复，防止发生安全事故。汛期过后应对排水构筑物、堆场边坡进行全面检查与清理，发现问题及时修复。利用全球定位系统（GPS）监测系统对边坡、堤坝进行变形监测。

1.4.6　现代化矿山建设典型——齐大山铁矿

1.4.6.1　矿山简介

鞍钢集团矿业公司齐大山铁矿（如图 1-54 所示）是鞍钢生产的重要原料基地，位于风景秀丽的千山脚下，坐落于辽宁省鞍山市千山区。该矿于 1970 年开始进行露天开采，1999 年 12 月 28 日经鞍钢"债转股"由齐大山铁矿、调军台

图 1-54　齐大山铁矿

选矿厂、调军台热电厂重新组建，2000 年 1 月 1 日正式运行。年生产铁矿石1700 万吨，铁精矿 480 万吨，是国内独有的集采矿、选矿、发电为一体的现代化、大型化国有矿山企业。

1.4.6.2　矿体开采技术条件

矿体长 4657m，宽 174～264m，延伸至−500m 以下，矿体走向 305°～335°，倾向南西，倾角 70°～90°。上盘边坡岩体由冲积层第四系砂砾石岩土及千枚岩、片岩构成，下盘边坡岩体由混合花岗岩构成，南北段由赤铁矿石英岩及石英岩构成。

1.4.6.3　开拓运输方式

采用多系统、多出口，以半连续为主的汽车—可移动式破碎胶带机—排土机的联合开拓运输系统。

1.4.6.4　露天矿车辆智能调度系统的应用

露天矿 GPS 车辆智能调度管理系统，综合运用计算机技术、现代通信技术、全球卫星定位（GPS）技术、系统工程理论和最优化技术等先进手段，建立生产监控、智能调度、生产指挥管理系统，对生产采装设备、移动运输设备、卸载点及生产现场进行实时监控和优化管理。以智能调度取代了人工调度，以系统自动计量代替了人工计量。系统应用后，在成本降低了 2% 的情况下，整体产能提升了 9%，卡车单机消耗降低了 12%，节能减排效果显著。

1.4.7　数字化露天矿山典型——白云鄂博铁矿

1.4.7.1　简介

白云鄂博铁矿（如图 1-55 所示）是包头钢铁（集团）公司包钢的主要铁矿

石和稀土矿原料基地,是我国大型露天铁矿之一,是举世瞩目的铁、稀土、铌、钍等多金属共生矿。该矿于 1957 年开始建设,至今已开采近 60 年,累计采出矿石 3 亿多吨,为国家工业发展做出了巨大的贡献。目前,白云鄂博铁矿东矿矿石规模为 500 万吨/年,开拓运输方式为汽车—破碎—胶带联合运输。

图 1-55 白云鄂博铁矿

1.4.7.2 基于数字化分析的多区段高效开采技术的应用

2011 年以来,随着包钢(集团)公司对自产铁矿石需求量增加,矿石生产量逐年增大,致使采矿工程延伸速度加快,采场空间关系紧张,工作平盘宽度窄,采矿工作线变短,开拓和备采矿量急剧减少,矿石生产和矿石质量中和困难,生产难以持续稳定。基于数字化分析的多区段高效开采技术的应用,对白云鄂博铁矿主东采场的生产现状、空间关系、生产能力进行了整体优化,解决了困扰白云鄂博铁矿多年的生产难题,经济效益和社会效益明显提高。

(1)建立了矿床三维可视化模型(如图 1-56 所示),并结合市场价格、生产成本、台阶高度等相关经济指标,优化出东介勒格勒矿生产能力 130 万吨,提升采矿能力 30%。

(2)利用数字化模型,通过运用生产剥采比优化技术,均衡了主、东矿生产剥采比,2015 年生产剥采比降低了 10%。矿山境界内剥岩量减少 4%。

(3)建立了矿石损失贫化预测模型(如图 1-57 和图 1-58 所示),通过采用预裂爆破技术、分层爆破开采技术、原位爆破技术、留柱分采爆破技术等综合技术手段,实现了矿石的分采分装,试验矿石损失率不大于 5%、贫化率不大于 2.9%,大幅度降低了资源浪费,提高了资源回收率,降低矿山开采成本 15%。

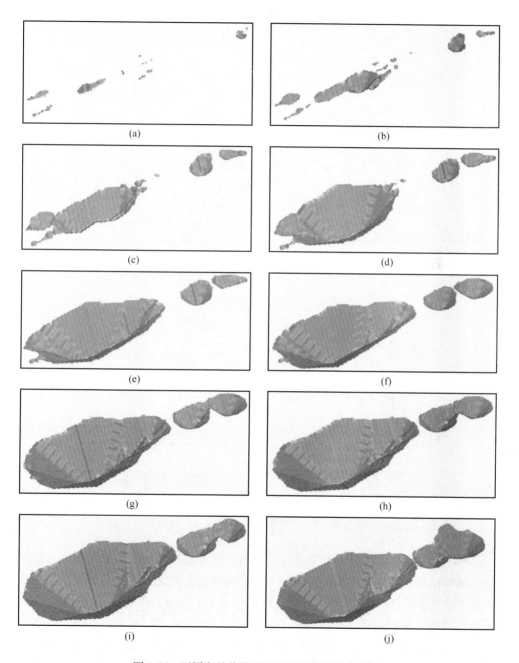

图 1-56　不同产品价格因子影响的露天优化境界

（a）价格影响因子 0.2；（b）价格影响因子 0.4；（c）价格影响因子 0.6；（d）价格影响因子 0.8；
（e）价格影响因子 1.0；（f）价格影响因子 1.2；（g）价格影响因子 1.4；（h）价格影响因子 1.6；
（i）价格影响因子 1.8；（j）价格影响因子 2.0

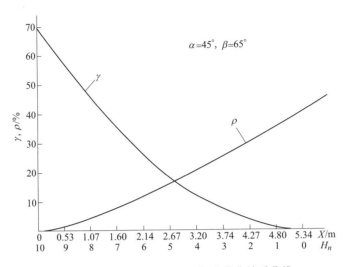

图 1-57 分爆线位置与矿石损失贫化关系曲线

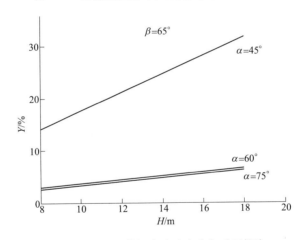

图 1-58 不同矿体倾角台阶高度与矿石损失

（4）1500～1486m 掘沟采用钻机"纵向"作业高强度新水平准备技术，从左向右逐列穿孔，逐孔起爆法，爆破施工循环装药二次验收，相比之前的新水平准备技术节约费用 29.5101 万元。主矿最低水平为 1230m，还需掘沟 19 条，预计可节约总费用 531 万元。

另外，包钢（集团）公司还承担了有用岩（含稀土、铌、钍）保护项目。就是在开采铁的同时，综合利用和保护好稀土资源。矿山开采过程中铁矿石、稀土及铌的围岩，即将稀土白云岩和霓石岩分采、分运到专设的堆场保存。铁矿石中不能全部回收的稀土，铌、钍等元素作为尾矿排放到尾矿库保存，根据技术发展水平和市场需求情况，对这部分资源进行回收。

1.4.8 国内自动化建设典型——杏山铁矿

1.4.8.1 简介

杏山铁矿（如图 1-59 所示）隶属于首钢矿业公司，位于迁安木厂口镇，成立于 2006 年 7 月，原是露天开采铁矿，于 2011 年 7 月转成地下开采，成为首钢矿业第一个地下开采矿山。该矿山生产能力一直稳定在每年 320 万吨，成为我国仅次于梅山铁矿的大型地下矿山。

图 1-59 杏山铁矿

1.4.8.2 生产系统

2011 年 7 月地下生产系统建成投产，开拓方式为主副井、斜坡道联合开拓，井下采用两翼对角抽出式通风方式，采矿方法为无底柱分段崩落采矿法，分段高度 18.75m，进路间距 20m。杏山铁矿分 6 个作业区：开拓区、采矿区、井巷区、碎运区、提升区、动力区。

1.4.8.3 数字化矿山建设示范与应用

杏山铁矿坚持创新引领，综合运用三网融合技术、无线定位技术、远程遥控技术，实现了机械化、自动化的高度融合，初步建成集开拓掘进、回采爆破、提升破碎、通风排水、喷浆支护为一体的全流程现代化地下矿山。2014 年 5 月，在国内首次通过了国家安全生产监督管理总局（现应急管理部）"地下金属矿山数字化建设示范工程"验收。

（1）坚持"机械化换人"，积极采用国内外先进设备设施。杏山铁矿现有各类设备设施 610 台套，35 台单体设备中，进口设备有 27 台，其中主井采用箕斗提升，JKM-4×6E 型提升机，采用德国西门子公司自动控制系统，矿石破碎选用瑞典山特维克生产的 CJ815 颚式破碎机，开拓掘进采用 6 台 281 掘进台车，出矿使用 5 台 R1300G 铲运机，凿岩设备使用 5 台 1354 中深孔凿岩台车，喷浆支护采用 1 台 1050WPC 混凝土喷射台车、3 台水泥罐车，支护采用 1 台 235 锚杆台车。通过采用国内外大型机械化先进设备，提高了工作效率，从投产之初就减少了井下作业设备和人员的配置，以机械化生产替换人工作业，大力提高了生产效率。

（2）坚持"自动化减人"，不断完善矿山机械化、自动化技术装备。杏山铁矿通过应用自动化控制、远程遥控技术，自主研究、开发建成采矿生产过程自动化控制系统（如图 1-60 和图 1-61 所示），把地采生产组织转为地面集中管控，实现管控一体化，最大限度减少井下操作人员。

图 1-60　杏山铁矿远程控制电机车

投资 282.81 万元，与计控室联合开发、自行设计、自主实施电机车远程遥控驾驶系统，将机械、电气、通信、自动化控制、计算机等技术有机合成，形成主控室操作、远程遥控放矿、放矿视频监视、电机车远程操控、远程操控自我保护 5 个硬件管理系统，以及机车、运行、装矿、卸矿 4 个软件管理单元，实现网络化、数字化、可视化的生产运行模式。

投资 358.57 万元，对井下通风、排水、供电系统进行改造、完善，实现通风系统 4 个机站的 9 台风机、井下 -330m 水仓 10 台 450m³ 高压水泵以及井下变配电硐室配电柜分、合闸由地面生产指挥中心集中监控、远程开停。

（3）利用数字化、信息化手段，不断提升地采管理水平。将安全避险"六

图 1-61　杏山铁矿锚杆台车

大系统"与首钢矿业公司内部网连接，可以进行语音、图像、数据等资料的实时、历史数据的查询，实现出入境人员、车辆信息的全面掌控。综合运用数字化信息系统和矿山工程软件，建立地质数据库、矿体模型和岩体稳定分级模型，提高推断地质体的准确性，根据生产揭露情况，随时调整修改模型，可视化显示矿、岩体空间赋存状态和质量分布情况，快速提供开采决策依据，提高了资源利用率和生产效率。

得益于采矿数字化和自动化系统，首钢矿业杏山铁矿地采 16 项主要经济指标已经有 6 项进入全国同行业前三名。

1.4.9　地下采选一体化矿山建设典型——张家湾铁矿

1.4.9.1　简介及开采技术条件

鞍钢集团矿业公司张家湾铁矿位于黑龙江省阿城市交接镇境内，发现于1970年，为矽卡岩型磁铁矿，铁矿石储量为 6.55 亿吨，平均含铁 46.3%。矿体走向长 2450m，北西段走向 330°，平均厚度 49m，倾角 65°~90°。矿体上下盘围岩为石英绿泥片岩，有挤压破碎现象，片理发育。矿床工程地质条件属于中等复杂，水文地质条件中等[37,38]。

1.4.9.2　采矿方法

张家湾铁矿设计采用空场嗣后充填采矿法，矿块高度 60m，宽度不大于 20m，垂直矿体走向布置。一步骤采空区全部采用胶结充填，二步骤采空区部分采用尾砂、废石充填，采充比 100%。

1.4.9.3　选矿

张家湾地下选厂破磨工艺采用粗碎—半自磨—立磨再磨的短流程工艺，流程短、效率高、综合费用低。

1.4.9.4　采选一体化在矿山的应用

张家湾铁矿是我国第一个大型现代化的地下采选一体化工程，如图1-62所示。其采选一体化工程主要有开拓工程、地下选矿硐室群、精矿提升设施、尾矿输送设施等，均布置在矿体西部8833勘探线附近上盘围岩移动范围外。张家湾铁矿地下采选一体化工程布局采用三维设计，确保了各系统的协调与互不影响。

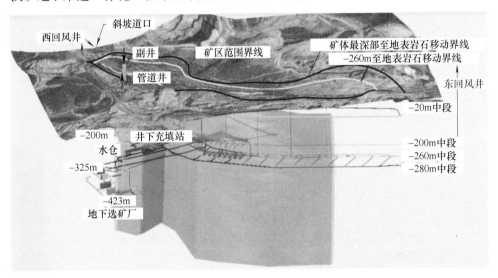

图1-62　张家湾铁矿采选一体化三维设计图

地下采矿系统工程：地下采矿系统工程包括罐笼提升竖井一条、设备斜坡道一条、回风井两条（位于矿体两翼）、专用管道井一条。设-300m水平集中窄轨主运输水平，-220m初期充填回风水平，-20m水平为开采的最上一个回风充填水平。在-280~-20m水平之间设置-280m、-260m、-200m等阶段。

地下干选系统工程：在地下粗破碎后入选前设置矿石的干选系统。干选系统主要由干选皮带巷道、矿石储矿仓（选厂前储矿仓）、废石输送皮带巷道、干选废石仓等硐室工程组成。

地下选厂工程：选矿生产井巷工程主要包括磨选硐室、尾矿浓缩及环水泵站硐室、精（尾）矿输送泵站硐室等，三大硐室成阶梯布置，在-412m水平布置磨选硐室，在-430m水平布置精（尾）矿输送泵站硐室、尾矿浓缩及环水泵站硐室等。相应的配套变电硐室、地下选矿厂避难硐室、各硐室间的联络巷道及管道竖井等工程。上述硐室分别通过联络巷道和运输巷道等与罐笼提升竖井、设备斜坡道、管道竖井等贯通。

　　充填系统工程：充填系统建于地表，通过管路输送到充填区域。充填系统主要由配比搅拌站和充填泵输送管路设备组成。配比搅拌设备为浓密机、连续搅拌机、水泥仓、螺旋称重给料机等，充填泵输送管路设备主要为充填泵和充填泵输送管路等。

　　提升运输系统：管道井作为主井，直径6m，地下生产的精矿和尾矿，通过精（尾）矿输送泵站硐室经管道竖井分别泵送至地表，铁精矿经管道竖井送至地表精矿过滤间，过滤后由铁路运往鞍钢厂区。尾矿经过浓缩后，由尾矿泵站通过管道竖井输送至地表的充填砂仓内。提升方式为管道水力提升，效率高、工艺简单，便于实现自动化。另外，为了便于无轨设备上下，设置了一条斜坡道直通地表。

　　地下采选一体化，是保护环境、建设绿色矿山的重要模式之一。

参 考 文 献

［1］李宝祥. 金属矿床露天开采［M］. 北京：冶金工业出版社，1992.

［2］黄涛. 我国采矿技术的现状与发展［J］. 机械管理开发，2016（10）：176~177.

［3］章林. 我国金属矿山露天采矿技术进展及发展趋势［J］. 金属矿山，2016（7）：20~25.

［4］解世俊. 金属矿床地下开采［M］. 北京：冶金工业出版社，1984.

［5］古德生，周科平. 现代金属矿业的发展主题［J］. 金属矿山，2012（7）：1~8.

［6］胡乃联. 数字矿山与智能采矿［OL］. 中国选矿技术网，2017.

［7］章庆松. 深井开采技术应用研究思考［J］. 黄金，2016，37（6）：46~48.

［8］殷军练. 矿井深部开采技术优化的探究［J］. 能源与节能，2015（2）：177~179.

［9］罗时金，王新丰，刘锋，等. 深井开采面临的关键问题及技术对策［J］. 煤炭技术，2014，33（11）：309~311.

［10］高宇，柴然，李鹏. 深矿井开采技术［J］. 河南科技，2013（4）：34.

［11］李秀. 智能采矿——传统采矿工程专业的再升级［N］. 中国矿业报，2018-03-03.

［12］杨清平，蒋先尧，陈顺满. 数字信息化及自动化智能采矿技术在地下矿山的应用与发展［J］. 采矿技术，2017，17（5）：75~78.

［13］吴涛，张云鹏，杨晓伟，等. 固体矿产资源智能采矿关键技术研究［J］. 地质与勘探，2017，53（3）：558~564.

［14］李幼玲. 深部开采智能采矿智慧矿山［N］. 中国有色金属报，2016-10-25.

［15］郭小燕. 未来矿业向智能采矿发展［N］. 中国冶金报，2013-10-29.

［16］孟庆新. 露天采场设计中的节能减排措施［J］. 化工矿物与加工，2010，39（11）：29~31，38.

［17］衣福强. 刍议金属矿山地下开采节能减排技术的应用［J］. 世界有色金属，2017（18）：

52~54.

[18] 蒙育成. 金属矿山地下开采节能减排技术 [J]. 西部探矿工程, 2014, 26 (10): 147~149, 152.

[19] 张伟超. "智能采矿"是矿业发展目标 [N]. 中国黄金报, 2013-10-22.

[20] 贺兵红. 基于节能减排的现代矿山采选模式 [J]. 工程建设, 2008 (5): 55~60.

[21] 殷军练. 矿井深部开采技术优化的探究 [J]. 能源与节能, 2015 (2): 177~179.

[22] 曾庆田, 袁明华, 孙宏生, 等. 地下金属矿山数字化建设技术研究与应用实践 [J]. 中国金属通报, 2014 (S1): 5~8.

[23] 古德生. 智能采矿触摸矿业的未来 [J]. 矿业装备, 2014 (1): 24~26.

[24] 许洪亮, 姜仁义. 地下采选一体化工程关键技术及设计实践 [J]. 金属矿山, 2016 (10): 51~53.

[25] 黄志伟, 古德生. 我国矿山无废开采的现状 [J]. 矿业研究与开发, 2002 (4): 9~10, 32.

[26] 周勃, 吴爱祥. 地下矿山无(低)废采矿技术发展与应用 [J]. 矿业快报, 2002 (5): 1~3.

[27] 常前发, 王运敏. 冶金矿山节能减排的技术现状与对策措施 [J]. 矿产保护与利用, 2013 (5): 13~18.

[28] 孟令刚. 河北省铁矿山节能减排技术进展及对策措施 [J]. 现代矿业, 2015, 31 (4): 43~45.

[29] 蒙育成. 金属矿山地下开采节能减排技术 [J]. 西部探矿工程, 2014, 26 (10): 147~149, 152.

[30] 刘桂涛. 发展循环经济 建设绿色矿山 [N]. 中国矿业报, 2014-04-22.

[31] 中华人民共和国国务院. "十三五"国家科技创新规划, 2016.

[32] 吕振华. 我国铁矿采矿技术"十三五"发展趋势分析 [J]. 国土资源情报, 2015 (11): 27~30.

[33] 科技部, 国土资源部, 水利部. "十三五"资源领域科技创新专项规划, 2017.

[34] 文兴. 基律纳铁矿智能采矿技术考察报告 [J]. 采矿技术, 2014, 14 (1): 4~6.

[35] 王杰, 张磊. 上行式开采方案在某大型地下铁矿的应用 [J]. 现代矿业, 2013, 29 (2): 63~64.

[36] 邵安林. 矿产资源开发地下采选一体化系统 [M]. 北京: 冶金工业出版社, 2012.

[37] 唐廷宇, 陈福民. 张家湾铁矿地下采选联合开采新思路 [J]. 矿业工程, 2015, 13 (5): 11~12.

2 铁合金生产

2.1 铁合金生产工艺概论

2.1.1 铁合金的定义及用途[1,2]

铁合金是由铁元素与一种或两种以上的金属或非金属元素组成的合金，在钢铁和铸造工业中作为合金添加剂、脱氧剂、脱硫剂和变性剂使用。例如：镍铁是镍与铁的合金，铬铁是铬与铁的合金，钼铁是钼与铁组成的合金。多数铁合金是由合金元素与铁组成。由于生产工艺和市场用途相近，人们也把金属硅、金属铬、金属锰列入铁合金范畴。

铁合金作为钢铁工业和机械铸造行业的重要原料之一，其主要用途有：一是作为脱氧剂，可以将钢液中过量的氧去除；二是作为合金添加剂，能够使钢的质量与性能得到改善。随着我国钢铁工业稳定、持续、快速发展，钢的品种不断扩大、质量要求不断提高，对铁合金产品质量提出了更加严格的要求。下面对它们的用途进行简单介绍：

（1）用作脱氧剂。炼钢过程是用吹氧或加入氧化剂的方法使铁水进行脱碳及去除磷、硫等有害杂质的过程。这一过程的进行，虽然使生铁炼成钢，但钢液中的［O］含量却增加了。［O］在钢液中一般以［FeO］的形式存在，如果不将残留在钢中多余的氧去除，就不能浇铸成合格的钢坯，得不到力学性能良好的钢材。为此，需要添加一些与氧结合力比铁更强并且其氧化物易于从钢液中排除进入炉渣的元素。把钢液中的［O］去掉，这个过程叫脱氧。用于脱氧的合金叫脱氧剂。

钢水中各种元素与氧的结合强度，即脱氧能力，由弱到强的顺序如下：铬、锰、碳、硅、钒、钛、硼、铝、锆、钙。因此，一般常用的炼钢脱氧剂是由硅、锰、铝、钙组成的铁合金。

（2）用作合金添加剂。合金钢中因其含有不同的合金元素而具有不同的性能。钢中合金元素的含量是通过加入铁合金的方法来进行调整的。用于调整钢中合金元素含量的铁合金称为合金剂。常用的合金剂有含硅、锰、铬、钼、钒、钨、钛、钴、镍、硼、铌、锆等元素的铁合金。

（3）用作铸造晶核孕育剂。改善铸铁和铸钢性能的措施之一是改变铸件的凝固条件。为了改变凝固条件，通常会在浇铸前加入某些铁合金作为晶核，形成晶粒中心，使形成的石墨变得细小分散，晶粒细化，从而提高铸件的性能。

（4）用作还原剂。硅合金可用作生产钼铁、钒铁等其他铁合金时的还原剂；硅铬合金、锰硅合金分别用作中低碳锰铁生产的还原剂；硅铁是皮江法炼镁的主要原料。

（5）其他方面的用途。在有色冶金和化学工业中，铁合金也越来越被广泛使用。例如，中低碳锰铁用于生产电焊条，硅铝合金用于生产硅铝明中间合金，铬铁用作生产铬化物和镀铬的阳极材料，有些铁合金用作生产耐高温材料。

2.1.2 铁合金的分类

随着科技水平的提高和经济的发展，钢材质量的要求也越来越严格，铁合金作为钢材生产过程中重要的合金添加剂，对其要求也不断提高。随着技术的不断更新，铁合金的种类不断增多，分类方法也有所不同。通常按照以下分类方法进行分类。

2.1.2.1 铁合金品种分类[1]

铁合金产品主要包括锰系、硅系和铬系铁合金三大类，其他还包括钨铁、钼铁、钒铁、钛铁、镍铁、铌（钽）铁、稀土铁合金、硼铁、磷铁、金属铝、金属锰等。各种铁合金又根据炼钢需要，按合金元素含量或含碳量高低规定许多等级，并限定杂质元素含量。

（1）按含碳量进行分类，铁合金可以分为超微碳、微碳、低碳、中碳、高碳等不同种类的铁合金。

（2）按照铁合金中主元素的不同进行分类，主要可以分为硅、锰、钒、铬、钨、钼、钛等系列的铁合金。

（3）对于含有两种或两种以上元素的多元复合合金，主要品种分别有硅钙合金、硅铝合金、硅钙铝合金、硅钙钡合金、硅铝钡钙合金、硅铝锰合金等。

（4）氮化铁合金是氮化处理金属锰、钒、铬铁、锰铁和硅铁等获得的特殊用途铁合金产品；另外还有混有发热剂的发热铁合金。

钢厂常用的铁合金，如硅铁、锰铁和铬铁的品种与主要成分可查阅国标GB/T 2272—2020、GB/T 3795—2014 和 GB/T 5683—2008，铁合金国际标准可查阅 ISO 8954-1：1990、ISO 8954-2：1990、ISO 8954-3：1990。

2.1.2.2 铁合金生产方法分类[1]

铁合金生产过程就是炉料、还原剂、渣料等在高温下经过物理化学变化生成合金、炉渣、炉气的过程。铁合金产品品种多、原料复杂，铁合金生产方法主要可以分为表 2-1 所示的几大类。

表 2-1　铁合金生产方法的分类

按生产设备分类		按还原法分类	按操作方法分类	产　品
电炉法		碳还原法	埋弧电炉法	高碳锰铁、硅锰合金、硅铁、工业硅、硅钙合金、高碳铬铁、硅铬合金、高碳镍铁、磷铁
			电弧炉法	钨铁、高碳钼铁、高碳钒铁
	硅还原法	金属热还原法	电弧炉—钢包冶炼法	中、低碳锰铁及中、低、微碳铬铁
铝热法	铝还原法		铝热法（包括铝硅或硅发热剂与电炉并用）	钒铁、铌铁、金属铬、低碳钼铁、硼铁、硅锆铁、钛铁、钨铁
其他	电解法	电解还原法		电解金属锰、电解金属铬
	转炉法		氧气吹炼	中、低碳铬铁及中、低锰铁
	感应炉法		熔融	钛铝钡、硅铝钡、硅铝钡钙
	真空加热法	真空固体脱碳法		微碳铬铁、氮化铬、氮化锰
	高炉法	碳还原法		高碳铬铁、高碳锰铁、镜铁
	团矿法	氧化物团矿（钼、钒）、发热型铁合金、氮化铁合金（用真空加热炉）		
	熔融还原法	碳还原法		
	等离子炉法	碳还原法		

A　铁合金生产按生产设备分类

根据铁合金生产设备可分为高炉法、电炉法、炉外法、转炉法、真空电阻炉法及中频炉冶炼法。

a　高炉法

铁合金生产最早采用的方法是高炉法，高炉法冶炼铁合金和高炉法冶炼生铁基本一样，两者的主体设备都是高炉。目前采用高炉生产的铁合金产品主要是高炉高碳锰铁，采用碳热法生产，即利用焦炭作还原剂还原矿石中的氧化物，焦炭的燃烧热是冶炼过程的主要热量来源。生产高碳锰铁时其主要原料是焦炭、锰矿、熔剂和助燃的富氧或空气，从炉顶装入炉料，高温富氧或空气经风口鼓入炉内，使焦炭燃烧获得高温和还原性气体对矿石进行还原反应，液态的金属和熔渣积聚在炉底，通过出铁口、渣口定时出铁、出渣。随着炉中炉料不断熔化、反应和排出，可以不断加入新炉料，生产能够连续进行。

利用高炉法生产铁合金，具有劳动生产率高、成本低等优势，但由于炉缸温度低，合金渗碳较多，高炉法主要用于生产高碳锰铁。近年来，采用富氧高温等工艺在高炉内冶炼低牌号硅锰合金获得成功，在电力不足的地区可采用此工艺方法。

b 电炉法

铁合金全部产量的4/5都是采用电炉法生产得到的，因此电炉法是铁合金生产的主要方法，该法所使用的主体设备是电炉。电炉法主要分为还原电炉（矿热炉）法和精炼炉法两种。

（1）还原电炉（矿热炉）法。该法采用碳质还原剂对矿石中的氧化物进行还原，生产得到铁合金，其热量来源为电能，又称为电热法，该方法能够在还原电炉中进行连续式操作。将电极插埋于已加入炉内的炉料中，依靠电弧和电流通过炉料产生的电阻电弧热进行埋弧还原冶炼操作，熔化的金属和熔渣聚集在炉底并通过出铁口定时出铁出渣，生产过程连续进行。利用该法冶炼得到的铁合金主要有工业硅、硅铁、硅钙合金、硅锰合金、硅铬合金、高碳锰铁、高碳铬铁等。

（2）精炼炉（电弧法）法。该法是利用硅（硅质合金）作还原剂，依靠电弧热和硅氧化产生的热进行冶炼。电能是冶炼过程的主要热源，其余热量来源于硅氧化时放出的热量，又称为电硅热法，该方法是在精炼电炉中进行间歇式作业生产。整个冶炼过程分为五道工序：引弧、加料、熔化、精炼和出铁，炉料从炉顶或炉门加入炉中，主要生产品种有中、低碳锰铁，中、低、微碳铬铁，钒铁等。

c 炉外法

炉外法是利用铝（铝镁合金）、硅作还原剂，利用还原反应过程的化学热进行冶炼得到铁合金产品，热源主要来源于硅、铝等金属还原剂还原精矿中的氧化物放出的热量，又称为金属热法，该方法是在筒式熔炼炉中进行间歇式生产，使用的原料有精矿、还原剂、熔剂、发热剂以及钢屑、铁矿石等，生产的主要品种有钛铁、钼铁、铌铁、硼铁、钨铁、高钒铁及金属铬等。

d 氧气转炉法

氧气转炉法按照供氧方式的不同可以分为顶、底、侧吹和顶底复合吹炼法，主体设备是转炉。该法生产过程中使用的原料是液态高碳铁合金、纯氧、造渣材料及冷却剂等。生产过程中先将液态高碳铁合金兑入转炉，用氧枪将高压氧气通入炉内进行吹炼，通过氧化反应过程中放出的热量进行脱碳。该方法的生产过程是间歇式，生产的主要品种有中低碳锰铁、中低碳铬铁等。

e 真空电阻炉法

采用真空电阻炉法可生产含碳量极低的微碳铬铁、氮化锰铁、氮化铬铁等铁合金产品，其主体设备为真空电阻炉。该法的脱碳反应在真空固态条件下进行，将压制成形的块料装入炉内后，依靠电流通过电极时的电阻热加热进行冶炼，同时进行真空抽气操作。该法生产过程为间歇式。

f 中频炉冶炼法

利用中频炉法对中间合金进行重熔，能够生产稀土硅镁合金、高钛铁。

B 矿热炉生产按照生产工艺分类

矿热炉铁合金生产按生产工艺分类,包括有渣法和无渣法,针对锰系铁合金的生产,有渣法工艺又可分为熔剂法和无熔剂法。

a 有渣法

有渣法冶炼是在还原电炉或精炼电炉中,选用合理的渣型制度和碱度生产铁合金,受不同品种和采用的原料条件等因素影响,渣铁比一般在 0.8~1.5 之间。有渣法生产的产品有锰硅合金、高碳锰铁、高碳铬铁等。

对于锰系铁合金,又分为熔剂法和无熔剂法。

(1)熔剂法。熔剂法采用碳质材料、硅或其他金属作还原剂来冶炼铁合金,因矿石含有一定数量的脉石,生产过程中需要加入适当数量的熔剂(如石灰、白云石、硅石或铝矾土)对炉渣成分和性质进行调节(如生产高碳锰铁需采用碱性渣操作)。

(2)无熔剂法。无熔剂法一般采用碳质材料作还原剂来生产铁合金,生产过程中不需要加入熔剂(造渣材料)来调节炉渣成分和性质(如使用优质锰矿,采用酸性渣操作,生产高碳锰铁的同时获得低磷富锰渣)。

b 无渣法

铁合金生产中不用添加熔剂,产生的炉渣很少,通称无渣法冶炼。无渣法采用碳质还原剂、硅石或再制合金为原料进行铁合金的冶炼生产,能够在还原电炉中连续生产,产品有工业硅、硅铁、硅铬合金等。

C 矿热炉生产按照操作工艺分类

矿热炉铁合金生产按操作工艺分类,分为连续式冶炼法和间歇式冶炼法。

a 连续式冶炼法

连续式冶炼法冶炼生产铁合金的过程,是根据炉口料面的下降情况,不间断地向炉内加料,而炉内熔池积聚的合金和熔渣定期排出。生产过程采用埋弧还原冶炼,操作功率几乎稳定不变[1]。

b 间歇式冶炼法

间歇式冶炼法在冶炼过程中集中或者分批将炉料加入炉内,冶炼过程一般分为熔化和精炼两个时期,电极在熔化期是埋入炉料中,而在精炼期电极是暴露的。精炼完毕,排出合金和熔渣,继续装入新料进行下一炉的熔炼[1]。由于间歇式冶炼法能够周期性地进行冶炼生产,因此也被称为周期冶炼法。鉴于间歇式冶炼法冶炼过程中各个时期的操作工艺特点不同,操作功率也不一样,采用此法可冶炼中、低碳锰铁及中、低、微碳铬铁等产品。

2.1.3 矿热炉生产铁合金的基本原理[2~4]

就反应特征而言,铁合金冶炼是为了得到所需元素,通过还原剂还原矿石中的有用氧化物得到所需单质的过程。

例如冶炼硅铁、中低碳锰铁和钛铁时，进行的基本反应如下：

$SiO_2+2C =\!=\!= Si+2CO$（采用电热法在矿热炉里冶炼硅铁）

$2MnO+Si =\!=\!= 2Mn+SiO_2$（采用电硅热法在精炼电炉里冶炼中低碳锰铁）

$3TiO_2+4Al =\!=\!= 3Ti+2Al_2O_3$（采用铝热法在筒式炉中冶炼钛铁）

SiO_2、MnO、TiO_2 为矿石中有用的氧化物；C、Si、Al 为还原剂；Si、Mn、Ti 是从各氧化物中还原出来的元素，与铁等成分组成合金。上述三种合金，可用一个通式（2-1）表达：

$$MeO + X =\!=\!= Me + XO \tag{2-1}$$

式中　MeO——矿石中有用的氧化物；

　　　X——还原剂。

只要 X 对氧的亲和力比 Me 对氧的亲和力大，或者说，只要 XO 的分解压小于 MeO 分解压，上述还原反应就可以进行。（分解压：在一定温度下，固体或液体化合物分解出气体，反应达到平衡时气体产生的压强。显然，元素越活泼，与氧的亲和力越强，其氧化物越稳定，越不易分解，氧化物分解压越小。）

设上述反应中的各物质都以独立相存在，则可将反应分写成下列两个反应（见式（2-2）和式（2-3））：

$$2Me + O_2 =\!=\!= 2MeO \tag{2-2}$$

$$\Delta G_{Me}^{\ominus} = -RT\ln\frac{1}{(P_{O_2})_{MeO}} = RT\ln(P_{O_2})_{MeO}$$

$$MeO + X =\!=\!= Me + XO \tag{2-3}$$

$$\Delta G^{\ominus} = \frac{1}{2}(\Delta G_{XO}^{\ominus} - \Delta G_{MeO}^{\ominus}) = \frac{1}{2}RT\big[\ln(P_{O_2})_{XO} - \ln(P_{O_2})_{MeO}\big]$$

根据热力学第二定律，上述还原反应进行的条件是 $\Delta G^{\ominus} < 0$。

即：$\Delta G_{XO}^{\ominus} < \Delta G_{MeO}^{\ominus}$ 或 $(P_{O_2})_{XO} < (P_{O_2})_{MeO}$。

因此，还原剂可以根据各种氧化物的生成自由能大小或其分解压的大小来选择。

各种氧化物的生成自由能与温度的关系如图 2-1 和图 2-2 所示。

（1）各氧化物按元素氧化物分解压的大小可依次排列为（按分解压由大到小顺序排列）：CaO，MgO，Al_2O_3，ZrO_3，B_2O_3，TiO_2，SiO_2，MnO，Cr_2O_3，Nb_2O_3，FeO，WO_3，MoO_3。

（2）元素氧化物的分解压都随温度的升高而升高，而 C 则相反，因此只要在足够的温度下任何氧化物都可用碳还原。

（3）高价氧化物的分解压较低价氧化物的稳定性大，而元素的还原效果取决于它的低价氧化物的分解压，选择还原剂时需要考虑这一点。

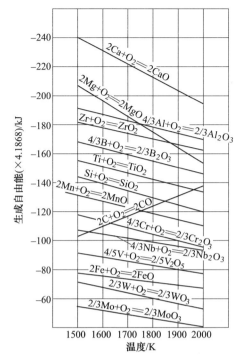

图 2-1　氧化物生成反应的
自由能与温度的关系

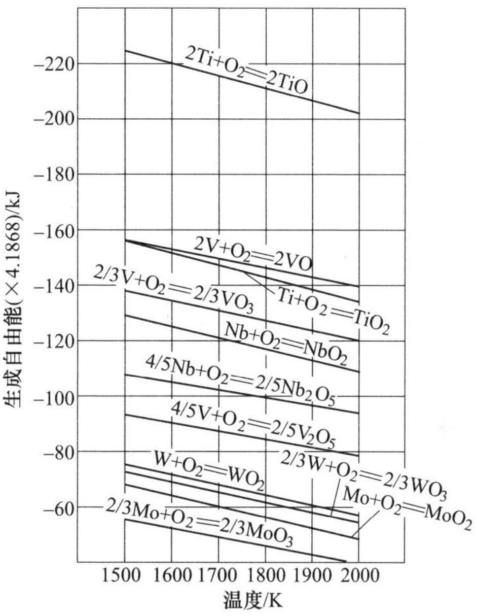

图 2-2　低价氧化物与高价氧化物生成
自由能与温度的关系

2.1.3.1　碳热还原法

碳是铁合金冶炼中最主要的、使用最广泛的还原剂。用固体碳还原金属氧化物的过程中，还原反应中的还原剂是 CO。

用 CO 还原金属氧化物的反应见式（2-4）：

$$MeO + CO \Longrightarrow Me + CO_2 \tag{2-4}$$

当 MeO 和 Me 均为独立相存在时，该反应的平衡常数 K 见式（2-5）和式（2-6）：

$$K_P = \frac{P_{CO_2}}{P_{CO}} = \frac{\varphi(CO_2)}{\varphi(CO)} \tag{2-5}$$

$$\varphi(CO_2) + \varphi(CO) = 100\% \tag{2-6}$$

联立式（2-5）和式（2-6）得：

$$\varphi(CO) = \frac{100}{K_P - 1} \tag{2-7}$$

式（2-7）表明：平衡气相组成 $\varphi(CO)$ 只和温度有关，其在每一固定温度下都是固定的，平衡的 CO 浓度即在该温度下还原该 MeO 所需的最小 CO 浓度。对于不同的氧化物，平衡时的 $\varphi(CO)$ 不同，见表 2-2 和表 2-3。

例如：对于 FeO+CO ═ Fe+CO$_2$，有表 2-2。

表 2-2 FeO+CO ═ Fe+CO$_2$ 反应中 $\varphi(CO)$ 与温度 T 的关系

T/K	$\varphi(CO_2)/\%$	$\varphi(CO)/\%$
1073	34.7	65.3
1273	28.3	71.6
1573	22.9	77.1

对于 MnO+CO ═ Mn+CO$_2$，有表 2-3。

表 2-3 MnO+CO ═ Mn+CO$_2$ 反应中 $\varphi(CO)$ 与温度 T 的关系

T/K	$\varphi(CO_2)/\%$	$\varphi(CO)/\%$
1400	0.003	99.997
1700	0.015	99.985
2000	0.05	99.950

可以看出，金属与氧的亲和力越大，则还原其氧化物时平衡的 $\varphi(CO)$ 就越高。用 CO 还原金属氧化物的平衡气相组成 $\varphi(CO)$ 与温度的关系如图 2-3 所示，其变化趋势视还原反应的热效应符号而定。

在一定温度下，气相中 $\varphi(CO)$ 是否大于平衡时气相中的 $\varphi(CO)$ 是还原反应能否进行的决定性条件。显然，如果气相组成相当于曲线下部区域，即 $\varphi(CO)<$ $\varphi(CO)$ 平衡时，Me+CO$_2$ ═ MeO+CO，Me 被氧化；如果气相组成相当于曲线上部区域，即 $\varphi(CO)>\varphi(CO)$，平衡时，MeO+CO ═ Me+CO$_2$，MeO 被还原。故也可称曲线下部区域为 MeO 稳定区，曲线上部区域为 Me 稳定区。

有固体碳存在时，金属氧化物的还原反应如下：

MeO 被 CO 还原，见式（2-4）。

过程中，如果有 C 存在，C 将被 CO$_2$ 氧化，见式（2-8）：

$$C + CO_2 ═══ 2CO \tag{2-8}$$

氧化生成的 CO 又去还原 MeO，总的结果见式（2-9）：

$$MeO + C ═══ Me + CO \tag{2-9}$$

这些反应中只有两个独立反应，反应式（2-9）是反应式（2-4）、反应式（2-8）的综合结果。分别作反应式（2-4）、反应式（2-8）的平衡组成与温度的关系曲线，如图 2-4 所示。

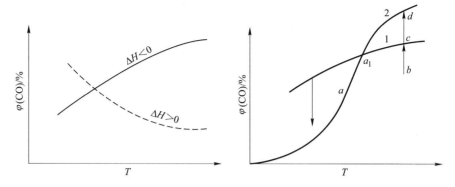

图 2-3　平衡气相组成与温度的关系　　图 2-4　平衡气相组成与温度的关系

需要指出的是，总压力 $P = P_{CO} + P_{CO_2}$ 对图 2-4 中曲线 1 的位置没有影响，因反应 $MeO + CO = Me + CO_2$，反应前后体积没有变化，但对曲线 2 的位置有影响，因 $CO_2 + C = 2CO$ 反应后体积增加，当总压力增加时不利于反应向右进行，即达到平衡时，$\varphi(CO)$ 会相应减少，图中曲线 2 按 $P = P_{CO} + P_{CO_2} = 1$ 个大气压（101kPa）时作出，曲线 1、2 相交于 a_1 点，a_1 点所示的成分及温度代表体系在 1 个大气压（101kPa）下的平衡状态。在 a_1 所示温度以下，反应式（2-8）的平衡气相组成中的 $\varphi(CO)$ 比反应式（2-4）低，故碳实际上不能还原 MeO；相反，在 a_1 所示温度以上，反应式（2-8）的平衡气相组成中的 $\varphi(CO)$ 较反应式（2-4）的高，故 MeO 被 C 还原的反应将进行到底。

如 b 点所示的条件下，将进行下列反应：

$$Me + CO_2 \longrightarrow MeO + CO \tag{2-10}$$

$$C + CO_2 \longrightarrow 2CO \tag{2-11}$$

其结果使体系中 $\varphi(CO)$ 增加，到达 c 点成分时，反应式（2-10）处于平衡，但反应式（2-11）仍继续进行。在 c 及 d 之间同时进行下列反应：

$$MeO + CO \longrightarrow Me + CO_2$$

$$C + CO_2 \longrightarrow 2CO$$

其结果是：　　　　　　　　$$MeO + C \longrightarrow Me + CO$$

这个反应将进行到 MeO 全部还原为止，最后系统在 d 点达到平衡状态。由此可知，a_1 所示温度乃是在该压力下用固体碳还原金属氧化物的理论开始温度。

用固体碳还原氧化物的开始温度可以通过反应自由能的变化进行计算。

反应 $MeO + C = Me + CO$ 的标准自由能变化为 $\Delta G^{\ominus} = a - bT$。

当 $\Delta G^{\ominus} = 0$ 时，有 $T = a/b$，即在 $P_{CO} = 1$ 个大气压（101kPa）时用 C 还原 MeO 的开始温度。

还原反应的标准自由能变化可以根据各氧化物的标准生成自由能求出。

例如：求 $MnO + C \Longrightarrow Mn + CO$ 的开始还原温度。

$$2C + O_2 = 2CO, \quad \Delta G^{\ominus} = -223575.12 - 175.43T \tag{2-12}$$

$$2Mn + O_2 = 2MnO, \quad \Delta G^{\ominus} = -798841.44 + 164.33T \tag{2-13}$$

$$2MnO + 2C = 2Mn + 2CO, \quad \Delta G^{\ominus} = 575266.32 - 339.76T \tag{2-14}$$

$$T_{开始} = 1693K（1420℃）$$

不难看出，在各氧化物生成自由能与温度的关系图中 CO 和各 MeO 直线的交点就是 $P_{CO} = 1$ 个大气压（101kPa）时的还原开始温度。此法计算得出的是 $P_{CO} = 1$ 个大气压（101kPa）时还原的开始温度，而前面根据反应：

$$MeO + CO = Me + CO_2, \quad CO_2 + C = 2CO$$

以平衡曲线交点决定的开始还原温度是在 $P = P_{CO} + P_{CO_2} = 1$ 个大气压（101kPa）条件下得到的，对难还原的氧化物，P_{CO_2} 可以忽略，$P = P_{CO}$，两种方法所得到的结果将是一样的。

欲求在 P_{CO} 不等于 1 个大气压（101kPa）时的还原开始温度就要计算下列过程的自由能变化：

CO（1 个大气压）= CO（P_{CO} 气压）

例如，求在 0.1 个大气压下用 C 还原 MnO 的开始温度。

$$MnO + C = Mn + CO(0.1 个大气压), \quad \Delta G = 287633.16 - 160.9T \tag{2-15}$$

$$CO(1 个大气压) = CO(0.1 个大气压), \quad \Delta G = 19.157T\lg0.1 \tag{2-16}$$

$$MnO + C = Mn + CO(0.1 个大气压), \quad \Delta G = 287633.16 - 189.05T \tag{2-17}$$

令 $\Delta G = 287633.16 - 189.05T = 0$，于是 $T = 1521K$。

由此可见，当压力增大时用 C 还原 MnO 的开始温度升高，也就是说增加压力时 C 的还原能力会降低。

2.1.3.2 锰系铁合金选择性还原

前面讨论的都是用纯 MeO 和 Me 参加反应，但实际生产过程当中，矿物中的金属氧化物大多不是以纯氧化物存在的，而是以复杂化合物的形式存在，例如 $2FeO \cdot SiO_2$，$2MnO \cdot SiO_2$；被置换出的元素可能再次与其他元素结合形成化合物，如 FeSi，Mn_3C 等；也可能溶入另一种金属中，如硅、锰溶于铁中。

根据上述还原反应的特点，炉渣的性质和组成在还原反应中对各元素的还原程度起着决定性作用，可以通过改变炉渣的性质或组成创造促进某一反应进行的有利条件或阻止另一些反应的进行条件。

A   从复杂化合物中还原金属氧化物

例如：用 C 还原 $2MnO \cdot SiO_2$ 中的锰所需的温度计算。

$$2MnO + 2C = 2Mn + 2CO, \quad \Delta G^{\ominus} = 575266.32 - 339.76T \tag{2-18}$$

$$2MnO \cdot SiO_2 + 2C \overline{\underline{\qquad}} 2Mn + SiO_2 + 2CO, \quad \Delta G^{\ominus} = 629694.72 - 339.13T$$

$$(2-19)$$

$$T = 1857K$$

计算表明，与还原 MnO 所需的温度（1693K）相比，还原 $2MnO \cdot SiO_2$ 要困难一些，所需的温度要高一些。

但如果往 $2MnO \cdot SiO_2$ 中加入 CaO，由于 SiO_2 与 CaO 形成 $2CaO \cdot SiO_2$，则较易还原。

$$2MnO \cdot SiO_2 + 2C \overline{\underline{\qquad}} 2Mn + SiO_2 + 2CO_2, \quad \Delta G^{\ominus} = 629694.72 - 339.13T$$

$$(2-20)$$

$$2MnO \cdot SiO_2 + 2CaO + 2C \overline{\underline{\qquad}} 2Mn + 2CaO \cdot SiO_2 + 2CO,$$

$$\Delta G^{\ominus} = 491949.6 - 344.11T \qquad (2-21)$$

$$T = 1430K$$

由此可知，在矿热炉里冶炼碳素锰铁时，需要加石灰造成碱性渣。

B　从炉渣溶液中还原金属氧化物

从炉渣溶液中还原金属氧化物的反应：

$$(MeO)_{渣} + C \overline{\underline{\qquad}} Me + CO \qquad (2-22)$$

假设炉渣为理想溶液，则：

$$K = \frac{P_{CO}}{N_{(MeO)}} \qquad (2-23)$$

若（MeO）以独立相存在，还原反应为：

$$MeO + C = Me + CO \qquad (2-24)$$

$$K = P'_{CO} \qquad (2-25)$$

在同一温度时上两式相等，即：

$$P'_{CO} = \frac{P_{CO}}{N_{(MeO)}} \qquad (2-26)$$

由于 $N_{(MeO)} < 1$，所以 $P'_{CO} > P_{CO}$。

即在同一温度下，独立存在的纯化合物 MeO 的平衡 CO 分压比在炉渣中构成溶液的 MeO 的大，换言之，要达到相同平衡的 CO 分压（1 个大气压）独立存在的 MeO 需要的温度更低。由此可见，还原独立存在的 MeO 比从炉渣中还原 MeO 容易得多。

C　被还原元素与另一元素形成溶液

冶炼铁合金时，氧化铁首先被还原，被还原出的铁提供了良好的溶剂。当稳定性更好的 MnO、SiO_2 被还原时，还原出的 Mn、Si 会溶入 Fe 中形成溶液，降低纯物质的含量，有利于反应向该元素被还原的方向进行。

例如用碳还原 MnO 成纯锰，其开始还原温度为 1693K，但如果有铁存在，与 Mn 形成溶液，则其开始还原温度就会下降。由于 Fe 与 Mn 形成的溶液可以看作理想溶液，故其开始还原温度可计算如下：

$$MnO + C = Mn + CO,\quad \Delta G^{\ominus} = 287633.16 - 169.9T$$

$$Mn = [Mn],\quad \Delta G^{\ominus} = RT\ln N_{Mn}$$

$$MnO + C = [Mn] + CO,\quad \Delta G^{\ominus} = 287633.16 - 169.9T + 8.3T\ln N_{Mn}$$

令 $\Delta G^{\ominus} = 287633.16 - 169.9T + 8.3T\ln N_{Mn} = 0$，可得：

$$T = \frac{287633.16}{169.9 - 19.15 N_{Mn}}$$

计算结果见表 2-4。

表 2-4　不同 N_{Mn} 值条件下对应的初始还原温度 T

N_{Mn}	1	0.1	0.01	0.001
T/K	1693	1521	1381	1265

D　被还原元素与另一元素生成化合物

被还原元素与另一元素生成化合物有利于氧化物的还原，以碳还原 MnO 生成 Mn_3C 为例计算如下：

$$3MnO + 3C = 3Mn + 3CO,\quad \Delta G^{\ominus} = 862899.48 - 509.57T$$

$$3Mn + C = Mn_3C,\quad \Delta G^{\ominus} = -95864 - 1.68T$$

$$3MnO + 4C = Mn_3C + 3CO,\quad \Delta G^{\ominus} = 767035.48 - 511.25T$$

根据上述讨论，可得出如下结论：

(1) 被还原氧化物若是以复杂化合物存在，或者是与其他氧化物形成溶液，其还原就难。

(2) 被还原得到的元素如果溶解于金属铁中或者与另一元素生成化合物，其还原就容易。

在实际铁合金冶炼中，上述各因素是同时起作用的。

2.1.3.3　精炼法

为了生产出炼钢需要的低碳低硅合金（中、低碳锰铁，中、低、微碳铬铁等），需要对用碳热还原法炼制的含硅低碳合金或者含碳低硅合金进行精炼。一般在精炼电炉里，使中间合金与加进炉里的矿石中的氧化物（通常要加石灰造渣情况下）起转化反应。

含硅中间合金按式 (2-27) 反应：

$$[Me, (1+n)Si, Fe] + (2MeO) \xrightarrow{2CaO} [3Me, nSi, Fe + (2Ca, SiO_2)]$$

$$\tag{2-27}$$

含碳中间合金的精炼按式 (2-28) 反应（不考虑造渣情况下）：

$$[Me,\ (1+n)C,\ Fe] + (2MeO) \xrightarrow{2CaO} [3Me,\ nC,\ Fe] + CO \qquad (2\text{-}28)$$

2.1.3.4　金属热还原

用对氧亲和力大的元素去还原对氧亲和力小的金属氧化物称为金属热还原法[5]。铁合金冶炼最常用的是硅热法和铝热法。

采用金属热还原法还原时，矿石中的有用氧化物按式（2-29）被金属还原：

$$(3Me'O) + [2Me''] \xrightarrow{造渣剂} [3Me'] + (Me''_2O_3)\ \Delta H^{\ominus}_{298} \qquad (2\text{-}29)$$

式（2-29）反应进行的难易程度取决于 Me' 与 Me'' 对氧亲和力大小的差异，两者亲和力差距越大，则反应越容易进行。还需要注意的是，反应过程受造渣剂的影响很大，要求使用的渣必须对被还原金属氧化物 $Me'O$ 溶解能力较小，对生成的 Me''_2O_3 溶解能力较大。

采用金属热还原法时，如果冶炼过程无需从外界供给能量，仅依靠化学反应放出的大量热能就足够把合金和炉渣加热到必需温度，则冶炼可在炉外进行，称为炉外法。

在反应温度 T 时，反应为自由焓 $\Delta G^{\ominus}_T < 0$，该反应在此温度条件下就能自由进行。

若反应的自由焓 $\Delta G^{\ominus}_T < 0$，则仅能判断反应能否自发反应。此外，对上述反应起决定性作用的另一因素是反应时产生的反应热焓。

上述反应是放热反应，在短时间内就能放出大量的热量，而使还原出来的金属和熔渣呈熔融状态，同时还存在着原料和最终产物的熔化热及热传导、热辐射、蒸发热等热量，只有在完全满足这些热量的条件下，反应才能维持自发进行。

因此，金属热还原法单位炉料由于化学反应产生的热量是能否采用炉外法的决定性因素。

谢姆楚施尼根据所得铁水和熔渣的热焓以及金属在反应中的热损失近似相等的事实，提出了一个规律：由于 SiO_2 的比热稍低于 Al_2O_3 的比热，因此硅热法所要求的最小单位热量较少。硅热法采用炉外法的条件是单位炉料放出的热量不小于 2100kJ/kg；铝热法采用炉外法的条件是单位炉料放出的热量不小于 2310kJ/kg。

对于上述反应，其反应的单位炉料热效应为：

$$若\ Q_{单} = \frac{\Delta H^{\ominus}_{298}}{3 \times Me'O(摩尔量) + 2 \times (Me'')} \quad (kJ/kg\ 原料)$$

当采用铝作为还原剂时，若 $Q_{单} \geqslant 2310 (kJ/kg\ 原料)$，反应就能自发进行。

为了判断金属热还原反应的自发性，最好把反应热焓换算成单位活泼元素（如金属铝）的热焓。

如果铝还原金属氧化物的反应热焓符合下式：

$$Q_{金} \geqslant 300(kJ/kg \text{原料}) \tag{2-30}$$

则此铝热还原反应将自热进行，并具有较高的金属回收率和渣铁分离的良好效果。

硅热法冶炼钼铁，铝热法冶炼钛铁都是采用炉外法。

硅的价格比铝低，因此硅热法在铁合金生产中占有重要的地位。

需要指出的是 CaO 对硅热法的影响。加入 CaO 能使硅还原与硅相近的元素，例如从氧化物生成自由能的图解可知，钒的氧化物是很难用硅还原的，但是如在原料中加入 CaO 则可用硅热法还原 V_2O_5，以制取钒铁，见式（2-31）和式（2-32），这是由于加入 CaO 后发生了下面的反应：

$$2CaO + SiO_2 =\!=\!= 2CaO \cdot SiO_2 \tag{2-31}$$

考虑到硅酸盐 $2CaO \cdot SiO_2$ 的生成自由能 $\Delta G^{\ominus} = -146538J$，

$$\frac{2}{5}V_2O_5 + 2Si + 2CaO =\!=\!= \frac{4}{5}V + 2CaO \cdot SiO_2, \quad \Delta G^{\ominus} = -47256.12 + 75.24T$$

$$\tag{2-32}$$

这样钒的氧化物就有可能被 Si 还原了。

在金属热还原法中，当估计一种金属有还原另一金属氧化物的可能性时，还必须考虑到它们的相变的影响，尤其是真空条件下相变的影响。

在通常条件下 MgO 是很稳定的，其分解压远小于 SiO_2 的分解压，用 Si 不能还原 MgO，但考虑到 Mg 的沸点较低（1107℃），当温度超过该值时，MgO 的稳定性随着温度的升高急剧降低。当温度达到 2500℃时，MgO 的分解压与 SiO_2 的分解压趋于相等。

若反应在真空下进行，上述反应温度（2773K）还可大大降低。

对于反应：$2Mg(气) + O_2(气) =\!=\!= 2MgO$，$\Delta G_{生} = \Delta G^0_{生} - RT\lg(P_{O_2} \cdot P^2_{Mg})$

在真空条件下，$\Delta G_{生}$ 增大，即 MgO 的稳定性降低。例如，在 6.6661 ~ 2.6664Pa 压力下用 Si 还原 MgO 的温度只要高于 1160 ~ 1170℃就可以了。

真空除了降低硅还原 MgO 所需要的温度以外，还可防止析出的 Mg 被氧化，迅速把还原析出的金属从反应区域排入冷凝器中，使反应加速进行。图 2-5 所示为真空度对氧化物生成自由能的影响。

2.1.3.5 选择性还原

氧化物的还原是有选择性的，虽然各种氧化物的还原是同时进行的，但是在同一时刻被还原出的数量却不同，即还原剂还原这些氧化物的程度是不同的。

碳还原氧化物反应的自由能变化如图 2-6 所示。

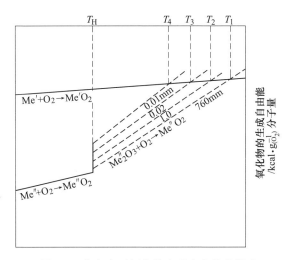

图 2-5 真空度对氧化物生成自由能的影响

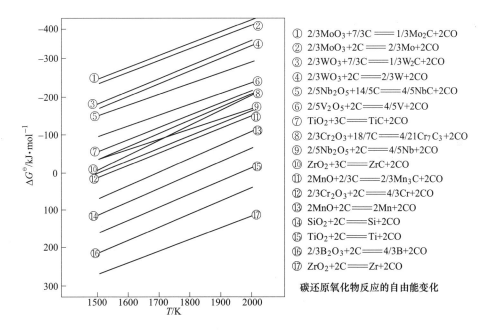

① $2/3MoO_3+7/3C \Longrightarrow 1/3Mo_2C+2CO$
② $2/3MoO_3+2C \Longrightarrow 2/3Mo+2CO$
③ $2/3WO_3+7/3C \Longrightarrow 1/3W_2C+2CO$
④ $2/3WO_3+2C \Longrightarrow 2/3W+2CO$
⑤ $2/5Nb_2O_5+14/5C \Longrightarrow 4/5NbC+2CO$
⑥ $2/5V_2O_5+2C \Longrightarrow 4/5V+2CO$
⑦ $TiO_2+3C \Longrightarrow TiC+2CO$
⑧ $2/3Cr_2O_3+18/7C \Longrightarrow 4/21Cr_7C_3+2CO$
⑨ $2/5Nb_2O_5+2C \Longrightarrow 4/5Nb+2CO$
⑩ $ZrO_2+3C \Longrightarrow ZrC+2CO$
⑪ $2MnO+2/3C \Longrightarrow 2/3Mn_3C+2CO$
⑫ $2/3Cr_2O_3+2C \Longrightarrow 4/3Cr+2CO$
⑬ $2MnO+2C \Longrightarrow 2Mn+2CO$
⑭ $SiO_2+2C \Longrightarrow Si+2CO$
⑮ $TiO_2+2C \Longrightarrow Ti+2CO$
⑯ $2/3B_2O_3+2C \Longrightarrow 4/3B+2CO$
⑰ $ZrO_2+2C \Longrightarrow Zr+2CO$

碳还原氧化物反应的自由能变化

图 2-6 碳还原氧化物反应的自由能变化

铝还原氧化物反应的自由能变化如图 2-7 所示。

2.1.3.6 转炉吹氧法冶炼中、低碳合金原理

转炉吹氧法冶炼中低碳锰铁和中低碳铬铁的基本原理,是用氧化剂中的氧脱除碳素合金中的碳,脱碳反应为:

$$[C] + \{O\} =\!=\!= CO \tag{2-33}$$

$$\text{平衡常数}\ K = \frac{P_{CO}}{[C]\{O\}}$$

式中　[C]——碳素合金中的碳；

{O}——氧化剂中的氧。

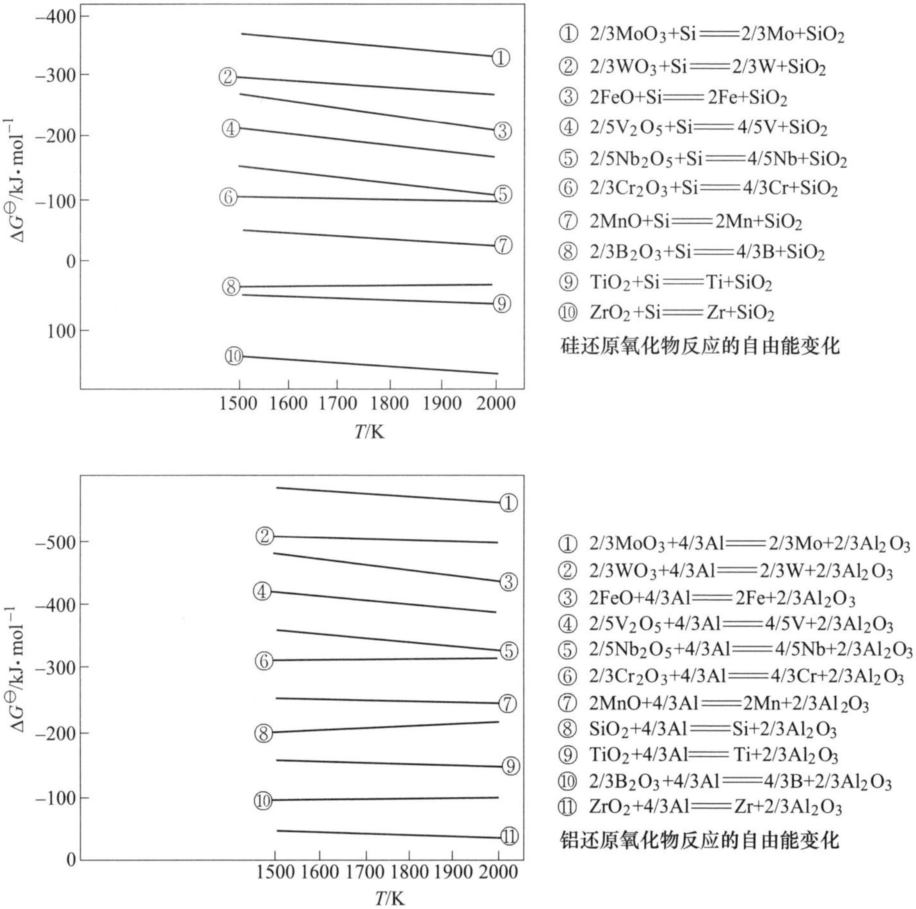

图 2-7　铝还原氧化物反应的自由能变化

碳素锰铁和碳素铬铁合金中的碳主要以 Mn_3C 和 $Cr_7C_3(Cr \cdot Fe)_3C$ 等形式存在。

常用的氧化剂有纯氧和氧化物。用纯氧作氧化剂时，是将氧气直接吹入液态金属熔池中。由于冶炼过程放出大量的热，冶炼时无需外加热量。从图 2-1 可以看出，Mn、Cr、Fe、Si 等元素形成氧化物的 $\Delta G^{\ominus}$ 负值，随温度升高变小，而 C 形成氧化物的 $\Delta G^{\ominus}$ 负值随温度升高增大。当温度超过一定值时，形成 CO 的 $\Delta G^{\ominus}$

负值大于形成金属氧化物 $\Delta G^{\ominus}$ 的负值。因此，生成 CO 优先于生成金属氧化物。随着熔池温度的升高，合金中 C 被大量氧化去除，达到精炼合金的目的。脱碳反应只有在高温下才能进行，而且脱碳反应产生的 CO 迅速上升排出，有利于反应进行。

2.2 中国铁合金行业现状及生产技术发展趋势

2.2.1 中国铁合金行业现状[5,6]

2.2.1.1 中国铁合金的产能及布局概述

近年来，伴随钢铁工业的快速发展，我国铁合金行业也取得较大进步。中国铁合金工业的产业结构和生产格局得到了进一步优化，产业集中度低、装备水平差的状况有所改善，生产技术和工艺水平有所提升，节能减排、"三废"治理等环保措施全面启动，在国内外两个市场中的地位明显提高，中国正由铁合金生产大国向世界铁合金强国转变。

21 世纪以来，我国铁合金产量持续快速增长，中国已成为名副其实的世界第一铁合金生产大国和消费大国。我国铁合金产量从 2011 年的 2842 万吨增至 2013 年的 3775 万吨，2013~2017 年我国铁合金产量以及表观消费量呈基本稳定并略有下降趋势（见表 2-5），这表明铁合金产品逐步达到供需相对平衡状态。我国铁合金约 90%用于粗钢生产，其余 10%主要用于铸造、有色等行业。根据国家海关数据，我国铁合金表观消费量自 2011 年的 2953 万吨增至 2015 年的 3966 万吨。我国吨钢表观铁合金消费量逐步增长，由 2011 年的 42.4kg/t 增至 2015 年的 49.3kg/t，年均增幅 4.07%，其主要原因在于不锈钢用镍铁量的增加。

表 2-5　2011~2017 年我国铁合金表观消费量　　　（万吨）

年份	产量	出口	进口	表观消费量
2011	2841.6	93.5	205.4	2953.5
2012	3129.2	63.7	189.4	3255.0
2013	3775.9	57.5	214.1	3932.5
2014	3786.2	54.1	242.0	3974.1
2015	3666.4	37.1	336.6	3965.9
2016	3558.8	35.4	401.1	3924.5
2017	3288.7	57.6	416.3	3647.4

数据来源：海关数据。

据中国铁合金工业协会初步统计，截至 2014 年底全国铁合金企业有 1477 家左右，总产能 5775.26 万吨。其中年产能 1 万吨以下的企业 425 家，总产能 188.91 万吨，分别占行业总数的 28.77% 和 3.27%；产能 1 万~3 万吨的企业 486 家，总产能 909.58 万吨，分别占行业总数的 32.91% 和 15.75%；产能 3 万~10 万吨的企业有 400 家，总产能 2071.26 万吨，分别占行业总数的 29.79% 和 35.86%；产能 10 万~20 万吨的企业有 79 家，总产能 976.38 万吨，分别占行业总数的 5.35% 和 16.91%；产能 20 万吨以上的企业有 47 家，总产能 728.13 万吨，分别占行业总数的 3.18% 和 28.21%。2015 年全国铁合金总产能 6100 万吨左右。

我国铁合金企业主要分布在煤、电力、矿产、能源比较丰富的中西部地区。随着钢铁行业的发展、铁合金产量的增加、铁合金品种增多和质量的提高，铁合金生产企业的规模逐步变大，技术和生产装备水平也在同步提高。目前我国硅铁生产企业产能最大的是内蒙古鄂尔多斯，年产硅铁 120 万吨，在建 4 台 6 万千伏安硅铁矿热炉。运行的硅铁矿热炉以遵义铁合金厂 5 万千伏安矿热炉最大。硅锰合金生产企业产能最大的是宁夏晟晏实业集团有限公司，年产能达 20 万吨。最大硅锰矿热炉是位于云南的 7.2 万千伏安矿热炉。铬铁合金生产企业产能最大的是内蒙新钢联冶金有限公司，其年产铬铁 100 万吨。铬铁生产矿热炉最大的是山西万邦工贸有限公司，炉容量为 7.5 万千伏安。

行业区域性划分越来越明晰，内蒙古、广西、宁夏、贵州铁合金份额逐渐加大，成为举足轻重的合金主产区。随着总理基金项目"大气重污染成因与治理攻关"纵深推进，"2+26"城市和区域成为"蓝天保卫战"的主战场并快速扩展，山西、河南等地区合金企业面临严峻考验。受产业布局及地方政策等因素影响，部分传统合金主产区域（如湖南、东北等）的合金产能将明显快速萎缩。

2.2.1.2 中国铁合金生产技术、装备水平及行业存在的主要问题[5]

随着钢铁行业对铁合金要求愈加严格，以及环保等方面的严格要求，铁合金行业的整体装备水平、工艺技术、资源综合利用等方面都有了很大的提升和改进。

（1）铁合金行业整体装备水平有了很大提高，向大型化、密闭化和智能化方向进一步发展。生产主体电炉由原来的以 6300 千伏安为主，逐渐发展成为以 2.5 万~3.6 万千伏安为主的大电炉，更有 7.5 万千伏安的高碳铬铁炉、6 万千伏安镍铁炉、7.2 万千伏安的锰硅合金炉以及 3.3 万千伏安的工业硅炉等大型矿热炉投产运行。同时，大多企业配备了相应的低压补偿、烟气净化、余热发电等节能环保装置。

（2）在新技术、新产品等方面不断取得新成果。如精料入炉技术（粉锰矿烧结或球团、粉铬矿冷压块或金属化热球团技术等），原料处理，除尘系统，计算机智能自动化操作和控制系统，低品位锰矿石冶炼锰硅合金技术，锰氧化矿还原技术，高效利用红土镍矿炼精制镍铁的回转窑－矿热炉（RKEF）工艺技术，阳极渣无害化综合利用技术，电解金属锰绿色电站及新型电解技术，锰渣无害化处理及综合利用技术，铬、硒无害化处置技术及废水综合利用技术等先进适用技术。

（3）在固体废弃物的循环利用方面有了长足的发展。铁合金生产产生大量的固体废弃物，如炉渣、粉尘、尘泥等，除有些渣、尘（如中锰渣、铬尘），含锰、铬元素较高，可直接造块用于铁合金冶炼外，其他也应作为资源充分利用起来。目前硅铁粉尘的回收利用已经取得较大的进展，其他铬、锰合金的贫渣在铁合金生产上已经没有再利用的价值，但经水淬后可以用于水泥和建材，经过超细粉磨的硅锰和铬铁渣粉作为掺合料，可制造高性能的混凝土。用这些贫渣制备砖和空心砌块，由于导热率低，有利于降低建筑物的热损失和减轻建筑物的自重，可以代替黏土砖。当然还应开发其他高价值的利用途径。

尽管中国铁合金行业在多年的发展中取得了一定的成绩，产业规模由小变大，生产工艺及装备水平也越来越高，中国正由铁合金生产大国向世界铁合金强国转变。但由于国内产业整体素质落后，粗放型经济增长方式尚未得到有效转变，企业结构、技术结构不合理的状况难以在短期内发生根本性转变，结构调整和产业升级的任务仍然很艰巨。

A　新增产能急剧膨胀导致新一轮产能过剩

自2007年开始一系列淘汰落后产能实施的政策，行业准入门槛提高，铁合金行业集约化生产逐步推进，铁合金工艺技术进步及装备水平提高。但是一些企业采取扩建或者新建以达到准入要求的办法进行铁合金生产，实际上造成了产能的进一步增加。此外，行业淘汰落后产能、规范管理（行业准入）及市场阶段性大幅度波动等因素，也促使铁合金新增产能进入新的膨胀式扩张阶段。在政府对合金行业尚无"去产能"的刚性措施前提下，新增产能释放与原有产能并存期间，势必导致新一轮产能过剩，导致市场竞争更加激烈。目前我国铁合金产能约6100万吨，欧美国家一般认为产能利用率正常值在79%～83%之间，超过90%则产能不够，若低于79%则存在产能过剩的现象。2015年我国铁合金产量为3666万吨，产能利用率仅有60%，产能严重过剩。

B　行业规范管理与目前装备水平现状矛盾依然存在

近些年通过行业规范管理政策的实施，实现了新增生产能力的规范运作，引领了行业发展方向，同时准入标准逐渐提高及以"回头看"的方式对落后工艺及装备实行撤销准入等政策的有效落实，促进了铁合金行业的健康发展。据不完全统计，仅纳入第一、第二批行业准入的生产企业现有2.5万千伏安以下半封闭矿热炉近200台，至2019年底完成改造根本没有可能。国家产业政策的制定应与行业现状充分结合，工艺技术创新、装备升级改造（大型化、智能化、环保完全达标）迫在眉睫，应引起业内企业家们高度重视。协会将与政府主管部门及时沟通，反映行业实际情况并协助政府科学合理破解政策与现状之间的矛盾。

C　矿产资源对外依赖性强

我国并不是铁合金矿产资源丰富的国家，硅、锰、铬三大系列铁合金生产所需的富锰矿和铬铁矿不得不依靠进口，并越来越受到货源和矿价的制约。2008年我国锰矿进口量 757.12 万吨，铬矿的进口量 689.78 万吨，分别占国内锰矿、铬矿消费量的 47.5% 和 95% 左右。2012 年我国锰矿进口量超过了 1200 万吨（61.8%）。2015 年我国进口锰矿 1574.5 万吨，对外依存度超过 50%；进口铬矿 1039.3 万吨，对外依存度超过 90%；红土镍矿也几乎全部依靠进口。目前我国铁合金矿产资源的加工利用率低、二次冶金资源开发利用程度不够，因此，我国锰矿和铬矿资源现状决定了未来我国铁合金矿产资源在很大程度上将长期依赖进口。

D　先进技术需进一步推广

当前我国铁合金装备自动化、密闭化和智能化水平有待提高，高碳锰铁、锰硅合金和高碳铬铁采用全封闭炉型的生产企业不多，在精料入炉、炉外精炼、低压补偿等方面需要进一步推广。在资源综合利用方面，铬矿粉矿和低品位锰矿高效利用、粉煤灰生产硅铝铁、镍铁除尘灰造球、煤气和余热回收发电、铁合金渣无害化处理及综合利用等先进技术尚未普及，需进一步推广应用。

E　新时代"蓝天保卫战"成为企业存亡的制约性环节

除了越来越严格的行业环保要求外，2014 年新环保法修订以来，"蓝天保卫战"宣告全面打响。2017 年工信部、环保部联合下发了《关于"2+26"城市部分工业行业 2017—2018 年秋冬季开展错峰生产的通知》（以下简称"2+26 政策"），以应对北方秋冬季的多雾霾天气。当前以"2+26"城市及所属区域为重点，环保风暴席卷全国，各地依此出台了相应的环保行动计划，比如《河南省2018 年工业企业绿色升级作战计划》《山西省节能环保产业 2018 年行动计划》《陕西省铁腕治霾打赢蓝天保卫战三年行动方案》《广东省打赢蓝天保卫战 2018年工作方案》等，自上而下开展各种形式的环保督察及环保实地检查。铁合金企业只有达到国家各项环保要求方能生存和发展，新时代"蓝天保卫战"成为企业存亡的制约性环节。

2.2.2　中国铁合金行业发展新动向[7]

2.2.2.1　铁合金分散式生产向集约化布局发展

从当前铁合金产量分布而言，铁合金行业布局及产业集中度发生较大变化，区域化更加明显。同时新一轮产能过剩导致市场竞争更加残酷，规模小、装备差、抗风险能力弱的生产企业将被淘汰出局，横向联合、兼并重组势在必行，同类型企业组建大型股份制集团逐渐具备条件。铁合金生产企业与原料供给侧及铁合金需求侧的点对点合作模式将成为市场运作主体。铁合金市场运作方式多元化，现货、期货、电子商务等多种形式共存。

2.2.2.2 铁合金产品品种多元化

钢铁工艺的技术进步对铁合金产品品种提出了更高的要求。要根据钢种质量需求开发不同品级和成分的铁合金，也就是特种合金。比如硅钢要求使用低钛的纯净硅铁，轴承钢要求使用低钛铬铁，微合金化的超低碳钢要求开发低碳含量的硼铁合金。

为了满足炼钢脱氧及合金化要求，必须进行多元复合合金的开发和应用。硅和铝可以稳定合金中的碱土金属和稀土金属，是重要的复合铁合金的主元素。硅系复合铁合金有稀土硅铁、硅钡合金、含锶硅铁、硅钙钡合金等；铝系复合脱氧剂有铝铁、硅铝铁、硅铝钡、硅铝钡钙、铝硅锰、铝锰铁、铝锰钛铁等。不锈钢与低合金高强度钢的需求量的不断增长，使得铬、镍、钒、铌、钼、钛和稀土等类合金需求量的增长速度逐步超过普通钢所用铁合金的增长速度[3]。

2.2.2.3 铁合金产品纯净化、精品化

铁合金不仅是有用元素的主要来源，也是钢水杂质元素的来源。铁合金杂质元素的含量控制对于生产高品质钢材至关重要。通过原料处理、改进冶炼工艺等手段提纯净化铁合金，获得杂质含量低、气体含量低、夹杂少的纯净铁合金，将是铁合金生产工艺技术开发的主要方向。

2.2.2.4 铁合金终产品制备技术先进化

铁合金终产品的块度、形状、强度等直接影响铁合金产品的使用效果。不同的使用范围，应采用不同性状的铁合金产品。为满足钢包合金化和喷射冶金的需要，近年来已生产出各种粒状、粉状铁合金、包芯线产品以及含多种成分的压块铁合金等。如包芯线产品可以为合金加入量少、烧损严重或者收得率不稳定的硼铁、钛铁、铌铁、钒铁及稀土铁合金等合金剂的使用带来改变。为了减少合金粉料比例，开发和应用了铁合金粒化浇铸技术。对于铁合金产品粉化问题，比如硅铁、硅铝铁等，正在对粉化机理及控制措施逐步深入研究。

2.2.2.5 铁合金生产装备智能化

生产准备是铁合金生产技术得以实施的重要基础，先进装备一方面可以在保证产品质量中发挥作用，另一方面有利于企业的节能降耗。在铁合金装备中，铁合金矿热炉的"智能化"将是未来铁合金行业发展的重要任务之一，应提升装备自动化控制水平、在线监测水平和信息化管理在生产中的应用，实现生产过程的精益化管理，从而提升产品质量。

2.2.2.6 铁合金生产的节能化、清洁化

《2025 中国制造》以及十九大报告中均提出绿色发展理念，绿水青山就是金山银山，要积极推进绿色发展，壮大节能环保产业。能源与环境是制约铁合金工业生产发展的主要障碍。铁合金生产的热平衡计算表明，电炉烟气带走的热量（包括可燃性气体的化学能）与输入炉内的电能转化热量基本持平[9]。此外，铁合金生产中产生大量的废渣，变废为宝，节能降耗，充分利用二次能源是降低铁合金生产总能耗的根本出路。

应对铁合金生产全流程进行精益化管理，把握大局、注重细节，实现节能降耗。调整炉料结构，实施精料入炉；对原料进行干燥、预还原处理和压球造块；对矿热炉进行余热利用、煤气回收；对浇铸液态合金的热能进行回收；浇铸工艺一次成型和模铸等都能从一定程度上实现节能降耗。

铁合金工业要进一步拓展其能源转换、废弃物处理及为钢铁等相关行业提供原料的功能，拓展物质的循环利用领域，在生产中采取相应措施，达到环保要求，实现清洁化生产。在产生粉尘的部位配备完善的烟尘收集系统和干法或湿法铁合金电炉烟尘治理装置，并安装在线检测装置。对固体废弃物的分类、堆放、处理、利用等各个环节进行细化管理。加强渣、尘等固体废弃物综合利用技术的开发，对炉渣进行显热回收和制备高附加值产品。通过加强"三废"的处理和利用，实现污染的低排放，实现社会、经济与环境的可持续发展。

2.2.2.7 铁合金技术科研投入加大化

铁合金行业特性是中国制造业特性的组成部分，符合整个制造业的特点。中国制造业具有人力成本低和国内市场大的优势，但也存在"三高一低"的劣势，即物流成本高、融资成本高、宏观税负高、研发投入低，中国制造业研发投入占总成本比例低于2%。党的十九大报告中指出，要加快建设创新型国家，要建立以企业为主体、市场为导向、产学研深度融合的技术创新体系。不研发，无出路。因此，要全方位多渠道加强科研投入，促进新技术的研发和应用。支持企业强化技术创新能力建设，以新需求促进产品升级换代。制定技术创新路线图，以企业为主体，统筹布局一批新技术研发应用项目，增强企业知识产权创造能力和新产品开发能力。实施新一代创新载体建设行动，支持企业加大研发投入，建立一批技术创新示范企业。针对产业关键共性技术需求，整合产学研创新资源，改造提升工程实验室、工程研究中心等创新平台；组建产业创新联盟，建设铁合金应用技术研究院，为新技术开发应用提供支撑和服务。

2.2.2.8 铁合金企业管理标准化

为进一步促进铁合金行业结构调整和优化升级，引导和规范铁合金企业投资和生产经营，国家相关部门及行业协会制定了一系列铁合金行业相关的政策及标

准，旨在推动铁合金行业供给侧结构性改革，促进铁合金行业健康发展。铁合金企业只有严格执行铁合金行业准入、环保、能耗、质量、安全、技术等法律法规要求，淘汰落后产能，提升铁合金行业工艺技术和装备水平，才能继续生存和发展下去。

此外政府和有关部门要推动企业积极开展环境管理体系（GB/T 24001—2015）、职业健康安全管理体系（GB/T 28001—2011）等认证工作，指导和规范企业建立先进的管理体系，引导企业建立自我约束机制和科学管理的行为标准，提供先进技术与管理信息，加强培训、宣传、教育等，提高企业清洁生产、安全生产和职业健康管理水平。

2.2.3 国家对铁合金行业的产业政策导向[8]

铁合金行业是我国钢铁行业的重要组成部分，在我国钢铁行业乃至国民经济中发挥着基础行业的作用。近年来，随着经济下行压力的增加、铁合金市场需求的回落以及快速发展中积累的问题和矛盾的逐渐暴露，尤其是产能过剩问题突出，加上当前国家环境保护要求的提升，铁合金企业生产经营困难加剧。2016年我国铁合金产量3558.8万吨，同比下降2.9%，但依然稳居世界第一。淘汰落后产能，提升工艺技术装备水平，达到国家环境保护要求，成为铁合金企业继续存活下去的最基础要求。

2.2.3.1 铁合金行业准入政策

自1991年国务院第82号令发布《国家禁止发展项目表》将"1800千伏安及以下的铁合金"列入禁止发展项目以来，不断对铁合金行业进行整顿和产业结构调整。当前我国有关铁合金行业的产业政策主要有《产业结构调整指导目录》和铁合金行业准入政策。

A 《产业结构调整指导目录》

《产业结构调整指导目录》是由国家发改委颁布的，自2007年开始修订，随着行业的不断发展变化，内容也几经更新，目前使用的是2011年本的2013年修订版。该文件将产业分为淘汰类、限制类和鼓励类三种。其中，涉及铁合金行业的限制类和淘汰类主要内容如下。

（1）限制类。

1）3000千伏安及以上，未采用热装热兑工艺的中低碳锰铁、电炉金属锰和中低微碳铬铁精炼电炉。

2）$300m^3$ 以下锰铁高炉；$300m^3$ 及以上，但焦比高于1320kg/t的锰铁高炉；规模小于10万吨/年的高炉锰铁企业。

3）1.25万千伏安以下的硅钙合金和硅钙钡铝合金矿热电炉；1.25万千伏安

及以上，但硅钙合金电耗高于 $1.1 \times 10^4 kW \cdot h/t$ 的矿热电炉。

4）1.65 万千伏安以下硅铝合金矿热电炉；1.65 万千伏安及以上，但硅铝合金电耗高于 $9000kW \cdot h/t$ 的矿热电炉。

5）2×2.5 万千伏安以下普通铁合金矿热电炉（中西部具有独立运行的小水电及矿产资源优势的国家确定的重点贫困地区，矿热电炉容量<2×1.25 万千伏安）；2×2.5 万千伏安及以上，但变压器未选用有载电动多级调压的三相或三个单相节能型设备，未实现工艺操作机械化和控制自动化，硅铁电耗高于 $8500kW \cdot h/t$，工业硅电耗高于 $1.2 \times 10^4 kW \cdot h/t$，电炉锰铁电耗高于 $2600kW \cdot h/t$，硅锰合金电耗高于 $4200kW \cdot h/t$，高碳铬铁电耗高于 $3200kW \cdot h/t$，硅铬合金电耗高于 $4800kW \cdot h/t$ 的普通铁合金矿热电炉。

（2）淘汰类。

1）用于地条钢、普碳钢、不锈钢冶炼的工频和中频感应炉。

2）环保不达标的冶金炉窑。

3）6300 千伏安以下铁合金矿热电炉，3000 千伏安以下铁合金半封闭直流电炉、铁合金精炼电炉（钨铁、钒铁等特殊品种的电炉除外）。

4）100m³ 及以下铁合金锰铁高炉。

5）6300 千伏安铁合金矿热电炉（2012 年）（国家贫困县、利用独立运行的小水电，2014 年）。

B　铁合金行业准入政策

（1）《铁合金、电解金属锰行业规范条件》和《铁合金、电解金属锰生产企业公告管理办法》。2015 年 12 月，为进一步促进铁合金、电解金属锰行业结构调整和优化升级，引导和规范铁合金、电解金属锰企业投资和生产经营，国家工业和信息化部发文制定了《铁合金、电解金属锰行业规范条件》和《铁合金、电解金属锰生产企业公告管理办法》。相比 2008 年出台的《铁合金行业准入条件》，《铁合金、电解金属锰行业规范条件》从生产布局、工艺与装备、能源消耗与综合利用、环境保护、产品质量、职业卫生与安全生产、技术进步、监督管理等方面对铁合金企业进行了更加全面、严格和合理的限制。比如，明文规定了硅铁、工业硅矿热炉应采用半封闭型矮烟罩，锰硅合金、高碳锰铁、高碳铬铁矿热炉应采用全封闭型，镍铁矿热炉采用矮烟罩半封闭或全封闭型，矿热炉容量≥2.5 万千伏安（革命老区、民族地区、边疆地区、贫困地区矿热炉容量≥1.25 万千伏安），同步配套余热和煤气综合利用设施。《铁合金行业准入条件（2008 年修订）》同时废止。

2016 年 6 月 15 日，工业和信息化部办公厅发布《关于进一步加强铁合金、电解金属锰生产企业公告管理工作的通知》，通知要求硅铁、工业硅、硅锰合金、高碳锰铁、高碳铬铁等品种铁合金企业和电解金属锰企业要加大技术改造力度，在 2018 年底前（革命老区、民族地区、边疆地区、贫困地区在 2020 年底前）全面达到规范条件要求。如铁合金企业要抓紧完善余热和煤气综合利用设施等，电解金属锰企业要抓紧完善酸雾吸收装置等。其他品种铁合金企业，规范条件和公告管理办法已明确不再纳入管理范围，将分批在 2018 年底前撤销之前已公告企业的资格。

（2）《铁合金单位产品能源消耗限额》（GB 21341）。2008 年国家发布了《铁合金单位产品能源消耗限额》（GB 21341）强制性标准，对铁合金提升能源效率、推动转型升级起到了积极作用。但是由于铁合金行业存在能源计量统计基础薄弱、能耗限额指标核算不规范等问题，2014 年由工业和信息化部、质检总局、国家标准委联合印发了关于《铁合金行业能耗限额标准贯彻实施方案》，该方案的实施进一步强化了能耗限额标准执行情况的监督检查，推动铁合金行业提高能源利用效率，促进行业转型升级。

（3）《市场准入负面清单草案（试点版）》。2016 年 3 月发展改革委、商务部发布《市场准入负面清单草案（试点版）》，在天津、上海、福建、广东四个省、直辖市试行。《草案》中将前述《产业结构调整指导目录》中限制类项目作为禁止新建项目，并禁止新建间断浸出、间断送液的电解金属锰浸出工艺；1 万吨/年以下电解金属锰单条生产线（一台变压器），电解金属锰生产总规模为 3 万吨/年以下的企业。

2.2.3.2 铁合金行业环保政策

欧洲、日本、韩国等国的铁合金企业废弃物排放有严格标准。烟尘排放：以芬兰为例，采用多点、多种方式结合除尘，使得烟尘排放为小于 $5mg/m^3$。芬兰 Tornio 厂对矿热炉、预热窑和带式烧结机产生的热烟气（100～1000℃）进行湿法除尘，对室温的干烟尘采用过滤除尘，比如出铁口的烟尘，需要混风降温以后经过布袋除尘器进行除尘，使得排放的烟尘里灰尘总量低于 $5mg/m^3$。废水排放：规定废水的 pH 值、悬浮颗粒物以及具体的有毒废物。比如日本规定排放的废水 pH＝5.0～9.0（海水区域），pH＝5.8～8.6（非海水区域），有毒废物六价铬化合物低于 0.5mg/L，溶解锰低于 10mg/L，溶解铁低于 10mg/L 等。

我国的环境保护标准都是随法律一起颁布的，属强制性标准，是环保部门考核企业是否达标的法律依据。我国环保标准执行的顺序为：国家环境质量标准—国家污染物行业排放标准—国家污染物综合排放标准。如果有地方污染物排放标准（指省、直辖市制定的，国家没有规定的污染物和国家已有规定但严于国家的污染物排放标准），则要优先执行地方污染物排放标准，然后再执行国家污染物排放标准。

（1）主要环保法律及相关办法。

1）《中华人民共和国环境保护法》（自 2015 年 1 月 1 日起施行）；

2）《中华人民共和国大气污染防治法》（自 2016 年 1 月 1 日起执行）；

3）《中华人民共和国水污染防治法》（自 2008 年 6 月 1 日起施行）；

4）《中华人民共和国环境噪声污染防治法》（自 1997 年 3 月 1 日起施行）；

5）《中华人民共和国固体废物污染环境防治法》（自 2005 年 4 月 1 日起施行）；

6）《中华人民共和国清洁生产促进法》（自 2012 年 7 月 1 日起施行）；

7）《中华人民共和国环境影响评价法》（自 2016 年 9 月 1 日起实施）；

8）《清洁生产审核办法》（自 2016 年 7 月 1 日起正式实施）。

（2）铁合金企业污染物排放相关标准。铁合金生产企业必须遵守环境保护有关法律法规，依法获得排污许可证，按照排污许可证的要求排放污染物，按规定开展清洁生产审核并通过评估验收。目前我国考核铁合金企业的有关污染物排放标准有以下几个方面。

1）铁合金企业大气污染物和水污染物的排放。目前铁合金企业大气污染物和水污染物控制标准执行 2012 年颁布的《铁合金工业污染物排放标准》（GB 28666），该标准自 2012 年 10 月 1 日实施。

①大气污染物。自 2012 年 10 月 1 日起，新建企业执行表 2-6 规定的大气污染物排放限值标准。自 2015 年 1 月 1 日起，现有企业执行表 2-7 规定的大气污染物排放限值。

表 2-6　大气污染物排放限值标准　　　　　　　　　　　（mg/L）

序号	污染物	生产工艺或设施	限值	污染物排放监控位置
1	颗粒物	半封闭炉、敞口炉、精炼炉	50	车间或生产设施排气筒
		其他设施	30	
2	铬及其化合物①	铬铁合金工艺	4	

①待国家污染物检测方法标准发布后实施。

企业边界大气污染物任何 1h 平均浓度执行表 2-6 规定的限制。

表 2-7　企业边界大气污染物浓度限值　　　　　　　　　（mg/L）

序号	污染项目	限值
1	颗粒物	1.0
2	铬及其化合物①	0.006

①待国家污染物检测方法标准发布后实施。

②水污染物。自 2012 年 10 月 1 日起，新建企业执行表 2-8 规定的水污染物

排放限值。自 2015 年 1 月 1 日起，现有企业执行表 2-8 中规定的水污染物排放限值。

表 2-8 新建企业水污染物排放浓度限值及单位产品基准排放量

（mg/L，pH 值除外）

序号	污染物项目	限 值		污染物排放监控位置
		直接排放	间接排放	
1	pH 值	6~9	6~9	企业废水总排放口
2	悬浮物	70	200	
3	化学需氧量（COD_{cr}）	60	200	
4	氨氮	8	15	
5	总氮	20	25	
6	总磷	1.0	2.0	
7	石油类	5	10	
8	挥发酚	0.5	1.0	
9	总氰化物	0.5	0.5	
10	总锌	2	4.0	
11	六价铬	0.5		车间或生产设施废水排放口
12	总铬	1.5		
单位产品基准排水量 /m³·t⁻¹		2.5		排水量计量位置与污染物排放监控位置相同

2）铁合金企业厂界环境噪声控制。企业的厂界噪声执行《工业企业厂界环境噪声排放标准》（GB 12348），即位于居住、商业、工业混杂区的企业厂界围墙外的噪声标准值为昼间 60dB（A），夜间 50dB（A）；位于工业区的企业厂界围墙外的噪声标准值为昼间 65dB（A），夜间 55dB（A）。

3）固体废弃物控制。铁合金企业工业一般固体废弃物储存应符合《一般工业固体废物储存、处置场污染控制标准》（GB 18559），危险废物储存应符合《危险废物储存污染控制标准》（GB 18579）。

4）清洁生产标准。2009 年 4 月，原国家环境保护部发布《清洁生产标准——钢铁行业（铁合金）》（HJ 470—2009），自 2009 年 8 月 1 日起执行。该标准从生产工艺与装备要求、资源与能源利用指标、废物回收利用指标和环境管理要求四方面对铁合金的清洁生产进行分类。适用于采用电炉法生产硅铁、高碳锰铁、锰硅合金、中低碳锰铁、高碳铬铁和中低微碳铬铁6个品种铁合金企业的清洁生产审核和清洁生产潜力与机会的判断、清洁生产绩效评定、清洁生产绩效公告制度，也适用于环境影响评价和排污许可证等环境管理制度。

2.2.3.3　铁合金企业达标基本要求

（1）严格执行行业准入制度。严格执行有关产业发展政策，凡是新改扩建铁合金建设项目必须符合相关法律法规及《铁合金、电解金属锰行业规范条件》和《产业结构调整指导目录》（2011年本，2013年修订）。铁合金企业要严格执行《铁合金单位产品能源消耗限额》（GB 21341）强制性标准，以推动铁合金行业提高能源利用效率。

严格控制铁合金行业新增产能，严禁新建、改扩建任何落后工艺的铁合金项目。强化节能、环保、土地、安全等指标约束，提高行业准入门槛，鼓励对现有的铁合金企业进行技术改造，并向下游产品延伸和发展，延长和完善产业链。新增扩能项目坚持减量置换落后产能，采用先进工艺技术和设备，严禁重复修建生产工艺落后、已被淘汰的生产设备。

（2）严格要求污染物排放。严格执行铁合金行业环境保护相关的法律法规，达到环保标准要求。所有铁合金企业主要污染物都必须逐步实现稳定达标排放，凡是不能稳定达标的企业一律停产治理或关闭；所有排污单位必须申领排污许可证；全面实施环境容量总量控制，所有排污企业必须达到污染物排放总量控制的要求；大力推行清洁生产，逐步实现循环经济。

（3）制定完善的环境保护措施。

1）建立健全环境管理机构和管理制度。铁合金生产企业及其政府管理部门要建立健全环境管理机构，同时要制定并且严格执行一系列环境管理制度，比如"三同时"制度、排污收费制度、总量控制年度考核制度、环境目标责任制等。用制度监管企业排污控制，促进环境保护达标。

2）制定污染物防治措施。铁合金生产企业要达到环境保护标准，要根据大气污染物、水污染、固体废弃物污染、噪声污染等污染物的来源和特点，制定相应的防治措施。比如矿热炉、精炼炉的烟气处理要采用干法布袋除尘器净化除尘，出铁口要设置集烟罩，烟气经烟罩、排烟管进入电炉除尘系统，与电炉烟气统一净化处理后由15m高排气筒外排。在原料选择和处理中也要采取相应的措施。

3）加强环境事故的防范。铁合金企业应提高环境风险意识，对环境风险做到有效识别和分析；针对各类环境风险做好防范措施，比如烟气CO事故排放风险、次生/伴生风险、废水排放风险、停电事故风险等；建立事故应急机构，编制应急预案，事故发生后立即采取积极有效的措施，降低事故对环境的影响。

2.3 铁合金生产节能减排先进技术

铁合金是一种高载能工业产品。目前，90%以上的铁合金产品是由矿热炉生产的，主要消耗为电能，降低矿热炉冶炼电耗已成为近年来各铁合金企业的努力目标，铁合金的节能降耗主要是节约电力。铁合金生产过程中的能源不仅来自于电力，也来自燃煤、燃气、还原剂、蒸汽、柴油等化学能源和物理能源。在消耗能源的同时，铁合金冶炼产出的烟气、炉渣、铁水，烧结和焙烧产出的热料中含有大量物理热和化学热，这些热能不加以利用都会在环境中散失，循环水中的物理热也可以进行有效地回收利用。在目前资源不断枯竭、能源日趋短缺的形势下，充分利用生产过程中排放的能源是增加企业经济效益、节约企业成本的有效途径。节能减排是铁合金行业健康发展的必由之路，也是铁合金行业健康发展的重要标志。

铁合金行业的节能减排要以生产工艺为核心，进行各方面的工艺改进和产品研发。对于目前已基本成熟的铁合金生产，节能减排的重点工作是改进冶炼工艺、提高产品质量、加强环保和二次能源利用；除此之外，要积极进行新产品、新工艺的开发，改善产品结构。

2.3.1 铁合金生产中能耗分析

铁合金生产过程中消耗大量优质能源，同时产生大量余热，这些余热分布在烟气、铁水、炉渣和冲渣水中。对于生产过程中产生的煤气而言，影响煤气发热量的因素有电炉密闭性和原料条件，电炉煤气中的 CO 还原锰矿中高价氧化物会导致电炉煤气热值降低。以采用 RK-EF 工艺冶炼镍铁的能量分布状况为例，假如镍铁电炉冶炼消耗的热能按 100%计，其中 65%为电能；回转窑焙烧消耗的热能几乎与电炉冶炼相同，其中 97%的热能来自燃煤；干燥机消耗的热能为电炉的28%，大部分热能也是来自燃煤。镍铁电炉产生的烟气温度高达 600℃，可以用于红土矿的焙烧和干燥，这部分热能的比例占电炉耗能的 11%。镍铁生产的渣铁比很大，炉渣带走的显热约占电炉热能的 71%，比电能还要高出 6%。因此，镍铁利用炉渣热能的潜力巨大。

铁合金生产所需的能源工艺环节有电炉冶炼、原料干燥、粉矿石烧结、石灰石烧结、原料处理和动力等多种能源需求方式。这些能源既可取自电力、燃煤等高等级能源，也可以利用循环经济取自生产的余热。根据工厂的生产工艺需求和地域特点可以开发合理的能量利用方式。在铁合金生产中，电炉煤气和烟气热能、铁水和炉渣的显热热能、矿石焙烧和烧结的显热、活性石灰焙烧热能、回转窑和烧结机烟气热能等利用潜力很大。铁合金生产中可以回收的热能是以化学能或热能形式存在的。以 CO 气体形式存在的化学能可以通过燃烧转换成热能和电能；烟气热能既可用于发电、原料干燥，也可以用于采暖或供热。

2.3.2 热能品质及节能潜力[3]

2.3.2.1 热能品质

优质能源电能既可以产生高温用于熔炼铁合金，也可以加热冷水用于采暖。对于前者，低温能源无能为力，对于后者，采用低温热能就足以完成。因此，需要采用一个既能反映能量数量又能反映能量"质"的差异参数来正确评估回收和利用能量的工艺路线。

可用能是可以成功转换的那部分能量，可以作为衡量系统最大做功能力的尺度。在热力学中可用能是用以评价能量品质的参数。可用能是与熵、焓一样表达系统状态的能量参数。在做功过程中，系统的可用能始终处于减少的方向，而熵始终在增加。

各种形态的能量转换为"高级能量"的能力并不相同。以转换能力为尺度能评价出各种形态能量的质量优劣。能量转换能力的大小既与环境条件有关，还与转换过程的不可逆程度有关。

与可用能相对应，不能转换为有用能的能量称为无用能。任何能量 E 均由可用能和无用能两部分组成。从热力学角度来看，可用能与无用能的总量保持守恒，即能量转换始终遵循能量守恒原理。可用能的大小不仅与热能总量的大小有关，还与系统温度 T_1 和环境温度 T_0 有关。

2.3.2.2 节能潜力

铁合金工厂废热资源分布在烟气、炉渣、铁水、热烧结矿、冲渣水等许多物质中。由于温度、形态、产出方式等多种原因，热能的可利用性差异很大，这体现在能源品质的差别上。按照热能利用目标，可将铁合金生产中可用热能划分成若干个等级，见表2-9。

表 2-9 铁合金余热资源等级

品质	热　　源	用　　途
优	煤气	焙烧、发电、蒸汽、干燥、热水
良	高温烟气	发电、蒸汽、干燥、热水
中	铁水、炉渣显热	蒸汽、干燥、热水
差	低温烟气、冲渣水	热水

矮烟罩电炉烟气温度范围在350~700℃之间，所含的热能可以用作热水、蒸汽或发电资源，其中温度在360℃以上的烟气可以作为烟气发电的主蒸汽热源。温度为280~350℃的烟气温度较低，产生的蒸汽压力和温度低，发电能效率也较低。在余热锅炉烟气出口温度为200℃时烟气热能很小；温度为300℃的烟气仅

有33%的能量可以能转换成蒸汽能量再利用；温度为500℃时，约60%的能量可以利用；而在700℃，约71%的烟气能量可回收。因此，烟气温度 T_G 是烟气热能回收方式的决定因素。经验表明：

（1）在 $T_G>450℃$ 时，电炉烟气可以用于产生高压蒸汽，用于发电或其他工业用途。

（2）在 $T_G>300℃$ 时，电炉烟气余热锅炉可以生产工业用途的中低压蒸汽。

（3）在 $T_G>120℃$ 时，电炉烟气仅可用于供热。

电炉烟气热能回收结合工厂所在地的具体情况更有实际意义。在铁合金生产中，热能相同的烟气可以用于发电的效率与温度有关，温度为400℃的电炉烟气与温度为600℃的烟气热效率相差50%以上。铁合金电炉的烟气温度波动较大，这给余热发电带来了很多困难。表2-10列出了铁合金生产对能源的需求种类。在生产过程中，原料干燥和预热对能源的需求量很大。如果工厂没有干燥和预热措施，原料在炉内完成干燥和预热所需的热能只能取自电能和烟气。无论是优质还是低品质热能都可以用于原料干燥和预热，而使用低品质能源所得到的回报是节约优质能源电力，因此，充分利用生产过程产生的低温热能具有重要意义。

表 2-10　铁合金生产对能源的需求

热能需求	温　度	可用热源
生活用水	低	电炉煤气、烟气、铁水炉渣余热
原料干燥	低	电炉煤气、烟气、炉渣风淬热烟气
矿石预热	中、高	电炉煤气、烟气
电力	高	电炉煤气、烟气
矿石焙烧	高	电炉煤气
烧结	高	电炉煤气+烟气
钢包加热	高	电炉煤气

2.3.3　环保及综合利用

能源与环境是制约铁合金工业生产发展的主要障碍。铁合金生产设备主要为矿热炉，铁合金矿热炉一般分三种炉型，第一种是全封闭型，第二种是矮烟罩半封闭型，第三种是高烟罩敞口型。目前我国绝大多数大中型矿热炉采用的是矮烟罩半封闭型，硅锰合金、高碳锰铁、高碳铬铁等要求采用全封闭型矿热炉。在铁合金的生产过程中，需要消耗大量的电力，还有煤炭、石灰等能源，除了生产出所需要的各种产品外，同时还排出大量的烟气、炉渣和水，不仅数量庞大，对环境造成污染，同时也流失了大量的可利用能源。根据我国国民经济的发展和世界发达国家生产发展的严重教训，我国政府十分重视环境保护和二次能源的综合利用，发布了很多政策和法令：对生产必须排放的"三废"，要开展综合利用，化害为利；对目前还不能综合利用的"三废"实行净化处理，使排出物不超过国家颁发的排放标准；一切新建、扩建和改建的企业，防治污染的项目必须和主体工程同时设计、同时施工、同时投产。

铁合金生产中的二次能源利用主要是铁合金炉渣、电炉的余热（渣的潜热）以及煤气的治理和综合利用。铁合金生产的热平衡计算表明，电炉烟气带走的热量（包括可燃性气体的化学能）与输入炉内的电能转化热量基本持平。因此，只有充分利用二次能源才是降低铁合金生产总能耗的根本出路。

2.3.3.1 烟气及相关治理技术[3]

A 铁合金工业中烟气的产生

铁合金企业产生的烟气主要来源于矿热炉、焙烧回转炉、多层焙烧炉和金属热法熔炼炉等设备。铁合金生产中的主要"废气"之一是烟尘。这些烟尘的共同特点是粉尘较细，粒度一般在 $1 \sim 2 \mu m$ 以下，硅铁冶炼产生的烟尘有 80% 在 $0.1 \mu m$ 以下，气体主要是 N_2、CO_2 和 H_2O 的混合物，灰尘主要含 CaO、SiO_2、MgO、Fe_2O_3、Al_2O_3、Mn_3O_4 以及游离碳等。

干法除尘（如布袋除尘、电除尘）收集的粉末及湿法除尘生产的污泥，都可以不同的形式加以利用，如将烟尘和粉矿、焦粉混合造块作为冶炼原料，或作为混凝土、水泥的原料。在冶炼硅铁、锰铁、铬铁时，烟气净化后获得的粉尘主要含有 SiO_2、MnO 和 Cr_2O_3 等氧化物，可以作为冶炼原料使用。

由于铁合金冶炼的产品品种不同，所采用的原料、工艺和设备也不一样，所以在选择处理废气的方法上也应有所区别。但是，有一条原则还是应该共同遵守的，那就是尽量减少对烟气的处理量，回收利用其有用成分，同时获得较好的技术经济指标。

矿热炉是冶炼绝大部分铁合金产品的设备，其主要原料为矿石与还原剂。原料入炉后，在熔池高温下发生还原反应，生成含 CO、CH_4 和 H_2 等成分的高温含尘可燃炉气。炉气透过料层向外逸散于料层表面，当接触空气时 CO 燃烧形成高温高含尘的烟气。根据生产产品不同，每吨成品铁合金的炉气产生量波动区间为 $700 \sim 2000 m^3$（标态），炉气温度为 600℃ 左右。

钒铁、金属铬、镍铁生产过程中，钒渣和铬矿、镍矿的焙烧一般采用回转窑焙烧。钼铁生产过程中，钼精矿焙烧采用多层机械焙烧炉。以钼精矿焙烧为例，其废气密度（标态）约为 $1.3 g/m^3$，主要成分是 N_2、O_2 以及 CO_2、CO 和 SO_2，并含有少量的金属铼需要净化回收。

金属热法是冶炼钼铁、金属铬等常用的一种快速熔炼法。使用的熔炼炉为带黏土砖衬的直形炉筒，熔炼炉安放在砂基上。废气来源于熔炼炉瞬时剧烈高温还原反应喷发出的高温烟气。废气中含精矿粉及氧化金属烟尘。废气由熔炼炉上部的烟罩收集。进入烟罩后废气温度约 200~350℃，气体含尘量（标态）为 28~30g/m³。每吨炉料产生废气量（标态）为 3000~4000m³/h。

金属铬熔炼炉的烟气主要成分为 NO_x、N_2 和 O_2，烟尘成分为 Cr_2O_3、Na_2NO_3、Al 等。烟气治理着重于净化回收 Cr_2O_3 干尘和 $Na_2Cr_2O_4$ 溶液。

B　铁合金工业中的烟气处理技术

世界上最早实现半封闭型矿热炉烟气净化和余热回收利用的是瑞典的美国艾尔克公司瓦岗厂，该厂于 1958 年、1966 年、1972 年先后建成 2.1 万千伏安、4.5 万千伏安、7.5 万千伏安半封闭型矿热炉的烟气除尘和回收蒸汽工程。其中，7.5 万千伏安半封闭型硅铁电炉的余热锅炉每天可产生 1000~1200t、293℃ 的高压蒸汽，除用来发电外还可向周边的工业企业进行供热。1977 年挪威埃肯公司为法国敦刻尔克地区的乙炔和电冶金公司设计制造了 9.6 万千伏安带有烟气除尘和余热回收系统的大型半封闭型矿热炉（1978 年投产），这台电炉利用余热锅炉回收烟气余热进行蒸汽发电，可降低供电量 20% 左右。日本重化学工业公司和贺川厂 1979 年开始研制的一台 3.2 万千伏安带有烟气净化和余热发电系统的半封闭型硅铁炉至今仍正常运行，这套余热回收和利用系统包括高温操作的半封闭炉、热交换器和涡轮发电机，电炉烟气中回收余热节约的电能约为 $3400×10^4kW \cdot h$。芬兰奥托昆普公司利用 5 万千伏安全封闭型高碳铬铁电炉的煤气烧结铬粉矿球团，并预热炉顶料仓炉料，冶炼电耗降到 2700~2800kW·h/t，从而达到充分利用铬粉矿冶炼高碳铬铁的目的。

相比国外，我国铁合金矿热炉烟气净化和能源回收利用起步较晚。20 世纪 80 年代初某铁合金厂曾经在硅铁矿热炉上安装水冷壁管进行过回收余热试验，由于当时还是高烟罩敞口炉，再加上硅微粉堵塞水冷壁管等原因，因而未能成功运行。1986 年该厂率先在 9000 千伏安全封闭型锰硅合金电炉上试验干法净化除尘，取得成功。1992 年该厂从德马克公司引进了 3 万千伏安全封闭型锰硅合金电炉，正式采用干法净化除尘工艺。荒煤气除尘净化后，供 24m² 烧结机烧结锰矿。随着推行铁合金行业准入管理及环保要求的提高，矿热炉都配备了烟气除尘净化设施，半封闭型矿热炉开始配备余热回收发电装置进行能源的回收利用。

a　电炉烟气除尘净化与余热利用

铁合金产品如硅系、锰系、铬系等生产过程中一般采用碳质还原剂，在矿热炉冶炼过程中会产生大量含有 CO、CO_2、H_2 和部分碳粉、氧化物以及被汽化蒸发的金属等形成的混合烟气，矿热炉口的烟气温度一般在 300~400℃，含有大量的热。半封闭型矿热炉烟气量约为全封闭型的 10~15 倍，但比敞口型矿热炉烟气量要少得多。据有关资料介绍，锰硅合金烟气量 $2.4×10^4m^3/t$，含尘量 3~5g/m³（标态），温度约 450℃，含 CO_2 3%、N_2 75%~78%、O_2 17%~18%、H_2O 1%~2%；高碳锰铁烟气量 $2.6×10^4m^3/t$，含尘量 3~4g/m³（标态），温度约

450℃，含 CO_2 3%、N_2 75%~78%、O_2 17%~18%、H_2O 1%~2%；硅铁烟气量 4.4×10^4~$5 \times 10^4 m^3/t$，含尘量 4~5g/m^3（标态），温度 400~600℃，含 CO_2 3%、N_2 75%~78%、O_2 5%~18%、H_2O 1%~2%；高碳铬铁烟气量 $2.8 \times 10^4 m^3/t$，含尘量 3~5g/m^3（标态），温度 450℃左右，含 CO_2 3%、N_2 75%~78%、O_2 约 18%、H_2O 1%~2%。对于开口电炉产生的烟气处理，一般采用冷却器降温，达到除尘系统所要求的烟气温度后，烟气进入除尘系统收尘。烟气通过布袋除尘器，粉尘留于布袋内，干净气体流向排气口。高温烟气未经处理就进入除尘系统而排掉，会造成热量的严重浪费。因此，目前大都将高温烟气进行余热回收，通过热交换器把高温烟气变为蒸汽，利用蒸汽既可以进行原料烘干，也可以收集起来用于车间取暖和员工洗澡，节能又环保。同时除尘设备将收集的烟尘进行回收利用，将除尘灰进行加工冷压成球，进行烘干，成为再利用炉料返回炉内。

半封闭型矿热炉烟气除尘净化有干法和湿法两种方法。干法除尘，即烟气先经过旋风除尘器除去较大颗粒粉尘，然后通过冷却降温，再经布袋除尘器除去细颗粒粉尘后排放。根据选用吸入型或压入型布袋除尘器的形式，干法除尘又分负压干法净化系统或正压干法净化系统。湿法除尘，即烟气先经过旋风除尘器除去较大颗粒粉尘，然后再经文氏管或者洗涤塔除去细颗粒粉尘后排放。由于湿法除尘要对污水进行处理，因此，一般提倡采用干式布袋除尘方法。为便于在线监测，最好采用负压布袋除尘净化系统。

半封闭型矿热炉烟气余热回收利用有两种方式：第一种，用工业锅炉回收余热生产饱和蒸汽或热水，用于日常生产和生活。由于铁合金电炉生产中几乎可以不用蒸汽，而生活用气则用于采暖、食堂、淋浴等热负荷，对蒸汽的质量要求较低，因此，这种方式烟气的余热不能被充分利用，余热利用率约30%左右。第二种，对经过初级除尘的烟气，先送余热锅炉进行热交换，产生过热蒸汽推动透平机发电，然后废气再经布袋除尘器除尘排放，从而将烟气热能转化成清洁的、使用方便、输送灵活的电能，扩大余热利用途径，这种方式理论上余热利用效率可达60%以上。

半封闭型矿热炉烟气余热发电的核心技术主要包括余热锅炉进出口烟气参数的确定、余热电站热力系统及参数的确定、余热锅炉的低温换热技术、余热锅炉的清灰技术（机械振打、燃气爆燃、立式余热锅炉机械刷）、余热锅炉的建设及运行对铁合金生产线的影响、锅炉烟气阻力对矿热炉风机的影响、粉尘的回收利用等。

b 全封闭型矿热炉煤气净化和回收利用

铁合金矿热炉生产中会产生 CO、CO_2、H_2 等混合气体，一方面含有 CO、H_2 等可燃气体，发热值较高，值得回收利用，另一方面混合气体具有含尘、高温、含水量高等特点。开口式电炉产生的烟气由其中 CO 与空气的氧化生成 CO_2，温度升高，体积增大，不仅使所需净化装置庞大，而且其气体也不能回收利用。为此，人们将开口式电炉改成封闭式电炉，使冶炼过程中产生的 CO 气体不与空气接触，这既能大大地减少烟气的处理量，同时又有可能将炉气回收利用起来。因此，铁合金矿热炉煤气回收技术是在做好电炉和系统的密封问题的同时，将成分符合一定要求的荒煤气通过处理得到净煤气加以利用，一般净化前称为荒煤气，净化除尘后称为净化煤气。按有关资料介绍，锰硅合金全封闭型矿热炉，煤气量（标态）$1200m^3/t$ 产品，发热量 $9kJ/m^3$（标态）；高碳锰铁全封闭型矿热炉，煤气量（标态）$960\sim1050m^3/t$ 产品，发热量 $12kJ/m^3$（标态）；高碳铬铁全封闭型矿热炉，煤气量（标态）$900m^3/t$ 产品，发热量 $10kJ/m^3$（标态）。通过不断开发煤气用户和拓展煤气利用途径，这种全封闭型矿热炉煤气现在已经广泛应用于煤气发电、烧结、回转窑干燥、电极焙烧、石灰石煅烧、铸造、热处理等方面。

全封闭型矿热炉荒煤气净化流程有干法和湿法两种工艺。

（1）湿法净化工艺流程。全封闭型矿热炉荒煤气湿法净化典型的工艺流程如下：荒煤气首先通过集灰箱除去粗颗粒粉尘，经雾化冷却器冷却后，先进喷淋塔一级除尘，再连续通过文氏管（Ⅰ）、脱水器（Ⅰ）、文氏管（Ⅱ）、脱水器（Ⅱ）二级除尘脱水，最后通过风机，进煤气柜储存，或直接送用户使用，经过湿法除尘的烟气无外排。对于封闭式矿热炉的烟气，采用湿法净化回收煤气的方式处理，其做法是利用引出管将炉气由密闭罩引出后，直接导入湿法净化装置，产生的荒煤气经过净化后可以回收利用，增加副产品价值。20 世纪 60 年代以来，国外铁合金全封闭型矿热炉荒煤气净化工艺流程一直沿用湿法，它的主要特点是快速洗涤、易于熄火，很短时间使高温荒煤气降到饱和温度，消除爆炸因素之一，可实现安全操作。但是，湿法净化工艺流程的缺点是污水处理比较复杂。目前，已基本不采用湿法净化工艺流程。

（2）干法净化工艺流程。对全封闭型矿热炉荒煤气首先通过集灰箱除去粗颗粒粉尘，经水冷烟道、风力列管式冷却器降温，旋风除尘器一级除尘后，通过主风机送入布袋除尘器二级除尘，然后再经过外淋式空气列管冷却器降温，再进煤气柜储存，或直接送用户使用。干法净化工艺相比湿法净化工艺，具有动力消耗低、无二次污染、节水、费用低等优点。干法净化工艺是当前封闭型矿热电炉煤气净化和回收的主流工艺。

2.3.3.2　铁合金炉渣及相关治理技术[3,10~13]

铁合金是基础原材料工业之一，主要用于钢铁行业。众所周知，我国是世界第一钢铁大国，同样也是世界第一铁合金大国，2018 年我国铁合金产量为3123.4 万吨。铁合金生产过程中，产生大量的铁合金炉渣，这些炉渣不仅占地面积大，对周围环境造成污染，还会危害人体健康，同时也流失了大量的可利用能源。铁合金炉渣的综合治理和回收是影响铁合金行业健康有序发展的重要因素。

A 铁合金工业中废渣的产生

铁合金生产方法按照设备分主要为电炉法、高炉法、炉外法、转炉法等，其中多数铁合金生产采用矿热电炉电热还原熔炼。在铁合金生产中，炉料加热熔化后经还原反应，其中的氧化物杂质与铁合金分离后形成炉渣。

铁合金电热还原过程分无渣法和有渣法两种，由生产铁合金时形成的相对渣量确定。无渣过程的铁合金熔炼通常渣量不大，约为金属量的 3%~10%（如结晶硅、硅铁、硅钙、硅铝和硅铬铁的熔炼）。无渣过程的炉渣是由矿石、精矿、非矿物材料中为数不多的氧化物以及熔炼时未还原的氧化物组成。有渣过程则伴随着大量炉渣，锰铁、硅锰、铬铁、镍铁等大多数铁合金生产过程中有大量炉渣产生。铁合金炉渣渣量大小与产品品种、原料品位、生产工艺等密切相关，主要铁合金生产渣铁比见表 2-11。表中所示铁合金产量为 2523.5 万吨，占全国铁合金总产量的 68.8%，产渣量可达 5000 余万吨，主要为锰渣、铬渣和镍铁渣，其中镍铁渣数量最多，硅锰渣次之。

表 2-11 主要铁合金产品渣铁比及 2015 年我国主要铁合金产渣量

品种	硅锰	锰铁	硅铁	高碳铬铁	金属锰	镍铁	合计
渣铁比	0.8~1.2	1.2~1.5	0.3~1	1.1~1.2	2.5~3.5	4~6	—
2015 年产量/万吨	1033	164	349	373	110	494.5	2523.5
2015 年渣量/万吨	826~1240	197~246	11~35	410~448	275~385	1978~2967	3697~5321

铁合金渣的物质组成，随铁合金产品品种和生产工艺而有区别，我国铁合金渣的主要成分见表 2-12。

表 2-12 我国铁合金渣的主要成分

炉渣	化学成分/%							
	MnO	SiO_2	Cr_2O_3	CaO	MgO	Al_2O_3	FeO	V_2O_5
高炉锰铁渣	5~10	25~30		33~37	2~7		1.9~14	1~2
碳素锰铁渣	8~15	25~30		30~42	4~6	1.0~7	0.4~1.2	
锰硅合金矿	5~10	35~40		20~25	1.5~6	2.0~10	0.2~2.0	
碳素合金渣		27~30	2.4~3	2.5~3.5	26~46	1.8~16	0.5~1.2	
硅铁渣		30~35		11~16	1	13~30	3~7	
钼铁渣		48~60		6~7	2~4	10~13	13~15	
钒铁冶炼渣	0.2~0.5	25~28		约55	约10	8~10		0.35~5
钛铁矿		≤1		9.5~10	0.2~0.5	73~75	≤1	

此外，在火法冶炼过程中产生的烟气中净化回收的烟尘也属于固体废物。铁合金渣如不进行处理，不仅将占用土地，而且污染大气、地下水和土壤，因此，合理利用和处理这些废渣既可保护环境，也可回收一定的有用矿物。

铁合金炉渣根据渣种的不同，一般先行治理或在炉前进行处理，处理后的炉渣再充分利用。对于高炉锰铁渣、锰硅合金渣、高碳锰铁渣等一般都要进行水淬，水淬包括炉前水淬法和倒灌水淬法两种。炉前水淬法是采用压力水嘴喷出的高速水束将熔流冲碎，冷却成粒状；倒灌水淬法使用渣罐将熔渣运至水池旁，缓慢倒入中间包，经压力水将熔渣冲碎，冷却成粒状。

硅铁渣、中碳锰铁渣、硅铬合金渣、钼铁渣、钨铁渣等因渣中残留金属较多，可返回冶炼或分选，因而一般采用自然冷却成干渣后利用。有些炉渣还需要加入一些稳定剂防止自然粉化。

B 铁合金炉渣综合利用现状

随着铁合金产量的增加，炉渣量持续增加，对环境造成的危害越来越大，因此对炉渣的综合处理越来越受到重视。苏联是炉渣处理利用较早的国家，1978年其铁合金炉渣处理利用率达到了 41.7%。我国从 20 世纪 80 年代开始注重铁合金炉渣的处理和利用，作为再生资源，铁合金炉渣广泛应用于冶金、农业、建筑、机械制造等领域。

a 铁合金炉渣的直接回收利用

多数铁合金炉渣中含有一定的金属元素等可利用成分，可以根据其理化性质进行有效回收利用，增加铁合金炉渣的使用量，提高元素回收率，提高经济效益。

铁合金炉渣多采用磁选或者重选的方法进行合金回收。早在 20 世纪 80 年代，就开始采用跳汰、重选的方法从碳素铬铁渣中回收铬铁，有文献介绍了某锰矿厂对铁合金渣采用跳汰和摇床方法回收锰渣，每生产 1t 铁合金，可从渣中回收合金 27.7kg。赖日祥探讨了铁合金渣的分选问题，研究了从铁合金渣中回收合金的方法，给出了不同情况下回收合金方法的最优建议。

铁合金炉渣返炉用于铁合金生产，可以大幅提高合金元素回收率。比如锰铁渣、硅锰渣、金属锰渣等通常作为原料用于冶炼硅锰合金、低磷锰铁以及复合合金等，不同的配比可以得到成分不同的铁合金。这方面日本研究开发较早，并成功利用锰渣生产碳酸化复合锰矿球团，用于冶炼硅锰合金。王安佑等采用锰硅合金渣取代富锰渣，入炉后生产指标大幅增加，锰回收率从 84% 提高到 90%。该新配方充分利用锰硅合金渣入炉取代富锰渣，吨矿料富锰渣用量从之前的 15% 降到 5%，吨产品白云石消耗减少 100kg，硅石减少 140kg。

铁合金炉渣还可用于炼钢和铸造生铁中。硅锰渣、硅钙渣等铁合金炉渣含有大量的 CaO 和 MgO 等有利于脱硫的成分，可以将其作为炼钢脱硫剂使用。焦倩等利用 15%~20% 的硅钙合金渣、6%~8% 的硅锰渣以及其他相关配料组成的脱硫剂用于钢水脱硫，脱硫效果可达 70% 以上。金属锰渣用于炼钢，如在熔炼碳素钢和低合金钢时，在还原期加入金属锰渣，可以使钢有效脱硫，不用锰铁就能生产出合格的钢。硅铁渣可用于炼钢脱氧，可降低硅铁的消耗，同时达到提高钢质量和节能的良好效果。

在铸造行业中，将硅铁替换成硅铁渣，并和生铁一起加入到化铁炉中，能够取得良好的效果。张烽等在实验室进行了硅铁炉口、铬渣、硅锰渣分别加入铸铁中的试验，并进行了硅铁渣生产铸造生铁的工业试验，结果表明铁合金炉渣可以用于铸造生铁冶炼。

b　炉渣生产铸石

铁合金的炉渣铸石特点是耐火度高，耐磨性和耐腐蚀性优良，而且机械强度优良。用炉渣生产铸石时，铁合金企业炉渣直接浇铸生产铸石的工艺与一般生产铸石的工艺大体相同，所不同的是没有熔化过程，可以节约大量的焦炭。

利用铁合金渣生产铸石首先开始于硅锰合金渣。但由于硅锰炉渣成分波动较大，因而就逐渐地选用那些成分较为稳定的铁合金炉渣来生产铸石。硅锰合金渣在 1250℃ 具有良好的成型填充性，炉渣经过再还原后，余下的 MnO 可以改善熔体的工艺性能，使其具有较高的结晶化性能，增加炉渣铸石的化学稳定性和热稳定性。

钼渣也是良好的生产铸石的原料。钼渣铸石具有良好的抗腐蚀性能和力学性能。我国冶炼钼铁所用钼精矿成分波动不大，工艺也较为统一，所以炉渣的化学成分也较为稳定。硅热法生产钼铁的炉渣成分为 SiO_2 55%~63%、CaO 3%~6%、Al_2O_3 13%~19%、MgO 1%~3%、$FeO+Fe_2O_3$ 11%~14%。下面以某厂设计建成的生产钼铁渣铸石为例，介绍用铁合金渣生产铸石的工艺。

如图 2-8 所示，将上述成分的热熔钼渣（1600~1700℃）装入钢包内，同时加入附加料（精炼铬渣灰和少许铬矿）初混（附加料在 400 千伏安容量 1.5t 的化料炉内熔化）。初混后的钼渣和附加料加入容量为 4.5t 的保温炉内，在 1500℃ 温度下保温储存。根据浇铸用量逐渐倾入带有煤气加热（维持在浇铸过程中的流动性）的小包内，然后进行浇铸。浇铸在浇铸平台上进行，浇铸完的模（模具为耐热铸铁）由链板机载入隧道窑进行热处理（窑长 83.7m，宽 1.6m，内高 1.29m）。

钼渣的特点是含硅高含钙低。根据硅酸岩熔岩结晶作用的规律，MgO 和 CaO，尤其 MgO 是促进结晶作用的，而二氧化硅则是抑制结晶作用的。因此钼渣是一种难以结晶的炉渣，易形成玻璃体。故在使用时要加以注意，特别要掌握好结晶的时间和温度，严格遵守热处理制度。

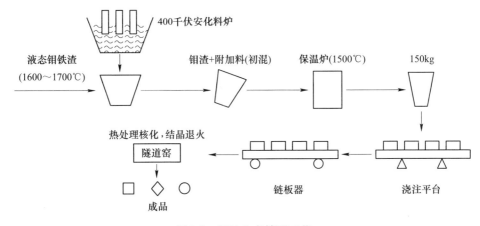

图 2-8　钼渣生产铸石工艺

c　用作水泥原料

铁合金废渣中有多种氧化物，大多数铁合金废渣中的氧化物主要是 CaO、SiO_2、Al_2O_3 或 FeO，特别是用石灰（CaO）作熔剂的有渣法冶炼的炉渣中含有较高的 CaO 和 Al_2O_3，使之成为较为理想的生产水泥的原料。炉渣经水淬后可用于水泥生产。较早时期，就有铁合金厂用水淬高炉渣作生产水泥的掺合料。用于生产水泥的混合材是铁合金炉渣在建筑材料行业资源化的重要途径之一。李文斌等介绍了用硅锰渣、镍渣等进行配料生产熟料，将粉煤灰作为混合材生产普通硅酸盐水泥的方法，该方法生产的水泥符合国家要求，也降低了水泥生产成本。韩静云等利用锰铁渣代替部分水泥制作成水泥砂浆试件并测试其强度，结果表明，锰渣的掺量在 30% 左右时不影响试件强度。有文献对锰铁合金渣和矿渣微粉混掺用于绿色生态水泥进行了研究，结果表明掺入锰渣的水泥在强度和结构上与其他水泥差别不大。姜晗等利用矿热炉渣、矿渣、精炼渣等制备复合水泥，缓解矿渣等高活性混合材资源的紧张。刘梁友等对镍铁渣用作混合材对水泥性能的影响进行了系统的研究。陈平等研究了镍铁渣的化学成分及矿物组成，并研究了利用镍铁渣制备的干混砂浆性能，结果表明，当镍铁渣砂替代河砂的掺量为 60% 时，所制备的矿热炉渣干混砂浆强度最高。某厂硅锰合金炉渣和精炼铬铁炉渣的化学成分见表 2-13。

表 2-13　某厂硅锰合金炉渣和精炼铬铁炉渣的化学成分

化学成分	SiO_2	Al_2O_3	FeO	CaO	MgO	Cr_2O_3	Mn
硅锰矿/%	35.76	20.07	0.52	24.96	4.87	10.15	—
精铬矿/%	27	5~8	1	45~49	10~13	—	5

某水泥厂用上述所列成分的硅锰渣生产普通 500 号水泥和矿渣 500 号水泥。

在生产 500 号普通水泥时加入 15% 的水淬渣，而生产 500 号矿渣水泥时加入 30% 的水淬渣。

d　用作建筑和筑路材料

铁合金炉渣还可用于生产建筑用砖，比如硅铁渣、铬铁等。任素梅等的文章中指出，锰渣经过预处理，可以代替煤渣生产空心砌块砖。此种空心砌块砖有施工方便、吸水快等优点，优于黏土空心砖和加气混凝土块，并且能降低成本，有良好的社会效益和经济效益。张星研究了锰铁合金渣的物化性能、力学性能、路用性能等，认为锰铁渣可满足沥青路面集料要求，沥青混合料性能优异，所以可以用做沥青路面抗滑表层集料。杨林、张洪波等利用硅锰渣作为主要原料，配以黏土、硅藻土制作基础坯体，研制成生态渗水砖，作为路面建筑材料。陈平等进行了水淬锰渣制备加气混凝土的实验研究，发现以水淬渣代替部分硅砂制备加气混凝土是可行的，既能消耗掉水淬锰渣，又能降低加气混凝土的生产成本。李忠文等提出了利用镍铁渣制蒸压砖的技术路线和方案，利用镍铁渣生产蒸压砖具有良好的经济效益和环境效益，也具有一定的推广意义。万朝均进行了少掺量镍铁渣制备混凝土的研究工作，结果表明镍铁渣具有减水、增塑作用，并有助于降低普通硅酸盐水泥混凝土体系干燥收缩效应。

e　用作农田肥料

铁合金炉渣中含有 Mn、Si、Ca、Mg、Cu 等微量元素，可以作为农田的补充营养元素，提高土壤生物活性，利于农作物生长，增加产量。近年来，国外有些国家已经大规模应用硅锰矿、精炼铬渣作微肥适用于农田。近年来，我国农科部门与一些铁合金厂对铁合金炉渣肥料做了一定的实验研究工作。如我国东北地区某厂生产的硅锰渣、精炼铬渣、锰尘矿渣微肥，江苏某地铁合金厂用金属铬生产的水浸渣代替蛇纹石和白云石生产的 Ca、Mg、P 肥等。用硅锰渣在稻田里做施肥试验，证明硅锰渣中有一定可溶性的 Mn、Si、Ca、Mg 等植物生长的营养元素，对水稻生长具有良好的作用。稀土硅铁合金渣用于制备高效复合稀土微肥，可大幅降低农业成本。

利用铁合金炉渣生产微量元素肥料的工艺简便易行，只需要将合乎要求的铁合金炉渣破碎成合格粒度（一般在 0.12~0.18mm（120~180 目））装袋即可。

C　铁合金炉渣综合利用研究新进展

a　湿法富集处理

我国铁合金产量中，锰硅合金产量最多，其产生的炉渣量也最多。对锰硅渣的处理，多是用于制备水泥和筑路。近几年对采用湿法浸出工艺富集锰硅渣中锰的研究逐步增多，齐牧等进行了锰硅渣代替碳酸锰矿浸出生产电解锰的理论研究。研究结果表明采用锰硅渣完全可以代替碳酸锰矿作为主要原料浸出生产电解锰，可以解决矿源不稳定的问题，降低生产成本，解决锰硅合金生产中废渣的环保问题。这也是电解锰生产工艺的新突破,但是在工艺上还存在一定问题,如提高回收率指标、提高料液中锰含量等。曾世林等在实验室条件下成功地利用硫酸法回收锰硅合金炉渣中的锰,制备出附加值较高的高纯碳酸锰,为合理利用锰硅渣提出了一种新思路。

b　用于制备耐火浇注料及人造轻骨料

铬渣外观多孔状,且质地坚硬,主要矿物相为镁橄榄石、镁铝尖晶石以及少量的顽辉石和未完全反应的铬铁。目前我国铬渣处理一是水淬后返炉利用,二是用于生产水泥、建筑用砖等,由于存在设备投资大、附加值较低的原因,依然无法完全解决铬渣的利用问题。张登科等对高碳铬铁渣进行了分析研究,结果表明级配合理的碳铬渣骨料掺入适量的镁砂粉,以铝酸盐水泥为结合剂,经过1500℃煅烧,可以制备常温力学性能优异的耐火浇注料。张韶华等以高碳铬铁渣和黏土为主要原料,添加少量添加剂焙烧轻骨料,结果表明采用70%碳铬渣,掺适量黏土、助胀剂可制备出性能良好的烧胀型轻骨料,提高碳铬渣掺量,颗粒强度及孔隙率降低,烧胀温度、表观密度及吸水率则呈增加趋势。

c　用于制备微晶玻璃

铁合金废渣中,主要化学组成为 CaO、SiO_2、Al_2O_3、MgO 等,适用于制造微晶玻璃,并且这类微晶玻璃的主晶相中含有钙黄长石、硅灰石等,具有较好的耐磨性和较高的强度,可以代替天然石材用作建筑装饰材料。王志强等认为,碳铬渣和硅锰渣是较好的微晶玻璃原料,碳铬渣能促进玻璃析晶的能力,硅锰渣有较强的形成玻璃的能力,他们使用碳铬渣、硅锰渣和钠钙碎玻璃制成了性能良好并具有装饰效果的微晶玻璃。北京科技大学张文军等研究了利用镍铁渣及粉煤灰制备 CMAS 系微晶玻璃,以镍铁渣为主要原料,协同利用粉煤灰制备了性能良好的 CMAS 系微晶玻璃。

d　用于制备矿(岩)棉

矿渣棉主要化学成分为 SiO_2、Al_2O_3 和 CaO,其制品具有体积密度小、导热系数低、吸声隔音、耐热、不燃、抗冻、耐腐蚀、不会虫蛀、不怕老化及优良的化学稳定性等特性,被广泛用于建筑和工业装备、海洋船舶、管道、窑炉的保温、绝热、防火、吸声、隔音、防噪等方面。北京科技大学储少军教授曾指出利用铁合金炉渣生产矿棉制品,将给铁合金企业带来更大利润,直接生产矿棉是节能、减排、增效的好办法。

铁合金炉渣制备矿棉主要有冲天炉工艺和热渣直接生产工艺,传统冲天炉工艺能耗高。苏联在 20 世纪 60 年代就开展了液态镍铁渣生产矿棉的研究和工业实践。我国利用热渣生产矿棉制品的研究起步较晚,2012 年,我国从日本引进了用高炉熔融炉渣作为原料的矿渣棉生产设备,同年,国内首条采用变频电磁感应炉、利用热态熔融镍铁渣生产矿棉的生产工艺研制成功。当前热渣法工艺成为目前国内研究的热点。李俊强等对比了矿渣棉和硅锰渣成分，矿渣棉酸度系数在1.1~1.4，岩棉酸度系数在1.4~2.2，硅锰渣酸度系数在1.6~2.2，其成分与其他工业废渣相比具有较大优势，其酸度系数平均达1.996左右，达到国外岩棉的酸度系数，具备生产高等级岩棉制品原料的条件；其采用冲天炉传统工艺进行了工业试验，结果表明采用硅锰渣生产的矿渣棉指标可完全满足建筑外墙保温用岩棉制品的标准（GB/T 25975—2010）。刘招俊等介绍了以锰系合金渣为原料生产矿棉的试验，结果表明锰渣是较好的制棉材料，成棉率高。通过调整硅锰渣和锰铁渣的成分，可以根据矿棉用途调节混合渣的酸度来满足要求。要生产出合格的矿棉，渣液温度应在1300~1500℃之间，MnO含量为6%~16%，酸度为0.8~1.6。宫嘉辰等研究利用镍铁渣制取无机矿物纤维，并应用于造纸及建筑保温材料。

2.3.3.3 废水及相关治理技术[3]

A 铁合金工业中废水的产生

铁合金企业产生的废水主要是冷却水、煤气洗涤废水、冲渣废水、含铬废水等。对生产中的废水治理，总的原则是要实行水的封闭循环利用，尽量减少排污量。对废水的治理，应根据废水的数量和废水中有毒有害物质的性质，采取相应的治理方法，如中和法、氧化法、还原法、吸附法、沉淀法、过滤法及生物法等。生产中的废水经处理后可以再被利用。

用湿法净化设备处理铁合金生产中的污染气体，会导致水质的污染。因此，烟尘和水质的污染密切相关。例如，上述1.25万千伏安生产高碳铬铁的封闭电炉在回收利用煤气过程中，每小时需净水50~60t。这种水呈黑色，pH值达9~10，含悬浮物高（1960~5150mg/L），粒度小，含氰、酚的化合物（氰化物1.29~5.96mg/L，酚化物0.1~0.2mg/L）。

半工业性的生产试验表明，处理这种污水可以采用加入漂白粉的方法。漂白粉加入后水解生成硫松大颗粒的氢氧化钙沉淀Ca(OH)₂粒子吸附悬浮物粒子而共同沉淀下来。水解同时生成次氯酸，次氯酸将污水中的氰化物氧化成氰酸盐，并进一步把它分解，从而达到了净化的目的。

$$2CaOCl_2 + 2H_2O \longrightarrow 2HOCl + Ca(OH)_2 + CaCl_2 \qquad (2-34)$$

$$2NaCN + 2HOCl + Ca(OH)_2 \longrightarrow 2NaCNO + CaCl_2 + 2H_2O \qquad (2-35)$$

$$2NaCNO + 2HOCl \longrightarrow 2NaCl + 2CO_2 + N_2 + H_2 \qquad (2-36)$$

除此以外，铁合金产生的废水大部分是为了维护设备而需要的冷却水，以及为了获得好的经济技术指标水洗原料的水。废水的综合利用，在铁合金生产中就是利用水本身的循环使用。

湿法冶金过程也产生大量的废水，有些废水也可综合利用。例如，在生产氧化铬时，利用硫化钠与铬酸钠反应的上层液制取硫酸钠，或者利用硫与铬酸钠反应的上层液制取硫酸钠。

B 全封闭矿热炉煤气洗涤废水排放及治理

全封闭矿热炉煤气采用湿法洗涤流程时，废水来自洗涤塔、文氏管、旋流脱水器等设备。

每 $1000m^3$ 煤气废水排放量（标态）一般为 $15\sim25m^3$。废水悬浮物含量 $1960\sim5465mg/L$，色度黑灰色。酚含量 $0.1\sim0.2mg/L$，氰化物含量 $1.29\sim5.96mg/L$。对于煤气洗涤水，一是要治理水中的悬浮物，二是要治理水中的氰化物。悬浮物的治理目前主要有沉淀法和过滤法。氰化物的处理方法有多种，如投加漂白粉、液氯、次氯酸钠等氧化剂处理，加硫酸亚铁生成铁青色的络合物沉淀，利用微生物分解等。

目前，对废水处理一般都采用闭路循环系统，如澄清池、冷却塔、凝缩机、旋转真空过滤器、洗涤药物投放和泥浆储放坑等。净化后的污水可以重新循环使用，同时还可以回收沉淀物中的有用物质。

C 冲渣废水排放及治理

矿热炉冶炼过程中排出的液态熔渣量随炉容量大小、冶炼品种不同而变化。放出的液态熔渣流入渣罐，再从渣罐下部卸渣管流入冲渣沟，同时用高压水对熔渣喷冲水淬，水与渣均流入沉渣池，经自然沉淀分离后，水渣可供水泥厂作添加料，冲渣水循环使用。

D 冷却水的循环利用

在铁合金生产中，有的生产设备及工艺要求采用间接冷却降温，间接循环冷却用水没有有毒有害物质的产生。但随着冷却水的蒸发，循环冷却水的硬度增高如磷酸盐、聚磷酸盐、聚丙烯酰胺等，导致冷却壁结垢，同时经冷却后，水温升高，冷却效果降低。在循环水中加入控制结垢剂可控制结垢问题。对于冷却水水温升高问题，一般都考虑蒸发降温，如建喷水冷却池、冷却塔等。对于水资源缺乏且水质硬度高的企业，可全部使用软水冷却，实现闭路循环。

E 含铬废水的治理

在电解金属锰生产中，会有六价铬废水的产生，该类废水属于有毒废水，需要综合治理达标排放。含铬废水处理的主要方法是，用硫代硫酸钠在酸性条件下把六价铬还原成三价铬，然后再用氢氧化钠中和，使三价铬生成氢氧化物沉淀、过滤回收铬渣。

2.3.4 工艺创新及节能降耗[3,9,14,15]

2.3.4.1 精料入炉技术

炉料品位对产品质量和产量有重要影响，同时对吨产品电耗也有十分直接的影响。调整炉料结构、实施精料入炉，对节能影响非常突出。精料是电炉铁合金增产节电的重要环节，是获得先进技术经济指标的重要条件。调整炉料结构、实施精料入炉可改善炉料的性质，提高炉料比电阻、透气性，促进炉料熔化和炉况顺行，控制炉渣入炉量，减少炉渣能耗。精料入炉除了对矿物的品位有要求外，还对碳质还原剂、造渣剂、强化剂等均有要求。炉料中配入适当烧结性能好的优质烟煤做还原剂，可加强料面烧结，利于焖烧。除对化学成分要求外，还要求粒度，以提高比表面积，加速化学反应速度，提高产量，降低电耗。

A　调整炉料结构

（1）采用优质组合碳质还原剂，即以冶金焦为主，搭配气煤焦或烟煤，或专门生产硅焦、铁焦等专用铁合金还原剂，这是国内外的一项成熟技术。该法可使硅铁产品节能 700~1000kW·h。

（2）选用适当的强化剂，充分利用冶金废料。以硅钙合金为例，为进一步提高产量，降低生产的电耗，要充分利用某些与 Si、SiC、CaC_2 有关的工业废料进行回炉利用。这些废料实际上是硅钙生产冶炼过程的中间产物，加入利用必然减少对这些产物生成耗用的热能，因而可以降低电耗，提高冶炼过程合金元素的回收率，提高产量。此外，将冶金行业含 SiC 等的工业废料应用于硅钙合金生产工艺中，不仅可以提高铁合金生产的综合经济效益，而且也从一定程度达到了环保和资源利用的目的。

B　原料预处理，改善入炉矿石的制备技术

铁合金电炉正常操作，尤其是大、中型还原电炉，要求炉料具有合适的块度以确保良好的透气性。将冶炼原料进行预还原处理或进行造块压球处理，可从一定程度上节约电能，降低能耗。应积极创造条件将粉状锰矿或铬矿进行烧结或压球造块，实现块状炉料入炉，改善炉料透气性。条件允许时，还应对入炉原料进行干燥、预热焙烧，做到热矿入炉。

（1）对原料进行干燥处理，可以充分利用原料的显热，节约能源。炉料热装入炉，可以降低原料中的水分，富集矿石的有用成分，去除矿中杂质，还可以带大量物理热入炉；同时还实现了原料的预还原，将入炉前的原料通过配入适量的还原剂，使其受热预先还原，从高价氧化物转变成低价，且生成部分碳化物，以减少冶炼时化学能的消耗。炉料预处理能够降低原料的水蒸发热、杂质挥发热、反应化学热，并代替部分物理热，有效降低冶炼电耗。比如将锰矿放入回转窑干燥，除了物料可以加热外，高价氧化锰也可以被还原为低价氧化锰。热锰矿直接入炉冶炼，不仅可以节约电能，并且回转窑可以使用劣质煤加热，降低原料成本。同时，由于使用的矿石多是粉矿且含有水分，若直接入炉冶炼，受热后容易出现塌料，极易造成大量的可燃性气体，易发生炉渣喷溅事故。

（2）采用压块造球技术。当前优质块状锰矿和铬矿的供应日趋减少，为适应这一情况，国内外已应用了多种造块技术，以有效地利用粉矿和精矿，并获得了较好的冶炼指标。比如锰矿的烧结成块和烧结球团技术，铬矿冷压块料和金属化热球团技术以及硅铁生产中使用铁精矿球团。近年来，我国在压块造球方面的工艺技术装备都比较成熟，而且效率很高。此技术的应用避免了冶炼设备的损坏，既可提高产量，又可降低电耗。

2.3.4.2　炉外精炼技术

炉外精炼是炼钢中的重要环节，即将钢液精炼移到炉外进行。铁合金生产中广泛采用的炉外精炼工艺为"波伦法"（又叫热兑法）炉外精炼技术。波伦法（POLUN 法）生产工艺始于法国电冶金公司中低碳锰铁的生产。目前国外已普遍采用此法，即以优质锰矿和液态锰硅合金在摇炉中热兑生产中、低碳锰铁，以铬矿-石灰熔体与液态或固态硅铬合金进行热装热兑生产微碳铬铁。热装热兑工艺不使炉料降温而将热物料直接装送到矿热炉中，从而提高了物理热的利用，代替冶炼电耗，实现降低能耗的效果。采用该工艺生产的产品质量好、合金元素回收率高、电耗低。

现在我国的铁合金企业已掌握了"波伦法"炉外精炼技术，并在"波伦法"的基础上，成功开发了"固定式自焙电极"波伦法工艺，降低了操作难度，提高了产品质量，完善了"波伦法"炉外精炼技术。同时利用渣洗进行炉外精炼及氧化氯化精炼法都取得了较大进展，纯净锰铁、低磷低碳高硅锰硅、低钛碳素铬铁、超低杂质硅铁等一系列新产品以炉外精炼技术的发展为基础而成功开发。

2.3.4.3　RKEF 生产工艺

RKEF 工艺属于新型火法处理工艺，发明于 20 世纪 50 年代，是由 Elkem 公司在新喀里多尼亚的多尼安博厂开发的，并成功取代了传统的鼓风炉工艺。这种工艺开创了火法冶炼镍铁的新篇章。其工艺如下：首先将矿石破碎至 50～150mm，送入干燥窑干燥到矿石既不黏结又不太粉化，再送煅烧回转窑，在 700℃温度下干燥、预热和煅烧，得到焙砂；然后将焙砂加入电炉，并加入 10～30mm 的挥发性煤，经过 1000℃的还原熔炼，产出粗镍铁合金。在电炉还原熔炼的过程中几乎所有的镍和钴的氧化物都被还原成金属，而铁的还原则通过焦炭的加入量来调整，最后将粗镍铁合金经过吹炼，产出成品镍铁合金。

RKEF 流程是目前红土镍矿冶炼厂普遍采用的一种火法冶炼工艺流程，其工序为干燥、焙烧、预还原、电炉熔炼、精炼等。

（1）干燥。采用回转干燥窑，主要脱出矿石中的部分自由水和结晶水。

（2）焙烧—预还原。预热矿石，选择性还原部分镍和铁。

（3）电炉熔炼。还原金属镍和部分铁，将渣和镍铁分开，生产粗镍铁。

（4）精炼。一般采用钢包精炼，脱出粗镍铁中的杂质，如硫、磷等。

在这种工艺流程中，矿热炉是投资最大的设备。为了环保、工业卫生和回收粉尘的需要，炉子被密封起来。在矿热炉中通过电弧冶炼，分离出粗制镍铁和电炉炉渣，同时产生含75%CO的还原性气体，这种气体经过净化以后返回到回转窑中作为燃料进行燃烧，提供回转窑所需要的热能，除尘灰返到矿热炉继续参与冶炼。电炉炉渣是一种很好的建筑材料，但是目前仅用于道路的建设。从矿热炉中得到的镍铁含高的硫、硅、炭、磷等杂质不适合冶炼高级不锈钢，还需要进行精炼以后才能作为成品出厂。

这种工艺主要特点：流程短、技术成熟，可实现大规模生产；对原矿适应性强、镍铁产品优质，品位可达到15%~25%；生产过程需要大量的燃料和电能，但是采用热装热兑技术，很大程度降低了矿热炉电能消耗；生产过程中"三废"排放较少；唯一的不足就是矿石中钴元素不能实现综合回收。正是该工艺具有产品质量好、生产效率高、节能环保等优点，受到广大镍冶炼企业和下游不锈钢企业的重视和推广，2011年国家将RKEF工艺生产精制镍铁技术列为鼓励类产业。目前RKEF工艺已经日益发展成熟，并结合了自动化、清洁生产技术，已成为世界上镍冶炼的主流生产工艺。自2011年起RKEF法逐渐发展成为国内主流先进工艺。

2.3.4.4 直流矿热炉技术

直流炉技术是20世纪70年代初发展起来的一项新技术，直流炉在电网短路容量非常小或者炉子在孤网模式下进行操作的情况下有明显优势。直流炉应用在铬铁粉矿冶炼及钛渣冶炼上较常见。直流矿热炉电弧稳定、功率集中、热效率高，具有电耗低、电极消耗少、运行噪声低、生产效率高等优点。德国SMS早在1905年就对直流炉进行了研究和使用（碳化钙的生产上），而南非为了处理铬铁粉矿，于20世纪70年代开始直流炉的研究，1983年采用16兆伏安的炉子进行了中试，并于1988年扩大到62兆伏安，正式用于工业生产。到2014年，德国SMS在哈萨克斯坦建立了4台72兆伏安的直流炉用于高碳铬铁的生产，取得了不错的效果。采用直流矿热炉生产铁合金，对于节能降耗、合理的利用能源具有重大意义。我国于1980年开始直流炉的研究，并且用于埋弧冶炼SiMn合金，此后未有重大突破。

近些年半导体技术的提高为直流炉的发展创造了有利条件，可通过直流炉探索利用光电、风电生产铁合金的可能性，但是光电、风电存在不稳定性，如果炉子的负载可以调节，则可以作为调节电网波动的有效手段。

2.3.4.5 微波冶炼铁合金技术

微波是频率在300M~300GHz，波长为100~1mm的电磁波。微波加热具有选择性、内部加热、非接触性加热等特点，易于控制，可有效改善劳动条件。微波冶金即将微波能应用于冶金单元，利用其选择性加热、内部加热和非接触加热的特点强化反应过程的冶金新技术。据报道已有单位研究并开发出微波冶炼铁合金技术。该技术基于低温快速还原理论，将氧化矿的还原温度降低，再通过微波晶粒长大技术，将还原后细小的合金晶粒聚集，从而实现与炉渣的分离，冷却后通过破碎、分离即可得到合金颗粒。微波冶炼铁合金技术的最大特色是冶炼温度低，能在较低温度下冶炼氧化矿得到合金，实现渣金分离，节省了传统冶炼工艺大量炉渣高温熔分所需要的热能。新技术的成功将积极推动合金冶炼行业的转型升级，具有革命性意义。

2.3.4.6　炉前浇铸工艺改进

铁合金产品浇铸是铁合金生产中的一个重要环节，长久以来，我国的铁合金普遍采用传统的模铸工艺，加上机械破碎或者人工破碎来获取所需的粒度，该方法存在以下问题：

（1）产品质量。铁合金产品在浇铸过程易产生分层现象，合金成分偏差大，比如硅铁合金模铸后破碎得到的颗粒，其上下部之间的硅元素含量之差可达20%以上；在破碎和包装过程中其他杂质也会混入，导致产品不均匀，此外铁合金产品在破碎过程中粉化率较高。

（2）生产成本。无论采用人工破碎还是机械破碎，生产效率低，同时人力成本较高，而且对于破碎中产生的细小颗粒的收集也会增加相应的成本。

（3）环保问题。铁合金在破碎中会造成一定的粉尘污染，而且无论机械破碎还是人工破碎，还会带来一定的噪声污染。

（4）品种差异。铁合金产品种类多，不同品种的铁合金对浇铸有不同的要求。对于硬度大、韧性高的铁合金很难破碎，比如中低碳铬铁、镍铁等。

因此，改进炉前浇铸工艺是解决铁合金生产过程中存在的劳动生产率低、成本高、粉化损耗严重、粉尘污染等问题的重要环节。日本自20世纪70年代起铁合金厂全面使用带式浇铸机，80年代新余钢厂高炉锰铁分厂曾用带式浇铸机浇铸锰铁，后面也有某些企业安装使用带式浇铸机。虽然采用铁合金浇铸机进行浇铸的生产效率高、劳动条件好、产品成分均匀、粉末少，但是由于投资大、生产和维护费用也较高，因而在国内并未普遍使用。为解决铁合金生产过程中精整加工环节存在的劳动生产率低、成本高、粉化损耗严重等问题，我国针对目前铁合金连铸机普遍存在模具损耗严重、难脱模、产品污染严重的问题进行了深入研究，设计开发了一种可使铁合金从液态至装包过程全自动智能化、脱模率高、粉化率低的铁合金连铸粒化成型技术，可以实现浇铸一次成型，简化炉前冶炼工艺、产品精整工序，实现电气、机械自动化，减少人工成本，减少合金粉化率，降低生产成本。

欧美国家由于铁合金行业的逐步萎缩，传统的带式浇铸机没有推广，但研制出铁合金粒化技术以及以锻造铜板为冷却器的新型浇铸机。20世纪70年代瑞典UHT公司开发了其专利技术——GRANSHOT粒化工艺。粒化工艺是铁合金生产中一种工业化的、高产量的固化过程，替代了传统的、粗放型的浇铸、破碎和筛分工艺。该过程产生最少的细粉，具有最低的铁合金产品损耗，是解决铁合金成型及破碎粉化的有效途径。铁合金粒化技术在生铁、FeCr、FeNi、FeSi、Ag、Cu 等金属的成型上广泛应用。

尽管铁水粒化技术具有生产能力大、自动化程度高、设备作业率高以及产品性质均匀等诸多优点，且在很多种类的铁合金上都有应用，但是该技术目前还不能用于锰系合金的生产。在第十三届国际铁合金会议上，FAI 对于他们的振动铸造机进行了展示。该铸机材质为铜质，采用振动的方式进行浇铸，可用于 FeMn 和 FeSi 等多种铁合金的铸造。用于锰铁铸造时，90%的产品可以在 10~50mm 之间。遗憾的是，目前该技术还没有用于工业生产的先例，仍处于中型实验阶段。

2.3.5　装备水平及技术升级

矿热炉大型化、智能化是铁合金工业健康发展的必然趋势。自 2007 年我国开始实施淘汰落后产能政策，逐步提高了行业集约化生产、工艺技术进步及装备水平。目前，我国普通铁合金的炉型已基本实现了大型化。2015 年出台的《铁合金、电解金属锰行业规范条件》中明确指出，硅铁、工业硅矿热炉应采用矮烟罩半封闭型，锰硅合金、高碳锰铁、高碳铬铁矿热炉应采用全封闭型，镍铁矿热炉采用矮烟罩半封闭或全封闭型，矿热炉容量≥2.5 万千伏安（革命老区、少数民族地区、边疆地区、贫困地区矿热炉容量≥1.25 万千伏安，但是环保必须达标），同步配套余热发电和煤气综合利用设施。目前我国已有 7.5 万千伏安封闭式高碳铬铁矿热炉、5.1 万千伏安的硅锰合金矿热炉、8.1 万千伏安电石矿热炉、6 万千伏安的硅铁矿热炉。

自动化是铁合金电炉设备升级的发展方向，近年来设计建造的大型铁合金电炉都采用计算机控制技术，配料、上料与加料、电极压放、功率调节、水冷系统和烟气（煤气）净化系统等控制功能的自动化水平很高。电极多采用组合式或波纹管压力环把持器，全液压电极升降系统；选用 3 个单相节能型变压器组和内水冷管式短网；计算机控制生产过程和电炉电控较普遍；炉前操作大都采用开堵眼机等。

2.3.5.1　组合把持器

该项技术完全抛弃了矿热炉使用的传统铜瓦，用接触元件夹持电极壳外面的筋片把电送到电极上。矿热炉大型化以后，电极直径大了，电极的焙烧问题就比较突出。德马克的组合把持器结构紧凑、设备重量轻，由于增加了电极的铁比，基本解决了电极的焙烧问题。但是，由于接触元件的接触面积限制与结构上造成的冷却不足，导致烧筋片、卷铁皮、接触元件打火的事故较多。因此，在电极操作时是严禁过电流的（有效的解决办法就是安装电极电流检测装置）。

2.3.5.2　矿热炉无功补偿技术

大型电炉由于低电压、大电流的工艺特性决定其无功功率相对较大，运行中的功率因数较低，且随着电炉容量的增大趋向于更低的水平，因而在一定程度上制约了电炉向更大容量方向发展。功率因数低影响电网的正常运行，迫使供电部门对企业实施功率罚款或限令停产的处罚，同时还会造成电炉本身有功功率偏低，难以达产达效，最后导致产品产量低、消耗高等工艺指标低下、成本升高。为解决这一问题，现在大型矿热炉均采用补偿技术，提高电炉功率因数，增加有功功率，满足供电系统对该负荷线路功率因数方面的要求。

矿热炉通常采用高压补偿、中压补偿和低压补偿三种方式。高压补偿可以解决供电局对用电功率因数的最基本要求，但解决不了电炉变压器的出力问题。中压补偿，即利用变压器中压线圈进行补偿，补偿电压一般在 $10\sim35kV$。中压补偿又分别有并联补偿与串联补偿（纵补）两种。

任何一种补偿方式，只要从电源侧到补偿点没有把变压器全部包含进去，就不能够完全把变压器的无功全部补偿，只是补偿了变压器一次侧绕组，二次绕组及串联变压器都没有补偿到。低压补偿才能够把变压器全部包含进来，才能够完整提高变压器的出力。低压补偿的目的不是提高功率因数，是提高入炉有功功率、改善炉况。国内近些年新建矿热炉基本采用高、低压结合补偿。

A　低压补偿

矿热炉大型化以后，往往入炉有功功率不足（即功率密度不够），炉膛温度提升缓慢或炉膛温度低，影响冶炼生产指标。采用变压器二次并联电容器补偿，能够有效提高矿热炉变压器的有功功率输送能力。变压器二次侧并联电容器补偿，改变了变压器的负载性质，有利于电弧稳定，提高了炉膛温度，起到了增产节能的目的（是提高了产量，相对的节能，低压补偿本身并不节能）。

目前国内的低压电容器无功补偿装置有了很大的提高，单台电容器容量已经做到 55kvar 以上；电气控制元件采用单极真空接触器，保证了回路投切频繁的安全可靠性能；电脑控制系统能够随着负荷变化自动投切，确保补偿系统平稳运行。因此，国内普遍采用低压电容器并联补偿装置，且取得了良好的效果。

矿热炉低压补偿的优点有：

（1）大大提高了入炉有功功率，弥补了设计上的功率密度不足问题。

（2）占用空间小，方便老炉子改造。

（3）支路多，方便检修，可以不停电更换元器件。

（4）对于无渣冶炼模式的矿热炉，有着稳定电弧的作用，有利于电极下插。

矿热炉低压补偿的缺点有：

（1）靠低压补偿是解决不了供电系统功率因数问题，只能够按照炉子需要进行补偿，还需要安装高压补偿，解决因功率因数的力率奖、罚款。

（2）需要日常运行巡视检查，定期维护保养。

（3）低压补偿装置由于频繁投切，低压电容器及真空接触器的寿命目前还不是很高。

B 矿热炉纵向补偿技术

早在 1972 年苏联耶尔马科夫斯克铁合金厂就在 2×16.5 兆伏安硅铁矿热炉上安装投运了纵向补偿装置。由于矿热炉采用 10kV 供电,线路损耗造成网络电压不足 10kV,致使矿热炉不能正常运行。投入纵向补偿后,网络电压达到 10.3kV,炉况正常了,达到了采用补偿技术调整电压的目的。

20 世纪 90 年代,我国吉林铁合金厂最早引进了俄罗斯的一套同样的装备,用于生产高硅锰硅合金(已经淘汰)。某铁合金厂制作了两台 30 兆伏安锰硅合金矿热炉,也采用了该项技术。该企业在生产过程中,发现采用三次电流换算的二次电流操作时,操作界面上显示设备已经满负荷或超负荷运行,而一次侧电气仪表却没有达到额定负荷运行。

矿热电炉采用纵向补偿有如下优点:

(1)运行稳定可靠。补偿电容串接在变压器的中压绕组与串联变一次绕组上,补偿容量随负荷电流自动无级调整,省去了繁杂的补偿电容容量调节控制系统,因而运行稳定可靠。

(2)投入补偿装置可以大幅度提高入炉电压,提高矿热炉运行功率因数。运行损耗低,因补偿装置在中压,补偿电流比低压补偿小得多,线损低。

(3)操作、维护方便,补偿装置无调节元件,操作简单、维护方便,高压元器件故障率相对低一些,基本上可实现免维护。

这种补偿方式存在的问题有:

(1)电流变化电压也跟着变化,电流增加时电压升高,电流降低时电压也跟着降低,导致电极操作频繁,引发电极事故增多,炉况不好控制。

(2)变压器出力不足,别说是超负荷,就是满负荷都很难做到(某企业的33 兆伏安变压器,只能够开到 28 兆伏安)。

(3)功率因数很难达标(某企业的锰硅矿热炉只能够达到 $\cos\varphi 0.85$)。

国内许多厂家已淘汰了这种已经安装的补偿装置,改造成低压并联电容器补偿装置。不建议推广该项技术,因为苏联发明的技术本身不是这样使用的(详见戴维翻译的文章)。该项技术应用在功率因数补偿上还不够成熟,还有许多技术问题没有解决。

2.3.5.3 大型矿热炉的"冷凝炉衬"技术

矿热炉大型化以后,炉衬的耐火材料矛盾尤为突出。碱性耐火材料资源匮乏,且造价也越来越高。炉型大,炉衬检修的时间长,炉衬大修后,每次新开炉费用都很高。因此,延长炉龄,减少热停炉就尤为重要。

"冷凝技术"主要指提高电炉炉衬的使用寿命。应由过去传统的"工艺性"解决方案(选择式提高耐火材料质量)转变为"结构性"解决方案("凝固"炉衬）。"凝固"衬技术是将有效的冷却与较薄的良好热传导性能的炭质衬相结合，使耐火材料的热表面远低于铁合金的凝固温度，从而形成渣和金属的凝壳绝热层，解决耐火材料的高温化学侵蚀问题。高炉和电弧炉的水冷炉壁技术已给铁合金冶炼炉提供了实践经验。目前，利用这一技术的美国 UCAR 碳质炉衬已经在中国铁合金矿热炉上开始推广应用，目前国内已有多台矿热炉采用 UCAR 碳衬，可以将炉衬寿命提高到 10 年以上。

2.3.5.4 大型矿热炉的智能控制

尽管我国矿热炉已基本实现大型化，而且智能化水平已有长足的发展，炉前普遍采用液压开眼、堵口和液压扒渣机，行车进行遥控操作，机械化程度有所提高。国内有些企业已经采用智能机械人出炉机、智能机械人捣炉加料机，实现了危险工作面无人操作，但是对于矿热炉大型化的核心技术和计算机控制技术在铁合金生产中的应用方面仍有欠缺。矿热炉生产过程主要包括多个子系统：供电系统、冶炼系统、电极系统。近十多年来，计算机科学技术应用于铁合金工业生产方面研究工作已从简单生产管理方面逐步转移到生产过程的控制方面，开发出许多应用于实际生产过程控制的数学模型、功能模块或称估计器和专家系统，充分运用当今控制论和系统工程领域的最新成果着力解决各子系统运行状况的"识别"和子系统之间的相互作用关系。实现矿热炉控制智能化，首先必须解决各种控制信号采集、取样先进合理，信息准确，通过大数据处理，建立一个完整的专家体系，这样才能够使我国的矿热炉真正实现智能化控制。

与铁合金生产技术先进国家相比较，上述有关矿热炉计算机过程控制方面的研究工作我国尚处于空白或起步阶段。南非通过研发新的电极系统来提高电极系统的使用寿命，降低维护成本（Metix 全铜电极把持系统专利技术）；同时，采用摄像头作为主要传感器连续监测电极和压放环的移动，然后采用计算机视觉和图像处理技术进行电极压放监测（南非的 Mintek 公司），这些新技术的应用也为自动控制水平的提高起到了积极作用。

2.4 典型案例

2.4.1 RKEF 技术应用案例

2.4.1.1 RKEF 工艺说明

A 红土矿处理工艺[16~19]

含镍红土矿是由含镍橄榄岩在热带或亚热带地区经长期风化淋滤变质而成的。由于风化淋滤，矿床一般形成几层，顶部是一层崩积层（铁帽），含镍较低；中间层是褐铁矿层，含铁多、硅镁少，镍低、钴较高，一般采用湿法工艺回收金属；底层是混有脉石的腐殖土层（包括硅镁性镍矿），含硅镁高、低铁、镍较高、钴较低，一般采用火法工艺处理。

a 湿法工艺流程

较成熟的湿法工艺流程有 Caron 流程和 HPAL 流程（High Pressure Acid Leach）。

Caron 流程处理褐铁矿或褐铁矿和腐殖土的混合矿时，先干燥矿石，再还原，矿石中的镍在 700℃时选择性还原成金属镍（钴和一部分铁被一起还原），还原的金属镍可通过氨浸回收。干燥、焙烧、还原等火法工艺消耗能量大；回收金属采用湿法工艺，消耗多种化学试剂；镍和钴的回收率比火法流程和 HPAL 流程低。

HPAL 流程主要处理褐铁矿和一部分绿脱石或蒙脱石。加压酸浸一般在衬钛的高压釜中进行，浸出温度 170~245℃，通过液固分离、镍钴分离，生产电镍、氧化镍或镍冠，有些工厂生产中间产品，如硫化物或氢氧化物。HPAL 流程处理的红土矿要求含 Al 低、含 Mg 低，通常含 Mg<4%，含 Mg 越高，耗酸越高。

b 火法工艺流程

红土矿储镍量约占镍总储量的 70%，红土矿产镍量的 70%是采用火法工艺流程回收的。火法工艺处理红土矿的工艺流程有传统的 RKEF 流程（回转窑—电炉工艺）、多米尼加鹰桥竖炉—电炉法、日本大江山回转窑直接还原法等。

多米尼加鹰桥竖炉—电炉工艺流程包括将红土矿干燥脱水、制团、竖炉焙烧部分还原焙烧团矿、电炉熔炼生产粗镍铁、粗镍铁在钢包炉中精炼等工序。

日本大江山回转窑直接还原法生产镍铁是唯一采用回转窑直接还原熔炼氧化镍的火法工艺。该流程分为三个步骤：（1）物料预处理：磨矿、混合与制团，以提高回转窑操作效果；（2）冶炼工艺：回转窑焙烧、金属氧化物还原与还原金属的聚集；（3）分离处理：回转窑产出的熟料采用重选与磁选分离出镍铁合金。

B RKEF 工艺概述[18~20]

RKEF 工艺属于新型火法处理工艺，主要流程为红土镍矿—干燥、破碎筛分—配料—回转窑焙烧预还原—电炉熔炼—精炼（或吹炼）—镍铁。

这种工艺的主要特点是：流程短、技术成熟，可实现大规模生产；对原矿适应性强、镍铁产品优质，品位可达到 15%~25%；生产过程需要大量的燃料和电能，但是采用热装热兑技术可以很大程度降低矿热炉电能消耗；生产过程中"三废"排放较少；唯一的不足就是矿石中钴元素不能实现综合回收。正由于该工艺具有产品质量好、生产效率高、节能环保等优点，因此得到广大镍冶炼企业和下游不锈钢产业的重视和推广。2011 年国家将 RKEF 工艺生产精制镍铁技术列为鼓励类产业。目前 RKEF 工艺日益发展成熟，并结合了自动化、清洁生产技术，已经成为世界上镍冶炼的主流生产工艺。国内自 2011 年起 RKEF 法逐渐发展成为国内主流先进工艺。

C RKEF 工艺流程[19~22]

RKEF 工艺主要分为干燥工序、筛分破碎工序、配料工序、焙烧还原工序、电炉熔炼工序以及精炼工序。

（1）干燥工序。由于湿红土矿含有大量的附着水和结晶水，采用回转式干燥窑初步脱出矿石中的附着水，使干矿含水量降至 20%，其后续产尘量最小。

（2）筛分破碎工序。将干基矿进行筛分，对大于 50mm 的筛上物再进行破碎至 50mm，进入配料室临时储存。

（3）烟尘制粒及配料工序。各工序收集的含镍粉尘送入烟尘仓进行造粒；干基矿、还原煤、燃料、烟尘制粒分类储存在各储料仓，按照一定比例投加还原煤燃料、烟尘制粒和干基矿，再通入一定量的煤气，一并送入焙烧还原回转窑。

（4）焙烧还原工序。在回转窑内 800℃ 下焙烧预还原，进一步脱除结晶水，部分镍、铁氧化物预还原，同时炉料得到预热，出窑炉料温度为 650~900℃。

（5）电炉熔炼工序（粗炼）。采用热装热兑技术将焙砂导入电炉，还原金属镍和部分铁，将渣和镍铁分开，生产粗镍铁。热态焙砂被装入到电炉，在选择性还原冶炼条件下，合理使用还原剂，镍氧化物和部分铁氧化物熔体还原为金属相，部分镍铁氧化物与矿石中的 SiO_2 成渣，生产 $2(FeNi)OSiO_2$ 型复合铁镍硅酸盐；在 750℃ 时进行还原反应，在 900~1100℃ 时，由于镍溶于铁，促进还原反应；在炉渣温度在 1550~1600℃ 之间时开始放出镍铁合金铁水。

当工艺没有设置精炼工序，一般会在出铁水前，预先将脱硫剂（石灰）加入铁水包，进行浇铸，铸成粗制镍铁合金，其镍品位一般不大于 16%。

（6）精炼工序。为了脱出粗制镍铁合金中的杂质，提高镍铁合金质量，加设精炼工序。精炼工序一般配套钢包精炼炉或精炼转炉。电炉粗炼出来的镍铁水进入精炼车间，在精炼炉按照一定比例投加石灰进行脱硫，脱硫扒渣后，兑入酸性转炉，吹氧脱硅；兑入碱性转炉，吹氧脱磷、脱碳；二次精炼后的镍铁水送往浇铸车间，铸成合格的产品镍铁块或者制成粒状镍铁，其镍的品位可以达到 20%。

RKEF 工艺具体工艺流程如图 2-9 所示。

D RKEF 工艺的应用

据调研数据显示，全国采用 RKEF 工艺的镍铁企业主要分布福建、广西、江苏、山东、内蒙古等省区。对全国具有代表性的镍铁厂进行调研和资料收集，大致情况如下：

主要产品为镍铁合金，其镍品位大概在 10%~16%，有的可以达到 20%（RKEF 工艺中设置粗镍铁精炼工序），均可作为 300 系列不锈钢生产的原料。但大部分红土镍矿冶炼生产镍铁企业没有设置精炼工序，电炉熔炼出来的粗

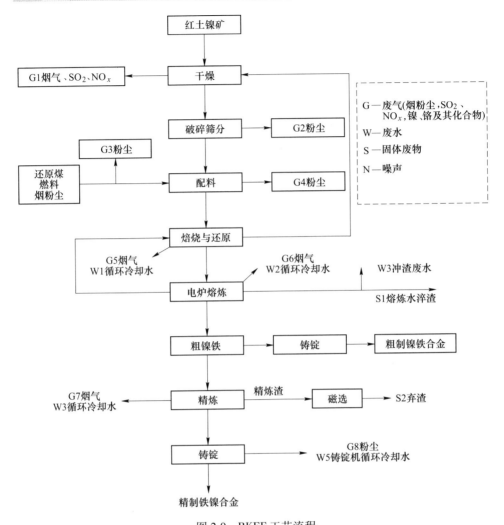

图 2-9　RKEF 工艺流程

（注：除尘器收集的烟粉返回配料系统）

制镍铁合金直接外售；这样的粗镍铁合金中部分杂质元素超过《镍铁》（GB/T 25049—2010）规定的限值。但在福建、广西等地区的镍铁不锈钢一体化企业中，一般粗炼生产出来的粗镍铁合金进入精炼工序，降低镍铁中有害杂质元素，提高镍铁合金中镍铁品位；再进入不锈钢生产车间，直接降低生产不锈钢的原料处理成本。

　　国际上 RKEF 工艺的先进生产标准是单条生产线配备 160t/h 处理干矿能力的回转窑和 80MW 容量的电炉，每年生产 6.67 万吨镍铁合金；而国内 RKEF 工艺一般配备 φ4.5m×100m 的回转窑和 3.3 万千伏安容量的矿热炉，多条生产线提高产能，单条生产线生产产能一般在 3.33 万吨。

2.4.1.2　福建某红土镍矿 RKEF 生产案例

福建某红土镍矿冶炼公司是国内专业从事红土镍矿冶炼生产镍铁的大型企业，规划建设年产 50 万吨镍合金及 100 万吨热轧生产线。公司在印尼购置可供开采达 100 年以上的红土矿，采用国际最先进的 RKEF 技术，在闽东地区形成镍合金不锈钢一体化产业群。

A　生产原料

a　红土矿

红土矿（氧化镍矿石）是生产镍铁合金的主要原料，主要是由铁、镍、硅等含水氧化物组成的疏松黏土状矿石，由于铁的氧化，矿石呈红土状。

红土矿一般含有 20%～40% 的水分，需要在干燥、还原焙烧阶段将水分去除，这个过程是在干燥窑和回转窑中进行的，矿石在料场风干后加入干燥窑，然后破碎并将炭素还原剂加入到回转窑。矿石被焙烧脱水和还原后保温送电炉车间。

红土矿原矿（含 Ni 1.6%～2.0%）年需要量为 700 万吨，主要由印尼国内供应。红土原矿技术条件见表 2-14。

表 2-14　红土原矿技术条件

物料名称	化学成分/%						粒度 /mm
	Ni	Cr_2O_3	ΣFe	SiO_2	MgO	Al_2O_3	
红土矿	1.6～2.0	0.78	16.00	35.70	22.90	2.90	≤60

b　炭质还原剂

烟煤年需要量为 44 万吨，无烟煤年需要量为 44 万吨，主要从印尼国内外采购。炭质还原剂入炉技术条件见表 2-15。

表 2-15　炭质还原剂技术条件

物料名称	化学成分/%						粒度 /mm
	固定炭	灰分	挥发分	P	S	H_2O	
烟煤	48.0	11.32	28.0	0.015	0.75	12.5	5～30
无烟煤	63.36	17.6	7.04	0.015	0.70	12.0	5～30

B　生产工艺概述

生产工艺为回转窑—电炉生产工艺。

电炉熔炼采用 12 座圆形电炉熔炼焙砂。每座电炉额定功率 36 兆伏安，采用 3 台 12 兆伏安单相变压器向电炉供电。

电炉需要的焙砂由电炉顶上的焙砂料仓通过加料管加入电炉。

电炉顶上共有 3 个加料仓，其中 1 个大料仓、2 个小料仓，每个加料仓下设有加料管，电炉共设有 25 个加料管，采用阀门控制加料。加料仓均为密闭，防止热损失和烟尘逸散。电炉炉体内安装有观料探头，通过探头观察料面进行加料。

电炉采用交流电炉熔炼，操作采用高电压、低电流模式。焙砂在电炉内熔化后分成渣和金属两相，焙砂中残留的碳将镍和部分铁还原成金属，形成含镍 10% 的粗镍铁。还原过程产生大量的 CO，含 CO 的电炉烟气由于烟气温度高，经烟道输送供回转式干燥窑干燥红土矿用，以节约部分煤。

每座电炉设 2 个出镍口，熔融金属通过电炉 2 个出镍口中的 1 个出镍口定期放入铁包内，铁包由铁包车运到浇铸厂房铸锭机浇铸面包镍铁。金属出镍口和出渣口采用耐火泥通过泥炮机堵上。每座电炉设 2 个出渣口，炉渣通过电炉 2 个出渣口中的 1 个出渣口半连续地排出，放渣温度约为 1580℃（过热 50℃）。炉渣通过溜槽流入水碎渣系统。炉渣采用传统水碎系统，渣经过水碎渣池的高压水喷射，液态渣变成颗粒，冲入水碎池中，粒渣由抓斗起重机抓出后就地滤水堆存，再由汽车外运厂外，卖给签约用户。水碎渣的水经过澄清、冷却后，用水泵加压后再用于渣水碎。

RKEF 生产工艺流程如图 2-10 所示。

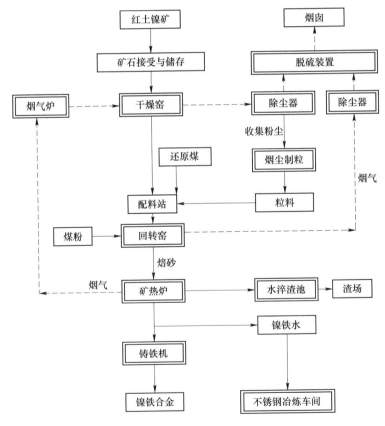

图 2-10　RKEF 生产工艺流程

C　环保措施

a　废气处理措施

（1）粉煤制备系统废气。主要是在煤粉制备过程产生的煤粉尘。生产煤粉随着废气送入防爆脉冲袋式收尘器，收下的煤粉进入煤粉仓，通过压缩空气送入回转窑。煤粉制备系统产生的废气经过袋式除尘器除尘后由 30m 高排气筒排放。

（2）干燥窑烟气。采用烟煤作为干燥窑燃料，干燥窑烟气污染物主要有 SO_2、NO_x、颗粒物、镍及其化合物、铬及其化合物等。在干燥窑内采用石灰固硫的措施后，烟气经过布袋除尘器收集烟尘后再经 30m 高烟囱排放。

（3）回转窑烟气。采用烟煤和柴油作为燃料，用无烟煤作为还原剂，回转窑烟气污染物主要有 SO_2、NO_x、颗粒物、镍、铬及其化合物等，在回转窑内加入生石灰固硫，烟气经过电除尘器收集烟尘后再经 38m 高烟囱排放。

（4）电炉烟气。由于电炉熔炼过程过量的 C 在氧化还原过程中产生大量的 CO，含有 CO 的高温烟气经管道输送回转窑，在回转窑进一步燃烧，余能再次利用，因此没有配置烟气除尘装置。

（5）烟尘收集制粒和配料车间粉尘。烟尘收集制粒和配料车间中原料装卸及烟尘制粒过程中有粉尘产生，在产生点安装集气罩，通过布袋除尘器处理后由 23m 高排气筒排放。

b　废水污染处理措施

排水采用雨污分流的排水体制，地表雨水采用明沟排出。全厂废水主要有：（1）设备冷却循环清净水。排放的设备冷却清净水经水池冷却后进入回用管道，用于冲渣。（2）冲渣废水。经过沉淀处理后进入回用管道，用于冲渣。（3）生活污水。经过生化处理后排入市政管网，进入污水处理厂集中处理。

c　固体废物污染治理措施

产生的固体废物主要有冶炼产生的水淬渣、除尘器的灰渣。水淬渣经过浸出毒性鉴别为第一类工业固废，外卖作为建材生产原料。除尘器灰渣是干燥窑、回转窑、电炉烟气等经过除尘器收集的含镍、铬粉尘，均属于危险废物，全部造粒回用，作为回转窑生产原料。

d　噪声污染治理措施

主要噪声源有引风机、空压机、水泵等设备，声压级在 80dB(A) 以上，对高噪声设备采取了以下措施：选购设备时，选择同类产品质量好、低噪声的设备；设备安装时，在设备基座与地面之间安装了橡胶减振垫；在分机上安装了消声器。

D　主体设备介绍

冶炼厂工艺部分主要车间有干燥主厂房、配料厂房、干矿储存矿仓、焙烧还原主厂房、熔炼主厂房、煤粉制备车间、空压机站、耐火材料及电极糊库等。

a　红土矿干燥窑

红土矿干燥采用回转干燥窑干燥,顺流方式,以煤作燃料,干燥前红土矿含水34%,干燥后红土矿含水约为20%。干燥的作业率为75%,干燥脱水强度为38kg/(m³·d),考虑生产的不均衡性,以及红土矿含水的季节变化,经计算,选用规格为 $\phi4m×40m$ 的回转干燥窑12台。

回转窑采用直径较大、窑长较短、两点支撑的窑型,既减少了窑体上下窜动幅度,又节约了占地;采用变频调速电机驱动窑体,并设有辅助电机,工作稳定,易于调节;窑头窑尾设有弹簧叶片密封结构,简单可靠。

回转干燥窑是传统又成熟的干燥设备,其结构不再做详细说明。回转干燥窑和燃烧室的主要技术性能参数如下:

干燥窑规格:	$\phi4m×40m$
干燥方式:	顺流干燥
主电机功率:	约300kW
干燥窑转速:	0.5~2r/min
辅助电机功率:	约15kW
燃料种类:	块煤
燃烧室有效容积:	约250m³
燃烧室总重:	约550t

b　回转窑焙烧预还原

焙烧还原主厂房设有12台 $\phi4.4m×100m$ 回转窑。干矿、烟煤、无烟煤、石灰石和烟尘造球的球料一起由胶带运输机运到回转窑厂房,通过溜槽加到回转窑内。回转窑主要有4个反应区:

(1)预热区。彻底蒸发红土矿的自由水并提高物料温度。

(2)焙烧区。当矿石被加热到温度达到700~800℃时,焙烧脱出结晶水,即烧损,除到0.5%,最大0.7%。

(3)还原区。还原煤产生还原性气氛,还原红土矿中部分铁、镍和钴氧化物。

(4)冷却区。经过高温区,焙砂加热到900℃,往窑尾运动,进入窑尾冷却区,温度有所降低。窑头(卸料端)设有回转窑煤粉烧嘴。煤粉烧嘴通过鼓入一次风和二次风的风量控制煤粉充分燃烧,煤粉由煤粉制备车间粉煤仓储存,采用计量转子秤将定量的煤粉给到烧嘴。

控制回转窑焙烧温度在1000℃左右，以防止回转窑结圈。焙砂温度为650~750℃左右连续排入料仓。回转窑排出的烟气温度为250℃，含有大量烟尘，经过电收尘器收集烟尘后通过烟囱排空。

回转焙烧窑的主要技术性能参数。30万吨/年生产线采用的回转焙烧窑规格为$\phi 4.4m\times 100m$（12台），主要技术性能参数如下：

筒体规格　　　　　　$\phi 4.4m\times 100m$

回转转速　　　　　　0.2~1.5r/min

主电机功率　　　　　约250kW 双传动

辅助电机功率　　　　约15kW

焙烧窑总重：　　　　约2400t

其中：耐火材料重量　约1300t

　　　钢结构重量　　约1100t

c　电炉设备

（1）电炉炉形选择。交流电炉炉形一般有圆形和长方形，圆形电炉采用3根电极，3根电极圆周布置。小长方形电炉采用3根电极，大长方形电炉采用6根电极，方型电炉电极直线布置。圆形电炉电极至炉墙的距离均等，热负荷均匀分布，炉体热膨胀均匀。

1）长方形电炉与圆形电炉相比有以下优点：长方形电炉加料仓和加料管的布置和焙砂自动上料系统要比圆形电炉易于配置。

2）长方形电炉的缺点：电炉采用弹性结构，监视和操作量比圆形电炉大；长方形电炉比圆形电炉投资大。

本项目电炉选择采用圆形电炉。

（2）电极升降、压放、把持系统。电极升降采用液压缸升降方式。

把持器采用液压波纹管，每个波纹管单独顶一块铜瓦，能保证每块铜瓦与电极都接触良好。

压放装置采用液压抱闸和压放缸组成。

（3）炉顶上方配备有电动双梁起重机。

（4）电炉主要技术参数。36兆伏安电炉主要技术参数见表2-16。

表2-16　36兆伏安电炉主要技术参数

序号	参数名称	单位	主要技术参数	备注
1	电炉炉型		圆形	
2	电炉变压器	兆伏安	36	
3	变压器台数	台	3	
4	变压器一次侧电压	kV	35	

序号	参数名称	单位	主要技术参数	备注
5	二次侧电压	V	295~950	
6	电极数量	根	3	
7	电极直径	mm	约1300	
8	电极材质		自焙电极	
9	极心圆直径	mm	4000	
10	炉膛高度	m	6800	
11	炉膛直径	m	18.0	

d 铸锭机

设计选用链轮中心斜长为35m，双链滚轮移动式铸锭机，用于镍铁合金的产品成型生产。12座36兆伏安电炉配12台铸锭机，铸锭机最大生产能力为300t/d。铸锭机受镍铁水由前方支柱、铁水包、铸锭通廊构成。与铸锭机相配套的设施有冷却用的循环水池及泵房以及相关的喷浆设施。

e 煤粉制备

储存量不小于2.4万吨，至少可满足15d的生产需求。外来烟煤运入烟煤堆料场堆存，用铲车堆和取，烟煤堆高4m。为了防止风吹雨淋造成烟煤流失，堆料场设雨棚。当生产时，用铲车将烟煤加入料斗，用带式运输机运往煤粉制备车间。

设煤粉制备车间3座，内设40t/h立式煤磨机3台。储存于煤堆场的块煤由装载机运至低位块仓料通过斗提机送至高位块煤仓，再由定量给料机加入立式煤磨机内。进行磨制后，产出的煤粉随烟气送入防爆脉冲袋式收尘器，收下的煤粉进入煤粉仓。烟气由风机排空。

煤粉制备需要的热烟气由沸腾炉产生的烟气通过收尘、阻火、调温后通入立式煤磨机内。

f 烟气处理

（1）回转窑烟气处理。回转窑烟气的特点是烟气含水比较高，烟气温度比较低。收尘设备采用电除尘器，经电除尘器净化后的烟气满足有关规定排放标准，排放烟气含尘≤30mg/m³，通过排烟机送入烟囱排放。电除尘器收下的烟尘量为6144kg/h，烟尘采用气力输送的方式送配料车间烟尘仓。所有设备及管道均采用外保温，以防止烟气结露。风机采用变频调速器调速，以适应烟气条件的波动并减少动力消耗。设有12台回转窑，对应12套收尘系统。

主要技术指标如下：

总收尘效率：99.9%

系统漏风率：10%

系统阻力：3000Pa

收下的烟尘量：6144kg/h

排放烟气含尘浓度：0.03g/m³

排放烟气量：18.37×10⁴m³/h

排放烟气成分：CO_2 4.468%，SO_2 0.018%，O_2 11.396%，H_2O 21.340%，N_2 62.778%

（2）电炉烟气处理。

烟气条件如下：

烟气量：6.2×10⁴m³/(h·台)

烟气温度：700℃

烟气含尘：14.48g/m³

烟气成分：CO_2 3.185%，H_2O 2.587%，N_2 75.696%，O_2 18.529%，CO 0.003%

设有12台电炉，连续生产，三班工作制，作业率80%。

烟气处理：电炉烟气通过烟道引至干燥回转窑混风室进行热量再利用。

2.4.1.3　经济效益分析

项目总投资为7.97321亿美元，其中建设投资7.34498亿美元，建设期利息4535.5万美元，铺底流动资金1746.8万美元，销售收入每年14.35亿美元，利润总额每年7.0678亿美元，财务内部收益率66.67%，全部投资回收期3.5年（含2年建设期），经济效益指标突出，可解决1792人的就业，并带动当地运输等相关行业的发展，也具有较好的社会效益和环境效益。主要技术经济指标见表2-17。

表2-17　主要技术经济指标汇总表

序号	指　标　名　称	单位	数量	备注
1	产品和产量			
	镍铁合金（含镍10%）	万吨/年	70	
2	原辅材料			
	湿红土矿	万吨/年	700	
	石灰石	万吨/年	30	
	还原煤	万吨/年	44	
	电极糊	t/a	6500	
	耐火材料	t/a	8640	
	钢材等	t/a	4600	

序号	指　标　名　称	单位	数量	备注
3	燃料及动力			
	每年动力电耗	kW·h	2.16亿	
	每年冶炼电耗	kW·h	25.2亿	
	燃煤	万吨/年	44	
	新水	万立方米/年	792	
4	总图运输			
4.1	厂区占地面积	亩	3000	
5	劳动定员	人	1792	
6	主要经济指标			
6.1	项目总投资	亿美元	7.97321	
	其中：建设投资	亿美元	7.34498	
	建设期利息	万美元	4535.5	
	铺底流动资金	万美元	1746.8	

2.4.1.4　红土镍矿冶炼行业清洁生产途径

清洁生产作为整体预防的环境管理思想，要求生产过程控制和污染物源头削减，最大限度地降低污染物产生和排放，达到资源、能源的最大化利用。选用先进的生产工艺设备与技术，优化工艺流程，是实现企业清洁生产的根本途径；减少使用能源和资源，选用清洁的原辅材料，以及对生产过程中产生的废物和副产物进行综合利用，是实现企业落实节能减排的关键途径；不断改进产品设计和改善生产过程的环境管理，是提高企业清洁生产水平的有效途径。从红土镍矿冶炼行业的实际工艺出发，其清洁生产途径主要有以下几方面。

A　生产工艺设备与技术

先进的生产工艺设备与技术是衡量企业清洁生产水平的基础，具体包括：采用对原矿适应性强、可实现大规模生产的、高效成熟的生产工艺，缩短工艺流程，提高生产工艺水平；减少工艺环节中镍铁资源损失，提高资源能源利用效率和镍产品总得率；每个工序采用的设备要求节能环保、运行高效稳定，主要设备干燥窑、回转窑处理矿石的能力以及电炉熔炼电容等节能优化和设计是提高行业清洁生产水平的有效途径；干燥工序高压变频技术、冶炼工序热装热兑技术、遮弧熔炼技术、水淬工艺以及磁选技术等都是最优化的清洁生产技术。

B　能源消耗与原料利用

原辅材料使用主要体现在配料环节。在配料工序中通常配入还原煤、燃煤、熔剂等，这些原辅材料含有一定的硫，其消耗量直接影响着污染物 SO_2 的产生量。选择少硫、少灰分、热值高的优质煤不但可以提高原料的利用效率，还会减少污染物排放。

在生产过程中应最大限度地减少原矿、新鲜水、电、燃料等消耗量，其中原矿和电力占据生产成本的主要部分，选择镍品位高、优质的红土镍矿可以直接降低冶炼工序电力资源消耗。此外，提高生产用水循环利用率和燃料高效利用技术水平也是降低成本的有效途径。

C 资源综合利用

红土镍矿冶炼过程中向环境中排放废水、废气、固体废物以及余热等，通过对这些还有利用价值的资源进行回收和综合利用，提高资源综合利用效率，从而提高行业的清洁生产水平。生产每个工序都会产生含镍烟粉尘，利用除尘设备加以回收再制粒返回配料，极大提高镍资源的回收率；在熔炼和精炼工序产生的废渣目前均可用来作为生产建筑材料的原料；电炉烟气、精炼炉烟气和回转窑烟气的余热都可以回收加以利用；另外，提取红土镍矿中铁及其他伴生元素，通过对精炼渣的磁选或生产有价值的多成分的合金副产品等，也可以提高矿石资源的综合利用率。

D 产品设计

根据企业实际情况，大多数企业生产产品镍品位较低以及杂质元素含量比较高。主要原因是企业采购镍品位低的原矿和一些含硫量高的燃料等，还有就是大部分企业在电炉熔炼工序后没有设置精炼工序，因此鼓励企业采用优质的、清洁的原辅材料以及增设精炼工序来提高镍铁合金产品的质量。

E 环境管理

对于生产镍铁企业，加强企业执行环保法律法规标准的力度，建立健全环境管理体系，加强环境管理，建立环境管理制度，提高环境管理水平，推行清洁生产水平动态过程管理，定期开展清洁生产审核等，是提高企业清洁生产水平的有效途径。

2.4.2 煤气余热利用技术的应用案例

近几年来，我国铁合金行业虽然发展迅猛，但生产工艺、技术装备水平比较落后，绝大多数技术与世界发达国家相比还存在较大差距。为提高铁合金企业技术水平，降低能源、资源消耗，实现"三废"综合利用势在必行。电炉大型化、密闭化实现附产煤气的有效综合利用，使煤气作为燃料利用于窑炉、原料预处理、燃气发电以及作为化工原料生产甲醇、合成氨等，有利于发展循环经济，降低资源、能源消耗。

对于铁合金企业来说，电炉密闭化并实现炉气回收利用是解决能源利用及环保问题的有效途径。以前，国内铁合金企业密闭炉煤气净化回收技术大多以湿法净化技术为主，湿法与干法相比较存在着消耗水源、易造成二次污染、管道及设备易堵塞及腐蚀等缺陷，由于铁合金电炉如硅锰炉、铬铁炉等粉尘显酸性或碱性，另外还有氰根离子存在，湿法净化会造成二次水污染，随着国家环保相关标准及要求的提高，还得进行二次水处理。而干法煤气回收技术可避免湿法净化的缺点，同时还能使回收的粉尘直接运至烧结系统回炉使用，变废为宝。

2.4.2.1　煤气余热利用技术工艺说明

煤气净化回收技术涉及硅系、锰系、铬系、镍系及电石等领域，矿热炉能源回收及环保治理技术有内燃炉余热利用、密闭炉煤气湿法和干法净化回收等。尤其近几年在研究先进的大容量铁合金电炉的同时，行业致力于铁合金电炉附产的煤气干法净化回收技术的开发，并且系统扩充到多台电炉煤气统一管理及后处理领域，直至达到合金厂满意的用气条件。目前在高碳锰铁、高碳铬铁、硅锰合金、镍铁及电石等领域均有成功的业绩。回收的煤气已利用于气烧石灰窑、铁合金矿的烧结、原料的预还原、燃气锅炉发电、作为化工原料利用于合成氨等领域。

根据铁合金电炉实际运行状况，炉气净化存在以下难点：

（1）电炉负荷根据情况在上下波动，所以烟气量也大小不一。

（2）电炉在操作时有时炉况会恶化，会导致料面及炉气温度高的情况。

（3）铁合金密闭炉炉气中粉尘黏性大，粉尘极易堵塞管道，并且易烧结，如果系统设计不当，粉尘将会逐渐堵塞管道或者黏接并导致净化不能正常运行。

（4）净化系统设备长期处于高温粉尘的恶劣环境下连续工作，输送介质为易燃易爆气体，所以对设备的防爆性能、密封性能要求极高。

（5）电炉尾气中有一定量的焦油成分，易造成布袋过滤器低温结露或高温烧损，也会造成焦油析出堵塞管道及设备，所以对温度控制要求极高。

（6）气体为有毒有害、易燃易爆气体，所以对安全控制系统及故障报警系统要求更为严格，要求在线检测及自动控制系统可靠。

（7）系统粉尘极细、黏性较大，所以经过除尘下来的粉尘排泄较难，又因为泄灰过程中不能造成易爆煤气与空气接触，所以必须有一套可行的密封泄灰装置。

干法煤气收集净化技术很好地解决了以上问题，具有如下特点：

（1）能适应电炉高、低不同负荷下运行，在炉气量波动的情况下将系统压力、温度等参数控制在规定范围之内。

（2）能在电炉不同炉况下正常运行，在料面及炉气温度高或低的情况下都能够严格将炉气压力、温度等参数控制在规定范围之内。

（3）采用微差压变送器及计算机控制技术，通过先进的压力调节阀将炉压始终控制在微正压状态，保证了回收后尾气CO的纯度，保证了煤气的热值。

（4）净化系统的炉气压力控制在正压状态，防止系统进入空气发生危险，同时电气设备、机械设备、照明等均采用防爆设计，通过先进的在线气体分析仪对炉气中 O_2、H_2、CO 等含量进行在线监测，同时通过计算机控制系统同报警系统、充氮装置、计算机自动停机程序进行联锁，保证了系统的安全性。

（5）采用系统流量调节及计算机控制技术，稳定管道及设备中气体流速，避免了黏性粉尘结壁现象。

（6）旋风除尘器和布袋除尘器出灰采用双级连续卸灰隔离方式，并采用氮气保护措施，大大提高了系统的安全性，同时板链式输送机采用全封闭充氮保护方式，使安全做到了万无一失。

（7）经净化后炉气粉尘浓度低于 $30mg/m^3$（标态），含氧量低于 1%，在满足国家环保标准的前提下，也为净化后煤气多用途利用提供了保证。

干法净化技术流程如图 2-11 所示。

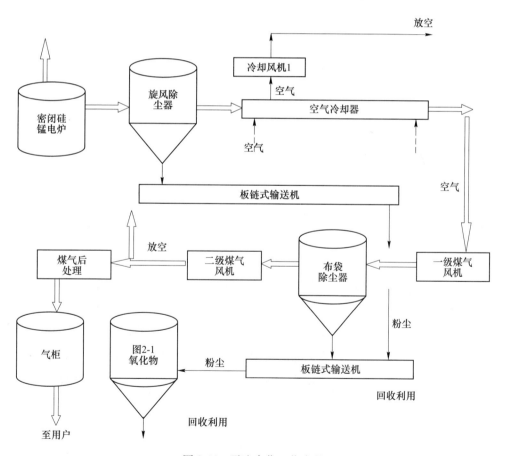

图 2-11 干法净化工艺流程

电炉产生的尾气一般在 400~800℃之间，首先经过水冷烟道及水冷式旋风冷却器对高温烟气进行初步冷却并进行粗除尘，将大颗粒粉尘除去，以防在管道或设备中沉降堵塞系统，同时降低布袋过滤器的工作强度。经水冷烟道将炉气初步冷却后，达到设备安全温度再进入惯性除尘器进行粗除尘，然后进行空冷旋风，进行较小颗粒二次除尘并进行冷却，冷却空气由引风机引自外界空气，将电炉炉气冷却至 200~260℃之间。冷却后的未除尘炉气经一级风机增压后送至布袋过滤器组进行精过滤，经粗、中、细三次过滤后的洁净气体经二级风机输送至用户使用或到后处理去焦油处理。过剩气体可通过泄放烟囱排出点燃，烟囱设有电子电火器，可将 CO 气体转化为 CO_2 排放。经旋风除尘器滤下的粉尘和布袋过滤器滤下的粉尘由密封式链板机送至粉尘仓。整个系统的泄压、防爆均采用计算机自动控制。

密闭炉尾气经干法净化过滤后如果不就地利用可输送至煤气后处理装置去焦油处理，二次除焦油装置由文氏洗涤器、水循环槽、焦油分离器、脱雾器组成。煤气经文氏洗涤器水洗后通至除雾器脱雾后送入气柜或直接至用户使用。

2.4.2.2 典型案例

以下实例为某厂 4×4.8 万千伏安密闭电石炉干法净化回收装置。

该项目中采用了高效率回收利用电石炉尾气技术，从电炉炉压控制至干法净化、外管网、煤气后处理及气柜储存，再增压至气烧石灰窑整个系统采用一体化工艺优化设计，避免了传统的分散式模式造成的环节多、动力消耗大的问题。该装置具有系统环节少、动力消耗低、安全、稳定的特点。

干法净化工艺具有工艺参数与电炉匹配好、动力消耗低的特点。净化装置在电石炉各种工况情况下均能完全满足，还能保证在电炉焙烧电极期间正常运行，起到除尘效果。该装置净化后的尾气热值高（CO 含量平均在 85% 左右）、压力稳定。该系统自动化控制程度高，能自动检测并避免各种不安全因素，并且无需其他操作人员，操作由仪表工一键完成。炉气后处理降温除焦油技术简单实用，运行可靠。

净化后煤气输送技术在该项目上突破了传统的单台炉独立输送工艺，其方案在保证干法净化与外管网处压力恒定的情况下自动控制电炉炉膛压力及其他各项指标，保证了 4 台电石炉尾气干法净化后合并为一根管道输送至后处理系统。另外，系统省去了传统后处理装置的风机加压装置。该系统优化设计后具有动力消耗低、投资成本少、系统压力稳定、后处理及气柜进出口压力与流量稳定、安全性好的特点。

A 未净化前电炉烟气

电石炉炉型：全密闭型

单台电石炉容量：48 兆伏安

电石炉气发热值（标态）为：$10048.32\sim11304.36kJ/m^3$

湿度（标态）：$20g/m^3$

含尘量（标态）：$50\sim150g/m^3$

焦油含量（标态）：$\leqslant150mg/m^3$

电石炉气量：单座电石炉气量（标态）$4000\sim4800m^3/h$

压力：电石炉上部压力$-5\sim+5Pa$

炉膛内温度：正常时 $500\sim600℃$，不正常时达到 $800\sim900℃$

气体化学组成见表2-18。

表 2-18　未净化前电炉烟气化学组成

化学成分	CO	CO_2	CH_4	N_2	H_2	O_2
含量/%	$74\sim85$	$2\sim10$	0.5	$1\sim8$	$0\sim2$	$0.2\sim0.6$

B　计算机自动控制系统

该项目采用计算机自动控制技术保证系统的安全性。

a　压力控制

该系统对炉压、过滤器入口压力、泄放烟道前管路压力、进入用户前管路压力均进行在线长期自动检测，一次检测信号经压力变送器变为电信号通过计算机或现场仪表自动调节器与管路中的相关压力调节阀进行联锁控制，首先保证炉膛内气体压力处于微正压状态，并且保证电炉产生尾气中 CO 的成分、电炉尾气量，同时相对控制了粗炉气的初次温度；其次保证了硅锰炉尾气在管路及设备始终处于微正压状态，保证了系统的安全性，杜绝了外界空气进入系统产生爆炸。

为保证净化系统在开停状态下均能对炉膛压力进行控制，该系统在中央控制室单设集中仪表调节器，在净化系统停用时可自动切换至放空烟道水冷蝶阀进行控制，同时方便一般操作工人进行现场输入。

该系统为保证布袋过滤器的安全，同时能精确控制布袋过滤器的清灰状态，最大延长布袋过滤器布袋的寿命，特设布袋差压控制系统，对布袋过滤器的前后压差进行实时检测，同时与报警系统以及整个装置的运行联锁。

该系统还设计预留用户使用压力自动调节装置，以满足进入用户前的压力稳定，所控制压力的大小可通过人工输入后经过计算机自动调节。

b　温度控制

为保证炉气净化系统正常运行，整个系统温度控制是非常关键的一个环节，该系统对炉盖进入水冷烟道的部位、水冷烟道进入旋风冷却部位、过滤器入口部位、过滤器出口管道、外管均设温度检测点，每个检测点均通过温度变送器变为模拟电信号进入计算机系统进行监控，为保证系统的安全，关键部位温度均与计算机控制系统进行联锁，温度偏高偏低都能产生报警，过高过低会联锁控制系统自动停止运行。

为保证对布袋过滤器入口温度的控制，过滤器入口温度与空冷器冷却风机进行联锁控制，以利将温度严格控制在规定的范围之内。

c　系统开停车的顺序控制

系统在输入开车信号后，计算机系统会自动检测所有的设备状态、各控制阀的开关位置是否到位，公用工程条件是否满足开车要求，检测完后按照安全开车顺序启动各设备，启动后计算机系统还对整个系统设备、各控制阀的位置连续进行检测，如有设备不正常短期内会产生报警信号，延时后如还处理不好控制系统会对整个系统按安全停车顺序停止运行，并启动氮气保护系统以免发生安全事故。

d　氮气保护系统的控制

因为密闭电石炉尾气处理气体成分主要是 CO 气体，易燃易爆，所以氮气在系统中起着至关重要的作用，同时为防止人为因素造成安全隐患，整个氮气保护系统均由计算机自动控制完成。另外在该系统中氮气还起着脉冲清灰、局部吹扫、灰仓流化等作用。因为用途不同，所以将氮气根据不同的压力等级用自立式减压阀减压后输送给不同的用气点，关键部位的氮气开停均由计算机通过防爆式电磁阀自动控制，另外氮气压力与计算机报警系统联锁，如果氮气不能达到要求会产生报警信号，如果压力太低不能保证系统安全运行，系统会按停车顺序自动停止系统。

C　主要设备选型

a　水冷烟道

水冷烟道与电石炉炉盖连接烟道为水冷结构，烟道同炉盖连接处有绝缘装置，炉盖与烟道连接处设有过渡锥形段，在过渡锥形段上部设有可快速拆卸的水冷段及盲板装置，以方便检修。在烟囱及烟道上均设有与一次仪表（如热电偶）的接口位置。

b　空气冷却器

一级和二级冷却器采用空气旋风冷却器，由上部装置、下部装置以及旋流板等组成，上下部均由空气夹套焊接而成，上下部间形成硅锰炉气通道，夹套内冷却空气可通过变频调速风机调解空气量来控制冷却后气体温度，以防止焦油析出和保护除尘器布袋，为防止事故状态下冷却空气进入系统内，空气夹套均为负压设计形式。

中心管等关键部位均采用无缝钢管焊接而成，设备同管道接口采用欧美体系HG20583、1.0MPa 系列法兰连接形式。

设备出厂前经过严格的压力检测试验，安装后进行气密试验。

　　c　布袋过滤器

由于过滤的介质中含有 80% 左右的 CO，含尘量（标态）在 $150g/m^3$ 左右，针对这种情况，该除尘器为防爆防泄漏设计，确保除尘器安全运行。

该除尘器主要设计特点：箱体呈圆筒形，设计过滤风速极低以利于延长布袋寿命，在线清灰，采用先导式防爆脉冲阀清灰。其喷吹系统各部件都有良好的空气动力特征，脉冲阀阻力小，启动快、清灰能力强，省去了传统的引射器。

过滤器表面设 80mm 保温层。

设备与管道接口采用欧美体系 HG20583、1.0MPa 系列法兰连接形式。

为方便检查，除尘器锥体部位设有人孔，人孔采用欧美体系 1.0MPa 系列选用。

　　d　煤气高温风机

风机为防爆型煤气风机，为减少振动，机壳采用耐高温铸铁材质，风机的轴封动密封，耐高温、密封好、防爆，风机轴承座采用水冷式，电机采用防爆设计。

　　e　粉尘仓

粉尘仓能够保证两班产量的容纳空间，为了保证黏性粉尘顺利排出，仓底设有氮气流化装置，仓顶设计有污氮过滤装置。粉尘仓卸下的粉尘由卸灰车外运。

　　f　埋刮板输送机

埋刮板输送机主要用来输送过滤器滤下的粉尘至灰仓，采用防爆设计，密封性能好，运行时里面充入氮气，以防空气通过泄灰阀与 CO 接触。

埋刮板输送机结合国内电机、减速器等设计标准，吸收国内 MS 系列埋刮板输送机的优点进一步优化开发，设备最大的特点是刮板转速慢、平稳、防爆；其次保证了设备的严格密封，能够保证设备内充氮压力，保证了系统正常运行。

埋刮板机机壳采用厚钢板制作，机壳连接面采用加工后方法兰加密封垫对接，底部采用厚钢板加耐磨板形式，保证了设备的耐久性。

　　g　管道

电石尾气输送管道均为无缝钢管设计，管路法兰均为欧美体系 HG20593 系列 1.0MPa 设计，管路阀门等的压力等级均在 1.0MPa 以上，管路法兰间连接均用高温垫圈加耐高温高分子密封胶进行密封。

设备间管道间连接均设补偿装置，采用耐高温不锈钢波纹补偿器，补偿器选用国内知名品牌，承载压力在 1.0MPa 以上。

　　D　净化后炉气参数

（1）电石在电石炉稳定的情况下炉气发热值（标态）为：10048.32 ~ 11304.36kJ/m^3。

（2）含尘量（标态）：10mg/m^3 以下。

（3）单台电石炉煤气量（标态）：4500m^3/h。

（4）压力：约 5kPa。

（5）温度：正常时 70℃ 以下（后处理后）。

（6）净化后气体成分见表 2-19。

表 2-19　净化后气体化学组成

化学成分	CO	CO_2	CH_4	N_2	H_2	O_2
含量/%	74~85	2~10	0.5	1~8	0~2	0.2~0.6

E　实践意义

煤气完全用于气烧石灰窑作为燃料使用，生产的石灰正好满足电石炉生产需要，使能源完全回收利用，同时大大降低了烟气排放量。

该装置为年产 32 万吨电石的配套装置。采用二台 520t/d 双套筒气烧石灰窑。该装置单台生产弹性为 500~550t/d。根据实际需要日产石灰 1040t/d，完全满足了电石生产需要。

2.4.3　硅锰矿热炉渣生产矿渣棉工艺及案例

2.4.3.1　矿渣棉及其特性

A　矿渣棉[23~26]

20 世纪 80 年代，日本曾研究用冲天炉液态高炉渣生产矿渣棉，冲天炉不仅污染环境而且没有充分利用炉渣显热，高炉渣酸度低于硅锰渣，调质过程需添加大量的硅石等进行调质处理。利用液态硅锰渣直接生产矿渣棉，可以充分利用液态硅锰渣所带的热量，提高硅锰渣资源化的利用价值；并且硅锰渣具有高酸度，可直接添加锰渣进行调质处理降低酸度，操作简单且成本低廉，故液态硅锰渣生产矿渣棉具有一定的工业研究意义。从硅锰渣的成分、温度来看，其温度条件符合矿渣棉生产的要求，硅锰渣添加锰渣进行调质降低酸度可直接成纤。热态硅锰渣的直接使用解决了高温熔体作为建筑保温材料使用过程中高能耗的问题。

矿渣棉是优质的保温、吸声、防火材料，熔融的液态渣在高速离心机下甩制成棉，作为一种人造无机纤维，由于其质轻、导热系数小、阻燃、防蛀、价廉、耐腐蚀、化学性能稳定、吸音而广泛应用于各种环境，其性能是常用的保温材料（如蛭石、珍珠岩、硅藻土、泡沫水泥等）难以全面与其相比的。

将矿渣棉掺入一种特殊黏结剂可以制成柔性或半硬性的各种制品，如矿渣棉管壳、矿渣棉板、矿渣棉毡等，这些制品可以广泛应用于石油、电力、冶金、化工、建筑及交通运输等行业，还可作为吸音材料。据统计，在建筑上每使用 1t 棉保温，每年至少可节省相当 1t 原油的能源。因此人们把它称为与石油、电力、煤、天然气并列的"第五常规能源"。

B　矿渣棉纤维的特性[27,28]

矿渣棉的表面结构区别于有机纤维，其纤维表面呈光滑圆柱状，截面为圆形，而天然无机纤维表面带有不规则的皱纹、鳞片状，截面不为规则圆形，往往为片状、管状等形态。因此，矿渣棉与天然纤维在增强水泥混凝土时，矿渣棉握裹力稍差，但是由于纤维光滑，连续性好，拉丝成棉的效果更好。

（1）绝热性能。矿渣棉制品的主要特性之一是导热系数小，在常温条件下（通常指25℃左右），它的热导率一般在0.03~0.0465W/(m³·K)。

（2）耐火性。矿渣棉制品的耐火性取决于产品是否含有可燃性添加剂，因为矿渣棉属于无机质硅酸盐纤维，故不可燃。加工过程中虽添加了不自燃不助燃的黏结剂或添加剂，但仍会影响矿渣棉制品的耐火性。故对于矿渣棉制品来说，要达到很好的耐火性，需要对其中的黏结剂、添加剂做进一步研究。

（3）吸声性能。矿渣棉制品有多孔性，其孔隙相互贯通且密闭，并有一定的透气性而形成流阻。声波在流阻的作用下产生摩擦，使声能变为热能或者被纤维吸收，因此矿棉制品具有良好的隔音和吸音的特性。一般矿棉吸声板密度越大、板材越厚、纤维越细、渣球越少时，吸声效果越好。

由于矿渣棉制品有良好的吸声性、不燃性、隔热性和质轻等诸多优势，成为国际公认的建筑保温和装饰材料，比如矿棉装饰吸音板占据全世界高层建筑吊顶天花板材料中的主导地位。此外，矿棉制品弹性也是矿棉的一大特性，其决定了矿棉制品的荷载能力和使用场合，通常采用压缩系数衡量矿棉制品弹性指标。

2.4.3.2 国内外矿渣棉的发展及前景

长期以来，日本、美国、瑞典、意大利等和我国的冶金工作者曾就高炉渣生产矿渣棉展开过不同程度的研究与试验，都取得了长足的进步。我国科技工作者也在该方面有一些科学研究成果，并有专利产出。我国1958年开始引进矿棉生产工艺，包括瑞典等国岩棉生产线有30多条。2017年，我国矿渣棉产量仅为260万吨。据分析，矿渣棉制品的市场需求每年以20%左右的速度增长，市场前景广阔。传统工艺采用的是冲天炉法，原料经高温熔炉熔融为液态熔体，再由高压蒸汽或空气喷吹或高速离心方法将熔体拉制成极细的纤维，再将原棉通过各种工艺制成板、管、粒等系列产品。使用冲天炉不仅污染环境，而且热熔渣的巨大潜热也被浪费。在我国，矿渣棉生产集中在小型企业，技术和装备水平较低，由于产品易分层，其抗压性、施工性与其他建筑材料的结合并不理想，因此70%~80%的矿渣棉只能用于工业设备与管道的隔热保温，在量大面广的建筑领域的应用不足30%。[23]

更为先进的是电炉法生产矿渣棉工艺。在国际上，日本钢铁工程控股公司JFE是电炉法矿渣棉生产的领导者。在日本，电炉法矿渣棉约占日本矿物棉总量的40%。日本有3家公司掌握电炉法制矿渣棉技术，但能利用电炉法生产矿渣棉板毡制品的，在日本乃至全球，仅有JFE一家，其他两家生产粒状棉[28]。我国也在积极探索电炉法制备矿渣棉技术，2003年苏州钢铁2万吨/年粒状棉生产线、2012年宝钢矿棉科技在宁波钢铁投建2万吨/年中试线、2015年太钢引进高炉热熔渣生产线[28]。截至 2018 年年底，国内以热熔渣为原料采用电炉法工艺制取矿渣棉，26 家企业投产 58 条产线，其中硅锰渣 33 条，占比 57%；高炉渣 20 条，占比 34%；其他渣型 5 条，占比 9%。矿棉制品大部分是板棉，占比 66%。仅 2017~2018 年的两年间，国内新投产热熔渣矿棉线 37 条，产能增加 160 万吨。[29]

2.4.3.3 矿渣棉的生产工艺概述

A 矿渣棉生产的熔制工艺[28~33]

目前，国内厂家大多采用高炉干渣添加调质成分为原料，混合后经冲天炉加热熔炼喷吹或离心成纤。该工艺技术成熟，对矿棉熔体的调温调质操作简单，容易控制，可以保证熔体的连续性，生产稳定；但是该工艺没有利用高炉熔渣的显热，而且二次加热时能耗大，焦炭消耗量 250kg/t 以上，因而生产成本较高。近几年，一些专家学者提出了突破性的方案，将利用工业废渣的热潜能生产矿渣棉作为节能的突破口。表 2-20 详细说明了矿棉的发展历程，传统的矿渣棉原料生产熔制工艺主要有冲天炉熔制、池窑熔制和电熔炉熔制。

表 2-20 矿棉发展历程概况

发展时间	国家或地区	发展过程	工艺概况
1840 年起	英国	成功试制并投产	冲天炉、压缩空气水平喷吹
20 世纪 60 年代	美国、苏联	相继发展成熟	垂直立吹工艺、普通摆锤法
20 世纪 80 年代	日本、法国、瑞士		多辊离心法成纤、初级摆锤法生产矿棉型
20 世纪 90 年代至今	西方国家，典型为瑞典和澳大利亚	系统化标准化	高级摆锤法

a 冲天炉法

冲天炉法制备矿棉产品主要以高炉干渣添加调质剂为原料，块状焦炭为燃料。原料的粒度控制在 30~80mm 范围之内，冲天炉原料为玄武岩和白云石。

工艺流程为：将原料和块状焦炭按一定配比混合后，经炉顶加入冲天炉，并通入助燃空气，焦炭燃烧产生的 1600℃ 左右的高温，将原料熔融成高温熔体，进行调温和调质处理后，高温液体熔体经过流口流入可调溜槽，再经过多辊离心机甩制成棉，随后在集棉和加工制作工序下生产矿棉产品。

炉底约在风口以上的 0.5m 左右处铺设一定高度底焦层，以保证炉料正常熔化后流入炉缸。在设计过程中要保证炉缸有一定的高度和容量，才能获得熔体所需的温度和均匀化学组成。该工艺技术成熟，矿渣棉熔体在冲天炉中的调温调质工艺操作简单且易于控制，可保证出棉的连续性和生产的稳定性。

b 池窑熔制

池窑熔制矿渣棉原料分为火焰池窑熔制法和电熔池窑熔制法。其中火焰池窑熔制法使用油或者天然气（或煤气）作为燃料，原料经混匀后用喂料机送入池窑的熔化部，喷吹燃料产生的高温使之熔化。该法的优点在于熔体质量高，化学成分和温度均匀易控制；缺点为对采用的耐火材料和入炉原料要求严格，成本高。

电熔池窑法利用硅酸盐熔体在高温条件下的导电性能进行熔制，该方法工艺简单、热效率高、污染小、操作简单、熔制质量好，但运行费用较高。

　　c　电弧炉熔制

矿物棉工业所用的电弧炉电极采用石墨电极，电弧炉的熔化优点是单位体积熔化量高、炉子占地面积小、炉体结构极为简单，而且投资少、启动停炉迅速、附属设备很少，充分利用炉渣显热，其总流程如图 2-12 所示。电弧炉熔制为以后矿渣棉生产的主要发展趋势，本章在电弧炉设计的基础上，根据不同地区原料的性质以及当地环境设计相应的生产炉型。

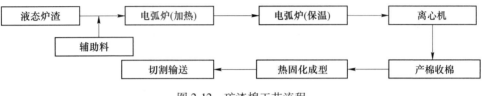

图 2-12　矿渣棉工艺流程

电炉法在我国又称为一步法，它和冲天炉的区别主要在原料和熔炼设备，冲天炉法的熔炼设备是冲天炉，以冷态块渣、焦炭和调节剂为原料，在冲天炉内熔融、调质。需重新将添加物升温至 1400~1500℃直至熔化，浪费了热态渣自身的显热资源，且需要消耗焦炭 250kg/t。电炉法的熔炼设备是电弧炉，将液态热渣直接加入电弧炉内进行调质调温处理，显热的回收利用率高达 80% 以上，采用电能补热而避免添加高污染的焦炭，与冲天炉相比，降低能耗约 70%，降低生产成本 40%~50%（生产粒状棉时）。另外，由于电炉可实现化学成分、产量和熔渣温度的准确控制，产品质量优于冲天炉冶炼，因此电炉法生产矿渣棉具有极大的成本和质量优势。

　　B　矿渣棉生产的纤维成型工艺[28~33]

熔制好的矿渣棉熔体，要经过纤维成型才能进一步制成矿物棉的成品，纤维成型的方法主要分为三种：喷吹法、离心法和离心吹制法。

（1）喷吹法。在渣沟的末端安装一个喷嘴，以高压蒸汽或压缩空气作为喷吹介质，将未经任何调质、调温处理的熔渣喷吹为矿渣棉纤维，同时加入熔融沥青作为黏结剂。

这种方法虽然对高炉热渣的显热充分利用且成本低廉，但矿渣棉纤维直径很粗（约 8~10μm），且在生产和施工过程中沥青对环境的污染十分严重，现已被淘汰。

（2）离心法。离心法有盘式和多辊式，熔体流入高速旋转的圆盘或者多辊离心机的第一个辊子上，在离心力作用下分散并拉制成纤维，该工艺产品纤维长、杂质含量少、能耗低；缺点是多辊设备复杂、操作技术要求高、铺毡均匀性差。

（3）离心吹制法。该方法作为矿棉拉制成纤的主流工艺，融合了喷吹法和离心法的优势，在离心法设备的基础上设置高速喷嘴，熔体被离心力分散后，在未固化前被喷嘴中喷出的高速气流拉制成纤维。该工艺产量大、纤维细纯净，可以生产出高质量的纤维制品，但也存在和离心法类似的缺点。

（4）其他方法。20世纪80年代，在改进熔制、成纤机制及由三角网带集锦、摆锤铺毡替代沉降集锦技术的基础上，国际上又发展了高级摆锤法生产工艺。高级摆锤法技术可生产优质矿渣棉，产品纤维三维分布，纤维更细长，渣球含量更少，可简化复合板生产工艺，降低复合板生产成本。同时，还有苏联提出的蒸汽吹制法、空气吹熔渣法、气流吹制法等工艺，但此类方法目前应用较少。

2.4.3.4　硅锰矿热炉渣生产矿渣棉工艺

矿渣棉是利用矿渣或炉渣为主要原料，经熔化、采用高速离心法或喷吹法等工艺制成的棉丝状无机纤维。矿渣棉生产的主要原料是多种多样的，目前普遍使用的为冷态的高炉渣。炉渣从高炉内排放出来时呈高温熔融状态，经过冷却、破碎和筛粉后成为矿棉冲天炉的原料，因此高炉渣在矿棉冲天炉内是第二次熔化，矿棉生产用的主要燃料是焦炭，生产 1t 矿棉制品大约需要消耗焦炭 250kg 以上。该工艺对环境污染严重，而且不能实现热渣显热的充分利用。高炉渣酸度低，不利于直接成纤，通过对高炉熔渣成分的调质处理，使其在成分和温度方面均满足生产长纤维矿渣棉的要求。而硅锰矿热炉渣原料条件优于高炉渣，酸度高、黏度大，可以直接成纤。该工艺可以充分利用硅锰矿热炉渣的显热，在热渣不足的情况下也可以实现冷渣的加热熔化，原料范围广，可实现锰渣显热和资源的综合利用[23,32~34]。

A　矿渣棉原料分析

a　矿渣棉的成分及其作用[28]

矿渣棉的化学组成一般为 CaO、SiO_2、MgO、Al_2O_3、FeO、Fe_2O_3、TiO_2、K_2O、Na_2O 及少量杂质如 S、Cl 等，其中主要成分为 MgO、CaO、Al_2O_3、SiO_2。矿渣棉成分范围见表 2-21。

表 2-21　矿渣棉成分范围

化学组成	SiO_2	Al_2O_3	CaO	MgO	Fe_mO_n	R_2O
含量/%	36~42	9~17	28~47	28~47	1~5	0~1.2

各个成分的作用如下：

SiO_2 的作用：矿渣棉成分中的主要氧化物，其结构骨架有利于纤维的弹性和化学稳定性。当 SiO_2 含量增高时一方面能提高熔体的黏度，有利于制取较长纤维；但另一方面也使得原料熔化困难，增加熔体成纤温度。

Al_2O_3 的作用：在纤维中进入结构骨架网络，利于提高化学稳定性，Al_2O_3 含量小于 8% 时起碱性氧化物的作用，可改善熔体黏度，有利于制取较细纤维。但熔体中 Al_2O_3 含量大于 8% 时起酸性氧化物的作用，会增加成纤温度，黏度也随之增加，使成纤过程困难加大，必须提高熔化温度和熔体成纤温度。

CaO 的作用：是矿渣棉组成中的主要氧化物之一，含量几乎和 SiO_2 相等，由于它是一种弱碱性氧化物，故在纤维的玻璃结构中不利于形成坚固的骨架，会降低熔体的黏度和化学稳定性，有利于原料的熔化和制取细纤维。

MgO 的作用：在化学性质上可以代替同为碱性氧化物的 CaO，适当的 MgO 可以提高纤维的化学耐久性和表面张力，并扩大熔体成纤黏度范围，有益于矿渣棉的工艺操作；但若含量较高时会产生渣球而不利于成纤，甚至出现析晶现象。

Fe_2O_3、FeO 的作用：由于焦炭的还原作用，所以在熔化过程中 FeO、Fe_2O_3 会发生价态变化，甚至还原成金属铁。Fe_2O_3 具有强烈的染色作用并可提高矿渣棉的表面张力，在制备纤维的过程中产生黑色渣球，但在原材料配方中大量引入 Fe_2O_3 后可提高矿渣棉的使用温度。

MnO 的作用：当高炉矿渣中含有 MnO 或采用锰矿渣作为主要原料时，能降低熔化温度，并提高纤维的稳定性。

b　矿渣棉化学组成的设计[30]

对于生产矿渣棉的原料，其成分应该满足以下几点要求：

（1）熔化温度合适，不宜过高。矿渣棉原料的熔化温度不应超过 1450℃，以利于生产矿渣棉制品。

（2）温度-黏度梯度和黏度较低。在纤维形成的温度范围内，矿渣棉原料熔体应该是具有较低的黏度和温度-黏度降落梯度，这样有利于拉丝成纤，使得拉的丝韧性和长度都符合生产矿棉制品的要求。

（3）拉制的矿棉纤维应细长且化学稳定性好。

（4）原料分析指数。一般用酸度系数 M_k、黏度系数 M_η 和氢离子指数 pH 来分析矿渣棉成分是否合理。

1）酸度系数 M_k。指配方成分中所含酸性氧化物和所含碱性氧化物的质量比，一般矿渣棉的酸度系数应控制在 1.2～1.4 之间。M_k 过高则制成的纤维可能较长，化学稳定性得到改善，但是熔化温度较高，难熔化且纤维较粗。

2）黏度系数 M_η。其含义是配方成分中增大熔体黏度的氧化物和降低熔体黏度的氧化物阳离子原子数 M 之比。即：

$$M_\eta = \frac{M_{SiO_2} + 2M_{Al_2O_3}}{2M_{Fe_2O_3} + M_{FeO} + M_{CaO} + M_{MgO} + M_{K_2O} + M_{Na_2O}} \tag{2-37}$$

M_η 值越大，熔体因黏度高越易制作细纤维；反之黏度系数越小则原料越易熔化。

3）氢离子指数 pH。氢离子指数 pH 值是衡量矿渣棉化学稳定性（抗大气、抗水）较准确的指标，有简单和准确两种计算式，pH 值越高，抗水性越差，根据苏联资料：pH<4 是最稳定的，pH<5 是稳定的，pH<6 是中等稳定的，pH<7 是不太稳定的，pH>7 是最不稳定的。其简单计算公式为：

$$pH = -0.0602W_{SiO_2} - 0.120W_{Al_2O_3} + 0.232W_{CaO} + 0.120W_{MgO} +$$
$$0.144W_{Fe_2O_3} + 0.2170W_{Na_2O} \tag{2-38}$$

B　矿渣棉制备工艺

熔融态硅锰渣生产矿渣棉的工艺如图 2-13 所示，工作时，硅锰渣热液通过运输车运至电炉车间，用天车吊起渣包，将渣液沿进渣口倒入电炉，电极下降插入液体内进行加热，加热好的渣液通过保温炉下部出渣口流入调温溜槽并用电阻加热进行保温，直到达到成棉温度要求。电炉出渣口及调温溜槽出口均可人工调节流量，且两处流量相当，通过两次流量调整，流入四辊离心机的渣液流量稳定，温度均匀，为后续高质量出棉提供了有力的保证，整个工艺可以分为以下四步。

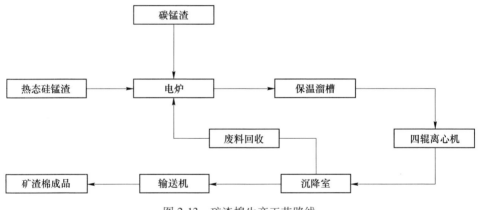

图 2-13　矿渣棉生产工艺路线

a　第一道工序

铁合金炉每隔 2~3h 出硅锰渣和碳锰渣，出渣至 $6m^3$ 渣包中，渣包用平板小车顺着铁路运输到矿渣棉生产车间。

b　第二道工序

热渣直接入加热电炉，根据酸度需要加入碳锰渣进行调质处理。如果中途没有热渣，可以加入冷态硅锰渣进行冶炼，解决铁合金矿热炉间断出渣和矿棉连续生产的矛盾，为连续矿渣棉纤维提供条件，所需辅助设备吊车的载重由后续设计决定。

c 第三道工序

根据加入的炉渣量选择变压器档位以及电极电流对炉料进行加热，加热到出渣温度后开出渣口，热渣流入调温溜槽，调温溜槽出渣口处设有热电偶，对槽内渣液间接测温（不与渣液接触）。根据热电偶测量结果，决定溜槽调温功率及调温时间。

d 第四道工序

热渣经过调温溜槽后在离心机中拉制矿渣棉纤维，进入后续的矿渣棉生产线制成所需的矿渣棉板或者其他制品。所需辅助设备有多级离心机及沉降装置、用于回收拉制纤维后的余料及后续工艺所产生的废料的装置。

2.4.3.5 矿渣棉生产案例

以云南某锰矿有限公司 2 万吨/年的矿棉生产线为例，说明矿渣棉工艺的实施案例。

该生产线可生产涵盖国标（GB/T 11835—1998）的全系列制品，纤维直径 7μm，渣球含量 10%、制品容重 $60\sim200kg/m^2$、单位集棉重量 $300g/m^2$，部分指标高于引进生产线。套板线实际年产量逾 2 万吨，采用四辊离心机摆锤法生产，制板网带同步速度 $1.0\sim10.0m/min$、网带宽度 2060mm，可生产矿岩棉板规格为三幅 $630mm\times3=1890mm$。制品厚度 $30\sim120mm$，长度预置自动定长切割。在实际生产过程中可根据用户要求，通过对矿岩棉板线进行网速、厚度、固化温度的调整，生产出合格产品。该线主要特点包括：熔炉采用全自动上料系统、重力冷却水循环、四辊离心机双轴中心喷胶及憎水防尘剂、高速斜置三角集棉机、摆锤多层布棉机。集棉速度 $6\sim60m/min$、幅度 2500mm，制板机采用同步气动张紧、双节圆等齐入口、高效能 KT 固化、无缝连续整体热膨胀高速轨道及链条、电控转矩同步驱动、栅栏冷却负压网带、电气动纵刀调整、犬齿废边料二级破碎回送系统、全数字脉冲电器及机械精密同步等。全套生产线包括：熔炉全自动上料系统、熔炉系统、四辊离心机（2 台）、四辊离心机电脑计量油雾润滑系统、三角集棉机、摆锤多层布棉机、电控可调角度打褶收棉段、容重跟踪显示段、高容重打褶预压段、过渡段、固化室、冷却段、电气动纵切刀、废边料回收、三幅同步气动飞锯（2 台）、制品同步测长测速附膜段、中间段、输出段、移动接收段、全自动燃气热缩薄膜包装机、电控系统、煤气发生炉及管线系统、固化室热风系统、胶料制备存储系统、全线风机系统、全线压缩空气系统、车间供电系统（装机总容量 3000 千伏安）、冷却水循环系统、熔炉热风系统、除尘、脱硫及其他环保辅助系统。

A 生产布置

电炉是该设计的主体设备，其他设备与装置与之配合使用。为保证工艺流程顺利进行，下面对厂房布置进行设计。根据实地考察，厂房的布置采取高架式横向布置，车间包括原料跨、炉子跨、离心机拉丝成棉跨、出坯精整跨。车间物料流程如下：热态硅锰渣—渣罐—电炉加热—保温溜槽—离心机—沉降室。

　　a 原料跨

考虑到车间的横向布置结构，选取车间跨度为 10m、长度 18m、标高 15m。为了缩短运输距离，原料跨的烘烤间包括材料烘烤室、散装料烘烤室分别靠近铁合金生产车间。以原料跨、炉子跨、离心机跨、精整跨等组成的品行多跨间布置的生产车间，车间长度主要依据炉子跨间设备布置而定。

　　b 炉子跨

炉子跨作为整个车间最高部分，电炉位于跨间靠近中间的部分，调温溜槽位于中轴线部位，同时调温溜槽的出渣口位于下一跨即离心机拉丝跨的前部。渣罐车通过铁路运输直接承接液态硅锰渣的渣罐，采用吊车吊运渣罐直接倒入保温炉内进行加热。炉子跨配有吊车进行车间的高空吊运，高炉出渣口处用渣罐车出渣，另一侧为炉体和炉盖的修砌区以及烘烤区。

　　(1) 炉子跨的长度：与原料跨不同，取为 18m。

　　(2) 炉子跨的跨度：考虑炉盖和炉体修筑所需场地的要求、变压器房的限制，设置为 20m。

　　(3) 桥式吊车轨面的标高：吊车起吊最高工作点按照电极装入时最大高度，故计算吊车的轨面标高为：

$$h > L_1 + L_2 + L_3 + L_4 + L_5 + L_6 = 22m$$

式中　L_1——起重机钩钩的极限尺寸，取值为 2.5m；

　　　　L_2——调换电极用吊具的尺寸，取值为 1.5m；

　　　　L_3——需要吊出的电极的长度，取值为 5m；

　　　　L_4——余量，取值为 2m；

　　　　L_5——电极把持器顶端降低到最低位置时与炉底的距离，取值为 6m；

　　　　L_6——电炉入料口到车间地面的距离，取值为 6m。

现场图如图 2-14 所示。

　　c 离心机拉丝成棉跨、出坯精整跨

离心机拉丝成棉跨跨间尺寸根据现场而定，出坯精整跨设计为跨长 60m，跨度 24m，标高 24m。跨内设有矿棉精整区和粒棉精整区，其中包括各类质量检测设备、打包机，本跨内是离心机的矿渣棉板坯输送辊道，使矿渣棉板坯转移至精整辊道上，跨内设有两台 50/20t 桥式天车。

　　B 矿渣棉生产主体设备

　　a 熔炼电炉

该公司年产 2 万吨热熔渣棉板、毡及粒状棉，使用硅锰渣生产矿渣棉，其冶炼装置的炉型如图 2-15 所示，加热和调质均在电炉内进行，实现了工艺的一体

图 2-14　现场图

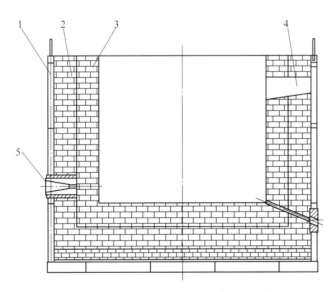

图 2-15　加热炉炉型示意图

1—水冷炉壁系统；2—保温层；3—工作层；4—进渣口；5—出渣口

化、简化工艺、操作简单；原料范围广；加热过程不添加焦炭，减少了环境的污染；出渣过程设置有调温溜槽，选择性对炉渣进行升温和保温，可控性和可操作性强。该电炉同时具有保温、加热、适于生产矿棉调质处理的作用。采用此加热炉，可满足极为苛刻的工作条件：承受倒入硅锰矿热炉渣的剧烈冲击和机械冲刷、高温矿渣棉原料熔体的净压力和化学侵蚀、急冷急热的温度变化、电极加热所产生的高温和电极弧光对包衬的辐射。该电炉可以使用热渣或者冷渣，具有较宽的原料范围和冶炼能力，使液态炉渣的显热得到最大化利用，并提高冷渣的利用率，同时解决铁合金生产用矿热炉到矿棉车间炉渣的升温和保温问题。在此装置内进行炉渣的加热调质处理，出渣过程中调温溜槽选择性地对炉渣进行保温或者升温处理，满足矿渣棉生产的要求。同时冶炼过程中添加冷渣解决铁合金矿热炉间断出渣和矿渣棉连续生产的矛盾，从而使铁合金生产与矿渣棉的生产工艺进行更好的有效结合，以实现经济效益最大化。

（1）产品符合 GB 10067.1-4《电热设备基本技术条件》规定，产品符合 GB 50056—93《电热设备电力装置设计规范》规定。

（2）冷却水和电源条件。冷却水和电源条件见表 2-22。

表 2-22　冷却水和电源条件

项　目	参　数	项　目	参　数
pH 值	7~8.5	总硬度	10°dH
悬浮物	50mg/L	总溶解物	400mg/L
导电率	75 毫西门子/m	交流供电系统电压	10kV±10%
交流供电系统频率	（50±0.5）Hz/三相	低压配电系统电压	380V/220V±10%
低压配电系统频率	（50±0.5）Hz/三相		

（3）保温电炉采用圆形结构，在极心圆周边均匀分布三套电极系统；电炉炉体顶部留有进渣口，为避免倒渣时高温烘烤电炉部件，进渣口处设有保护措施；进渣口可机械封闭；炉体底部留有出渣口 1 个、出铁口 1 个，出铁口位置低，同时兼作应急出渣口。

（4）调温溜槽出渣口处设有热电偶，对槽内渣液间接测温（不与渣液接触）。根据热电偶测量结果，决定溜槽调温功率及调温时间。

（5）调温溜槽电极升降采用小车式，小车滚轮沿立柱轨道上下移动，电机驱动，变频调速，PLC 控制，既可手动，也能自动。

（6）炉盖采用板式水冷结构，中心盖含 3 个电极孔，耐火材料整体浇灌；炉盖材质为 20g，出厂前 2 块或 3 块独立结构，分别冷却水打压试验（0.8MPa 水压 1h 不得渗漏）；运至现场后将 2 块或 3 块组件焊装至一起，不得变形或扭曲；炉盖留有加料口（兼观察孔）及排烟收集接口。

（7）炉盖提升采用两条油缸驱动，板式链连接，加热桥架支撑。

（8）液压系统为油缸动作提供动力，具体是炉盖提升油缸（2 根），电极夹放油缸（3 根）。

（9）水冷系统为电炉及变压器油水冷却器提供软化水作为冷却水，水质符合要求，冷却水分配水箱留有进出水接口法兰，与甲方总管道连接。

（10）保温电炉与调温溜槽共用一台变压器，便于控制电极电压并减少变压器设备投资。

b 调温溜槽

调温溜槽是在出渣过程中对炉渣升温或保温的装置，出渣过程中根据离心机吹棉要求调节热渣流速，热渣在调温溜槽中予以缓冲，根据所需的温度在调温溜槽内利用两根电极进行升温或保温工作，为后续的拉丝成棉过程做储备工作，此为热炉渣加热设备与成棉设备中间衔接装置。

调温溜槽用保温材料进行保护，调温溜槽如图 2-16（a）所示。由于调温溜槽在使用过程中储存热渣太多，且电极加热过程因无法搅拌造成温度不均，使用中流速难以控制，所以对调温溜槽进行重新设计，如图 2-16（b）所示，热渣从出渣口直通离心机上部并甩制成棉，坡道顶部使用硅铝棒进行保温，上部有防止散热的保温盖，出口处对流渣进行流量调整，保温炉出渣口及调温溜槽出口均可人工调节流量，这样，通过两次流量调整，流入四辊离心机的渣液流量稳定，温度均匀，为后续高质量出棉提供了有力的保证。

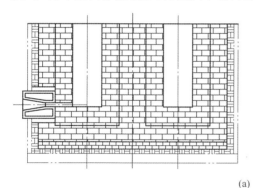

(a)

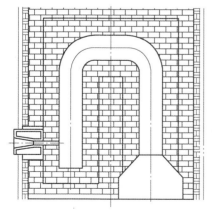

(b)

图 2-16 调温溜槽

（a）原调温溜槽；（b）重新设计后的调温溜槽

c 渣包

渣包（如图 2-17 所示）作为运输设备，内衬承受高温矿渣棉原料熔体的净压力与倒入热渣时的剧烈冲击，经受急剧的机械冲刷、化学侵蚀和温度的激冷激热作用。为了减少外表面散热，尽量使渣包外边面积最小，即接近于球形，圆桶状内型的渣包取其上口内径 D/内高 $H=1$。为了便于在浇注完毕时倾倒出残余矿渣棉原料熔渣和清理取出冷凝的渣块，通常把渣包内型做成上大下小的圆锥台形。保温层使用轻质黏土砖或一般黏土耐火砖，工作层采用适应硅锰渣性质的酸性捣打材料，提高炉衬的寿命。

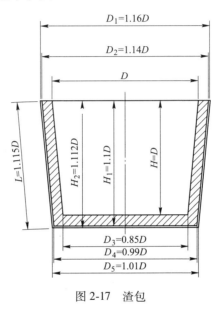

图 2-17 渣包

C 经济效益分析

矿渣棉高收益、低成本、低风险，必须对其成本有一个正确的分析，以达到控制风险、减低成本、提高收益的目的。根据该公司的实际情况，对矿渣棉成本、效益进行测算与分析，前期设备投资见表 2-23 与表 2-24。耐火材料见表 2-25，整个工艺所需设备与厂方等的投资预算见表 2-26。

表 2-23 渣罐电炉炉体

名　称	数量	总价格/万元
16t 酸性炉衬渣罐	1 台	1.5
25t 酸性炉衬电炉	1 台	150
矿棉生产线	1 条	1000
设备总投资		1151.5

表 2-24 辅助设备

名　称	数　量	总价格/万元
行车	32t/10t 双梁冶炼专用行车 2 台	43.2×2＝86.4
备用渣包	4 只	1.5×4＝6
除尘器	加热炉除尘器（8 万风量、旋转罩）	68.5
空压机	6 立方米（风冷）	3
行车电子秤	32t、20t 电子秤	0.3
其他设备		50
设备总投资		114.2

表 2-25 加热炉耐火材料

名　称	材料名称	需求量	单位/元·t^{-1}	总价格/万元
酸性耐材	硅铝矿	20t 左右	3500	7
碱性耐材	铬镁矿	20t 左右	4000	8
耐材合计				15

表 2-26 设备投资

名　称	价格/万元
主体设备	1151.5
辅助设备	114.2
厂房	20
其他设备	50
总费用	1335.7

设备总投资 1300 万元，目前矿棉板材市场毛坯价格 1900 元/t，每月原材料投资 14 万元。成坯率在 90%，月产量为 1250t，则按目前市场行情每月净收入为 213.8 万元，净收入 166.8 万元。流动资金表见表 2-27，投资效益分析表见表 2-28。

表 2-27 流动资金

名　称	每月消耗量	价格/万元
人员工资	50	15（3000 元/月）
用电	40 万	32（0.8 元/度）
总费用		47

表 2-28　投资效益分析

投资		投资类型		预计投资		估计收益状况	
名称	产品	产量/t	市场价格/元·t^{-1}	金额/万元	净收入/万元	回收年限	收益期
总体投资	矿棉板	1250	1900	1300	166.8	7 年	1 年
流动资金/月				47			

总的分析，此工艺可以大幅度增加收入，产生十分可观的效益，并能增强企业发展实力，为走可持续发展道路创造有利条件。

2.4.4　微波冶炼合金技术的应用案例

2.4.4.1　微波冶炼合金技术工艺说明

A　微波加热原理及特点[35,36]

微波作为一种特定频率的电磁波，可以通过电磁力与原子等微观粒子（电子、分子、离子等）相互作用。当微波与物质相互作用时，物质的各种物理化学特性，如电导、介电常数、介电损耗系数等都将发生变化，通常表现出穿透、吸收、反射三个特性，这往往与物质本身的性质有关。微波加热是在高频电磁作用下，介质材料中的极性分子从原来的随机分布状态转向按电场的极性排列取向，取向运动以每秒数十亿的频率不断变化，从而造成分子剧烈运动与碰撞摩擦，产生热量，将电磁能直接转化为热能，实现对物质加热升温的目的。材料能被加热需具备以下特性：被加热材料表面不能反射微波，即材料的标准阻抗为 1；被加热材料能不可逆地将入射的微波能转化为自身热量。对于入射的高频波或者高介电损耗物料，微波能只聚集在物料表面，内部无法被微波辐射到，物料不能被整体加热；而低频率微波或者介电特性较低的物料，微波具有较大的穿透深度，颗粒度较小的物质能够被整体加热，所以，基于介电特性的穿透深度能够指导我们获得良好的微波作用粒度或料层厚度。

传统加热方式是传导式的加热，即外部热源由表面到内部的加热方式。微波加热是从对象材料内部进行，通过对象内部耗散来对目标进行加热，与传统方式相比有其明显的优势。微波加热使受热目标本身成为发热体，这样能够使受热目标在加热的过程中做到受热均匀，避免了传统加热方式存在的中心冷问题，无论受热物体的形状如何，都可以做到均匀受热。由于受热目标直接成为发热体，所以在微波加热的过程中，不需要经历热传导的过程，而且可以减少能耗提升受热速度。在微波的作用下，物质的原子和分子会发生高速振动，从而为化学反应建立更为有利的环境，进而降低能耗。与常规加热相比而言，微波加热具有选择性、内部加热、非接触性加热等特点，易于控制，可有效改善劳动条件。微波能应用范围不断拓宽，并不断应用到新的领域，目前已经在冶金、化工、石油、食品加工、医药等行业得到应用。

微波加热具有如下特点：

（1）即时性加热。传统矿物加热有滞后性和延缓性，必须保持炉窑持续高温，不能停炉；微波加热可以做到即开即停。

（2）选择性加热。物质介电常数不同，吸收微波的程度也不同，在微波场中升温速度差异较大，据此特性可以实现对物质的选择性加热。锰、铁、碳的吸波能力远强于含二氧化硅、氧化钙、氧化铝等成分的渣。

（3）全区域加热。传统加热，热量从物料表面向中心传导，热效率低，容易出现"冷中心"现象。微波加热不分区域，可同时实现物料加热，热效率高。

（4）无明火静态加热。传统冶炼用明火加热，物料翻腾产生大量烟尘及二氧化硫和氮氧化物；微波加热是在物料静置状态下加热，无火焰、无物料翻腾，极少产生粉尘及二氧化硫和氮氧化物。

（5）穿透性强。微波加热可以穿透32cm厚的物料堆层，对整个物料厚度内反应均有促进作用，反应均匀性强；传统辐射加热只能加热物料表面，通过热传导加热物料内部，不同位置物料反应差异较大。

B　与传统冶金相比微波冶金的优势[37~39]

（1）微波冶金能耗低。传统铁合金的生产方法主要是电炉法。电炉法的主要缺点是炉衬寿命短、能耗高。综合看，传统工艺冶炼铁合金存在下列问题：产品质量差、能耗高、环境污染大、生产成本高。利用微波选择性加热和物料极性分子发生高速运动从而自摩擦加热原理，对混合物料进行自内而外均匀加热，实现合金晶粒长大，可使微波冶炼铁合金还原温度比理论还原温度低200℃左右，降低电耗35%~50%。

（2）微波冶金环境友好。直接利用粉状原料是微波冶金法的另一优势，避免了传统工艺的原料烧结等预处理环节。微波法冶炼铁合金新技术发挥了微波冶金的静态、高效内加热工艺优势，具有反应温度低、能耗低、容易得到高品质铁合金、生产成本低、产生粉尘量少、CO_2排放大幅度降低等特点，炉渣用于加工水泥、路基材料、制砖等建材，属环境友好型的绿色制造。

C　微波冶炼合金新技术工艺流程

微波冶炼铁合金新技术的工艺流程是：将氧化矿粉与碳质还原剂成型后对成型原料进行干燥、预热与脱除结晶水，再进行预还原、深度还原和合金晶粒长大，冷却、破碎后实现铁合金和炉渣分离。与现有铁合金冶炼技术相比，新技术具有反应温度低、能耗低、容易得到高品质铁合金颗粒、制备过程简单、生产成本低等特点。微波冶炼铁合金新技术工艺流程如图2-18所示。

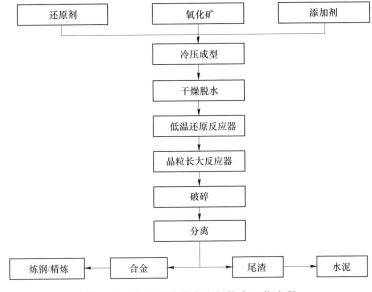

图 2-18 微波冶炼铁合金新技术工艺流程

微波冶炼铁合金新技术主要步骤如下：

（1）干燥。干燥是为了便于后续工序的进行和降低整体工艺能耗。干燥充分利用微波加热反应时产生的烟气的余热。

（2）细化粉体。将干燥后的氧化矿粉、煤粉和助熔剂分别磨细于一定粒度（如100目），其目的是为低温还原创造良好的粉体条件。

（3）配料、成型。将细磨后的原料进行配料、混合、成型，目的是得到成分均匀的含碳球团，便于低温还原反应的进行和反应均匀性。

（4）球团干燥。生球进入干燥炉干燥脱水，将水分降低到5%~10%，加热利用低温反应器的余热进行。

（5）低温还原反应。干燥后的球团进入连续化的低温还原炉内加热并且还原。炉内分为3段，分别为预热段、脱结晶水段和还原段，炉内最高温度为1200℃。加热源可采用煤气间接加热或微波直接加热。

（6）微波冶炼。还原后的球团进入微波反应器内冶炼形成铁合金颗粒，由多台大功率微波源组成的大型微波反应器，冶炼最高温度可达1500℃。

（7）高温出料。通过高温出料器将半熔态的物料移出反应器，热料进行水淬处理。

（8）破碎、磁选分离。水淬后的渣铁混合物通过破碎和磁选/跳汰进行分离得到粒状铁合金，细炉渣可用于水泥的添加剂。

（9）余热利用及烟气处理。离开低温还原反应器的烟气温度大约为300℃，热烟气用于氧化矿的干燥热源。干燥窑的热源利用微波反应器后续的冷却余热。

含粉尘烟气经过旋风、布袋除尘，然后进入 CFB 脱硫塔脱硫，清洁的烟气最后排入到大气中。

D　微波冶炼合金新技术的技术难点和技术关键

微波冶炼铁合金新技术的技术难点是如何实现低温下的快速还原和晶粒长大。新技术的技术关键是：

（1）提供充分还原的动力学条件。粉体细化，使粉体具有储能，增大了接触的比表面积，降低反应温度，加快反应速度。

（2）改善冶炼的热力学条件。控制还原段不同区域的还原气氛，满足充分还原和深度还原所需气氛条件。晶粒长大区的还原气氛控制，保证渗碳反应顺利进行。

（3）改善冶炼的传热条件。通过造球和合理的料层高度，保证炉料间的透气性。炉顶燃烧技术，保证热量穿透到球团内。

晶粒长大区微波外场的作用，直接实现对炉料内的加热，改变传统加热方式热效率低的问题。

（4）选择性加热及渗碳技术。采用外场选择性加热的特点，确保形成的合金晶粒与周围的碳反应，实现低温快速渗碳，降低合金的熔点，保证合金晶粒在炉渣中的聚集和长大。

新技术从 4 个技术关键问题着手，以此保证微波冶炼铁合金新技术低温下的快速还原和晶粒长大。

E　微波冶炼合金新技术节能降耗之处

（1）冶炼温度降低，冶炼能耗得以降低。如镍铁冶炼温度可由矿热炉冶炼的 1600℃降低至 1350℃左右。1t 矿 1600℃需要电能 800kW·h，而 1350℃需要电能 600kW·h。1t 10%NiFe 合金需要 6t 干矿，即约省电 1200kW·h。

（2）从还原到晶粒长大区是一个连续过程，无温降。如镍铁冶炼，回转窑+矿热炉的回转窑焙烧高温区约 1050℃，但窑头温度已降低到 700~800℃，再从出料输送到矿热炉料仓进入矿热炉，温降又在 100~200℃。由于工艺及装备原因，温度损失 300~500℃。

微波冶炼合金新技术在低温还原段处于 1150℃恒温区，无温降，再输送到晶粒长大区无温降，因此可节能 300~500℃。

（3）反应器内气体能量得到充分利用。如在镍铁冶炼过程中，在低温还原区气体温度约为 1150℃，在低温还原反应器中要完成炉料的干燥、预热和脱水等功能，同时还要参与红土镍矿的干燥，烟气排出温度为 150℃左右，可以实现烟气余热利用的最大化。

F　微波冶炼合金新技术创新点

微波冶炼合金新技术主要有三大创新：一是理论创新，二是工艺创新，三是工程创新。

a 理论创新

（1）粉体细化，使粉体具有储能功能，降低反应温度，加快反应速度。氧化矿粉与煤粉的粉体细化，使得在细磨过程中的机械能部分转化为粉体的表面能、晶界能以及晶格畸变能等，这使粉体具有了储能功能，同时增大了接触的比表面积；具有储能的细粉体有利于反应温度的降低、反应速度的加快，由于能够在较低的温度下快速进行还原反应，故节约了能源消耗，从而降低了生产成本。

（2）低温快速渗碳，半熔融态分离渣铁。通过微波的内加热和选择性加热，实现物料的快速加热与渗碳，在低于传统冶炼温度下形成低熔点铁合金颗粒，实现半熔融态下的渣铁分离。

b 技术创新

（1）防球团爆裂技术。由于复合含碳球团含有的水分不适宜剧烈升温，故应使水分逐步排出含碳球团内，否则很容易爆裂，产生很多粉尘，不仅影响生产顺行，还加大了铁合金的冶炼成本。微波冶炼铁合金新工艺，首先应通过干燥和预热（30~60min），将成型后的球团脱除物理水，然后在800~1000℃保持20~40min，脱除90%以上的结晶水，同时含碳球团不爆裂。这种方式还能充分利用高温废气的余热，使出口废气温度降为300℃左右，最大程度地降低冶炼过程的能量需要。

（2）还原性气氛的控制技术。在反应的预还原阶段，由于自身反应会产生较多的 CO 气体，可以起到保护球团不被氧化，但是在深度还原期，由于自身产生的 CO 气体量减少，需要改变加热方式，实现气体中 $(CO+H_2)/(CO+H_2+H_2O+CO_2)>50\%$，这样加上还原反应自身产生的部分 CO，能够保证比较高的金属化率。

（3）大功率微波设备内加热和选择性加热技术的应用。新工艺最大的创新是首次将大功率微波成功应用于高温冶炼行业，改变了冶炼行业传统的加热方式，将传统高温外部传导加热方式变为高效的微波内加热，同时充分发挥了微波对不同物质的选择性加热特点，利用微波加热的选择性对渣铁混合物料中的镍铁颗粒进行加热，实现快速渗碳和铁合金晶粒长大，从而使得镍铁冶炼行业的能耗大大降低，环保水平更高。

（4）半熔融态高温出料技术。新工艺开发的半熔融态高温出料技术，应用于半熔融状态下炉料的横向出炉，解决了不能高温状况下（>1000℃）出料的问题。

c 工程创新

（1）还原设备与微波晶粒长大设备的无缝连接。由于工艺及装备原因，传统冶炼铁合金工艺的还原与熔炼有一个中间过渡段，这样就造成了温降（300~500℃），增加了能耗。新技术从还原到晶粒长大是一个连续过程，无温降，实现了还原设备与微波晶粒长大设备的无缝连接，同时避免了因微波泄漏而产生的安全隐患。

（2）大功率、高密度、高温度微波腔体的设计及稳定运行。用于冶炼的微波晶粒长大段，具有大功率、高密度、高温度的特点。腔体的合理设计，是保证微波设备的稳定运行的关键问题。温度越高，材料的吸波特性越好，加上微波内加热的特性，这就使得各种材料不能在高温微波加热的条件下正常使用，同时高密度排布的微波源之间，也存在相互干扰、影响运行的问题。

结合微波的特性与工艺制度，设计出了满足生产要求的大功率、高密度、高温度下的微波加热腔体，解决了微波源之间的相互干扰问题，保证了高温下大功率微波设备的长期化稳定运行。

（3）余热的高效利用。还原后的气体在低温还原反应器中要完成炉料的干燥、预热和脱水等功能，同时还要参与前道工序干燥，烟气出口温度为150～180℃，以此实现烟气余热利用的最大化。

2.4.4.2　微波冶炼合金新技术工业示范

微波冶炼合金产品，在产品品种上，要在保证炉窑顺行的基础上先进行冶炼温度相对低的产品生产，如镍铁、磷铁、含锰生铁、高碳锰铁等，这些产品的温度大约在1400℃；同时选择附加值相对高的产品进行冶炼，如含钒生铁、含硼生铁、含钨生铁、含钼生铁、镍铬合金等。

特别需要说明，利用微波方式冶炼的合金产品，应该设定微波冶炼产品的标准，而不是一味地参照国家标准。因国家标准中的合金产品冶炼温度很高，现在微波冶炼能够正常工作的温度在1500℃以下，这就表明在现在微波用高温耐火材料没有解决的情况下，我们可以冶炼一些合金含量相对较低的合金产品，制定自己的微波冶炼产品标准，以此向用户进行推广。

就像镍铁一样，国家标准镍铁含镍量为20%以上，而现在不锈钢用的矿热炉冶炼工艺生产的镍铁镍含量为4%～12%。再如现在冶炼不锈钢用的镍铬合金，既没有行业标准，也没有国家标准，而现在不锈钢冶炼企业对镍铬合金产品供不应求，镍铬合金中的镍含量在4%左右，铬含量为20%左右，既没有达到镍铁合金含镍20%以上的要求，也没有达到铬铁合金含铬60%以上的要求，该产品的冶炼温度在1500℃左右，低于镍铁和铬铁合金的冶炼温度。因此，我们也应该根据微波冶炼的特点，制定合理的产品及标准。下面以镍铁合金为例进行简要介绍。

微波冶炼镍铁合金：采用的原料为腐殖土类型的红土镍矿，镍与铁含量分别为1.84%和14.5%。还原剂和燃料采用煤粉，得到的镍铁产品中镍、硫、磷含量分别为13.5%、0.2%和0.025%。图2-19所示为红土镍矿，图2-20所示为压制的含碳球团，图2-21所示为生产出的镍铁合金颗粒。1t产品的煤耗为1.8t，总电耗为2200kW·h，镍的综合收得率为92%。与RK-EF或烧结-EF相比，新工艺具有更好的技术指标，见表2-29。

图 2-19 红土镍矿

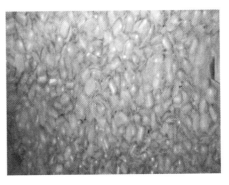

图 2-20 含碳球团

图 2-21 镍铁合金颗粒

表 2-29 不同镍铁冶炼工艺对比

冶炼工艺	烧结—电炉	回转窑—电炉	微波冶炼
主要设备	烧结机，电炉	回转窑，电炉	低温还原反应器，微波反应器
相对投资	100	130	130
每吨 10%Ni 煤耗	约 1000kg	约 1500kg	约 1800kg
每吨 10%Ni 焦耗	约 300kg	约 200kg	0kg
总电耗	约 4800kW·h	约 4200kW·h	约 2200kW·h
工业化进度	在中国工业化	世界各地	在中国进行工业化试验

　　某微波冶炼铁合金生产线生产能力为 3 万吨/年，由 50 台 75kW 微波源组成的微波反应器的微波加热总功率为 3750kW，配备了相应的辅助煤气加热。厂区平面布局图如图 2-22 所示，现场的主要设备如图 2-23 所示。

图 2-22 厂区平面布局图

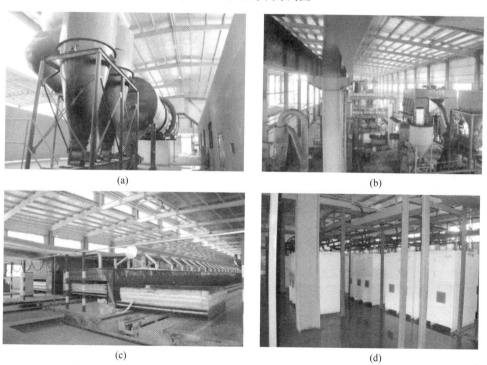

(a)

(b)

(c)

(d)

图 2-23　工业化示范生产线现场设备图片

(a) 滚筒干燥；(b) 原料预处理系统；(c) 低温还原反应器；(d) 微波设备；
(e) 出料设备；(f) 破碎、分离设备；(g) 脱硫除尘设备；(h) DCS 控制室

2.4.4.3　微波冶炼合金新技术应用前景

微波冶炼铁合金新技术示范生产线已进行连续化试生产，试生产的产品已作为不锈钢制品的原材料应用于生产。用户在使用中减少了熔炼的电耗和时间，降低了不锈钢的冶炼成本。

新技术具有能耗低、冶炼成本低、环境友好等特点，它的成功投产将积极推动铁合金冶炼行业的转型升级，具有革命性意义。

在全球节能、环保和减排的大形势下，该示范生产线进一步完善后，将新技术和装备在铁合金冶炼行业进行推广；同时新技术能应用于低品位铁矿、钒钛磁铁矿、钛精矿、钨精矿及各种氧化物矿的处理，不仅会对企业产品结构调整、效益提升产生重要推动作用，也会为钢铁行业转型升级提供示范效应，并显著加强"中国制造"铁合金装备的影响力，促进国际市场的进一步拓展。项目为我国冶金企业提供了规模化定制、产业创新发展的示范。

2.4.5　铁合金连铸粒化成型技术及应用

长久以来，铁合金炉前浇铸通常采用铸铁锭模、地面沙模或地模分层浇铸后

再经过人工精整或机械破碎精整方式达到用户需求的粒度，从而导致合金粉率较高、损耗较大、生产成本增加。铁合金连铸连压自动生产线采用连铸粒化成型技术，可以实现浇铸一次成型，简化炉前冶炼工艺、产品精整工序，实现电气、机械自动化，减少人工成本、减少合金粉率、降低生产成本。

2.4.5.1 铁合金连铸粒化成型技术工艺说明[3]

连铸粒化成型技术是一种可以使铁合金从液态至包装过程达到全自动智能化，脱模率高、粉化率低的炉前浇铸一次成型技术，该技术将合金液连续浇铸到设计的多个锭模中，一次性即可浇铸获得形状、粒度合理的铁合金产品，从而省去了传统工艺中的破碎精整工序，简化了炉前浇铸工艺，缩短了流程，降低了成本。

铁合金连铸连压自动生产线即采用连铸粒化成型技术的铁合金浇铸工艺生产线。铁合金连铸连压自动生产线主要由液压自控浇铸装置、配流器、连续铸棒机、脱模器、涂料喷涂器、底料铺料器、压痕机、高温振动出料分筛机、输送机、提升机、定量给料机、产品平板车、粉料分配器、自动控制装置以及冷却系统等组成。连续铸棒机为水平回转式，由驱动装置、减速装置、回转平台和安装在回转平台的快凝器等组成。工作时，铁水经配流器浇铸到快凝器的结晶器中，经过1min左右的时间就全部结晶并降温到800~1000℃。连铸机在快凝器浇满铁水后会自动转位，把下一个快凝器转到浇铸工位上。凝固后的合金在转动到脱模工位后，脱模器的脱模杆会自动快速推出，把快凝器内的合金棒推离结晶器。脱模后的快凝器在转动到喷涂工位时，喷涂器的喷嘴立即伸入快凝器的型腔内，向型腔壁喷涂环保涂料。喷涂后的快凝器转位到底料铺料器时，由底料铺料器铺上底料，然后再次进入浇铸工位。脱模后的合金棒自动进入到压痕机工位，经压痕机的精准压痕，冷却后即得到用户需要的粒状合金。由于是在800~1000℃的高温下压痕，仅用微小的力就可达到目的，因而实现了节能、减少粉率和减少压辊磨损的目的。从压痕机压痕后的合金全部经过高温出料分筛机进行分选，规定大于用户要求的合金直接进入到成品合金容器中；粒度小于用户要求的小颗粒合金，经提升机提升到高位输送机，由该输送机输送到粉料分配器中备用。粉料分配器中的粉料经定量给料机输送到快凝器的底部，作为底模的铺底料；过剩的铁粉均匀分配到液态合金配流器中，其在配流器中与铁水混合并熔化。设备设置有浇铸烟气捕集罩，烟罩的抽风管与炉前抽风管连接，利用炉前抽烟系统十分方便地把浇铸过程产生的全部烟气和热浪抽入除尘器内，车间内不会因浇铸而产生烟尘和热辐射进而产生污染。铁合金连铸机工艺技术流程如图2-24所示。

2.4.5.2 铁合金连铸粒化成型技术案例

下面介绍一条铁合金连铸连压生产线的主要设备参数及该生产线的主要技术优势及效益。

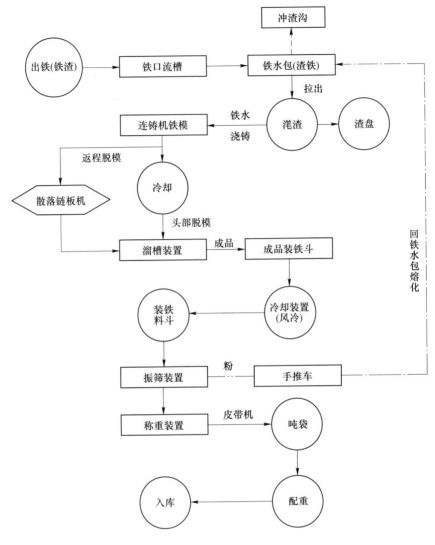

图 2-24 连铸机工艺流程示意图

连铸连压生产线的主要参数如下：

连铸机回转直径：4000~10000mm

快凝器数量：50~300 个

铸棒规格：长度 300~1500mm，截面等效尺寸 50~200mm

产量：30~200t/h

离线产品规格：10~60mm（可调）

铁合金连铸连压生产线生产现场图如图 2-25 所示。

图 2-25 铁合金连铸连压生产线生产现场图

该条铁合金连铸连压生产线的技术优势主要有以下几点：

一是智能制造，即设备起动后，即进入全自动智能工作状态，操作人员只需做好突发事件应急处理准备工作。

二是可以增产、节能并环保，因为浇铸铁水过程十分平稳，不产生飞溅损失，离线产品全部符合合同要求，铁水一次成品率提高 5% 以上，增产节能效果明显；另外，在浇铸过程产生的热浪和粉尘可以全部捕集，实现环境友好。

三是模具损耗低，由于在浇铸过程中铁水不直接冲刷金属模壁和铁水进入结晶器后就立即凝固，因而能有效避免模具因长期受到高温铁水的直接冲刷而产生的热损坏和熔蚀，所以模具使用寿命长、损耗低。

四是二次碎化率低，液态合金进入连铸机后，立即被冷却介质强力冷却而快速凝固获得细晶粒的合金组织，从而提高合金密度和强度，能够有效减少离线产品和出厂产品后续运输产生的二次碎化率。

五是该条生产线占地面积小，整套设备占地面积大约为 80～150m，与传统浇铸破碎加工工艺比较，减少占地面积 50%～80%，减少厂房投资 500 万元。

2.4.6 工业粉料处理新技术及应用

2.4.6.1 工业粉料处理技术

合金生产过程中，入炉料（矿石）的物理形态（粒度）对冶炼性能影响较大，粉矿大量直接入炉，容易发生塌料、喷火等现象，引发安全事故。因此，大中型电炉使用的粉矿均需经球团、烧结,粉矿的使用受到了限制。粉矿压块,为提高粉矿使用量提供了一个新的途径。根据前期研究,粉矿复合压块与球团烧结相比有较好物理形态[40,41]。

工业粉料处理新技术主要是针对铁合金行业冶炼的需求而研发的,采用冷压的方式将所处理的粉料添加还原剂及少量的添加剂经精确配料、搅拌、压制成型、烘干制成冷压复合球团。

新技术所生产的复合球团完全满足了合金冶炼要求,并且在此基础上消除了事故隐患,同时可稳定提高合金产品质量、降低生产成本、降低能耗和粉尘污染。

冷压球团工艺流程如图 2-26 所示。

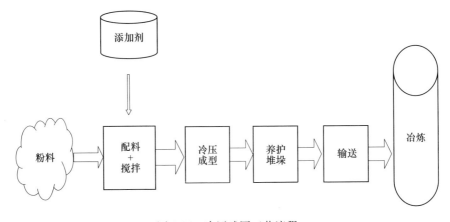

图 2-26 冷压球团工艺流程

工业粉料处理新技术特点有:

(1)球团强度高,冷态抗压强度 $\geqslant 10 N/mm^2$,高温软化温度 $\geqslant 1200℃$;

(2)球团生产成本低,生产成本仅为烧结、球团工艺的 1/5 左右;

(3)生产过程环保,可全部回收利用冶炼过程中所产生的除尘灰;

(4)冶炼过程使用新技术压制的冷压复合球团可提高冶金产品质量;

(5)使用冷压复合球团冶炼可降低电耗及焦炭消耗量,从而降低冶金产品冶炼成本。

工业粉料处理新技术可应用于:

(1)铁合金冷压复合球团生产,如铬、锰、镍等矿粉以及不锈钢冶炼用含镍生铁粉;

(2)煤化工工业型煤生产;

(3)不锈钢、铁合金除尘灰等工业固体废弃物回收处理;

(4)化工行业电石渣回收综合利用;

(5)稀有金属冶炼。

工业粉料处理新技术生产线特点如下：

（1）工艺简单，占地面积小；

（2）自动化程度高，操作简单，用工量少；

（3）对原料要求低，所有矿种及除尘灰均可处理。

2.4.6.2 工业粉料处理技术自动化生产线案例

工业粉料处理新技术自动化生产线及其装备于 2017 年在某铁合金生产企业试生产并试用取得成功。

生产现场图如图 2-27 所示。

图 2-27 生产现场图

A 试用设备及主要参数

试验选择在冶炼一厂 101 号电炉实施，其主要参数如下：

额定容量：30 兆伏安

炉子型式：矮烟罩固定

炉膛参数：$\phi 9800mm \times 3800mm$

电极直径：$\phi 1500mm$

二次电压：$135 \sim 183 \sim 225V$，31 级

冶炼品种：硅锰合金

30%电炉除尘灰+70%加蓬锰籽矿（+10.5%焦粉）+4.5%自制黏结剂、混合压制成 $\phi 65mm \times 60mm \sim 70mm$ 柱体（以下简称试用球团），然后通过蒸汽固化，约 10h 得到成品球团，如图 2-28 所示。

B 入炉试验条件

入炉试验是在电炉正常冶炼锰硅合金条件下进行的。试用阶段平均入炉品位 Mn 34.74%，Mn/Fe=6.05。原辅料化学成分见表 2-30（注：焦炭的化学成分中，除固 C 和挥发分外，余指灰分的化学成分）。

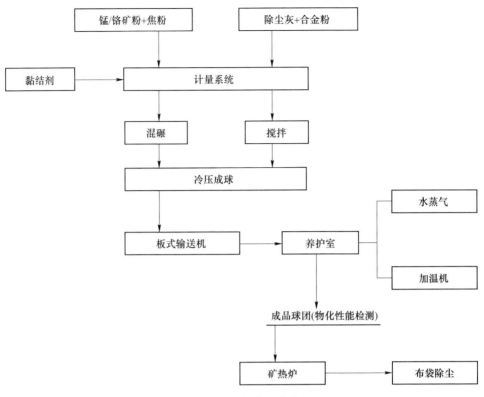

图 2-28   粉矿复合压块流程

表 2-30   原辅料化学成分表   （%）

名称	化学成分										
	Mn	Fe	P	SiO_2	CaO	MgO	Al_2O_3	固 C	挥发分	灰分	H_2O
焦炭		6.72	0.018	39.48	8.82	1.10	26.15	84.48	1.98	13.53	10.19
硅石			0.0206	96.57	0.45	0.28	0.20				0.26
白云石				18.56	29.57	15.07					2.2
澳锰矿	45.11	3.97	0.083	11.7	0.9	0.48	4.79				2.4
加蓬籽矿	45.99	4.84	0.12	8.7	0.78	0.48	6.14				10.55
土耳其矿	31.34	6.12	0.086	15.41	10.66	3.87	2.58				7.65
南非低铁	36.12	5.05	0.024	5.56	14.62	2.52	0.80				1.13
南非高铁	31.35	19.96	0.066	5.97	0.9	0.64	6.7				2.15
南非烧结	40.31	7.97	0.038	8.39	17.27	1.69	1.3				1.63
墨西哥烧结	37.17	9.21	0.087	14.61	12.9	3.22	2.7				2.67
碳锰渣	21.43	1.25	0.01	26.86	19.88	2	9.74				0.3
本地矿	16.59	1.065	0.042	48.46	1.34	0.32	8.23				0.95

所得成品冷压球团的化学成分检验结果见表 2-31。

表 2-31 成品冷压球团化学成分 （%）

样品名称	编号	化学成分									
		Mn	Fe	P	C	S	SiO₂	CaO	MgO	Al₂O₃	H₂O
试用球团	入炉前	30.04	4.47	0.093	9.37	0.4	9.26	2.24	1.04	6.03	7.6

对所得成品冷压球团进行冷态强度检测：≥1700N/个；具有较好的抗水性、较长时间水中浸泡无影响，无风化现象。

为了更好地了解加入焦粉的试用球团的性质，模拟电炉高温区对球团进行了焙烧实验，结果见表 2-32。

表 2-32 焙烧前后锰硅球团化学组成 （%）

样品名称	编号	化学成分						
		Mn	Fe	C	SiO₂	Al₂O₃	MgO	CaO
锰硅球团	焙烧前	28.80	3.83				0.56	1.46
	焙烧后	34.22	4.96				0.64	1.12

可见，在配入焦粉后，球团矿在高温条件下产生了预还原。

该试验技术经济指标对比见表 2-33。

表 2-33 技术经济指标对比

时间	产量/t		电耗/kW·h·t⁻¹	每吨含锰剂消耗原料/kg										入炉品位		炉渣	回收率/%
	实物重	基准重		原锰矿	烧结矿	富锰渣	自产渣	金属球团	试用球团	合计	硅石	焦炭	电极耗	Mn/%	R	Mn/%	
8月		459 0.59	3835	1519	104	153	309	81	—	2166	373	460	23	34.08			88.72
8月31日	157		3773	1136	247	167	334	65	155	2105	439	439		34.74	0.6	8.41	89.72
9月1日	157		3788	1162	253	165	331	67	173	2150	467	439		34.72	0.57	8.79	88.06
9月2日	159		3777	1132	246	146	291	65	212	2093	448	434		34.47	0.64	10.24	90.59
9月3日	156		3767	1147	242	148	295	66	221	2120	447	442		34.43	0.61	9.04	89.51

时间	产量/t		电耗/kW·h·t⁻¹	每吨含锰剂消耗原料/kg										入炉品位	炉渣		回收率/%
	实物重	基准重		原锰矿	烧结矿	富锰渣	自产渣	金属球团	试用球团	合计	硅石	焦炭	电极耗	Mn/%	R	Mn/%	
9月4日	150		4026	1165	230	150	300	67	238	2149	430	460		34.33	0.59	8.54	88.35
9月5日	153		3875	1220	229	144	287	67	200	2147	430	451		35.12	0.64	8.34	86.70
9月6日																	
平均	155		3833	1160	241	153	307	66	200	2127	444	444		34.64	0.61	8.89	88.84

试用球团入炉对合金产量、电耗、焦耗及元素回收率的影响如下：

产量：使用试验球团时，平均日产 155t，上升 2%。

电耗：使用试验球团代替加蓬块锰矿入炉，单位冶炼电耗降低 2%。

焦耗：使用试验球团时，焦耗下降 4%。

元素回收率：使用试验球团时，回收率提高 0.3%。

该试验结果表明：

（1）采用除尘灰和粉锰矿（按一定比例搭配）压制的复合冷球团可以代替块锰矿入炉冶炼锰硅合金，入炉比例以 60% 为宜。

（2）采用掺有焦粉的复合球团冶炼锰硅合金，可提高焦粉利用率。

（3）冷压复合球团常温强度和高温强度满足入炉使用要求。

（4）在市场块粉锰矿的吨度价差与压块加工费持平时，冷压球团项目能产生较好的经济效益。

2.4.6.3　工业粉料处理新应用前景

目前国家对生态环保的重视已上升到空前高度，冶金工业节能减排工作也将进一步推进。国际市场提供大量精矿粉，品位高、价格低，工业粉料处理新技术可实现粉矿冷态加工后经济品位的直接入炉使用。冷压复合球团生产必须添加的还原剂及黏结剂可用煤粉替代，从而可部分或全部实现以煤代焦。冶金行业生产过程中产生的大量除尘灰属工业固废，依据固废法的要求必须进行有效处理，可通过工业粉料处理新技术加工成球团回收处理。

工业粉料处理新技术在冶炼行业得到广泛应用，可以提高冶金产品质量，降低能耗、减少污染，是一个节能减排型新技术。工业粉料处理技术在铁合金行业的应用主要是在矿热炉内大比例使用工业粉料处理新技术制成冷压复合球团，可彻底改善炉况、降低消耗、杜绝安全隐患、稳定提高铁合金产品质量。此外，随着冷压处理技术的不断进步可应用于直接还原铁生产工艺中。该技术在不锈钢生产企业也有广泛的应用，比如将直接还原的镍生铁粉添加 15%～30% 的不锈钢除尘灰冷压成球团直接入 AOD 炉冶炼；或铬精粉矿、镍矿添加一定量的焦粉、除尘灰冷压成球团入矿热炉冶炼铬镍合金。

参 考 文 献

[1] 赵乃成，张启轩. 铁合金生产实用手册 [M]. 北京：冶金工业出版社，2006.

[2] 李春德. 铁合金冶金学 [M]. 北京：冶金工业出版社，1991.

[3] 戴维，舒莉. 铁合金工程技术 [M]. 北京：冶金工业出版社，1999.

[4] 福尔克特 G，弗兰克 K-D. 铁合金冶金学 [M]. 上海：上海科学技术出版社，1978.

[5] 宋耀欣. 安阳县铁合金行业发展规划（内部资料），2016.

[6] 彭峰. "十二五"铁合金行业回顾和未来发展思考 [C]//第 24 届铁合金学术研讨会论文集，山西忻州，2016.

[7] 邸久海，等. 钢铁工业对铁合金的质量要求及铁合金发展方向 [J]. 铁合金，2019（2）：45～48.

[8] 宋耀欣，等. 浅谈我国铁合金行业产业政策及环保标准 [J]. 铁合金，2018（1）：44～48.

[9] 储少军. 铁合金学科发展动态分析与展望 [J]. 铁合金，2007（1）：34～42.

[10] 宋耀欣. 中国铁合金炉渣综合利用现状及发展趋势 [J]. 中国冶金，2017（4）：73～77.

[11] 刘卫. 铁合金生产工艺与设备 [M]. 北京：冶金工业出版社，2012.

[12] 赖日祥. 从铁合金炉渣中回收合金的研究 [J]. 铁合金，1996（5）：41～43.

[13] 王安佑，等. 锰硅合金渣在锰硅合金冶炼中的利用 [C]//第 22 届全国铁合金学术研讨会论文，辽宁锦州，2013.

[14] 陈洪飞. 以循环经济的理念发展我国铁合金工业 [J]. 铁合金，2007（1）：43～49.

[15] 高峰. 铁合金节能技术 [J]. 中国冶金，2001（6）：23～25.

[16] 李洋洋，李金辉，张云芳，等. 红土镍矿的开发利用及相关研究现状 [J]. 材料导报 A，2015，29（9）：79.

[17] 张志华，毛拥军. 红土镍矿处理工艺研究现状 [J]. 湖南有色金属，2012，28（4）：31～35.

[18] 赵景富，孙镇，郑鹏. 镍红土矿处理方法综述 [J]. 有色矿冶，2412，28（6）：39～45.

[19] 张邦胜，蒋开喜，王海北，等. 我国红土镍矿火法冶炼进展 [J]. 有色金属设计与研究，2012，33（5）：16～19.

[20] 刘毅，李波，王涛. 红土矿镍铁冶炼技术进展分析 [J]. 四川冶金，2012，34（6）：1～4.

[21] 秦丽娟，赵景富，孙镇. 镍红土镍矿 RKEF 法工艺进展 [J]. 有色矿冶，2012，28（2）：34～39.

[22] 王成彦，尹飞，陈永强. 国内外红土镍矿处理技术及进展 [J]. 中国有色金属学报，

2008，18（专辑1）.

[23] 郭建刚，张旭东.冶金热熔渣生产矿渣棉的生产工艺［C］//第26届全国铁合金学术研讨会论文集，贵州，2018.

[24] 刘晓玲，周辰辉，冉松林，等.高炉矿渣成棉的调质研究［J］.安徽工业大学学报（社会科学版），2013（1）：6～10.

[25] 刘国庆.冶炼渣的综合利用［J］.创新科技，2013（5）：87～88.

[26] 郭强，袁守谦，刘军，等.高炉渣改性作为矿渣棉原料的试验［J］.中国冶金，2011，21（8）：46～49.

[27] 毛艳丽，陈妍，王琢.高渣制矿渣棉工艺及其产品应用［J］.上海金属，2014（2）：49～53，58.

[28] 张德信，杨静，韩继先，等.利用液态热熔渣直接制备矿渣棉生产工艺及市场分析［J］.新型建筑材料，2018，45（11）：89～91.

[29] 赵贵清，陈亚团.酒钢矿棉加工可行性探析［C］//.第十二届中国钢铁年会论文集——8.能源、环保与资源利用，北京：中国金属学会，2019：149～153.

[30] 张耀明，李巨白.玻璃纤维与矿物棉全书［M］.北京：化学工业出版社，2001：3631～668.

[31] 张玉祥.矿物棉及其制品概况及发展政策与措施［J］.新型建筑材料，1996（4）：21～27.

[32] 朱桂林，孙树衫.冶金渣资源化利用的现状和发展趋势［J］.中国资源综合利用，2002（3）：29～32.

[33] 徐永通，丁毅，蔡漳平，等.高炉熔渣干式显热回收技术研究进展［J］.中国冶金，2007（9）：21～23.

[34] 裴晶晶，邢宏伟.高炉渣制备矿棉工艺的比较分析及发展趋势［J］.河南冶金，2013，21（6）：26～29.

[35] 陈津，李宁，王社斌，等.含碳铬铁矿粉在微波场中的升温特性研究［J］.北京科技大学学报，2007，29（9）：880～883.

[36] Baner Jee A，Ziv B，Luski S，et al. Increasing the durability of Li-ion batteries by means of manganese ion trapping materials with nitrogen functionalities［J］.Journal of Power Sources，2017，341：457～465.

[37] 蔡卫权，李会泉，张懿.微波技术在冶金中的应用［J］.过程工程学报，2005，15（2）：228.

[38] 张伯伦，贺拥军.微波加热在化学反应中的应用进展［J］.现代化工，2001，21（4）：8～12.

[39] 王海川，周云，吴宝国，等.微波辅助加热氧化锰的还原动力学研究［J］.中国稀土学报，2004，22（s1）：212～215.

[40] 张　敏.球团矿生产技术［M］.长沙：中南大学出版社，2005：191～200.

[41] 宫下常尾.复合球团的制造及其在硅锰合金中的应用［C］//第三届国际铁合金大会文集，吉林：铁合金编辑部，1984，67～72.

3 钢铁工业用炭素制品

绿色生产[1]是指以节能、降耗、减污为目标，以管理和技术为手段，实施工业生产全过程污染控制，使污染物的产生量最少化的一种综合措施。本书介绍的钢铁工业用炭素制品的绿色生产是指在维持或改善产品质量的同时，通过改进生产工艺、装备，增设节能环保设施，优化生产工艺流程等技术手段，使单位产品生产能耗及污染物排放量达到最低值。

目前钢铁冶金行业用炭素制品主要有石墨电极、高炉炭块、活性炭和增碳剂。石墨电极是电炉炼钢的重要高温导电材料，利用石墨电极向炉内导入电流，电流在电极下端通过气体产生电弧放电，利用电弧产生的热量进行冶炼；高炉炭块在钢铁行业主要用于高炉炉体高温部位砌筑，如高炉炉底、炉缸部位；活性炭在钢铁行业主要用于烟气和废水治理；增碳剂用于补足钢铁冶炼过程中烧损碳，确保钢铁特定牌号碳含量的要求。

高炉炭块[2]是以炭质、半石墨质、石墨质等原料为骨料及粉料，或添加少量其他材料，以煤沥青为黏结剂，经成型、焙烧（石墨块需经石墨化）和机械加工制成的用于砌筑高炉内衬的炭质、半石墨质或石墨质耐火材料。高炉炭块的生产工序主要有煅烧、粉碎、配料、混捏、成型、焙烧和机械加工，其在石墨电极生产工序行列之内，本书不再详细介绍。

（1）石墨电极。石墨电极[3]是指以石油焦、沥青焦为骨料，煤沥青为黏结剂，经过原料煅烧、破碎磨粉、配料、混捏、成型、焙烧、浸渍、石墨化和机械加工制成的一种耐高温石墨质导电材料，又称人造石墨电极，以区别于采用天然石墨为原料制备的天然石墨电极。

我国石墨电极质量标准（YB/T 4088—2015）对普通功率石墨电极的质量共限定了6项理化指标，其中电阻率、抗折强度、弹性模量和体积密度作为质量考核指标，灰分和线膨胀系数作为参考指标。普通功率石墨电极分为优级品和一级品两个等级，优级品的使用性能高于一级品[3]。高功率石墨电极（YB/T 4089—2015）和超高功率石墨电极（YB/T 4090—2015）质量标准同普通功率石墨电极一样，都限定了6项指标，区别是线膨胀系数也作为质量考核指标，灰分作为参考指标。表3-1～表3-3分别列出了普通功率石墨电极、高功率石墨电极与超高功率石墨电极和接头技术指标。

表 3-1   普通功率石墨电极和接头技术指标

项目		公称直径/mm									
		75~130		150~225		250~300		350~450		500~800	
		优级	一级	优级	一级	优级	一级	优级	一级	优级	一级
电阻率 /$\mu\Omega \cdot m$	电极	≤8.5	≤10.0	≤9.0	≤10.5	≤9.0	≤10.5	≤9.0	≤10.5	≤9.0	≤10.5
	接头	≤8.0		≤8.0		≤8.0		≤8.0		≤8.0	
抗折强度 /MPa	电极	≥10.0		≥10.0		≥8.0		≥7.0		≥6.5	
	接头	≥15.0		≥15.0		≥15.0		≥15.0		≥15.0	
弹性模量 /GPa	电极	≤9.3		≤9.3		≤9.3		≤9.3		≤9.3	
	接头	≤14.0		≤14.0		≤14.0		≤14.0		≤14.0	
体积密度 /$g \cdot cm^{-3}$	电极	≥1.58		≥1.53		≥1.53		≥1.53		≥1.52	
	接头	≥1.70		≥1.70		≥1.70		≥1.70		≥1.70	
线膨胀系数 （室温~600℃） /$℃^{-1}$	电极	≥2.9×10^{-6}		≥2.9×10^{-6}		≥2.9×10^{-6}		≥2.9×10^{-6}		≥2.9×10^{-6}	
	接头	≥2.7×10^{-6}		≥2.7×10^{-6}		≥2.8×10^{-6}		≥2.8×10^{-6}		≥2.8×10^{-6}	
灰分/%		≤0.5		≤0.5		≤0.5		≤0.5		≤0.5	

表 3-2   高功率石墨电极和接头技术指标

项目		公称直径/mm		
		200~400	450~500	550~700
电阻率/$\mu\Omega \cdot m$	电极	≤7.0	≤7.5	≤7.5
	接头	≤6.3	≤6.3	≤6.3
抗折强度/MPa	电极	≥10.5	≥10.0	≥8.5
	接头	≥17.0	≥17.0	≥17.0
弹性模量/GPa	电极	≤14.0	≤14.0	≤14.0
	接头	≤16.0	≤16.0	≤16.0
体积密度/$g \cdot cm^{-3}$	电极	≥1.60	≥1.60	≥1.60
	接头	≥1.72	≥1.72	≥1.72
线膨胀系数（室温~600℃） /$℃^{-1}$	电极	≤2.4×10^{-6}	≤2.4×10^{-6}	≤2.4×10^{-6}
	接头	≤2.2×10^{-6}	≤2.2×10^{-6}	≤2.2×10^{-6}
灰分/%		≤0.5	≤0.5	≤0.5

表 3-3   超高功率石墨电极和接头技术指标

项目		公称直径/mm			
		300~400	450~500	550~650	700~800
电阻率/$\mu\Omega \cdot m$	电极	≤6.2	≤6.3	≤6.0	≤5.8
	接头	≤5.3	≤5.3	≤4.5	≤4.3

项　目		公称直径/mm			
		300~400	450~500	550~650	700~800
抗折强度/MPa	电极	≥10.5	≥10.5	≥10.0	≥10.0
	接头	≥20.0	≥20.0	≥22.0	≥23.0
弹性模量/GPa	电极	≤14.0	≤14.0	≤14.0	≤14.0
	接头	≤20.0	≤20.0	≤22.0	≤22.0
体积密度/g·cm⁻³	电极	≥1.67	≥1.66	≥1.66	≥1.68
	接头	≥1.74	≥1.75	≥1.78	≥1.78
线膨胀系数（室温~600℃）/℃⁻¹	电极	≤1.5×10⁻⁶	≤1.5×10⁻⁶	≤1.5×10⁻⁶	≤1.5×10⁻⁶
	接头	≤1.4×10⁻⁶	≤1.4×10⁻⁶	≤1.3×10⁻⁶	≤1.3×10⁻⁶
灰分/%		≤0.5	≤0.5	≤0.5	≤0.5

（2）活性炭。脱硫脱硝用煤质颗粒活性炭（活性焦）技术指标见 GB/T 30201—2013，净化水用煤质颗粒活性炭技术指标见 GB/T 7701.2—2008，表 3-4 和表 3-5 分别列出了脱硫脱硝用煤质颗粒活性炭和净化水用煤质颗粒活性炭的技术指标和指标检测应用标准。

表 3-4　脱硫脱硝用煤质颗粒活性炭技术指标

序号	项　目		指标				应用标准
			A 型			B 型	
			优级品	一级品	合格品		
1	水分/%		≤5.0			≤5.0	GB/T 7702.1—1997
2	堆积密度/g·L⁻¹		570~700			570~700	GB/T 30202.1—2013
3	粒度	>11.2mm	≤5.0			—	GB/T 30202.2—2013
		11.2~5.6mm	≥90.0			—	
		5.6~1.4mm	≤4.7			—	
		<1.4mm	≤0.3			—	
		>6.3mm	—			≤10.0	
		6.3~3.15mm	—			≥84.0	
		3.15~1.4mm	—			≤5.0	
		<1.4mm	—			≤1.0	
4	耐磨强度/%		≥97.0		≥94.0	≥96.0	GB/T 30202.3—2013
5	耐压强度/daN①		≥40	≥37	≥30	≥25	
6	着火点/℃		≥420			≥420	GB/T 7702.9—2008
7	脱硫值/mg·g⁻¹		≥20.0	≥18.0	≥15.0	≥20.0	GB/T 30202.4—2013
8	脱硝率/%		实测			不规定	GB/T 30202.5—2013

注："—"不检测项目。
①表示十牛（daN）。

表 3-5　净化水用煤质颗粒活性炭技术指标

项　　目		指　　标		
漂浮率/%		柱状煤质颗粒活性炭	≤2	GB/T 7702.17
		不规则状煤质颗粒活性炭	≤10	
水分/%		≤5.0		GB/T 7702.1
强度/%		≥85		GB/T 7702.3
装填密度/g·L^{-1}		≥380		GB/T 7702.4
pH 值		6~10		GB/T 7702.16
碘吸附值/mg·g^{-1}		≥800		GB/T 7702.7
亚甲蓝吸附值/mg·g^{-1}		≥120		GB/T 7702.6
苯酚吸附值/mg·g^{-1}		≥140		GB/T 7702.8
水溶物/%		≤0.4		—
粒度/%	ϕ1.5mm	>2.50mm	≤2	GB/T 7702.2
		1.25~2.50mm	≥83	
		1.00~1.25mm	≤14	
		<1.00mm	≤1	
	8×30	>2.50mm	≤5	
		0.60~2.50mm	≥90	
		<0.60mm	≤5	
	12×40	>1.60mm	≤5	
		0.45~1.60mm	≥90	
		<0.45mm	≤5	

（3）增碳剂。炼钢用增碳剂技术指标见 YB/T 192—2015，表 3-6 列出了炼钢用增碳剂技术指标的要求。

表 3-6　炼钢用增碳剂技术指标

等级	指标（质量分数）					
	固定碳（干基）/%	灰分（干基）/%	挥发分（干基）/%	硫（干基）/%	水分/%	粒度
FC99	≥99.0	≤0.4	≤0.6	≤0.40	≤1.0	0~1mm；自然粒度分布，大于1mm粒度含量<5%；0~5mm：自然粒度分布，大于5mm粒度含量<5%
FC98	≥98.0	≤1.0	≤1.0	≤0.50	≤1.0	
FC97	≥97.0	≤1.8	≤1.2	≤0.50	≤1.0	
FC96	≥96.0	≤2.8	≤1.2	≤0.50	≤1.0	

等级	指标（质量分数）					
	固定碳 （干基）/%	灰分 （干基）/%	挥发分 （干基）/%	硫 （干基）/%	水分/%	粒度
FC95	≥95.0	≤4.0	≤1.2	≤0.20	≤1.0	0~10mm：自然粒度分布， 大于10mm粒度含量<5%； 1~4mm：粒度含量>90%； 4~10mm：粒度含量>90%
FC94	≥94.0	≤5.0	≤1.5	≤0.25	≤1.0	
FC93	≥93.0	≤6.0	≤1.5	≤0.30	≤1.0	
FC92	≥92.0	≤7.0	≤1.5	≤0.30	≤1.0	
FC90	≥90.0	≤9.0	≤1.5	≤0.30	≤1.0	
FC85	≥85.0	≤13.0	≤2.0	≤0.50	≤1.0	
应用标准	GB/T 2001	GB/T 1429	YB/T 5189	GB/T 24526	GB/T 24527	

3.1 钢铁工业用炭素制品生产工艺概述

3.1.1 石墨电极生产工艺概述

石墨电极主要是供电弧炉炼钢使用。为了保证炼钢质量和稳定生产，钢厂不但要考核石墨电极的折断率、吨钢电极消耗、吨钢电耗，还要求在使用过程中不能出现开裂、掉块、掉头、脱粒等情况，这就要求石墨电极具有良好的抗热震性能、高温抗氧化性能、高温导电性能。具体到石墨电极理化指标，要求其具有电阻率低，导电、导热性能好，弹性模量和线膨胀系数低（CTE）等特性。高功率和超高功率石墨电极通过的电流密度明显高于普通功率石墨电极，要求其物理机械性能应优于普通功率石墨电极，具有电阻率低、体积密度大、机械强度高、线膨胀系数小、抗热震性能和抗氧化性能好等特性，且接头质量应优于电极本体的质量。

3.1.1.1 石墨电极生产原料

石墨电极生产中所用的原料主要有骨料、黏结剂、浸渍剂，原料成本约占总成本的2/3。骨料主要包括石油焦、沥青焦、针状焦。

石油焦[3]由石油重质油经延迟焦化制得，灰分较低、石墨化性能好、线膨胀系数小。沥青焦是煤沥青用延迟法或炉室法制得，沥青焦比石油焦更易得到密度高、各向异性小的制品。以低灰、低硫石油焦为原料，生产普通石墨电极，通过加入适量的沥青焦，可以缓解煅烧时焦炉结焦现象，增加石墨制品的机械强度，降低其灰分。针状焦是外观具有明显纤维状纹理结构、线膨胀系数低、易石墨化的一种优质焦炭[3]。针状焦是高功率和超高功率石墨电极的原料。

石墨电极生产中黏结剂一般为中温沥青或改质沥青[4]。在混捏工序加入黏结剂，能将炭制骨料及粉料黏结到一起，混捏后形成可塑性糊料。这种可塑性糊料在适当温度下易于成型制得生坯，经焙烧后与炭质骨料及粉料结合成焙烧电极。

近年来，随着石墨电极制品的大型化、高性能化以及石墨细结构化，且为方便煤沥青的运输和降低污染程度，环保型黏结剂的开发利用得到重视。

石墨电极生产中浸渍剂一般为煤沥青或石油沥青。为保证石墨电极的均质化，提高其电极密度，降低气孔率和渗透率，在焙烧后加入浸渍剂进行密实化处理。国外炭素材料普遍采用专用浸渍剂沥青[5]进行高压浸渍处理，我国尚未广泛采用炭材料专用浸渍剂沥青，各炭素厂根据实际情况，采用经煤焦油或蒽油稀释调制后的黏结剂中温沥青作为浸渍剂。

3.1.1.2 石墨电极生产工艺

石墨电极制备工序主要有破碎、配料、混捏、成型、焙烧、浸渍、二次焙烧、石墨化、机加工、质量检验、打包，常见的生产工艺流程如图3-1所示[6]。普通功率、高功率、超高功率石墨电极质量指标不同，制备时骨料组成也不同。一般来说，普通功率石墨电极骨料为石油焦。高功率石墨电极骨料由70%优质石油焦和30%针状焦组成，超高功率石墨电极骨料100%为针状焦。生产普通功率石墨电极和高功率石墨电极时也会加入少量沥青焦，增加其强度，防止炉管结焦。

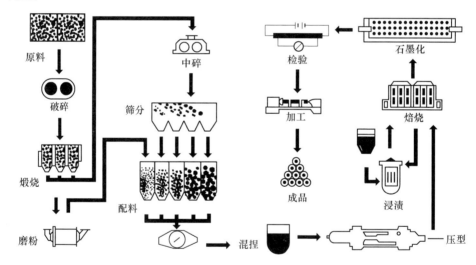

图 3-1 石墨电极的生产工艺流程

石墨电极生产周期长，普通石墨电极长达50天，超高功率石墨电极至少需65天，电极接头的生产由于比电极本体要多二浸三焙处理，生产周期至少90天。焙烧工序时间最长，一次焙烧约25天，二次焙烧约15天[7]。

A 煅烧

炭素原料在隔绝空气的条件下进行高温（1200~1500℃）热处理的过程称为煅烧[8]。原材料均需经过煅烧，煅烧温度应达到1350℃以上，随着煅烧温度升高，高分子芳香族碳氢化合物发生复杂的分解和缩聚反应，分子结构不断变化，炭素原料所含杂质逐渐排出，其化学活性降低，本身体积逐渐收缩，真密度和机械强度、导电性能得以提高。另外，在该过程中原料颗粒表面和孔壁沉积一层致密光泽的热解炭膜，化学性能稳定，抗氧化性能增高。

我国炭素原料的煅烧质量一般采用粉末比电阻和真密度两项指标来控制。煅烧程度越高，煅后料的电阻率越低，真密度越大[3]。各种炭素原料的煅烧质量见表 3-7。

表 3-7 原料的煅烧质量控制

原料种类	电阻率/$\mu\Omega \cdot m$	真密度/$g \cdot cm^{-3}$	水分/%
石油焦	≤550	≥2.07	≤0.3
油系针状焦	≤500	≥2.13	≤0.3
沥青焦	≤650	≥2.00	≤0.3
煤系针状焦	≤600	≥2.12	≤0.15

煅烧时温度最高达1300℃以上，会产生氮氧化物和二氧化硫污染，尾气温度800~1200℃，可引入氧气燃烧，用于预热生料。

B 粉碎及筛分

所谓粉碎，就是用机械方法使固体物料克服内聚力，由大块碎成小块或细粉的过程。通常将固体物料由大块破裂成小块的操作叫破碎，将小块破裂成细粉的操作称为磨粉。依据被破碎物料的大小及破碎后物料的颗粒不同，可以把物料操作分为粗碎、中碎、细碎，粗磨、细磨和超细磨等[3]。

将粉碎后尺寸范围较宽的物料通过具有均匀开孔的一定规格的筛子分成范围较窄的集中颗粒级别，这一过程就是筛分。

针状焦和石油焦粉碎筛分流程区别：针状焦原料中的大颗粒较少，为了获得更多的大颗粒，减少二次破碎造成的小颗粒，保留针状焦大颗粒的优良性能，一般先筛分再中碎，以获得尽量多的大颗粒供配料使用[3]。石油焦煅烧后粒度一般在0~50mm，配料需要粒度为4~2mm、2~1mm、1~0.5mm 和 0.5~0mm，因此需要先中碎再筛分。该流程通常将对辊破碎机、双层振动筛、斗式提升机串联操作，最后得到所需4种不同尺寸范围的颗粒料。

粉碎筛分过程会产生粉尘，需要配备除尘设备，且为了保证粉碎过程不混入杂质，可以用密封处理技术。

C 配料

将一种或者多种不同性能、不同粒度的固体原料与黏结剂按一定比例配合起来，这个过程就是配料[8]。炼钢电弧炉用人造石墨电极要求导电性能好、抗热震性能强，生产普通功率石墨电极可采用一般质量的石油焦为原料，或加入适量沥青焦，提高制品强度；生产高功率石墨电极需采用优质石油焦和部分针状焦；生产超高功率石墨电极则必须全部采用优质针状焦为原料。为了提高糊料的润滑性和可塑性，提高产品的导电性，石墨电极生产配料时也会加入少量的石墨碎[3]。

石墨电极的抗热震性能是第一技术指标，采用大颗粒骨料配方是提高该指标的有效方法。该配方一方面要增加大颗粒的尺寸，另一方面要相应的增加细粉量，尽量减少小颗粒的用量。生产不同直径的石墨电极骨料和粉料颗粒尺寸见表3-8。

表 3-8   不同直径石墨电极配料中粒度组成   （mm）

电极直径	大颗粒尺寸	中颗粒尺寸	小颗粒尺寸	细粉
600	8~20	4~8, 2~4	0.5~2	<0.075
300~500	2~4	1~2	0.5~1	<0.075
150~275	1~2	0.5~1	0.15~0.5	<0.075
<125	0.5~1	0.15~0.5	—	<0.075

石墨电极生产中黏结剂用量与固体炭质物料的比表面积和吸附容量密切相关，其量为黏结剂在固体颗粒和粉料表面形成几微米厚沥青薄膜所需沥青量的总和。石油焦和沥青焦颗粒表面为蜂窝状结构，孔隙多、比表面积大，针状焦呈纤维状显微结构，其消耗黏结剂用量比普通石油焦和沥青焦稍少一些。黏结剂用量还与固体物料粒度、粉料纯度、成型方式有关，应根据实际生产需要调节。一般情况下，生产普通功率石墨电极黏结剂（煤沥青）用量占糊料的（23±2）%，超高功率石墨电极黏结剂（改质沥青）用量占糊料的21%左右。采用改质沥青作黏结剂可增加浸渍密实化程度。

D   混捏

在炭素材料生产过程中，将一定量的炭质颗粒物料、粉料和黏结剂在一定温度下搅拌混合、捏合成可塑性糊料的工艺过程就是混捏[3]。经过混捏，各种不同粒径的原料均匀分布，颗粒间空隙被更小的颗粒填充，物料密实程度提高；黏结剂均匀覆盖干料表面，并部分渗透到颗粒的孔隙中，由黏结剂的黏结力把所有颗粒互相结合起来，并赋予糊料塑性，利于成型[8]。混捏的方法有冷混捏和热混捏。石墨电极生产时，通常将黏结剂加热至软化点温度之上，使其具有良好的流动性和浸润能力，干料在另一容器内干混预热，预热温度一般和黏结剂温度接近，混匀预热好的干料再加入黏结剂中继续搅拌混捏一定时间得到可塑性良好的糊料，该工序要控制温度、时间等因素。

黏结剂通常采用煤沥青，煤沥青熔化时会产生沥青烟气，所以在该工序需要加装吸收净化装置进行处理。

E   成型

将混捏好的炭质糊料在成型设备施加的外部作用力下产生塑性变形，最终压制成为具有一定形状、尺寸、密实度和强度的生坯（即生制品）的工艺过程叫做成型。在炭材料生产中，常用的成型方法有模压法、挤压法、振动成型法和等静压成型法[3]。石墨电极生坯一般是通过挤压成型制得。挤压成型操作一般有五道工序：凉料、装料、预压、挤压和冷却。在电极成型工艺中，生坯的体积密度是成型工艺的生产技术控制指标，对各种类型和规格的电极生坯体积密度一般要求如下：

普通功率石墨电极生坯：直径 300mm 及以上生坯要求不低于 1.68g/cm³。

高功率石墨电极生坯：直径 300~500mm 生坯要求不低于 1.68g/cm³，直径 600mm 生坯要求不低于 1.69g/cm³。

超高功率石墨电极生坯：直径 300~500mm 生坯要求不低于 1.68g/cm³，直径 550~600mm 生坯要求不低于 1.70g/cm³。

普通功率石墨电极接头生坯：直径 125mm 及以下生坯要求不低于 1.70g/cm³，直径 169~260mm 生坯要求不低于 1.69g/cm³，直径 288~320mm 生坯要求不低于 1.68g/cm³。

高功率石墨电极和超高功率石墨电极接头生坯：体积密度不低于 1.70g/cm³[3]。

F　焙烧

焙烧是指成型后的炭制品生坯在焙烧加热炉的保护介质中，在隔绝空气的条件下，按一定的升温速率进行高温热处理，使生坯中煤沥青炭化的过程[8]。在这一过程中，黏结剂发生热缩聚反应形成沥青焦，其在炭质骨料颗粒间形成黏结焦网格，把不同粒度的骨料牢固结合在一起，从而使炭制品具有一定强度和理化性能。焙烧后的炭制品具有较高的力学性能、较低的电阻率、较好的热稳定性和化学稳定性。

石墨电极为了达到高的抗折强度和好的致密性，会进行二次焙烧。二次焙烧和一次焙烧区别在于：（1）一次焙烧原料是生坯，二次焙烧原料是浸渍品；（2）生坯焙烧时需考虑变形问题，浸渍品焙烧时不存在变形问题，不必加填充料；（3）浸渍品中煤沥青含量比生坯少，生坯一次焙烧时存在沥青迁移问题，浸渍品二次焙烧时煤沥青的迁移对整个结构影响不大，一次焙烧时析出沥青量少，二次焙烧时会析出大量的浸渍剂；（4）浸渍品的焙烧升温速率大于生坯的焙烧升温速率，二次焙烧曲线一般要比一次焙烧缩短100h以上；（5）一次焙烧最高温度为 1200~1250℃，一般在环式焙烧炉或车底式焙烧炉中进行；（6）二次焙烧最高温度为 700℃左右。二次焙烧一般在隧道窑内进行[3]。

混捏成型工序加入的黏结剂在焙烧过程中有 50% 左右会分解成为沥青烟气，烟气中颗粒物、二氧化硫、氮氧化物需经过处理再排放，另外焙烧工序时间长，能耗高，节能清洁生产很重要。

G 浸渍

浸渍是将制品置于压力容器内，在一定温度和压力条件下迫使液态浸渍剂浸入到制品孔隙中的工艺过程[3]。骨料内部固有的孔隙、配料中骨料颗粒间的孔隙、生坯制品焙烧热处理过程中产生的气孔都会对石墨电极的理化性能和使用性能产生负面影响，因此在生产石墨电极本体、接头时均需用浸渍剂进行密实化处理。通过浸渍密实化处理可以达到以下几方面目的：明显降低制品的气孔率，增加制品的体积密度和机械强度，改善制品的导电、导热性能，降低制品的渗透率，提高制品的抗氧化性能和抗腐蚀性能，当然，浸渍密实化处理带来的负面影响是其线膨胀系数有所增加。

浸渍剂通常为煤沥青，使用时温度 150~200℃，会产生沥青烟气，生产中需采用净化设备进行处理或改进工艺实现清洁生产。

H 石墨化

石墨化过程就是在高温电炉内保护介质下对炭制品进行热处理的过程。石墨化可以提高制品的纯度，结构的有序性，进而提高制品的导电、导热、耐热冲击性和化学稳定性，使其具有润滑性和抗磨性。不同品种石墨电极所需石墨化温度不同：普通功率石墨电极石墨化温度一般为 2500℃，高功率石墨电极石墨化温度为 2600~2800℃，超高功率石墨电极石墨化温度需要达到 2800℃以上。石墨化是生产石墨电极的主要耗能工序。

石墨化品和焙烧品的主要差异在于：炭质焙烧品微观结构为二维乱层结构排列，而石墨化品属于三维有序层状结构排列[3]，其性能有很大差别，见表 3-9。

表 3-9 焙烧品与石墨化品性能指标对比

项 目	焙 烧 品	石墨化品
电阻率/$\mu\Omega \cdot m$	$(40 \sim 60) \times 10^{-6}$	$(6 \sim 12) \times 10^{-6}$
真密度/$g \cdot cm^{-3}$	$2.00 \sim 2.05$	$2.20 \sim 2.23$
体积密度/$g \cdot cm^{-3}$	$1.50 \sim 1.65$	$1.52 \sim 1.68$
抗压强度/MPa	$(24.50 \sim 34.30) \times 10^{6}$	$(15.68 \sim 29.40) \times 10^{6}$
气孔率/%	$20 \sim 25$	$25 \sim 30$
灰分/%	<0.5	<0.3
热导率/$W \cdot (m \cdot K)^{-1}$	$3.60 \sim 6.70(175 \sim 675℃)$	$74.5(150 \sim 300℃)$
线膨胀系数/$℃^{-1}$	$(1.6 \sim 4.5) \times 10^{-6}(20 \sim 500℃)$	$(1.1 \sim 2.5) \times 10^{-6}(20 \sim 600℃)$
氧化开始温度/℃	$450 \sim 550$	$600 \sim 700$

I 机械加工

炭材料机械加工的目的是依靠切削加工来达到所需要的尺寸、形状、精度和粗糙度[3]。成型后的生坯经过焙烧和石墨化处理后尺寸会有所变化，或者发生了不同程度的弯曲、变形，或者表面黏附有填充料、电阻料等，都必须经过适当的整形加工，以达到规定的几何尺寸、形状及表面粗糙度。

石墨电极根据使用需要在两端面加工带母螺纹的接头孔，再用接头毛坯料加工相应尺寸、外表带公螺纹供连接用的接头，其加工分为 3 道工序：镗孔与粗平端面、车外圆与精平端面、铣螺纹。圆柱形结构的加工分为切断、平端面和铣螺纹；圆锥形接头的加工分为切断、平端面、车锥面、铣螺纹、钻孔安栓和开槽。

因炭材料组织结构的特殊性，其切削过程会产生大量粉尘和石墨碎颗粒，其加工车间必须安装效率较高的通风设备和除尘系统。

石墨电极经检验合格后适当包装，发给用户。

3.1.2　活性炭生产工艺概述

3.1.2.1　活性炭的定义及分类

活性炭是一种孔隙结构丰富和比表面积巨大的碳质多孔材料，具有吸附能力强、化学稳定性好，易于再生等特点。活性炭作为吸附材料在食品、医药、军工、航天、化工、冶金、环保等领域得到广泛应用。常规活性炭的比表面一般 $\leqslant 1000 m^2/g$，特殊用途的活性炭比表面积一般 $\geqslant 2500 m^2/g$。

活性炭按外观形状分为粉末活性炭、颗粒活性炭和纤维活性炭。按制备原料的不同主要分为煤质活性炭和木质活性炭两大类。煤质活性炭以煤为原料，木质活性炭以木屑、果壳、果核等为原料。活性炭按使用功能可分为液体吸附、气体吸附、催化性能活性炭；按制造方法可分为物理活化法炭（物理炭）、化学活化法炭（化学炭）、混合活化法炭（物理、化学活化法并用炭）。

钢铁行业主要利用活性炭治理烟气和废水深度处理，其中用于烟气治理，对二氧化硫有特殊吸附性能的低成本煤质活性炭，又称活性焦，最早由德国 Bershan-Forschung 公司于 20 世纪 60 年代研发。随着烟气脱硫、脱氮技术的发展，活性焦不仅用于去除烟气中的 SO_2 还用于去除烟气中的 NO_x，此类活性焦又被称为脱硫脱硝活性焦或脱硫脱硝煤质活性炭。

3.1.2.2　活性炭的生产工艺

活性炭生产工艺流程分别是原料预处理、炭化、活化和产品后处理 4 个工序。炭化和活化是活性炭生产的重要工序。炭化是将含碳原料在隔绝空气条件下加热，使非碳元素减少，生产出适合活化工序所需的碳质材料的工序。活化是将炭化料制备成具有发达孔隙结构和巨大比表面积活性炭产品工艺过程。活化主要分为物理活化法、化学活化法、化学物理活化法。物理活化法是指用气体活化剂活化炭化料制备活性炭的方法；化学活化法是指将含碳原料与化学药品均匀地浸渍或混合后，在隔绝空气的条件下加热，同时进行炭化、活化制备活性炭的方法；化学物理活化法是将含碳原料经过化学药品浸渍后，在一定温度下进行加热处理，然后进行物理活化，该工艺是化学活化和物理活化相结合的活性炭制备方法。物理活化法常用的活化剂为水蒸气、烟道气、CO_2 或空气；化学活化法常用的活化剂为磷酸、氯化锌、氢氧化钾等。氯化锌法因污染严重，在中国《产业结构调整指导目录（2011 年)》中已被列入淘汰类。活性炭的具体生产工艺与原料密切相关，原料不同生产工艺也有差异。

A　煤质活性炭

中国煤质活性炭生产企业主要分布在山西、宁夏两个地区，产量约占全国煤质活性炭产量的 90%[9]，主要采用物理活化法。煤质活性炭按产品外观形状可分为原煤破碎活性炭、成型活性炭和粉状活性炭。成型活性炭根据产品形态可分为柱状活性炭、压块活性炭和球状活性炭。粉状活性炭主要是作为副产品生产，基本由原煤破碎活性炭、成型活性炭产生的筛下物磨粉制成。煤质活性炭制备原料预处理主要包括干燥、破碎、筛分、磨粉、成型。

干燥就是脱除煤中的水分，控制原料煤的水分在适宜的范围内，原因是原料煤水分含量过高不仅对煤炭的破碎、筛分不利，而且增加能量消耗。

破碎就是将粒度较大的原料煤粉碎成小颗粒的过程。生产原煤破碎活性炭原料煤应破碎至一定粒度后进行炭化。生产成型活性炭原料煤破碎至一定粒度后要进行磨粉。

磨粉就是煤的细粉碎，原料煤粉的细度直接影响其成型性及其制成产品的强度。对于柱状活性炭，一般要求煤粉的细度为 95% 以上通过 180 目（80μm），对于压块活性炭，一般要求 80% 以上通过 325 目（45μm）[10]。

成型就是将煤粉用成型造粒设备制成具有一定形状和强度的型块。压块活性炭和柱状活性炭的成型工序略有不同。生产压块活性炭的原料煤粉一般直接经成型机成型。生产柱状活性炭的原料煤粉成型过程包括混料、捏合、挤条及风干。生产柱状活性炭一般采用煤焦油作为黏结剂。煤粉、黏结剂、水在一定温度下经搅拌设备、捏合设备混捏成膏状物后，经压条机制成湿煤条。刚成型的湿煤条温度高于常温，且含有一定水分，质软、强度差，需要进行风干，提高其强度，便于进入炭化工序进行下一步加工。风干一般采用自然堆放法，铺放厚度为 3~5cm，风干时间为 4~8h[10]。大型煤基活性炭生产企业为了使生产流程更加顺畅，节省人力、时间，使用干燥设备对其进行干燥。

炭化即煤的热解或干馏过程，是指煤在隔绝空气条件下加热时发生一系列物理化学变化的总称。炭化过程一般分为干燥、热解和炭化三个阶段[10]：（1）干燥阶段，温度在 120℃ 以下，原料煤释放出外在水分和内在水分，此时原料煤的外形无变化。（2）开始热解阶段，原料煤分解反应释放出 CO、CO_2、CH_4、H_2 等小分子气体，不同煤种开始热解的温度不同，变质程度低的煤的开始热解温度也较低，东北泥炭约为 100~160℃，褐煤约为 200~300℃，烟煤约为 300~400℃，无烟煤约为300~450℃。由于煤的分子结构和生成条件有较大差异，故上述开始热解温度只是不同煤种间的相对参考值。（3）炭化阶段温度一般在300~600℃，以缩聚和分解反应为主，原料煤大量析出挥发分，炭化过程析出的焦油和煤气产物几乎全部均在此阶段产生。煤经历一系列物理和化学变化形成含有排列不规则的石墨微晶结构，具有一定孔隙的活性炭前驱体，炭化料一般挥发分7%~18%，焦渣特性1~3，水容量15%~25%，球盘强度≥90%。

活化一般采用水蒸气、烟道气（主要成分CO_2）或两种气体的混合气作为活化剂，在高温下与炭化料接触发生氧化还原反应进行活化，主要活化反应如下：

$$C + 2H_2O \Longrightarrow 2H_2 + CO_2$$
$$C + H_2O \Longrightarrow H_2 + CO$$
$$C + CO_2 \Longrightarrow 2CO$$

由活化反应过程看出，活化反应均是吸热反应，即随着活化反应的进行，活化炉的活化反应区域温度将逐步下降，如果活化区域的温度低于800℃，上述活化反应将不能正常进行，需要在活化反应区域通入部分空气与活化产生的煤气燃烧补充热量，或通过补充外加热源，保证活化炉活化反应区域的活化温度[10]。

产品后处理是根据市场需求，调节活性炭的粒度、灰分、pH值等，或采用浸渍、加载化学药品改善其物理化学性能，以及产品筛分所得筛下物回收的工艺过程总称。

煤质活性炭生产工艺流程如图3-2所示。

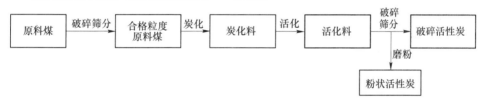

(a)

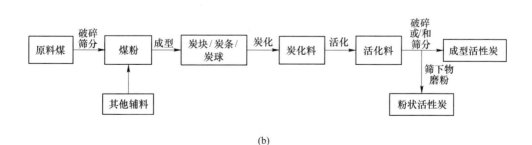

(b)

图3-2 煤质活性炭生产工艺流程
（a）原煤破碎活性炭；（b）块状活性炭

煤质活性炭的制备过程中会产生污染物，炭化和活化工序产生污染物主要是废气、粉尘；干燥、破碎（磨粉）、筛分、成型工序产生的污染物主要是粉尘。

B　木质活性炭

中国木质活性炭生产企业主要分布在福建、江西、浙江和江苏等省份，其中福建、江西和浙江的产量占全国总产量的比重已超过 85%。木质原料不同，活性炭的制备工艺也不同。

a　木屑类活性炭的制备工艺[11]

木屑类原料主要采用化学活化法制备活性炭，生产工艺过程主要包括筛选、干燥、磷酸溶液的配制、混合或浸渍、炭活化、回收、漂洗、脱水、干燥与磨粉等工序。

木屑筛选采用振动筛和滚筒筛，选取 0.425～3.35mm 的颗粒，去除杂物，如砂石、铁屑等。

筛选后的木屑含水率一般在 45%～60%，一般采用气流式干燥器或回转干燥器干燥，水分干燥至 15%～20%。

磷酸溶液的配制是将高浓度的工业磷酸（85%，质量分数）用水稀释至所需浓度，达到工艺需求的波美度。

混合（浸渍）是在混合机中将木屑与磷酸溶液反复搅拌揉压，使二者均匀混合的工艺过程。混合机采用耐酸钢制的半圆形槽，内有一对之字形的搅拌器，或双螺杆绞龙等设备。

木屑活性炭的制备工序炭化和活化在同一个设备完成。国内一般采用内热式回转炭化炉，以煤、原油、煤气、天然气等燃烧产生的高温烟气作为热源，将物料加温至 380～500℃进行炭化、活化。

磷酸在活性炭制备过程中的作用主要有润胀作用、加速炭活化过程、高温下催化脱水作用、氧化作用、芳香缩合作用及炭化时起骨架作用。

润胀作用：温度低于 200℃时，磷酸能渗入到原料内部，使木质纤维素发生润胀、胶溶及溶解，形成孔隙，同时还会发生一些水解和氧化反应，使高分子化合物逐渐解聚，与磷酸形成均匀塑性物料。

加速炭活化过程：磷酸能改变木屑的热解历程，显著降低活化温度，同时因其能渗入到原料颗粒内部，使原料受热均匀。

高温下催化脱水作用：磷酸具有很强的脱水作用和催化有机化合物的羟基消去作用，抑制焦油产生，使更多的碳得以保留。

氧化作用：磷酸能氧化已经形成的炭，侵蚀炭体，形成微孔发达的微晶结构。

芳香缩合作用：磷酸脱水作用和催化有机化合物的羟基消去作用，使碳材料获得较高程度的芳构化。

炭化时起骨架作用：炭化时磷酸给新生的碳提供骨架，让碳沉积在骨架上面，新生的碳具有初生的键，对无机元素有吸附力，能使碳与无机磷结合在一起。当用酸和水把无机成分溶解洗净后，碳的表面便暴露出来，形成具有吸附力的活性炭内表面。

回收：活化料中含有大量磷酸以及其在高温条件下形成的磷酸高聚物（焦磷酸、偏磷酸等），必须进行回收。回收操作基本属于萃取操作。

漂洗：漂洗工序包括酸处理和水处理两个步骤。目的是去除来自原料和加工过程带入的各种杂质，使活性炭的氯化物、总铁化物、灰分、pH 值等达到规定的要求。酸处理主要是加盐酸除去铁类化合物，水处理主要是加碱中和酸、除去氯离子，并用热水反复洗涤。

脱水：漂洗后的活性炭水分高，必须在干燥前进行脱水。脱水一般采用板框过滤机、离心机。

干燥：干燥的目的是将活性炭的水分降到 10%以内。干燥设备主要有隧道窑、回转炉、沸腾炉、流态化炉等。

磨粉：干燥后的活性炭需磨成细粉，一般要求粉状活性炭的粒度在不影响其最大吸附力和过滤速度的情况下越细越好。

木屑活性炭的制备工艺如图 3-3 所示。

b 果壳类活性炭的制备工艺

果壳类原料主要采用物理活化法制备活性炭，生产工艺过程包括炭化、活化、除杂、破碎（球磨）、精制等工艺。

炭化是指把果壳装入炭化设备中，通入少量空气（终了不同空气），在高温下进行热分解，最终制得木炭的过程。果壳一般采用回转窑炭化。

活化主要采用斯列普炉，一般采用水蒸气作为活化介质，活化温度控制在 800~900℃。

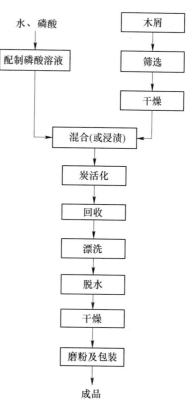

图 3-3 木屑活性炭的制备工艺

除杂主要通过筛选去除活化过程中生成的灰及炭粉，然后用除砂机除去混杂在活化料中的砂子、石块、铁钉等杂质。

破碎（磨粉）是通过外力将活性炭的粒度调整到一定范围内，满足客户需求。

精制是将粒度符合规定要求的活性炭，经过漂洗（酸洗和水洗）、脱水、干燥等操作得到最终产品。

木质活性炭的制备过程中，产生的污染物主要有废气、粉尘和废水（酸洗工序）。炭化和活化工序产生的污染物主要是废气、粉尘；筛分、除杂、破碎（磨粉）、干燥工序产生的污染物主要是粉尘；漂洗工序产生的污染物主要是废水。采用物理法生产工艺的企业排放的废水无特征污染物；采用化学法生产工艺的企业，产生的工业废水中含有酸性物质。

3.1.3 增碳剂生产工艺概述

3.1.3.1 增碳剂的定义及分类

在钢铁产品的冶炼过程中，常常会因为冶炼时间、保温时间、过热时间较长等因素，使得铁液中碳元素的熔炼损耗量增大，导致铁液中的含碳量达不到炼制预期的理论值。为了补足钢铁熔炼过程中烧损的碳含量而添加的含碳类物质称为增碳剂[12]。优质增碳剂一般指经过石墨化的增碳剂，在高温条件下，碳原子的排列呈石墨的微观形态，如图3-4所示。石墨化可以降低增碳剂中杂质的含量，提高碳含量，降低硫含量[13]。

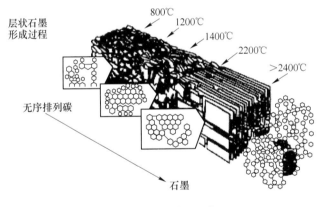

图 3-4　增碳剂石墨化

增碳剂按用途可分为炼钢用增碳剂和铸铁用增碳剂，根据增碳剂中碳的晶体结构可分为非晶态和结晶态增碳剂，根据碳原子的存在形式可分为石墨化增碳剂和非石墨化增碳剂[14]。

3.1.3.2 增碳剂的生产原料[15]

增碳剂生产原料有多种，常用的有人造石墨、天然石墨、石油焦、焦炭和无烟煤，以及用这类材料配成的混合料，其中石油焦是目前广泛应用的增碳剂原料。

A　人造石墨

人造石墨一般被认为是品质最好的增碳剂。生产人造石墨的主要原料是粉状的优质煅烧石油焦，在其中加沥青作为黏结剂，再加入其他辅料，按比例配好各种原材料，将其压制成型，在2500~3000℃、惰性气氛中处理，使之石墨化得到人造石墨。

虽然人造石墨制品品质最好，但其生产工序多且生产周期较长，所以价格较高。因此，铸造厂常用的人造石墨增碳剂大都是制造石墨电极时的切屑、废旧电极和石墨块等废旧循环的材料，以降低生产成本。在熔炼球墨铸铁时，为使其冶金质量上乘，所使用增碳剂应首选人造石墨。

B　天然石墨

天然石墨可分为微晶石墨和鳞片石墨两类。微晶石墨灰分含量高，一般不用作铸铁的增碳剂。鳞片石墨有很多品种：高碳鳞片石墨需用化学方法萃取，或者高温煅烧使其中的氧化物分解、挥发，这种鳞片石墨产量低而且价格高，一般不用作增碳剂；低碳鳞片石墨中的灰分高，不宜用作增碳剂，用作增碳剂的主要是中碳鳞片石墨，但其用量也很少。天然石墨的大致成分见表3-10。

表 3-10　天然石墨的大致成分　　　　　　（质量分数，%）

种类	固定碳	硫	灰分	挥发分	水分
鳞片石墨	85~95	0.1~0.7	5~15	1~2	—
微晶石墨	60~80	0.1~0.2	20~40	1~2	0.5

C　石油焦

石油焦是精炼原油得到的副产品，原油经过常压蒸馏或减压蒸馏得到的渣油及石油沥青，经焦化后得到生石油焦，产量大约不到所用原油量的5%。生石油焦中的杂质含量高，不能直接作增碳剂，必须经过煅烧处理。生石油焦有海绵状、针状和粒状等。

海绵状石油焦由于其中硫和金属含量较高，通常用作煅烧时的燃料，也可作为煅烧石油焦的原料，经煅烧的海绵焦主要用于制铝业和用作增碳剂；油系针状焦煅烧后主要用于制造石墨电极；粒状石油焦主要用作燃料。

D　焦炭和无烟煤

电弧炉炼钢过程中，可以在装料时配加焦炭或无烟煤作为增碳剂，由于其灰分和挥发分较高，很少用作感应电炉熔炼铸铁增碳剂。

3.1.3.3　增碳剂生产工艺

增碳剂生产工艺流程相对简单，主要流程为原料选取、石墨化和产品后处理。具体生产工艺主要有煅烧无烟煤生产工艺、艾奇逊石墨化炉生产石墨化石油焦增碳剂工艺和连续石墨化石油焦增碳剂生产工艺。

A 煅烧无烟煤生产工艺

制取增碳剂的无烟煤要求固定碳含量高，灰、硫、挥发分低。研究认为[16]，宁夏太西无烟煤具有低灰、低硫、可选性好等特性，是制备煤基炼钢增碳剂的理想原料。煅烧无烟煤生产工艺主要分为煤样的选取→选矿提纯→煅烧→破碎→筛分分级→包装。

无烟煤装入提料斗，运到煅烧炉顶的加料斗中，自然落入煅烧室，在煅烧炉（如图 3-5 所示）内，无烟煤温度不断上升，经脱水与分解后进入保温段（900℃）完成最后分解，经 3h 左右挥发分小于 1.5%，再经排料器冷却至 120℃以下，按规定数量和时间排于炉外，然后运到破碎机破碎，由振动筛完成分级，粒度为 3~15mm，即为增碳剂合格产品，最后包装入库。

图 3-5 煅烧炉

无烟煤为原料制成的增碳剂固定碳一般在 90%~95.5%，硫分在 0.2%~0.3%，灰分低，生产工艺简单。

B 艾奇逊石墨化炉生产石墨化石油焦增碳剂工艺[17]

艾奇逊石墨化炉生产石墨化石油焦增碳剂是 1999 年 9 月新郑东升炭素开始研发，其生产工艺是利用艾奇逊炉进行生产。生产工艺主要分为装炉→石墨化处理→冷却→出炉→筛分分级→包装。

艾奇逊炉的装炉工艺包括：在箱式炉体内铺设炉底，放置炉墙板及固定炉芯，装炉料及保温材料。通过在炉芯上面覆盖保温材料，在炉墙板与石油焦之间设置木质或石墨隔离层，炉头炭块与石油焦之间设置石墨层，石油焦中、上、下层各设 3 条，中间层设 1 条共 3 层导流引线等措施，使得石墨化更为均匀、彻底，制得的增碳剂性能指标更佳，更接近于石墨碎。炉型四周外围用焦粉和石英砂混合配成的保温料填装，导电发热芯利用炉头炉尾导电电极导入的整流变压器供的直流电发热，使石油焦升温到 2200~2500℃，达到石墨化程度，生成石墨化增碳剂。该技术生产的增碳剂，品位高、低硫、低氮、低灰，理化指标优良。该增碳剂含碳量≥98.5%、含硫量≤0.04%、灰分≤0.4%、水分≤0.5%。

　　C　连续石墨化石油焦增碳剂生产工艺[17]

　　连续石墨化石油焦增碳剂生产工艺技术是汨罗市鑫祥碳素制品有限公司、湖南大学联合开发的科研成果，于2010年4月3日顺利通过了中国炭素行业协会组织的科技成果鉴定。其原理为通过自动给料→主供电→预热→高温石墨化→高温缓冲→循环冷却→排料完成连续石墨化工艺。竖式连续石墨化炉如图3-6所示。

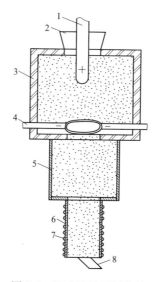

图3-6　竖式连续石墨化炉

1—石墨正电极；2—进料斗；3—高温区炉体；4—石墨负电极；
5—保温区炉体；6—冷却区炉体；7—冷却水管；8—下料口

　　连续石墨化石油焦增碳剂生产工艺采用的竖式高温连续石墨化炉，将石油焦通过斗式提升机提升到石墨化炉的炉顶料仓，在炉顶料仓内石油焦通过自身重力由下料口进入石墨化炉，按工艺技术要求，给炉体进行送电。利用石油焦本身的电阻使通入炉内的电能转变为热能，随着石墨化炉下部排料的进行，炉内料层逐渐下移，石油焦被逐步加热到2600~2800℃，进行高温石墨化，除去了物料中的水分和挥发分，得到高质量热性能稳定的高性能增碳剂。石墨化后的高性能增碳剂逐步下移，经过石墨化炉体下部四周的水冷壁、水冷支架和底部水冷料盘被逐步冷却后，温度降低至室温。冷却后经石墨化炉体底部排料设备排出，运送至料仓，最后进行分级包装。石墨化过程中产生的烟气由石墨化炉的炉顶烟管通过自然抽力产生的负压，把烟气输送到烟气处理系统经过深处理后，经烟囱达标排放。

连续石墨化炉设有专门的控制室，给操作人员提供从加料到排料一整套设备的监控、指示、记录、调整等操作上的方便。

连续石墨化炉生产的石墨化石油焦增碳剂技术指标：固定碳一般大于99.5%，水分在 0.02%~0.1%，挥发分约 0.27%，灰分约 0.14%，硫分在0.01%~0.04%，真密度约 2.18g/cm³。

3.2 钢铁工业用炭素制品生产技术进步现状和发展趋势

3.2.1 石墨电极生产技术进步现状和发展趋势

3.2.1.1 石墨电极行业现状

世界上钢铁生产主要有两种流程：一种是以铁矿石为主原料的高炉转炉长流程，一种是以废钢为主原料的电炉短流程，相比转炉炼钢，电炉炼钢具有工序短、投资省、建设快、节能减排效果突出等优势。据测算，炼钢使用 1t 废钢，可以减少 1.7t 精矿的消耗，比使用生铁节省 60% 能源、40% 的新水，可以减少排放 86% 废气、76% 废水、72% 废渣、97% 固体排放物（含矿山部分的废石和尾矿）[18]。因此，世界各国普遍重视以废钢为主原料的电炉短流程炼钢工艺。工信部 2019 年发布《关于引导电弧炉短流程炼钢发展的指导意见》中提出，优化短流程炼钢产能布局，鼓励推广以废钢铁为原料的短流程炼钢工艺及装备应用，2025 年电炉钢比达到 20%[19]。

我国石墨电极的生产较晚，20 世纪 50 年代初引进苏联技术和设备在吉林省吉林市建立了我国第一个炭素制品厂——吉林炭素厂。其设计能力为年产炭素制品 2.23 万吨，其中石墨电极 8000t，1955 年投产。随后，我国相继建立起兰州、上海和南通等炭素厂。90 年代，中国已经成为石墨电极生产大国。据统计，2018 年中国石墨电极产能约为 118 万吨，产量约为 70 万吨，同比增长18.64%。2018 年石墨电极出口量达 28.74 万吨，同比增长 21.11%。2019 年石墨电极产量达到 80 万吨，同比增长 15.94%，其中，优质超高功率石墨电极的产量及消耗量分别为 8.6 万吨和 6.63 万吨。我国石墨电极总产量变化如图3-7 所示。

我国发改委 2017 年发布《产业结构调整指导目录 2011 年本（修正）》，规定淘汰 30t 以下容量的电炉，限制建设 30~100t 容量的电炉。可见，100~150t 及以上大吨位高功率和超高功率电弧炉将是我国未来电弧炉发展方向。电弧炉功率提高驱动直径 500mm 以上的高功率和超高功率石墨电极发展，我国近年来超高功率石墨电极的发展迅猛，如图 3-8 所示。

电炉钢与高炉—转炉炼钢相比更加节能、环保，中国的电炉钢发展条件已逐渐具备，发展空间很大，这决定石墨电极未来市场将会在一定时间内持续走强。另外，国外电炉钢产量增加，拉动了国内石墨电极的出口量。鑫椤资讯预计 2020

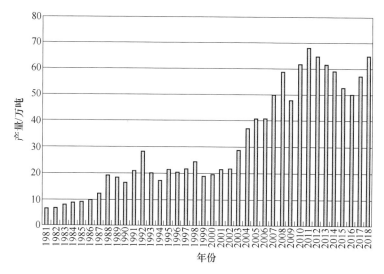

图 3-7 我国石墨电极总产量年变化趋势

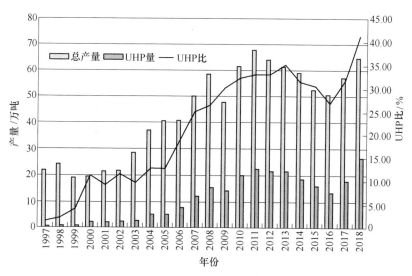

图 3-8 我国超高功率石墨电极实际产量年变化趋势

年总产能将达到 230 万吨，总产量将达到 150 万吨。2019 年供求平衡，2020 年、2021 年过剩产能将全面显现，部分产品市场竞争可能会极其残酷，生产企业将面临重新洗牌。

世界石墨电极生产现在以 HP 和 UHP 为主，产量基本保持在 120 万吨/年，电极直径由 ϕ500mm 为主增大到 ϕ700mm，尽管吨钢石墨电极消耗不断下降，石墨电极需求量增加不多，但大规格 UHP 石墨电极的市场需求一直呈稳步上升势头。德国 SGL、美国 UCAR、日本 SDK 等国外炭素企业以生产大规格 UHP 石墨电极、特种炭素材料为主,技术水平和生产工艺依然处于领先地位,产品占据国际市场的 70% 份额。我国石墨电极整体质量虽然得到国际认可,市场竞争力有所提升,然而在国外一些大容量的冶炼炉面前,与国际一流炭素企业相比较而言,我国的石墨电极质量还存在很大的提升空间,如 $\phi700mm$ 是我国现在能够生产的最大规格,而且能够生产的企业寥寥无几,而国外如 SGL、东海炭素已经能够成熟生产 $\phi800mm$ 的 UHP 石墨电极。制约我国石墨电极发展的主要因素有:首先,大型超高功率石墨电极用原料针状焦受限,主要还是依靠进口,国产针状焦的质量还需提高;其次,关键设备如混捏机、凉料机和专用加工设备等国产化代替工作仍待提高,工艺上产品均质化控制技术及大规格超高接头制备技术还有待突破;最后,我国电炉钢比例的提升速度也在制约石墨电极的发展,所以要加快国内炼钢行业的转型。

3.2.1.2　石墨电极行业发展趋势

2018 年我国石墨电极产量 65 万吨,销量 58.7 万吨,库存量 7.3 万吨。从竞争格局来看,行业仍处于分散竞争阶段,行业集中度有待提高,未来行业竞争将趋于激烈。2019 年 3 月,中国炭素行业协会发布了 T/ZGTS 001—2019《炭素工业大气污染排放标准》,意味着行业的环保要求趋严,将给行业的发展带来压力。从行业产品趋势来看,石墨电极向超高功率电极发展是未来趋势。

石墨电极生产特点是原料成本高、生产周期长、能源消耗高,高性能、大规格石墨电极的需求越来越多。优化原料选择(针状焦和黏结剂沥青)可以有效降低原料成本,寻求突破性的工艺技术创新、采用高实收率均质化焙烧工艺可以有效缩短生产周期,选用低能耗高效率的生产设备、开发实用可靠耐用高效和低运行费用环保设备可以有效降低能耗和维修治理等费用,配料设计均匀化、材质均匀化、混捏糊料均质化等有利于提高产品的性能。石墨电极生产未来趋势是绿色化、大型化、数字化控制等,可提高效率,节能减排、降低单耗的制备工艺技术和生产装备是市场急需技术。

3.2.1.3　石墨电极生产原料

针状焦是生产超高功率石墨电极的必备原料,其良好的取向性结构决定以其为原料制备的石墨电极电阻率较低、线膨胀系数小且抗热震性能好。我国针状焦起步较晚,但发展速度很快。近几年煤系针状焦的技术越来越成熟,针状焦的产量和质量都有了很大的提升,2018 年实际总产量约 35.5 万吨,2019 年新增产能约 27 万吨,2019 年 1~5 月针状焦产量约 18.29 万吨,其中煅后焦占比 84%,同比增长 24.6%。我国针状焦主要以煤系针状焦为主,其质量标准见表3-11。中钢集团鞍山热能研究院是煤系针状焦的稳定生产厂家之一,其生产的煤系针状焦和日本同类产品相比水平相当。油系针状焦依赖于日本和英国进口。

表 3-11 煤系针状焦标准

项目	指标		
	优级	一级	二级
真密度/g·cm⁻³	≥2.13	≥2.13	≥2.12
硫（质量分数）/%	≤0.40	≤0.40	≤0.50
氮（质量分数）/%	≤0.50	≤0.60	≤0.70
挥发分（质量分数）/%	≤0.30	≤0.40	≤0.40
灰分（质量分数）/%	≤0.20	≤0.30	≤0.30
水分（质量分数）/%	≤0.15		
线膨胀系数（室温至600℃）/℃⁻¹	≤1.0×10⁻⁶	≤1.3×10⁻⁶	≤1.5×10⁻⁶
电阻率/μΩ·m	≤600	≤600	≤600
振实密度（1~2mm）/g·cm⁻³	≥0.90	≥0.88	≥0.85

煤系针状焦与石油系针状焦相比具有低含硫量、低线膨胀系数、高强度等优点，这意味着在石墨化阶段不易产生气胀现象，提高了产品的成品率，或者可以选择较快的石墨化升温曲线，缩短石墨化周期，提高效率、降低单耗；另外，我国富煤贫油的资源现实、煤炭焦化为主的加工格局为煤系针状焦提供了大量的原料——煤焦油，我国的煤系针状焦产能增加很快，但是实际产量和水平有待进一步提高。加快优质针状焦的技术开发，提供稳定高质量的针状焦，实现原料的国产化是未来的发展方向。

黏结剂沥青用于石墨电极的混捏工序，一般采用中温沥青，其存在以下几方面的缺陷[20]：（1）软化点低（75~95℃），容易熔融和结块，高温季节运输及装卸比较困难，每年有相当长时间不能运输；（2）结焦值较低，一般在50%左右，黏结剂在焙烧过程大部分以挥发物的形式逸出，使焙烧炭制品气孔率增大，影响炭材料性能的提高；（3）有较多轻质组分，在沥青熔化、混捏、成型和焙烧过程中逸出较多沥青烟气，加重了对环境的污染；（4）含有较少的 β 树脂，在一定程度上影响煤沥青的黏结性能和沥青的热稳定性。国外普遍采用改质沥青做黏结剂，我国从 20 世纪 80 年代开始重视改质沥青的研发，现稳定生产的厂家[21]有贵州水城钢铁公司焦化厂、武钢焦化协力厂、马鞍山钢铁股份有限公司煤焦化公司等。上海宝钢化工有限公司起草编制了最新的质量标准（YB/T 5194—2015），新标准对软化点、β 树脂含量的限定有了提升，见表 3-12。采用改质沥青做黏结剂，高软化点解决了夏天运输难的问题，高结焦值使制品具有好的机械强度，混捏成型过程产生烟气较少，降低对环境的污染；另外，改质沥青含有较多的 β 树脂含量和次生 QI，热稳定性好，提高了制品的质量；改质沥青的应用减少了石墨电极生产中焙烧、浸渍次数，缩短了生产周期，极大程度上提高了效率，节约了能源。目前我国改质沥青的年产量大约在 35 万吨，基本取代了普通中温沥青，对石墨电极的高品质生产提供了有力的支持。

表 3-12　改质沥青的质量标准

项　　目	指　　标			
	高温改质沥青			中温改质沥青
	特级	一级	二级	
软化点（环球法）/℃	106~112	105~112	105~120	90~100
TI（抽提法）（质量分数）/%	28~32	26~32	26~34	26~34
QI（质量分数）/%	6~12	6~12	6~15	5~12
β树脂含量（质量分数）/%	≥20	≥18	≥16	≥16
结焦值（质量分数）/%	≥57	≥56	≥54	≥54
灰分（质量分数）/%	≤0.25	≤0.30	≤0.30	≤0.30
水分（质量分数）/%	≤1.5	≤4.0	≤5.0	≤5.0
钠离子含量/mg·kg^{-1}	≤150	—	—	—
中间相（≥10μm）/(V/V%)/%	≤0	—	—	—

3.2.1.4　石墨电极生产工艺

石墨电极在电炉短流程炼钢中作为电极材料，需要低电阻率、低线膨胀系数，否则在使用过程中易出现掉块、开裂等[22]，这些要求石墨电极制品均匀密实，因此，控制各环节工艺、实现均质化生产是提高其产品质量的最主要途径。

A　混捏糊料均质化工艺

石墨电极的均质化[23]与配料、混捏、挤压、成型各工序关系极大，特别是生制品内部结构的均质化和这几道工序密切相关。首先要确保配料稳定，另外，糊料混捏是生产均质化石墨电极不可忽视的环节，该工序直接影响制品的成品率和产品最终的质量和使用效果。生产上，为了保证混捏效果，一般要对干料进行预热，再加到熔化好的黏结剂沥青中，这样两者相混时液体沥青的温度不至于因下降过多而黏度变大，影响糊料的塑性。混捏好之后的糊料一般温度为130~180℃，并含有大量的烟气，需要进行凉料。凉料阶段一方面要将糊料冷却至合适温度，充分排除夹杂在糊料中的烟气；另一方面糊料要均匀冷却，糊料在冷却时存在打团现象，往往会引起内外温差大，这样挤压出的生坯内部缺陷较多，均质性差。改良之后的技术是混捏锅混捏搅拌至一定时间，向糊料上喷洒水降温，温度低的物料落入保温槽中，分批装入成型机。吉林炭素混捏工序采用了上述方法，生产过程用计算机控制，在混捏好的糊料上喷水降温，糊料冷却后成松散小块状，尺寸控制在20~25mm，糊料温差小，控制在±1℃，这样的糊料保证制品结构均匀且内部无缺陷。随着技术发展，各个生产厂家已逐步建立自己的沥青黏度生产控制制度，对混捏过程的控制更加精准，也为均质化生产提供支持。石墨电极成品质量70%是由生坯的质量决定的。因此，混捏糊料均质化在石墨电极生产中显得尤为重要。

B 焙烧均质化工艺

石墨电极生产中焙烧工序的核心是黏结剂沥青的焦化，主要是温度的控制，即焙烧过程各部位温度要均匀，升温速度需控制得当。焙烧过程所用设备一般为环式炉，炉内电极两端和中部温差较大，另外沥青的偏析现象往往会导致焙烧品的质量不均匀。目前国内通常的做法有两种：一是在设备选型时选用车底式焙烧炉，车底式焙烧炉[24]的优点是炉膛内烟气处于强对流状态，炉内温度分布均匀，焙烧品成品率高；二是如不能更改焙烧炉型，继续使用环式炉生产，需要保证空心砖畅通、炉底无堵塞、密封好、燃料喷嘴设计合理，上层填充料厚度400mm以上，这样可以相对减少焙烧品的不均匀程度。

焙烧工序升温曲线控制很重要，当制品温度达到300℃左右时黏度最低，挥发分会剧烈排除，这一阶段升温速度必须非常缓慢，烟气温度到400~500℃时，生坯体积由热胀变为收缩，为了减小应力变化，升温速度应继续降低；当温度继续上升时，生坯内挥发分减少，制品的孔隙率和透气性增加，升温速度可以适当增大。焙烧阶段通常的升温制度是"两头快、中间慢"，严格控制升温制度，对每个炉子制定升温曲线，有利于焙烧阶段的制品均质化。

C 浸渍均质化工艺

浸渍的均质[25]主要指产品应浸透，一批产品或同规格多批产品的浸渍效果应一致，一般通过浸渍增重率来考察。浸渍增重率是浸渍前后炭坯质量差与浸渍前炭坯质量比值。炭材料的气孔分为开口气孔和闭口气孔，开口气孔约占总气孔率的90%以上，浸渍对闭口气孔不起作用，受表面张力的影响，一般而言，浸渍剂浸渍只能对孔径大于$2.5\mu m$的开口气孔起作用。对于石墨电极而言，要求浸渍的一焙品气孔率为22%左右，二焙品的气孔率为18%左右[3]。对于普通功率石墨电极的焙烧接头料，一次浸渍品增重率不低于13%，二次浸渍品增重率不低于8%，三次浸渍品增重率不限。对于高功率和超高功率石墨电极的焙烧坯一次浸渍品增重率不低于15%，二次浸渍品的增重率不低于10%，三次浸渍品的增重率不限。若增重率低于规定指标，则必须检查浸渍深度。

生产中，浸渍前要对焙烧品进行彻底清理，再预热加入浸渍罐中抽真空，达到一定真空度后注入液体沥青浸渍剂，进行加压浸渍，完成后浸渍品取出立即进行固化，防止浸渍剂反渗；浸渍温度一般维持在180~200℃为宜，保证浸渍剂与制品预热到相同的温度，且黏度适当；真空度越好，浸渍效果越好；浸渍时压力的增加可以使浸渍深度增加，一般浸渍压力为0.5~1.5MPa，对于高密度制品，浸渍压力高达2.0~4.0MPa；浸渍加压时间一般为2~4h。

D 均质石墨化工艺

浸渍品经过再次焙烧后放入石墨化炉石墨化。石墨化存在的问题通常是炉芯温差大，石墨化品电阻率差别大。现有技术是选用内热串接石墨化炉或适当缩小艾奇逊石墨化炉炉芯，提高炉温，以尽量保证产品的石墨化度和均匀性。

3.2.1.5 石墨电极生产装备

近 20 多年来，我国石墨电极行业技术取得了很大的突破，大型骨干炭素企业加大了技术改造步伐，装备水平明显提高。在压型工序，计算机控制的自动配料系统普遍应用，电极挤压机向大吨位发展。在焙烧工序，节能环保型环式炉代替落后的倒焰窑和地坑炉已是企业的普遍选择，先进的环式炉、车底式炉、二次焙烧隧道窑的产能占焙烧工序产能的比重已从 10 年前的约 80% 提高到现在的100%。在石墨化工序，3340 千伏安的炉用变压器及其并联机组已经全部淘汰，普遍使用 1 万千伏安及以上大型直流石墨化机组。内热串接石墨化生产线从无到有，由于内热串接石墨化炉与大直流石墨化炉相比可节约用电 30% 以上，目前生产大规格石墨电极已经全部使用内热串接石墨化炉。具有世界先进水平的混捏、凉料设备、大吨位挤压成型机、车底式炉、高压浸渍设备、二次焙烧隧道窑、电极和接头全自动加工组合机床等先进设备已被广泛应用。

A 混捏、凉料一体化装备

在混捏工序，优化设备是提高混捏质量的主要途径。我国原来使用的是双轴"Z"形搅刀式混捏系统[26]，其中双轴混捏机是国内使用较早、较常见的混捏设备，又称卧式双轴混捏锅，其主体由双层机体和一对 Z 形搅刀组成，机体内镶锰钢衬板，机体夹层可通入蒸汽或导热油加热，或采用电加热。混捏锅内的骨料与黏结剂在搅刀带动下交流混捏，再通过配套的圆筒凉料机进行凉料，利用空气对流对糊料降温，最终经皮带输送至压型机。在这种混捏生产中，混捏锅内部由于搅刀和锅体之间存在缝隙，这部分的干料无法被完全搅动；被搅动起来的干料在搅拌过程受摩擦、挤压等因素影响，骨料颗粒易破碎，糊料最终的质量不能保证，且缝隙的料对后期设备检修造成影响。20 世纪 80~90 年代，我国引进了德国的 Eirich 强力混捏系统[27]，并在生产实践中做了大量技术改进，目前在国内使用较多。它采用干料电阻预加热，然后采用强力混捏、冷却一体化的方式进行生产，硬件上由焦料秤、混捏锅、凉料机组成，软件上由微机程序自动控制，实现了连续化生产。Eirich 强力混捏系统的干料加热采用 EWK 加热器加热干料，加热时间短，且加热器顶部带有通风阀门，将物料加热产生的水汽、烟气排入烟气净化系统，同时缓冲内压，防止粉尘污染。预热好的干料和黏结剂加入混捏机，混捏机的机体是一个可沿逆时针旋转的圆筒，圆筒内装有立式搅拌器，沿逆时针高速旋转，这样物料在混捏机内呈剧烈悬浮状态，没有死角，物料捏合时间短、效果好，对颗粒的破坏程度小。混捏好的糊料直接喷水冷却，产生的水蒸气被通风系统抽走，减少污染。以 Eirich 强力混捏机 DW29-4 型为例，其配备一套带变频调速的强力转子工具，对糊料混捏的均匀性有很大改善，智能化控制温度，偏差小，生产稳定，每小时可达 10t 产能。Eirich 强力混捏系统实现了混捏凉料一体化生产，其制备的石墨制品均质化程度高，性能优良，是优质石墨电极的理想混捏设备，且生产过程烟气经过净化处理、污染小，在环保绿色生产上也有不可比拟的优势。

理想的炭素混捏工艺包括高温混捏过程和低温混捏过程，高温混捏过程促进黏结剂沥青对于干料的吸附、润湿和浸透，低温混捏过程促使干料表面沥青吸附层的内部结构趋于有序排列。以 HP-PKC 系列糊料混捏冷却机为例，该设备主要由冷却机主机、驱动装置、温度测量装置及卸料系统等组成，其中冷却机主机主体由冷却缸体及冷却搅刀组成，在冷却搅刀及缸体的共同作用下实现糊料的低温混捏、冷却、分散、沥青烟的排除等功能。采用该技术进行低温混捏，随着温度的降低混捏效果增强，骨料表面沥青吸附层的形成更加活跃，同时沥青吸附内层的分层结构更趋于有序排列，糊料冷却的同时质量进一步提高。

2016 年 3 月，该设备在国内某炭素企业进行生产应用，运行良好，在同等成型条件下，炭制品的体积密度提高 0.02 以上，同等工艺条件下，成品率提高 2%~5% 以上，混捏沥青的用量降低 2% 以上。该工艺技术采用 PLC 全自动控制，网络通信方式，可实时测量、显示、传递设备工作状态，无论上下游设备是否具有自动化功能，均可实现设备自身的自动化运行。与 Eirich 混捏设备相比，其凉料的温度范围更大，为石墨电极生产厂家提供了新的选择。

B 大吨位挤压成型设备

石墨电极生产通常采用挤压成型，将混捏好的糊料晾至合适的温度，并充分排出气体，分批装入料室，一锅料分 2~3 次加入，每加入一批料时，开动挤压机的加压柱塞，将糊料推向料室前部。用较低压力对糊料进行捣固，同时初步将糊料压实，将一锅糊料全部加入料室后，启动高压泵，挤压机的加压柱塞在指定压力下对料室内的糊料进行加压，充分排出糊料内的气体，达到较高的密度。预压时间一般不少于 3min，压力不小于 17MPa，预压结束后，将挤压嘴前部的挡板降落复位，对料室内的糊料施加适当的挤压压力，经挤压型嘴前部出口将糊料挤出，一边挤出，一边对生坯淋水冷却，达到规定长度后切断[8]。一般情况下，大规格石墨电极的压出压力为 7.8~14.7MPa，小规格石墨电极的挤出压力要达到 14.7~22.6MPa。需要注意的是，出口处 150mm 左右一段需要加热到 180℃ 左右，甚至 200℃ 以上，这样可以使挤出的生制品获得光滑的表面；离开挤压嘴的生制品要马上淋水冷却并浸泡在冷水中，以防止生制品弯曲或变形。生产中常用的立捣卧式挤压机的挤压力有 25MN、35MN 等，大吨位挤压成型设备的研制和运行使大规格石墨电极的制造成为可能，设备的进步也将带动电极生产的进步。

C 自动化数控机床

石墨电极在使用前需根据用户要求进行机械加工，如电极两端面加工带母螺纹的接头孔,接头毛坯料加工相应尺寸、外表带公螺纹供连接用的接头等。炭素厂普遍采用数控车床来加工石墨电极,规格为直径 250~700mm,加工长度为 1500~3000mm。石墨电极加工时要达到以下要求:(1)接头孔及接头的螺纹加工精度符合标准,保证任意一根同规格电极与任意一个同规格接头都能达到可靠连接而不会松动脱扣;(2)电极本体躯干与端面保持垂直,保证上下两根电极连接后成直线,端面之间没有明显缝隙;(3)电极本体外圆与接头孔保持同心[3]。我国石墨电极质量标准中对石墨电极尺寸偏差及螺纹形状的加工精度只是规定了电极接头孔直径正偏差的最大值和接头直径负偏差的最大值,两根电极连接处端面间隙不大于 0.4mm,电极本体与接头孔中心线偏差不大于 0.3mm。该工序加工量大、加工精度高,普通车床加工时加工精度偏大,电极两端接口孔与外圆可能不同心、躯干与端面不垂直、螺纹角度与配合间隙偏差较大,加工效率较低,石墨电极加工专用数控组合机床的出现解决了这些问题。

数控组合机床采用微机控制,有效减少了人为误差,且操作人员少,减少人员配置;机床各部件都有良好的密封或防尘设施,并配备高效率的排放加工碎屑输送机和吸尘系统,基本采用液压操作,精度准;另外数控机床设计时充分考虑运送、起吊、机床启动和停车时的惯性问题,减少了这方面误差。数控组合机床操作时各工位衔接紧密,实现连续化生产。发展较早的是德国、日本的多机组数控石墨电极加工自动线。我国研制的 CGK-32 型数控机床打破了传统电极加工概念,C6K-RZ-01 型数控接头自动生产线达到国际领先水平,市场占有率超过 80%,为我国石墨电极加工提供了有力支撑。采用数控组合机床加工电极,其精度可达到如下水平:

电极本体(锥形接头连接),外径圆锥度:小于 0.15/2500,螺纹有效净偏差:0~+0.08mm,螺纹锥度偏差:+1′~+2′,螺纹螺距偏差:小于 0.02/150mm,螺纹深度偏差:±0.01mm,端面不平度:小于 0.01mm。

接头(锥形接头),接头有效径偏差:±0.03mm,锥度偏差:小于+2′,螺距偏差:±0.020/150mm,长度偏差:0~-0.03mm,两端面平行度偏差:小于 0.03mm。

3.2.2 活性炭生产技术进步现状和发展趋势

3.2.2.1 活性炭行业发展现状[28]

活性炭是 1900 年 Raphael Von Ostrejko 发明的,1911 年在维也纳附近的工厂首次用于工业生产。经过一个世纪的发展,目前世界活性炭的产能已达到近 180 万吨,全球各地区活性炭生产能力分布不均,亚洲地区活性炭年生产能力最大,约 128 万吨,占世界活性总产能的 72.3%;其次是北美洲地区,活性炭的年生产能力约 33.5 万吨;西欧活性炭年生产能力位居第三位,9 万吨/年;亚洲地区是活性炭的主产区。表 3-13 列出了 2016 年全球活性炭供需情况。

表 3-13 2016 年全球活性炭供需情况

地区	年产能/万吨	产量/万吨	进口量/万吨	出口量/万吨	消费量/万吨
北美洲	>33.5	31.0	11.3	8.5	33.8
西欧	>9.0	11.2	16.5	4.4	23.4
亚洲	>128.2	89.6	25.3	51.2	63.8
全球	>177.2	137.7	65.5	66.5	136.5

中国是活性炭生产第一大国，2016 年活性炭产能约 78.6 万吨，占全球活性炭总产能的 44.4%。活性炭生产能力排名第二位和第三位的分别是美国和日本，约占全球活性炭总产能的 17.7%、5.7%。

中国最大的活性炭生产企业是大同煤业金鼎活性炭公司，生产煤基活性炭，生产能力 10 万吨/年。中国木质活性炭生产能力最大的企业是元力公司（含子公司），生产能力 6.5 万吨/年。中国生产能力在 5 万吨以上的活性炭生产企业有 9 家，约占全国总产能的 66%（见表 3-14）。

表 3-14 中国大型活性炭企业情况

公司名称	年产能/万吨	原料	产品类型
大同煤业金鼎活性炭公司	10.0	煤	粉炭、颗粒炭
大同中车煤化工有限公司	5.0	煤	粉炭
福建元力活性炭公司	6.5	木屑	粉炭、颗粒炭
宁夏华辉活性炭公司	5.5	煤	粉炭、颗粒炭
宁夏净源活性炭公司	5.0	煤	粉炭、颗粒炭
宁夏绿源恒活性炭公司	5.0	煤	粉炭、颗粒炭
神华宁夏煤业集团太西炭基活性炭公司	5.0	煤	粉炭、颗粒炭
山西新华活性炭公司	5.0	煤	粉炭
新疆美景煤化工公司	5.0	煤	粉炭、颗粒炭、球炭

美国最大活性炭生产企业 Calgon Carbon Corporation 是世界最大的活性炭生产企业，活性炭生产能力 11.3 万吨。Cabot Corporation 前身是 Cabot Norit 公司，生产能力约 7.6 万吨，是美国第二大活性炭生产企业。排在第三位的是 ADA Carbon Solutions 公司，生产能力 6.8 万吨。排在前三位的活性炭生产企业活性炭产能占美国活性炭总产能的 82%（见表 3-15）。

日本活性炭生产企业规模较小，多数企业年产能低于 2 万吨，以生产高质量、高档次的活性炭产品为主。排在前三位的活性炭生产企业年产能约占日本总产能的 41.5%。西欧地区 2016 年活性炭的总产能 9 万吨，其中最大的生产企业 Cabot Norit Nederland BV 活性炭年生产能力为 3.6 万吨，约占该地区的 40%。

表 3-15 美国大型活性炭企业情况

公司名称	年产能 /万吨	原料	生产工艺	产品类型	主要应用领域
ADA Carbon Solutions	6.8	褐煤	物理活化	粉炭	烟气脱汞
Cabot	7.6	褐煤、烟煤、次烟煤、泥炭、木材	物理活化 磷酸活化	粉炭、颗粒炭	糖和甜味剂精制、高果糖玉米糖浆加工、化学提纯、水处理、制药、工业气净化
Calgon	11.3	烟煤、木炭	物理活化	粉炭、颗粒炭	水处理、糖精制、工业气体净化
Ingevity	2.3	木屑	物理活化 磷酸活化	粉炭、特殊颗粒炭	汽车工业、化学提纯、糖粉精炼、制药、食品、水净化、电容器炭、蜂窝炭、房间净化
Wickliffe, KY	2.3	木材	物理活化	粉炭	空气、水、土壤治理
Atlas Carbon	0.7	褐煤	物理活化	粉炭、颗粒炭	饮用水净化、脱汞
Biogenic Reagents	0.4	木质生物质	物理活化	粉炭	空气和水净化、食品、制药、农业

从活性炭的消费情况看，2016 年世界活性炭消费量约为 140 万吨，全球活性炭供给能力略大于消费需求。北美洲地区活性炭的生产和消费基本平衡，其中美国作为活性炭的消费大国，消费量约 30 万吨。亚洲地区活性炭的消费量约为 63.8 万吨，约占其总产能的 50%，其中中国的消费量约 31.4 万吨，位居全球第一位；西欧地区活性炭的消费量 23.4 万吨，位居全球第三位；日本活性炭的消费量约 12 万吨，仅次于西欧地区。

统计结果显示（见表 3-16），中国活性炭生产能力明显高于其消费能力，美国活性炭的供需基本维持平衡，西欧活性炭的消费量约是其总产能的 2 倍，日本活性炭的生产能力也略低于其消费能力，中国为全球活性炭消费做出了重要贡献。

表 3-16 2016 年活性炭主产区的生产及消费情况

国家	产能 /万吨·年$^{-1}$	产量 /万吨·年$^{-1}$	进口量 /万吨·年$^{-1}$	出口量 /万吨·年$^{-1}$	消费量 /万吨·年$^{-1}$
中国	78.6	54.5	2.9	25.9	31.4
美国	>31.4	28.6	8.0	6.6	30.0
日本	10.1	5.1	8.0	1.1	12.0
西欧	>9.0	11.2	16.5	4.4	23.4

目前活性炭主要应用在水处理、气体净化、食品、化工、制药、采矿领域。2016 年全球水处理和气体净化消耗活性炭分别占活性炭总消耗量的 41.3% 和 29.8%，食品行业消耗 14.1%，化工、制药和采矿行业消耗 11.2%。中国、美国和日本三个活性炭的主要生产和消费大国，活性炭主要用于环境治理，具体应用领域略有差异。美国活性炭消费主要在燃煤电厂废气脱汞、饮用水和废水处理，其消费量分别约占活性炭总消费量的 35%、25% 和 9%。日本活性炭消费主要在水处理和气体吸附，其消费量分别占活性炭总消费量的 48% 和 32%。中国活性炭消费主要在水处理、食品和气体净化，其消费量分别占活性炭总消费量的 35%、25% 和 20%。

3.2.2.2 活性炭行业发展趋势[28]

活性炭作为一种孔隙结构发达、比表面积大、选择性吸附力强的炭质吸附材料，在液相吸附、气相吸附、作为催化剂及催化剂的载体等领域已广泛应用。环境问题一直是促进活性炭行业发展的主要驱动力。

A 美国

21 世纪初至今，美国活性炭产量从 15.1 万吨增长到 28.6 万吨，平均年增长率为 4.4%，在此期间活性炭产量年增长率出现 3 个峰值，分别在 2007 年、2011 年和 2015 年。其主要原因是：（1）2005 年美国环境保护署发布永久性减少燃煤发电厂汞排放的联合法规（清洁空气汞法案），2011 年明确提出燃煤和燃油电厂要减少 80%~90% 的汞排放，燃煤电厂脱汞消耗了大量的活性炭。（2）2005 年 12 月，美国环保署制定了进一步改善和保护饮用水的新规定，例如限制消毒副产物的数量，进一步刺激了活性炭在饮用水净化方面的消费。

美国活性炭供给和消费情况如图 3-9 所示。

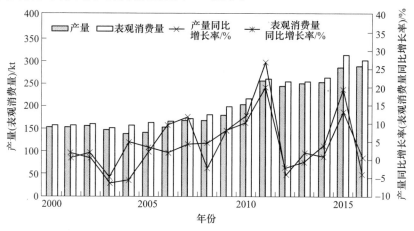

图 3-9 美国活性炭供给和消费情况

2016 年，美国活性炭在液相吸附消费约 15.5 万吨，约占美国活性炭消费总量的 52%。甜味剂的脱色消耗活性炭曾排在第一位。然而，随着环境治理力度的加大，饮用水净化处理消费的活性炭数量逐年递增，目前活性炭在水处理方面的消费量约占美国活性炭消费总量的 38%，预计到 2021 年水处理消耗的活性炭可能仍保持以 4% 的年平均增长速度增长。

2009~2016 年美国气相吸附用的活性炭消费量也呈逐年递增趋势，2015 年达到峰值。2016 年，由于一些燃煤电厂改用天然气或被淘汰、天然气价格较低等原因，活性炭的消费量有所降低，约消耗 14.6 万吨，占其消费总量的 48%，其中烟气脱汞的活性炭消费占比高达 71.9%。受美国严格的环境法影响，预计到 2021 年美国在气相吸附消费活性炭可能将以 2% 的年平均增长速度增长（见表 3-17）。

表 3-17　美国活性炭应用领域和消费量

应用领域	2009 年/kt			2012 年/kt			2016 年/kt			2016~2021 年增长率/%
	颗粒炭	粉炭	合计	颗粒炭	粉炭	合计	颗粒炭	粉炭	合计	
液相										
饮用水	26	24	50	41	26	67	50	25	75	4.4
水										
工业废水	9	14	23	9	14	23	9	14	23	4.0
生活废水	1	3	4	1	3	4	1	3	4	1~2
糖脱色	5	7	12	5	7	12	4	7	11	1.8
地下水	7	3	10	7	3	10	8	3	11	1.8
家庭应用	3	4	7	3	4	7	3	5	8	2.4
食品饮料和油	1	6	7	1	6	7	1	7	8	2.0
采矿	3	1	4	3	1	4	4	1	5	2.9
制药	1	2	3	1	2	3	1	2	3	1.9
干洗	1	<1	1	1	<1	1	1	<1	1	0.0
电镀	<1	<1	1	<1	<1	1	<1	<1	1	0.0
化工及其他	3	2	5	4	2	6	3	2	5	2.1
液相合计	60	67	127	77	68	145	85	69	155	3.4
气相										
气体净化										
脱汞	—	35	35	—	70	70	—	105	105	1.8
其他	9	6	15	10	6	16	10	8	18	2.1
汽车	4	—	4	7	—	7	8	—	8	0.7
溶剂回收	4	—	4	4	—	4	4	—	4	0.0

续表 3-17

应用领域	2009 年/kt			2012 年/kt			2016 年/kt			2016~2021 年增长率/%
	颗粒炭	粉炭	合计	颗粒炭	粉炭	合计	颗粒炭	粉炭	合计	
香烟	2	—	2	2	—	2	2	—	2	0.0
其他	7	1	8	7	1	8	8	1	9	2.1
气相合计	26	42	68	30	77	107	32	114	146	1.8
总计	86	109	195	107	145	252	117	183	300	2.6

B 日本

21 世纪至今，日本活性炭产量从 7.7 万吨下降到 5.1 万吨，呈逐年下降的趋势，但其表观消费量从 12.3 万吨先增加到 15.9 万吨（2003 年），然后逐渐减少，目前其表观消费量下降至 12.0 万吨，预计到 2021 年日本活性炭消费将维持不变，其表观消费量约 11.7 万吨，主要用于水处理、气体吸附、化工、制药、采矿、食品等行业。

日本活性炭供给和消费情况如图 3-10 所示。

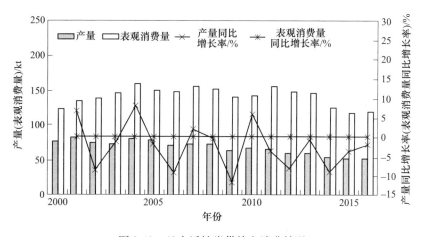

图 3-10 日本活性炭供给和消费情况

C 中国

21 世纪以来，由于国内和海外市场的消费增长受到日益强化的环境政策的影响，中国活性炭产量逐年递增，2000~2016 年，中国的活性炭产量以年均 7.5% 的速度稳步增长，2003 年产量增长速度达到高峰，同比增长 21.3%。活性炭的消费量同样也呈逐年递增的趋势，以年均 11% 的速度增长，2009 年消费增长速度最快，同比增长 36.6%。2000~2016 年中国活性炭供给量明显大于自身需求量，中国出口量占其总产量的 57.4%。2016 年活性炭出口总量 2.59 万吨，其中木质活性炭占 23%，而中国进口的活性炭大部分也是木质类，2016 年进口活性炭 2.86 万吨，其中木质活性炭约占 61%。中国进口高性能活性炭用于特定领域，如超纯水和饮用水净化、生活污水处理、空气清洁剂和除臭剂，防毒面具和过滤器。

中国活性炭供给和消费情况如图 3-11 所示。

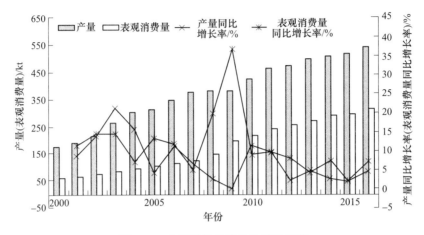

图 3-11　中国活性炭供给和消费情况

中国活性炭主要用于水处理、食品、气体净化、化工、医药、采矿行业。2012 年活性炭的消费量为 25.7 万吨，2016 年增加到 31.4 万吨，各行业消耗的活性炭均有所增加（见表 3-18）。对于发展中国家，尤其是快速发展的中国，未来一定时期内，环境问题将进一步促进活性炭行业的发展，预计到 2021 年中国活性炭消费量将达到 40 万吨。

表 3-18　中国活性炭应用领域和消费量

应用领域	2012 年	2016 年		2021 年		2016~2021 年增长率
	消耗量/kt	消耗量/kt	比例/%	消耗量/kt	比例/%	/%
水处理	84.4	109.7	34.9	144.4	35.4	5.7
食品	65.3	78.2	24.9	100.3	24.6	5.1
气体净化	51.8	61.4	19.5	80.8	19.9	5.6
化工、制药、采矿	40.0	47.1	15.0	60.3	14.8	5
其他	15.3	17.8	5.7	22.2	5.4	4.5
总计	257	314.2	100	408	100	5.4

3.2.2.3　活性炭生产原料

活性炭的工业生产原料主要分为两类：一类是木质原料，如木材、锯木屑等农林副产物和食品工业废弃物，包括椰子壳、核桃壳和水果核等。其中最好的是椰子壳，其次是核桃壳和水果核等。另一类是煤，主要有无烟煤、烟煤、褐煤。单种煤生产活性炭是我国最早采用的一种生产工艺，生产原料一般采用宁夏无烟煤、山西大同地区弱黏煤，近年来陕西神府煤田和新疆地区弱黏结性低变质程度煤也作为活性炭生产原料。中国煤炭资源种类丰富，不同变质程度单种煤生产的活性孔隙结构和吸附性能有所不同，通过把性质不同的单种煤配合作为活性炭生产原料，可以在一定程度上弥补单种煤的不足，一定范围内改善、提高活性炭产品性能，采用配煤技术生产煤质活性炭具有一定的发展空间。随着活性炭行业的不断发展，科研工作者还不断探索将聚氯乙烯、酚醛树脂等高分子类原料和废轮胎、除尘灰、剩余污泥等含碳废弃物类物质用作活性炭的生产原料，可见活性炭生产原料呈多样化发展趋势。

3.2.2.4 活性炭生产技术

木质活性炭受原料数量的影响，其发展速度远低于煤质活性炭的发展，木质活性炭的比例逐年降低，其主体地位已被煤质活性炭取代。对于煤质活性炭而言，炭化工艺是制造的主要工序之一，炭化工艺直接影响活化的操作及产品的孔隙结构、吸附性能和机械强度，对原材料进行适当的氧化处理，可提高活性炭的吸附性能和产率[29,30]。

预氧化技术是将原材料进行适当的氧化处理，可消除煤的塑性和膨胀性，并阻止各向异性结构的形成，获得发达的初始孔隙结构，并使煤的微观结构和反应性改变，可提高活性炭的吸附性能和产率。神华新疆能源有限责任公司活性炭分公司[31]在炭化工艺前加了空气预氧化，采用自产的煤基压块料，通过定量装置连续进入外热式氧化炉后，进入外热式炭化炉，经炭化工序后再送入后续活化工段（如图 3-12 所示）。加热燃料为天然气，氧化炉和炭化炉的加热系统均分为 6 段，各段均有独立燃烧室通过夹套对筒体进行加热，实现各段温度的精确控制。天然气燃烧加热炭化炉后的热尾气经过高温风机加压后，一部分进行循环加热，另一部分混合空气进入氧化炉内筒作为预氧化工段的氧化剂进行反应。氧化炉、炭化炉炉内出来的尾气经过焚烧炉燃烧后进入余热锅炉热能回收利用。

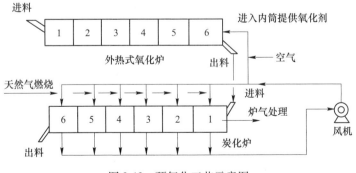

图 3-12 预氧化工艺示意图

此工艺的特点如下：（1）活性炭品质高。采用预氧化处理，可有效提高活性炭的吸附性能和产品收率。（2）工艺能耗低。采用烟气循环供热，减少燃料消耗量。（3）采用外热式回转窑，尾气热值高，可焚烧后进行余热回收发电，进一步降低装置能耗。（4）环境友好。产品冷却采用间接冷却，整个工艺过程无污水排放。（5）温度控制水平高。外热式回转窑采用分段控制，具有灵活的调节手段，易于控制窑内温度。

3.2.2.5　活性炭生产装备[10]

中国的活性炭工业起步于 20 世纪 50 年代，晚于欧洲、美国、日本等发达国家。20 世纪 80 年代以后，随着改革开放，中国的活性炭从国内市场走向国际市场，其产量继续扩张，目前活性炭产量及消费量已位居世界第一。与国外活性炭生产企业相比，近年来我国煤基活性炭生产技术发展很快，生产装备处理能力、自动化程度改善，但生产工艺相对落后，大多数活性炭属于中、低档产品，市场竞争力小。吸取国外先进活性炭生产技术，实现企业的规模化和生产设备的自动化、大型化是未来我国煤基活性炭产业发展的必然趋势。

A　破碎设备

目前原料预处理采用的破碎机械主要有颚式破碎机、对辊破碎机、锤式破碎机。颚式破碎机主要用于粒度较大的原料煤破碎，具有破碎比大、产品粒度均匀、构造简单、坚固、工作可靠、维护和检修容易以及生产和建设费用比较少等特点，是煤基活性炭生产中常用的破碎设备。对辊破碎机适用于中碎和细碎，具有结构简单、排料粒度调节灵活、性能稳定等特点。锤式破碎机也适用于原料的中碎和细碎，具有生产效率高、结构简单、破碎比大等特点，还可采用干、湿两种形式破碎。煤基活性炭生产企业通常根据生产规模、产品种类搭配选择。

B　磨粉设备

煤基活性炭生产中应用的磨粉设备主要有雷蒙磨、中速辊式磨煤机、离心粉碎机、球磨机、振动磨粉机。离心粉碎机、球磨粉碎机和振动磨粉机处理能力低，适用于中小型企业，存在粉碎过程中噪声大、粉尘多污染严重等问题。随着国家环保政策的实施，雷蒙磨和中速辊式磨煤机具有很大的发展空间。雷蒙磨工作原理是磨辊在离心力作用下紧紧地滚压在磨环上，由铲刀铲起物料送到磨辊和磨环中间，物料在碾压力的作用下破碎成粉。中速辊式磨煤机工作原理是原煤由落煤管进入两个碾磨部件的表面之间，在压紧力的作用下受到挤压和碾磨而被粉碎成煤粉。

C　成型设备

（1）根据生产方式可分为间歇式捏合机和连续式捏合机。连续式捏合机的优点是生产效率高、劳动强度小、操作环境好、产量大、质量均匀，可连续化生产，目前国外基本都采用连续式捏合机，国内企业因生产规模小基本采用间歇式捏合机，随着中国活性炭企业的技术进步，连续式捏合机应用空间会明显提升。

连续式捏合机是由壳体、搅拌轴及加热系统等组成。壳体是铸钢或钢板焊成的，分上壳、下壳两部分，下壳固定在机架，上壳用法兰与下壳固定。壳内有两根互相平行配置带搅拌翅的主轴，由电动机经减速机带动，如图 3-13 所示。连续式捏合机的工作过程为煤粉、煤焦油和水按照工艺要求的比例控制流量，物料连续进入捏合机的一端，被两个平行轴上的搅拌桨不断翻动、挤压，同时向前运动，当物料被翻挤到捏合机的另一端时，便由下部的排料口连续排出。

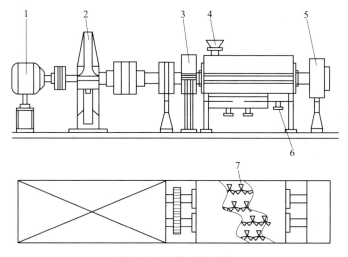

图 3-13   连续式捏合机

1—电动机；2—减速器；3—齿轮；4—进料口；5—轴承；6—下料口；7—搅拌桨

（2）压块成型造粒主要采用干法挤压成型造粒技术，成型设备采用干法辊压造粒机。干法辊压造粒机全套设备主要由定量送料机、双辊辊压主机、破碎机、整粒机和多级旋振筛所组成，如图 3-14 所示。干法辊压造粒机的工作原理是各种干粉物料从设备顶部加入，经脱气、螺旋预压进入两个平等轧辊，轧辊相对旋转，物料被强制送入两辊之间，带槽轧辊将物料咬入辊隙被强制压缩，物料通过压缩区后，物料的表面张力和重力使之自然脱出。

生产柱状活性炭的挤条设备主要有单缸立式四柱压力机、双缸立式双柱压力机、卧式压力机、单螺杆挤条机、双螺杆挤条机、平模碾压造粒机。平模碾压造粒机是目前最先进的造粒技术，具有成粒率高、颗粒强度高、二次粉化率极低、无返料、单机生产能力大、适宜大规模生产、运行稳定可靠、生产环境好、效率高等特点。随着国内活性炭企业的规模化、自动化、清洁化，将促进平模碾压造粒机的推广应用。

平模碾压造粒机的工作过程是将加入机内的物料平铺于开孔平模的上方，主轴带动碾压辊轮绕主轴公转，同时碾压辊轮绕辊轮轴自转。碾压辊轮持续对平铺

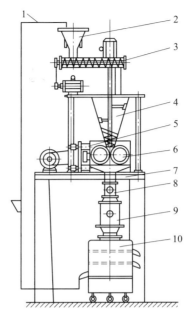

图 3-14 干法辊压造粒机

1—斗式提升机；2—振动给料机；3—定量送料器；4—主料斗；5—液压油缸；6—双辊辊压主机；
7—机架平台；8—破碎机；9—整粒机；10—多级旋振筛

于开孔模板上的物料层施压，物料在模板与碾压辊形成的楔形区域被强制从模板开孔中挤出。挤出的圆柱形条状物在模板下面被刮刀切断（或自然断裂），从而得到圆柱状颗粒。

D 炭化设备

回转炭化炉不仅适用于物理活化工艺，还适用于化学活化工艺，且木质活性炭和煤质活性炭均可采用回转炭化炉进行炭化，目前其在国内应用最为广泛。回转炭化炉按照加热方式的不同可分为外热式和内热式两种。

外热式回转炭化炉主要由筒体、外加热器、支撑体和传动机构组成。炉体内倾斜设置有一个回转炉管，回转炉管的内壁上设有导热耐腐蚀内衬，回转炉管伸出炉体两端的外壁上设有滚圈，滚圈支承在底座的托轮上，回转炉管的外壁上设有大齿轮圈，驱动电机通过减速机、小齿轮带动大齿轮圈缓慢旋转。回转炉管的两端进出口通过炉管密封压盖分别与静止的炉尾和炉头连通，炉尾设有原料进料管和热载体出口，炉头设有炭化料出料口和热载体进气口。高温烟气由进气口通入沿轴向缓慢旋转的筒体时，物料在筒内被翻料板不断扬起加热。

内热式回转炭化炉是一个组合传动设备，主要由加料仓、炉尾、炉体（回转筒体）炉头（燃烧室）及传动装置所组成。内热式回转炭化炉主要通过燃烧室的燃烧温度来控制物料的炭化终温，物料入口（炉尾）温度和炉体轴向温度梯度分布主要依靠加料速度、炉体长度、转速及烟道抽力来控制。加料速度、炉体长度和转速主要调整物料在炉体内的停留时间，即炭化时间，烟道抽力是通过调整加热介质的流动速度来改变炉体内的温度梯度分布。

外热式炭化炉与内热式炭化炉相比，更易于控制加热温度，避免原料在筒体内燃烧，所以能得到高品质的炭化料，而且生产能力大。中国目前普遍采用的是内热式回转炭化炉，但近年来新建的年产超过万吨的煤基活性炭生产企业多采用外热式回转炭化炉。

E　活化设备

活性炭生产的活化设备有管式炉、平板炉、焖烧炉、沸腾炉、回转活化炉、斯列普炉、耙式炉等，管式炉、平板炉、焖烧炉、沸腾炉等存在生产能力小、得率低、生产效率不高、产品质量不均匀等问题，目前应用较多的是斯列普炉、回转活化炉和耙式炉。

斯列普炉（如图 3-15 所示）于 20 世纪 50 年代由苏联引进国内，工艺技术成熟、结构简单、易于操作，无需外供燃料，是国内煤基活性炭生产的主要活化设备。斯列普炉主要由活化炉本体、下连烟道、上连烟道、蓄热室 4 部分组成。活化炉本体上部有加料槽，下部有卸料器。活化炉本体炉膛正中间有一堵耐火砖墙将本体分成左右两个半炉，左右两个半炉通过下连烟道相互连通。每台斯列普炉有 2 个上连烟道和 2 个蓄热室，每个蓄热室分别通过一个上连烟道与活化炉本体的一个半炉相连。活化炉本体炉膛内由炉芯和烟道两部分组成，炉芯由 20 多种特异形耐火砖砌筑构成产品道和活化气体的水平气道，并分成若干个互不相通

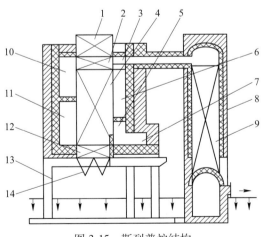

图 3-15　斯列普炉结构

1—预热带；2—补充炭化带；3—上近烟道；4—活化带；5—下近烟道；6—中部烟道；7—燃烧室；
8—蓄热室；9—格子砖层；10—上远烟道；11—下远烟道；12—冷却带；13—基础；14—下料带

的活化槽，所以一台斯列普炉可以同时生产若干个不同品种的活性炭，每个活化槽自上而下分为预热段、补充炭化段、活化段和冷却段。炉芯与活化炉炉墙之间留有一定的空间，并用耐火砖板分隔成上近烟道、上远烟道、中部烟道、下近烟道和下远烟道。为保证混合气体在烟道内充分燃烧并保持炉内温度恒定，在上远烟道、中部烟道、下远烟道及下近烟道的炉墙体上设有空气进口，以便从外部通入适量的空气进行燃烧。为控制活化反应，保证不从炉顶、炉底进入多余的空气，一般在炉顶加料槽装有铁盖并加以水封，炉底出料处设有汽封装置。

斯列普炉的主要优点是正常生产时不需要外加热源，活化时产生的水煤气通过燃烧保持活化炉自身热平衡，能耗低，可同时生产多个原料品种的活性炭。

耙式炉也称多膛炉，20 世纪 50 年代美国开始开发使用，经过不断改进，工艺技术已经非常成熟，它是目前世界上最先进的活化设备，国外大型活性炭生产企业普遍采用多膛炉，其自动化程度高且产品质量好，处理能力可达 1 万吨/（年·台）。国内新建煤基活性炭企业逐渐引进耙式炉。

耙式炉（如图 3-16 所示）是由多个圆桶形炉膛床层叠连在一起的工业炉，外壁为钢结构，内壁为耐火材料砌成。炉中心垂直装有一根耐高温、抗腐蚀的空心转动主轴，每层炉床上都有 2 个或 4 个带有耙齿的伞状耙臂安装于空心转轴上并随其转动，耙齿不断翻动炉床上的物料，使料层与炉膛中的活化气体不断更新接触面，保证物料均匀进行活化。主轴及耙臂都做成空心结构，用鼓风机不断地由主轴的下部向其送入空气进行冷却，而后由主轴的上部排出，以防止主轴及耙

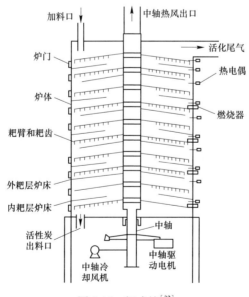

图 3-16   耙式炉[32]

臂由于长期在高温状态下工作造成热疲劳破坏。各层炉壁上，根据需要安装燃烧煤气或燃料油的喷嘴、空气入口、水蒸气入口、测温孔、测压孔、观察孔及人孔等，以便于操作和检修。炉顶有进料装置和烟道气出口，炉底设有产品出口。

耙式炉的优点主要是机械化、自动化程度高，劳动强度低，占地面积小，生产环境好，单台设备生产能力大，炉内的温度能够精确控制，物料在炉内停留时间、炉内气氛可控，物料与活化气体的接触状况比较好，产品质量均匀稳定。

3.2.2.6 活性炭生产节能和污染物治理

近年来，随着国家环境治理工作的推进，对活性炭行业国家出台了相关节能环保政策、标准，对活性炭行业提出了更严格的环保要求。《产业结构调整指导目录（2011 年）》中将氯化锌法活性炭制备技术列为淘汰类项目。

在节能减排方面，GB 29994—2013《煤基活性炭单位产品能源消耗限额》提出了现有煤基活性炭生产企业单位产品能源消耗限定值（标煤），柱状活性炭≤4600kg/t，压块活性炭≤4800kg/t，原煤破碎活性炭≤4400kg/t，活性焦≤2600kg/t，对于新建煤基活性炭生产企业单位产品能源消耗限定值要求更严格。

在污染物排放方面，《活性炭工业污染物排放标准》征求意见稿明确提出活性炭生产过程中污染物排放限值，具体见表 3-19 和表 3-20。

表 3-19　大气污染物排放限值

序号	污染物项目	生产工艺或设施	排放限值/mg·m^{-3}	污染物排放监控位置
1	颗粒物	破碎磨粉、烘干、筛分、炭化炉、活化炉等设施	50	车间或生产设施排气筒
2	二氧化硫	活性炭炭化炉、活化炉	300	
3	氮氧化物	活性炭炭化炉、活化炉	200	
4	非甲烷总烃	煤质活性炭炭化炉、活化炉	20	
5	苯并[a]芘	煤质活性炭炭化炉、活化炉	$0.1×10^{-3}$	
6	苯	煤质活性炭炭化炉、活化炉	2	
7	氰化氢	煤质活性炭炭化炉、活化炉	1	
8	气态总磷	木质活性炭（磷酸法）烘干、回收、炭活化炉	20	

为了适应国家严格的节能环保政策要求，部分活性炭企业相应增设节能、污染物治理设施，如破碎磨粉工序采用高效袋式除尘器，炭活化工序采用焚烧和余热利用技术、双碱湿式处理技术，大幅降低了活性炭生产中能源和资源消耗。目前活性炭生产污染物防治现状及先进的防治措施见表 3-21。

表 3-20 水污染物排放限值

序号	污染物	限值（pH 值除外）/mg·L⁻¹		监控位置
		直接排放	间接排放	
1	pH	6~9	6~9	企业废水总排放口
2	悬浮物	50	100	
3	化学需氧量	50	100	
4	氨氮	8	15	
5	总氮	10	30	
6	石油类	2	5	
7	总磷	2	5	
单位产品基准排水量/m³·t⁻¹	煤质活性炭有酸洗工段	12		排放水量计算位置与污染物排放监控位置一致
	煤质活性炭无酸洗工段	6		
	木质活性炭有酸洗工段	20		
	木质活性炭无酸洗工段	15		

表 3-21 污染防治现状及先进防治措施

类别	项目	污染防治现状	先进污染防治措施	清洁生产工艺
煤质活性炭	破碎磨粉工序	袋式收尘器	高效袋式除尘器	工艺由间断生产转向连续自动化生产
	成型工序	无	集气焚烧、活性炭吸附	
	炭化工序	焚烧	焚烧+余热利用 双碱湿式处理	
	活化工序	直接排放	焚烧+余热利用 双碱湿式处理	
	成品处理工序	袋式收尘器	高效袋式除尘器	
木质活性炭	备料工序	无	旋风除尘器+水雾喷淋	水和活化剂循环利用
	炭活化工序	沉降+水雾喷淋	废气：冷凝回收；沉降+水雾喷淋；高压静电回收装置；双碱湿式处理 废水：处理后回用	
	成品处理工序	袋式除尘器	废气：高效袋式除尘器 废水：处理后回用	

注：表中信息来自《活性炭工业污染物排放标准编制说明》。

　　中国活性炭行业在规模化、连续化、自动化、清洁化方面已取得较大进步，随着国家节能环保政策的相继实施，必将继续向低碳、绿色方向发展。

3.2.3　增碳剂生产技术进步现状和发展趋势

3.2.3.1　增碳剂行业发展现状和发展趋势

20 世纪 90 年代以前，国内使用的增碳剂大都采用废旧电极、石墨块和制造石墨电极时的切屑碎等循环利用材料。随着国内外冶炼增碳技术日趋成熟，市场对增碳剂的需求量逐年增加，采用废旧电极、石墨块和制造石墨电极时的切屑碎等循环利用材料做增碳剂的方法已不能满足冶炼用增碳剂的需求。目前，我国冶炼使用的增碳剂主要有电极粉、石墨化石油（煤）沥青焦、冶金焦粉和石墨，其中石墨化石油焦是炼优质钢普遍采用的增碳剂。

近年来，国内充分利用中高硫石油焦价格低且资源丰富的优势，相继开发出利用中高硫石油焦直接石墨化生产增碳剂的技术，石墨化石油焦增碳剂的质量和产量突飞猛进，完全满足了国内冶炼用增碳剂的需求，并且部分出口到国外市场。但是，在石墨化石油焦的生产过程中，面临着消耗大量电能以及排放大量大气污染物的问题。因此，在能源日益短缺、环保要求愈加严格的形势下，突破和创新增碳剂生产工艺技术，进一步降低电耗，减少污染物排放，是增碳剂行业的发展趋势。

3.2.3.2　增碳剂生产工艺

增碳剂[33]采用的材料主要有石墨、类石墨、电极块、焦炭粉、石油焦等。常用的电极块增碳剂具有含碳量高、抗氧化性强的优点，但生产工艺比较复杂，成本高；以焦炭粉、石墨为增碳材料，生产成本比电极块等材料低，但所含灰、硫含量高，碳含量较低，增碳效果不佳；以资源丰富的石油焦为原料生产的增碳剂是炼优质钢普遍采用的增碳剂。

石墨化增碳剂是一种高能耗产品，用艾奇逊石墨化炉生产增碳剂工艺，每吨产品耗电约 3800kW·h，采用竖式高温连续石墨化炉生产工艺，每吨产品耗电仅1460kW·h。原因是该炉体采用卧式开放式结构，由人工填充原材料后，通过大功率电流进行高温石墨化处理，其外部无法使用隔热保护，热能损耗严重；炉体中央温度高、四周温度低，中心温度达到 2600℃，而外围温度仅在 1000℃ 左右，且其自动化程度低，无法实时监控和调节炉内各区域的温度，设备生产稳定性差，产生废品多、成品率；采用直接水冷方式对炉体和产品进行强制冷却，石墨化增碳剂与冷水接触后产生大量的二氧化碳。

竖式高温连续石墨化炉采用连续石墨化竖式结构，整个炉膛采用最先进的保温材料实行全封闭运行，整个生产工艺过程接近真空操作，最大限度地降低了热能的损耗，生产能耗大幅降低。

煅烧炉煅烧无烟煤生产增碳剂的工艺简单，成本略低，但由于原材料灰、硫等不稳定及煅烧炉污染严重，其使用时存在不同程度的缺陷，如杂质种类多且含量较高，固定碳含量相对较低，含水量相对较高，增碳剂在炼钢增碳过程中熔化情况不佳，碳吸收率或碳回收率不理想等，其产量不高。

中国市场调研网发布的《中国石墨化石油焦增碳剂市场调查研究与发展前景预测报告（2019—2025）》通过对比分析生产艾奇逊石墨化炉与连续石墨化炉生产石墨化石油焦增碳剂的工艺技术及经济效益，连续石墨化炉增碳剂生产工艺符合国家节能减排政策，代表了石墨化石油焦增碳剂生产的发展方向。

3.2.3.3 增碳剂生产装备

艾奇逊石墨化炉是由美国人艾奇逊发明的，自发明之日起便在世界各国迅速推广，是世界上应用最广泛的石墨化炉[34]。国内大部分石墨化石油焦增碳剂生产厂家，利用改造艾奇逊石墨化炉生产石墨化石油焦增碳剂，均取得了较好的经济效益。但是，受艾奇逊石墨化炉的卧式、敞开式结构特点以及间歇式的装炉、升温、冷却和出炉等生产工艺特性的限制，存在热量损失大，热能利用率较低，生产的增碳剂质量不稳定，挥发分及冷却阶段的余热难以有效利用，自动化程度低，劳动环境差，单位产品损耗大，物料损失严重等弊端。

连续石墨化炉具有热能利用率高，节电效果显著，生产的增碳剂质量稳定，自动化程度高，劳动环境好，单位产品损耗低等特点，符合国家节能、减排政策，应该逐步减少利用艾奇逊石墨化炉改造技术生产石墨化石油焦增碳剂，加大连续石墨化炉的推广使用。

3.3 钢铁工业用炭素制品节能减排先进技术

3.3.1 石墨电极节能减排先进技术

石墨电极的生产技术相对比较成熟，能源消耗主要集中在焙烧、石墨化工序，主要产生粉尘、烟气、噪声等污染。改进环保设备，实现节能减排、达标排污是电极绿色生产的必备工作。近年来，通过不断推广先进工艺技术和加快淘汰落后装备，加速环保装备升级改造，加强通风除尘设备和各种烟气治理装备的日常管理，炭素行业正朝着清洁、高效的目标发展。

3.3.1.1 环保型沥青熔化输送技术

石墨电极生产通常采用煤沥青（中温沥青和改质沥青）作为黏结剂和浸渍剂，黏结剂用量约占生坯质量的20%。煤沥青在使用时，工艺要求在高温下快速熔化和静置48h以上，使熔化沥青的杂质沉到底部，水分降低，当降到工作温度，将其运到混捏工序。沥青制备、运输、加热、降温等过程中，均采用全封闭的自动化生产模式，使生产过程清洁、高效、安全[35]。如图3-17所示，液体沥青罐车直接导入低位液体沥青罐内，靠空气压力或者泵输送到储存罐内，固体原料可直接卸入储存罐。沥青在储存罐内熔化、静置直到满足使用要求。

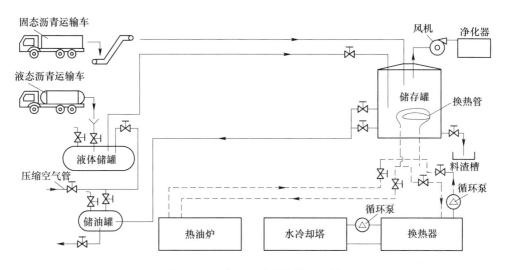

图 3-17　环保型沥青熔化输送系统

该系统实现了自动化生产、工作环境良好。沥青从进入工位便在完全密封的环境下进行处理，控制与输送过程除了阀门外没有沥青泵等设备，减少了维修工作量；实现加热与输送远程控制，最大程度地减少了人员职业危害；储存的沥青可通过切换加热、冷却回路实现沥青的加热或冷却，PLC 系统按程序设定自动控制，操作简便，便于工业生产操作；沥青加热过程中产生的烟气经管道送至烟气净化设备净化后排空；系统设计合理、封闭效果好，节能环保，易于沥青做原料的炭素生产企业广泛使用。

3.3.1.2　高实收率焙烧生产技术

焙烧工序是石墨电极生产中周期最长的工序，一般时间为 500~700h，占到石墨电极总生产周期的 1/2 以上。在保证质量的前提下，合理调控温度曲线，缩短焙烧工序生产周期，可以有效提高焙烧炉的产能和效率，降低产品的单耗，是石墨电极生产中有效的节能手段。

在实际生产中，石墨电极的升温曲线跟规格有关，挤压成型的 ϕ250mm 及以下小规格的电极可使用一种升温曲线，ϕ300~450mm 的可使用一种升温曲线，ϕ500mm 以上的可使用一种升温曲线，升温曲线通常有 324h、360h、432h、504h 等[23,36]。焙烧时间长短跟炉型也有关系，一般来说带盖式环式焙烧炉的焙烧时间要比敞开式环式焙烧炉的焙烧时间短。缩短焙烧周期的方法有以下几种[37]：

（1）缩短升温曲线。山东八三炭素厂将 ϕ500mm 的生坯电极焙烧升温曲线由 360h 改为 324h，焙烧成品率和合格率都达到要求，升温系统全年循环次数明显增加，证明缩短升温曲线是切实可行的。

（2）调整冷却降温措施。电极焙烧升温时间和降温时间接近，缩短降温时间也非常关键，通常的做法：1）升温结束后开盖抓一部分保温料，降低保温料厚度，加快散热；2）用轴流风机对火井口强制鼓风，加快空气流动，提高降温速度；3）电极上下层错时出路，加快下层电极的降温速度。

（3）在系统负压能够保证的情况下，尽可能多地增加升温运转炉室数，提高产能。

二次焙烧可以采用与一次焙烧类似的措施来缩短周期，提高焙烧效率。

焙烧工序除了调控升温曲线提高效率增加产品产能来达到高的实收率之外，还可以通过有效的焙烧技术管理、合适的填充料生产高合格率、高成品率的焙烧品来提高焙烧工序的实收率。

焙烧工序包括装炉、预热、升温、冷却、出料几步，装炉工艺对焙烧质量影响很大。为了保证焙烧品的均匀性，焙烧炉内生坯所处的温度场分布很重要。装炉时要控制生坯和炉墙的间距，一般不小于120mm，制品间距不小于40mm，炉底料厚度不低于100mm，上层料厚度不小于350mm，且填充料加入时间亦有严格限制。优化装炉工艺、按规定严格实行标准化出炉操作，都有利于提高产品的质量及合格率。

填充料在焙烧时用于覆盖生坯，可起到防生坯氧化、变形的作用，同时还起到传导热量、有效抑制挥发分排出。合格的填充料具有不与制品反应、热膨胀性在1.2%~1.5%之间、导热性好等特点。生产中好的填充料一般是两种及以上物质按配比混合在一起使用。石英砂与冶金焦按4∶6配比混合使用是已知的效果较好的填充料。

加压焙烧就是在压力下对炭制品进行焙烧热处理，加压焙烧可以提高黏结剂对煤沥青的结焦残炭值，有利于提高焙烧品的密度和机械强度，大大缩短焙烧周期。加压焙烧方式有气体加压焙烧、机械压力加压焙烧和重力加压焙烧。但是受限于高温耐压构件制造上的困难，这种工艺未能大型化推广[8]。

细化研究石墨电极焙烧过程，合理控制焙烧工艺参数，不断改进焙烧技术，有望使焙烧工序实现合格率达到100%。

3.3.1.3　焙烧工序吸排料技术

制品在环式焙烧炉中进行焙烧时，周围需覆盖填充料以防止制品氧化或变形，填充料为6~0.5mm冶金焦或0.5~4mm石英砂混料。为了控制该过程烟尘排放、实现清洁生产，装出炉过程需采用吸排料装置[35]，通常为吸排料多功能天车。该设备吸料时利用负压输送原理将高温填充料从炉室吸出，放料时用压送式将放料管填充料加到装炉室。该技术实现了自动化作业，有效降低了车间内粉尘污染和工人劳动强度，提高了生产效率（如图 3-18 所示）。

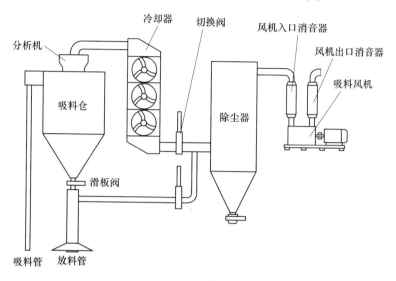

图 3-18 吸排料系统

该系统采用 PLC 联锁控制吸入料温度，保证设备连续运行，自动化操作程度高、节省人力，各连接处密封严密，高效处理收集烟尘，吸料仓上设置有分析机设备，可控制吸到除尘物料的粒级和浓度，自动控制料层内物料纯度，满足填充料工艺指标。若加以改进可以尝试在石墨化工序实现吸排料清洁化生产。

3.3.1.4 焙烧工序余热利用技术

焙烧工序的最高温度一般是 1200℃。在焙烧过程中，黏结剂发生焦化反应，在 200~300℃时，挥发分大量析出，约占黏结剂总量的 30%。析出的挥发分带出大量的热量，直接排放会污染空气。带盖式环式焙烧炉是错时出炉，较高温度的盖子会置于较低温度的炉子上，且其盖子连接烟气吸收装置，盖子的余温可预热较低温焙烧炉，热能得以利用。车底式焙烧炉将焙烧时产生的烟气集中起来，引入适量空气燃烧，热能可供焙烧使用或预热浸渍前石墨电极。也可将烟气集中到焚烧炉进行处理，焚烧之后的烟气温度高，可利用其热量对需要的工序进行预热。通过回收利用沥青烟气余热，可有效减少燃料的用量，减少石墨电极生产的能源消耗。

3.3.1.5 浸渍工序清洁生产技术

石墨电极生产中浸渍是在密闭的设备中进行，为了确保浸渍质量，浸渍焙烧电极本体热处理温度控制在 200~260℃，浸渍沥青的温度约 160~190℃。浸渍沥青超过其软化点时会产生沥青烟气。常规生产时是"热进热出"，即将浸渍罐、浸渍沥青、炭坯预热至一定温度，然后将物料置于浸渍罐，抽真空对炭坯开放气孔进行处理，再注入预热好的沥青，加压浸渍，浸渍完成后，将浸渍品在一个偏高的温度取出，一般为150℃左右。如何有效改进浸渍工艺，减少浸渍过程烟气的产生，是该工序减排的重要方向。

浸渍沥青是循环使用的[38]，浸渍压力罐实施浸渍沥青返回过程时，为了提高浸渍沥青返回效率，浸渍压力罐上部与大气贯通，所以烟气会随浸渍沥青返回并融入储存罐，储存罐排气阀处有烟气逸出；浸渍沥青经返油泵回到沥青储罐时，高压浸渍过程结束，浸渍压力罐实际温度在约5h内仍处于130~160℃之间，这时开启浸渍沥青罐门时沥青烟气会弥漫整个生产现场。对沥青烟气成分分析发现，烟气是沥青中轻质组分分解挥发的集中表现，浸渍沥青烟气的存在状态是：浸渍沥青→加热分解挥发→冷却黏稠固化的循环，所以解决浸渍剂沥青烟气的关键是降低浸渍品和浸渍沥青的温度。浸渍结束时，把剩余浸渍沥青压回储罐后，通冷却水至浸渍罐，或者将浸渍品从浸渍罐运出至冷却室中迅速淋水，对浸渍品进行及时冷却，使进入炭坯气孔的沥青迅速固化，防止卸除压力后的沥青"返浸"，也可减少沥青烟气的产生，这一工艺为"热进冷出"。改进后浸渍品取出的温度降至80~100℃，通常根据所用浸渍品的软化点决定，即取出温度略低于浸渍剂软化点温度。改浸渍工艺"热进热出"为"热进冷出"，可以达到清洁生产、减少污染物排出的目的。

3.3.1.6 内联串接式石墨化技术

石墨化工序温度一般高达2800~3200℃，是石墨电极生产中三大耗能工序之一，也是电能消耗最多的工序。石墨化炉是电能消耗很大的设备，如何在保证质量的前提下减少电量消耗，既是石墨化炉节能的主要方向，也是降低石墨化生产成本的必由之路。石墨化炉按加热方式分可分为直接加热式和间接加热式[39]，直接加热的炉子通常有两种：一种是艾奇逊石墨化炉，另一种是内热串接石墨化炉（LWG炉），间接加热炉是指电流不通过制品，制品石墨化所需热量或由电感应，或由传热获得。行业内常用的石墨化炉有艾奇逊石墨化炉和LWG炉。

艾奇逊炉发展自1895年，其应用时间很长，在生产中的占有率很高。早期艾奇逊炉是交流电，之后采用直流供电，大大降低了能耗。艾奇逊炉使用时，炉体内装入填料，两端连接电极构成回路，热量主要由电阻料传入制品，进入制品的电流比例很小，只有30%的电能用于制品石墨化，因此生产大规格石墨电极时，通常采用LWG炉。

LWG炉采用的是"内串"石墨化技术，不用电阻料，电流直接通过由焙烧炭坯纵向连接的电极柱产生高温，达到制品石墨化的目的。该工艺没有电阻料，可减少热量的消耗，降低电耗20%~35%。LWG炉具有热效率高、送电时间短等特点，通电周期通常为14h，且产品均匀、石墨化温度及程度高、工艺操作简单,产品单耗保持在 2800~3200kW·h。其关键技术是串接、加压、通电。大直径制品单柱串接,中直径制品可多柱串接,串接时,几根焙烧品从纵长方向串联并紧压在一起,端面接触部分是关键。电流通过时,该部位接触电阻大、温度较高,因此端面接触部分易出现裂纹,处理方法是在端面放入合适的垫层、涂抹接触膏等;串接柱应施加 0.4~1.0MPa 压力,增加压力可以减少接触电阻,但是考虑焙烧品在石墨化阶段的尺寸变化,所以串接石墨化时需要根据串接柱长短及时调整压力,以补偿电极在石墨化时产生的胀缩;石墨化通电时根据制品在各温度结构的转变要制定合适的通电曲线,如启动时电压较高,电流较小,炉温上升后,电阻下降,电流增大,为保持规定的电功率就需要降低输入电压,故针对不同尺寸不同规格的制品要制定合适的通电制度。如直径 600mm 的焙烧品单柱串接时电流密度 45A/cm^2,每次通电时间 7~16h,每次装炉量为 16~20t,由 12 台炉组成的一组石墨化炉年产能为 1.2 万吨,每吨焙烧品石墨化电耗为 3000kW·h。

目前国内石墨化整流机组都向着大电流、低电压、增大炉芯电流密度方向发展,以便缩短送电时间、节约电量和提高生产效率。

3.3.1.7 污染物治理技术

石墨电极生产周期长、能耗高,过程中污染物排放较多,目前国家 T/ZGTS 001—2019《炭素工业大气污染物排放标准》对炭素行业污染物排放的要求见表 3-22。

表 3-22 大气污染排放浓度限值

序号	生产工序	污染物名称	现有企业排放限值 /mg·m^{-3}	新建企业排放限值 /mg·m^{-3}
1	煅烧	颗粒物	100	20
2		氮氧化物	240	100
3		二氧化硫	200	100
4	混捏成型	颗粒物	60	20
5		沥青烟	30	20
6	沥青熔化	沥青烟	30	20
7	焙烧	二氧化硫	300	100
8		氮氧化物	200	100
9		沥青烟	30	20
10		颗粒物	60	20
11		氟化物(限铝用炭素)	3.0	3.0

序号	生产工序	污染物名称	现有企业排放限值 /mg·m^{-3}	新建企业排放限值 /mg·m^{-3}
12	浸渍	沥青烟	30	20
13		颗粒物	60	20
14	石墨化	二氧化硫	850	200
15		氮氧化物	240	200
16	加工	颗粒物	60	20
17		二氧化硫	200	100
18	其他	氮氧化物	240	150
19		颗粒物	60	20

由表3-22可以看出，石墨电极生产时，污染物种类有颗粒物、烟气、氮氧化物、二氧化硫几类，颗粒物主要产生于混捏成型、焙烧、石墨化、机加工阶段，沥青烟气产生于混捏、沥青熔化、焙烧、浸渍等工序，氮氧化物、二氧化硫等主要产生于焙烧、石墨化工序。

A　粉尘治理

石墨电极生产时粉尘的粒度大小不一，很难用一种除尘设备或方法来达到治理效果，一般是采用几种除尘设备联合的方式来进行粉尘治理，达到合格的排放标准。除尘系统一般由集气吸尘罩、进气管道及其附件、除尘设备、排灰装置、风机、排气烟囱和电控装置组成，原理是利用风机产生的动力，将粉尘经抽风管道送至除尘设备内净化，净化后的气体排出，回收的粉尘由排灰装置集中排出。粉尘治理的原则是"哪产生哪治理"，对于悬浮于空气中的粉尘用高窗排风扇排出，或采用二级除尘，如旋风除尘器和袋式除尘器搭配使用。

a　袋式除尘器

袋式除尘器是利用由过滤介质制成袋状或筒状的过滤元件来捕集含尘气体中粉尘的除尘设备。袋式除尘器由框架、箱体、滤袋、清灰装置、压缩空气装置、差压装置和电控装置组成，脉冲袋式除尘器结构如图3-19所示。捕集对象的粉尘粒径超过0.2μm的捕集效率一般可达99%以上，粒径在1μm以上的捕集效率几乎达100%。

b　旋风除尘器

离心式除尘器是利用含尘气流改变方向，使尘粒产生离心力将尘粒分离和捕集的设备。旋风除尘器是气流在筒体内旋转一圈以上且无二次风加入的离心式除尘器。旋风除尘器是利用旋转气流对粉尘产生离心力，使其从气流中分离出来，分离的最小粒径可到5~10μm。一般形式的旋风除尘器结构如图3-20所示，它由圆筒体、圆锥体、进气管、顶盖、排气管及排灰口组成。

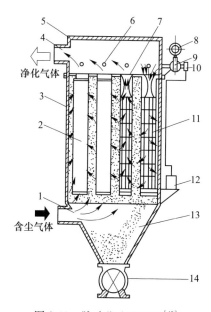

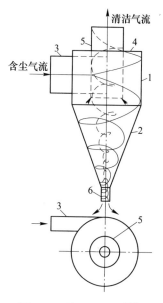

图 3-19　脉冲袋式除尘器[40]

1—进气口；2—滤袋；3—中部箱体；

4—排气口；5—上箱体；6—喷射管；

7—文氏管；8—空气包；9—脉冲阀；10—控制阀；

11—框架；12—脉冲控制仪；13—灰斗；14—排灰阀

图 3-20　旋风除尘器[40]

1—圆筒体；2—圆锥体；3—进气管；

4—顶盖；5—排气管；6—排灰口

B　沥青烟气净化技术

石墨电极采用煤沥青作为黏结剂和浸渍剂，黏结剂用量占生坯重量的 20% 左右，这部分煤沥青有 50% 左右在高温焙烧过程中分解成一种浓浓的黄烟（沥青烟气），除一部分被烧掉之外，其余都进入烟道，然后通过烟囱排向大气，严重污染了环境。沥青烟气[41]的特点是易黏附，在一定温度之上易燃爆。在沥青烟气的收集、输送及消烟过程中，极易黏着管道及设备表面形成液态至固态沥青。固结后的沥青很难清除掉，往往造成管道堵塞、设备破坏，使系统无法正常运行。另外，沥青烟气组分极为复杂，随沥青来源不同而异。沥青烟气中既有沥青挥发组分凝结成的固体和液体微粒，又有蒸气状态的有机物。其中的苯并芘、苯并蒽、咔唑等多种多环芳烃类物质的粒径多在 $0.1 \sim 1.0 \mu m$ 之间，通过附着在 $8 \mu m$ 以下的飘尘上，经呼吸道进入人体内，对人体健康造成危害，污染环境。因此，应对沥青烟气进行净化治理，使排放满足大气环境标准。

目前，国内外净化处理沥青烟气的方法[42]主要有焚烧法、吸收净化法、电捕法、吸附法。

（1）焚烧法。焚烧法就是使烟气中的烃类、可燃炭粉和焦油雾滴燃烧，分

解成 CO_2、H_2O。焚烧净化技术是解决沥青烟气最彻底、最有效的技术之一，该方法既可以将烟气中的微小沥青液滴充分燃烧，还可将其中的苯并芘等致癌物彻底燃烧处理[43]。烟气焚烧净化技术可分为蓄热式焚烧净化技术和直燃式净化技术。蓄热式焚烧炉（RTO）启动时将烟气焚烧温度提高到 800℃ 以上，高温烟气在蓄热陶瓷中焚烧后外排，该过程需要补充天然气，焚烧炉前后温差约 40~50℃，与直热式焚烧炉相比天然气消耗可节约 95%；直热式焚烧净化通常将烟气焚烧和导热油加热联合起来，将高温烟气用于导热油加热，提高其热能综合利用率，降低烟气处理的能耗，但该方法的生产操作费用高。

（2）吸收净化法。沥青烟气和有机类液体（洗涤液等）直接接触，使得焦油粒子、烟尘凝沉下来，从而达到净化沥青烟气的目的[43]。但该工艺会产生污水，造成二次污染，净化效率不高，烟气净化系统运行问题较多。

（3）电捕法。利用高压静电捕集焦油。在电晕极（负极）和沉淀极之间施加直流高压，使得电晕极放电，烟气电离生成大量的正、负离子。正、负离子在向电晕极、沉淀极移动的过程中与焦油雾滴相遇，并使之带电，雾滴被电极吸引，从而被除去[44]。电捕法对烟气浓度和烟尘比电阻有一定要求，且会因排放污水产生二次污染。

（4）吸附法。利用各种孔隙率高和比面积大的粉末材料（焦炭粉、氧化铝、活性炭、白云石粉等）作为吸附剂来净化沥青烟气[45]。其方法是以吸附剂与烟气进行混合，通过吸附剂的分子吸附烟气中的有害成分。此法投资少、运行费用低、操作维修方便，但吸附效率不高。

单一的处理方法各有利弊，或不能很好地实现烟气净化效果，或者投资高、能耗大，生产中可根据某一工序产生的烟气特点，采用联合处理的方式来达到烟气净化的效果。沥青熔化阶段烟气温度相对焙烧工序的烟气温度较低，一般采用吸收方式或吸收与焚烧方式结合。如某工程设计中，采用吸收和焚烧结合[43]的方法，先根据相似相容原理，采用合适试剂，通过文丘里喷射器与沥青烟气充分混合，吸收其中的有害物质，吸收效率可达 70% 左右，剩余的烟气通过风机引入焚烧炉高温焚烧。沥青烟气净化工艺如图 3-21 所示。

混捏成型工序采用 Eirich 混捏成型系统（如图 3-22 所示），烟气可以用配套的烟气净化系统进行处理。该系统主要包括烟气吸附系统和水吸收系统：烟气吸附系统由脉冲式布袋除尘器、风机、吸附剂给料机等设备组成，用于处理干料秤在配料期间、EWK 在加热和排料期间、混捏机在干混期间产生的粉尘，以及混捏机在加沥青和湿混期间产生的沥青烟气和粉尘。通风水系统主要由凝聚式除尘器、风机、水泵、水箱组成，通过凝聚式除尘器的喷淋和水洗来处理混捏机在加水冷却期间和排料期间产生的水蒸气、烟气和粉尘。配料混捏系统中具有称重功能的设备和产生干粉扬尘的收尘点采用微负压收尘方式[46]，即通风罩与设备之

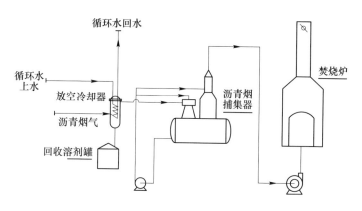

图 3-21 沥青烟气净化工艺

间采用虚连，这样既可以避免通风系统的负压对设备的称重传感器的受力产生影响，还可以避免过多粉料被抽到通风系统，保证物料组成的稳定。

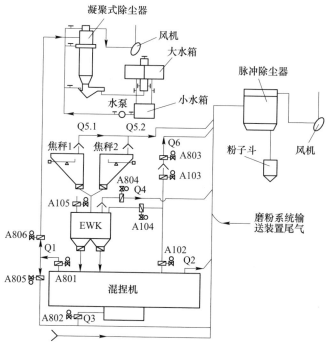

图 3-22 Eirich 混捏烟气净化系统

焙烧工序烟气净化处理比较成熟的工艺是电捕法[47]，为了提高处理效果，会对沥青烟气进行预处理，一般是喷淋冷却。由焙烧炉排出的高温烟气，在风机负压作用下，由地下烟道汇集到地面主烟道，经过风量调节进入管式冷却器，除去烟气中较大颗粒的粉尘和二氧化硫，还可使烟气温度降到 80~90℃。经过预处理的烟气进入电捕焦油器，烟气颗粒在其中荷电、收集，经过净化，通过引风机由烟囱高空排放；补集到的烟尘颗粒和焦油沥青沿极板流入除尘器下部集灰室，再定期清理。焙烧工序烟气净化处理的先进办法是焚烧法[48]，即将电极焙烧时产生的烟气引入专门的燃烧炉，借助燃料使烟气中烃类、可燃尘类烧掉，热量用于装炉品或其他工序预热。二次焙烧采用的隧道窑可以使电极逸出的可燃物在窑中直接燃烧，大大降低燃料消耗，最终排放的废气不含焦油和炭粉微粒，起到彻底净化烟气的目的。

C 脱硫脱硝技术

目前脱硫技术[49]种类达几十种，按脱硫过程是否加水和脱硫产物的干湿形态，烟气脱硫可分为湿法、半干法、干法三大类脱硫工艺。湿法脱硫技术较为成熟、效率高、操作简单。

石墨电极生产中氮氧化物、二氧化硫等主要来源于焙烧、石墨化工序。焙烧工序的二氧化硫、氮氧化物等一般会伴随烟气一起净化治理，采用湿式脱硫较多，对产生的硫化物采用喷淋等方式使其形成酸，再加入适量的石灰等碱性物质发生中和反应生成盐，再对盐进行提纯回收等。湿法脱硫技术比较成熟，生产运行安全可靠，脱硫效率高于 90%，在众多脱硫技术中始终占据主导地位，占脱硫总装机容量的 80% 以上[50]。缺点是生成物是液体或淤渣，较难处理，设备腐蚀性严重，洗涤后烟气需再热，能耗高、占地面积大、投资和运行费用高、耗水量大。

焙烧工序的烟气经电捕治理后可使用 NID[47] 干法脱硫（如图 3-23 所示），采用石灰做吸收剂，该方法中石灰在消化器中加水消化成 $Ca(OH)_2$，和一定量的循环灰相混合进入增湿器，循环灰的水分增至 5%，含钙循环灰以流动风为动力借助烟道负压进入反应器，进行脱硫，原理也是二氧化硫与碱反应，该方法脱硫副产物为干态，系统无污水产生，脱硫后烟气不需再加热，直接排放，对吸收剂的要求不高，且循环灰循环使用次数高，脱硫效率高达 90%。

在石墨化阶段，1400~2100℃时会有大量的硫化物、氮化物释放出来，形成不可逆的体积膨胀。一般硫化物产生于 1700~2100℃，氮化物产生于 1400~1900℃。电极生产中，为了减少硫、氮等污染物产生，在原料选择时会限制硫、氮含量，如硫含量低于 0.5%、氮含量低于 0.7%。石墨化阶段产生的硫化物、氮化物污染则需要进行专项治理。

目前脱硝主要是从三方面治理：燃烧前、中、后三阶段。具体到石墨电极生产，从源头上要选择氮含量低的针状焦、石油焦作为骨料；过程中尽量做到烟气循环再利用，将其充分燃烧再处理，减少氮氧化物排出；从末端治理，控制烟气中排放的 NO_x。

选择性催化还原技术（SCR）[51]是最成熟的烟气脱硝技术，利用还原

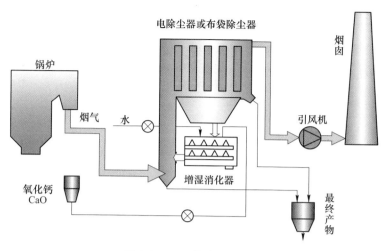

图 3-23 NID 技术工艺原理

剂（NH$_3$，尿素）在金属催化剂作用下，选择性地与 NO$_x$ 反应生成 N$_2$ 和 H$_2$O，故称为 "选择性"。目前世界上流行的 SCR 工艺主要有氨法 SCR 和尿素法 SCR 两种。两种方法都是利用氨 NO$_x$ 的还原功能，在催化剂的作用下将 NO$_x$（主要是 NO）还原为对大气没有多少影响的 N$_2$ 和水，还原剂为 NH$_3$[52]。液氨法制氨气系统较为简单，经济性较好，但是有毒性、易爆炸。2019 年 4 月发布的《国家能源局综合司切实加强电力行业危险化学品安全综合治理工作的紧急通知》，要求积极开展液氨罐区重大危险源治理，加快推进尿素替代升级改造进度。尿素130℃以上直接热解生成氨和异氰酸，异氰酸和水反应生成氨和二氧化碳，产生的氨与 NO$_x$ 生成氮气和水，如图 3-24 所示。SCR 法脱硝效率高，反应温度低，逃

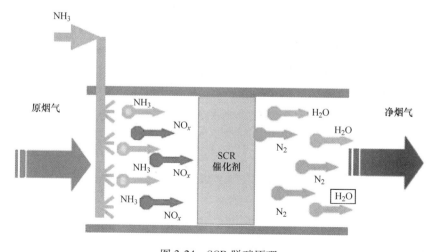

图 3-24 SCR 脱硝原理

逸较 SNCR 少，但会出现催化剂中毒现象。

选择性非催化还原法（SNCR 法）与 SCR 类似，区别是没有催化剂，氨逃逸现象比 SCR 法严重，可通过旧设备改造实现，建设周期短，主要在于反应温度的控制，其原理如图 3-25 所示。

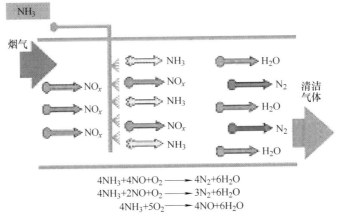

$$4NH_3+4NO+O_2 \longrightarrow 4N_2+6H_2O$$
$$4NH_3+2NO+O_2 \longrightarrow 3N_2+6H_2O$$
$$4NH_3+5O_2 \longrightarrow 4NO+6H_2O$$

图 3-25　SNCR 脱硝原理

SNCR/SCR 联合脱硝技术是在 SNCR 工艺基础上，结合 SCR 脱硝效率高的优点发展起来的改进型脱硝工艺。利用前部的 SNCR 反应降低 SCR 入口的 NO_x 的浓度，不仅可以减少 SCR 反应器的催化剂用量，还可以减少 SO_2 向 SO_3 的转化，同时利用 SNCR 反应逃逸的还原剂 NH_3 作为 SCR 反应的还原剂，可节省单独 SCR 系统需要独立配套的氨系统和喷氨装置。

D　多种污染物协同治理技术

石墨电极生产中各工序产生的污染物中的主要成分虽不尽相同，但污染物主要是粉尘、SO_2、NO_x，受限于企业的场地安排等因素，单一治理某种污染物的装置简单串联的处理技术难以采用，同时还存在处理后污染物不能满足环保要求的问题，多污染物协同处理技术和装备将成为未来发展趋势。

现在工业化的协同治理技术[53]有活性焦吸附联合治理、循环流化床法等，基本脱胎于电气烟气治理，在钢铁行业也处于试运行阶段。采用活性焦吸附粉尘、SO_2、NO_x，在钢厂进行试验，治理效果明显。循环流化床法是我国在原有流化床法基础上结合国外先进技术研发而成的，以消石灰为吸收剂脱去烟气中的 SO_2，再喷入活性炭来去除其他污染，但其对 NO_x 的处理较差；还有一种 EFA 曳流吸收塔工艺集成了布袋除尘器和反应物循环系统，吸附剂由消石灰、活性炭和循环灰组成，该设备造价低，但对 NO_x 的处理也较差，所以新的研究方向是将 SCR 工艺和氧化法等脱 NO_x 工艺与多污染物协同控制技术相结合，以达到联合协同治理的目的。

3.3.2　活性炭节能减排先进技术

3.3.2.1　活性炭行业粉尘治理技术

活性炭行业磨粉、混捏、成品筛分包装工序会产生粉尘污染，磨粉工序生产设备内产生的粉尘经旋风除尘器及布袋除尘器收集，并作为原料回用，除尘效率可达98%以上。新建和大型企业成品筛分包装工序有回收设施回收。

3.3.2.2　活性炭行业烟气综合治理技术

活性炭企业烟气主要产生在炭化和活化工序。煤在炭化过程产生的炭化尾气，其组成主要为两部分：一部分为炭化时外加燃料热源燃烧产生的高温加热气体，主要成分为 CO_2、H_2O、N_2 及少量的 SO_2 和 NO_x 等；另一部分为物料炭化热分解时产生的挥发物组分，如 CO、H_2、烷烃、烯烃、芳香烃等化合物。活化工序尾气中含有 CO、SO_2、NO_x、非甲烷总烃、苯并芘等，这些气体直接排入大气将给周围环境造成污染，需要经过处理后才能直接排入大气。目前先进的处理工艺是采用焚烧炉燃烧后，热量供炭化炉炭化用，富余的热量通过余热锅炉生产蒸汽，之后经脱硫除尘排入大气。其工艺流程如图 3-26 所示。

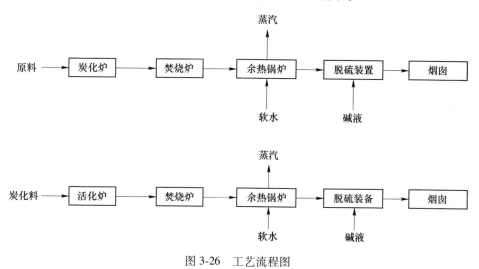

图 3-26　工艺流程图

A　炭活化尾气余热利用

将炭活化尾气利用焚烧炉燃烧，燃烧后得到的高温烟气用于产生蒸汽，蒸汽用于活性炭制备。该技术可有效处理炭活化尾气中有毒有害物质，有效利用炭活化尾气中的有效组分，可实现炭化、活化工序不加任何外加燃料，从而减少燃料消耗产生的烟尘、二氧化硫、氮氧化物等污染物的排放量。某权威机构对煤质活性炭活化炉尾气利用节能减排统计结果显示，每生产 1t 活性炭产品可节约煤炭消耗约 0.83t，减少二氧化硫约 13.3kg，氮氧化物约 8.3kg。2016 年中国煤质活性炭产量约 30 万吨，全行业减少煤炭消耗约 24.9 万吨，减少二氧化硫约 3990t，氮氧化物约 2490t。活化尾气回用的节能情况见表 3-23。

表 3-23　活化尾气回用的节能情况

项目	单位产品节煤/t	活性炭行业节煤/万吨	节约燃煤费/万元
活化尾气	0.83	24.9	12450

注：数据来源于《活性炭工业污染物排放标准编制说明》。

计算依据——中国煤质活性炭产量占其总产量的 60%，燃料煤价格按 500 元/t 计。活化尾气回用的减排情况见表 3-24。

表 3-24　活化尾气回用的减排情况

污染物	颗粒物	二氧化硫	氮氧化物	一氧化碳	非甲烷总烃	氰化氢
单位产品减排量/kg·t^{-1}	1.38	13.3	8.3	1673	6.0	8.32×10^{-2}
全行业减排量/t	414	3990	2490	501900	1800	25

B　烟气处理

炭化和活化工序尾气中的可燃气体经焚烧炉处理后，烟气主要污染物是颗粒物、二氧化硫、氮氧化物，要求经净化处理后排入大气。当前，除尘设备一般采用布袋除尘器，脱硫采用双碱脱硫法。氮氧化物控制目前有两种方式：一种是源头治理采用低氮燃烧技术；另一种是采用后处理方式，采用 SCR 脱硝技术。随着技术进步，目前开发出一种脱硫除尘一体化新技术，即用 MW 多相微雾脱硫除尘一体化技术。除尘设备前面已提及，此部分不做叙述。

a　脱硫技术

(1) 双碱脱硫技术[54]。钠碱双碱法是以 NaOH 或 Na$_2$CO$_3$ 溶液为第一碱吸收烟气中的 SO$_2$，然后再用石灰石或石灰作为第二碱处理吸收液，产品为石膏。再生后的吸收液送回吸收塔循环使用。钠碱双碱法的吸收、再生工艺流程：烟气与循环吸收液在吸收塔接触后排空。亚硫酸钠被吸收的 SO$_2$ 转化成亚硫酸氢盐，抽出一部分再循环液与石灰反应，形成不溶性的半水亚硫酸钙和可溶性的亚硫酸钠及氢氧化钠；半水亚硫酸钙在稠化器中沉积，上清液返回吸收系统，沉积的 CaSO$_3$·1/2H$_2$O 送真空过滤分离出滤饼，过滤液亦返回吸收系统，返回的上清液和过滤液在进入吸收塔前应补充 Na$_2$CO$_3$。过滤所得滤饼（含水约 60%）重新浆化为含 10% 固体的料浆，加入硫酸降低 pH 值后，在氧化器内用空气氧化可得石膏。该工艺脱硫率高，一般在 90% 以上。双碱烟气脱硫法工艺流程如图 3-27 所示。

(2) MW 多相微雾脱硫除尘一体化技术。炭化炉和活化炉烟气采用 MW 多相微雾脱硫除尘一体化技术，该技术是专门针对"旋光"微粒（直径在 0.01～

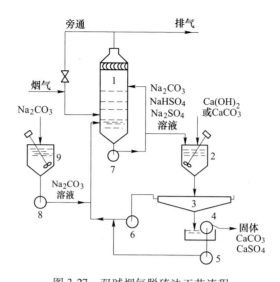

图 3-27　双碱烟气脱硫法工艺流程

1—洗涤塔；2—混合槽；3—稠化器；4—真空过滤器；5~8—泵；9—混合槽

1.0μm）的去除而开发的高科技产品。它的除尘效果可以与布袋除尘器相媲美；它不需要像布袋除尘器那样经常更换滤袋，可以节约很大的运行维护开支；MW多相微雾脱硫除尘器在除尘的同时还能净化 SO_2、HCl、HF 等有害气体；可以在同一设备里进行除尘和脱硫净化，粉尘细微颗粒捕获效率达到 99%，SO_2 去除率 95% 以上。

b　氮氧化物控制技术[55]

低氮燃烧技术燃烧过程中产生的 NO_x 分为三类：一类是在高温燃烧时空气中的 N_2 和 O_2 反应生成的 NO_x，称为热力型 NO_x；另一类是通过燃料中有机氮经过化学反应生成的 NO_x，称为燃料型 NO_x；第三类是火焰边缘形成的快速型 NO_x。在三类 NO_x 生成机理中，快速型 NO_x 不到 5%，当燃烧区温度低于 1350℃时几乎没有热力型 NO_x，只有当燃烧温度超过 1600℃时，热力型 NO_x 才能占到 25%~30%。通常常规燃烧设备，NO_x 的燃烧控制主要是降低燃料型 NO_x。

低 NO_x 燃烧技术中，关键设备是新型燃烧器。其通过降低燃烧区氧气的浓度、高温区的火焰温度或缩短可燃气在高温区的停留时间等措施，降低 NO_x 的生成量。燃烧器的主要类型有强化混合型低 NO_x 燃烧器、分割火焰型低 NO_x 燃烧器、部分烟气循环低 NO_x 燃烧器和二段燃烧低 NO_x 燃烧器。

强化混合型低 NO_x 燃烧器利用燃料和空气两种气流几乎成直角相交，加速混合，形成薄薄的圆锥形火焰。这种火焰具有放热量大、燃烧速度快、可燃气在高温区停滞时间短等特点，减少了 NO_x 的生成量。强制混合型低 NO_x 燃烧器如图 3-28 所示。

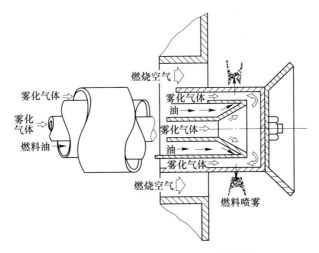

图 3-28   强制混合型低 NO_x 燃烧器

分割火焰型低 NO_x 燃烧器在烧嘴头部开设一个沟槽，将火焰分割成细而薄的小火焰。由于小火焰放热性能好，且能缩短煤气在高温区的滞留时间，可减少热力型 NO_x 的生成，如图 3-29 所示。

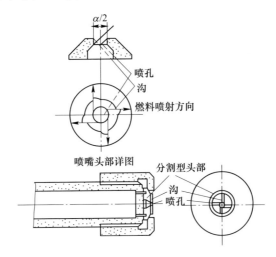

图 3-29   分割火焰型低 NO_x 燃烧器

部分烟气循环低 NO_x 燃烧器利用空气和气体喷射作用，强制一部分燃烧产物（烟气）回流到烧嘴出口附近与空气参混到一起，从而降低了循环氧气的浓度，防止局部高温区的形成。据测定结果显示，当烟气再循环达 20% 左右时，NO_x 抑制效果最佳，NO_x 的排放体积浓度在 80×10^{-6} 以下，NO_x 的此类燃烧器既可用于重油，也适用于任何一种气体燃料，广泛用于石油、钢铁等工业所用加热炉中。部分烟气循环低 NO_x 燃烧器如图 3-30 所示。

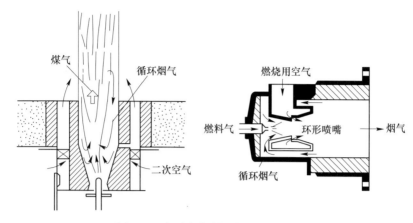

图 3-30　部分烟气循环低 NO_x 燃烧器

　　二段燃烧低 NO_x 燃烧器的工作原理是将燃烧所用的空气分两次通入，燃烧分两次进行，一次通入的空气约占总空气质量的 40%～50%，由于空气不足，燃烧呈还原气氛，形成低氧燃烧区，相应降低了该区的温度，抑制了 NO 的生成，其余 50%～60% 的空气从还原区的外围送入，燃烧火焰在二次空气供入后在低温继续燃烧。由于采用了两段燃烧，避免了在高温、高氧条件下的燃烧，NO_x 的生成量可大大降低。二段燃烧低 NO_x 燃烧器如图 3-31 所示。

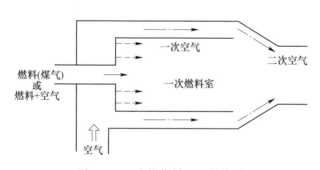

图 3-31　二段燃烧低 NO_x 燃烧器

　　选择性催化还原（SCR）技术是在铂或非重金属催化剂的作用下，在较低温度条件下，NH_3 有选择地将尾气中的 NO_x 还原为 N_2。其工艺流程是含 NO_x 的废气经除尘、脱硫、干燥等预处理后，进入预热器预热，然后与净化后的 NH_3 在混合器内按一定比例混合均匀，再进入装有催化剂的反应器内，在适当的温度下进行催化还原反应，反应后的气体经分离器除去催化剂粉尘后直接排放（如图 3-32 所示）。催化剂采用 Cu、Cr、Fe、V、Mn 等金属的氧化物或盐类代替贵金属催化剂。

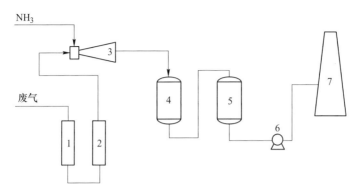

图 3-32   选择性还原法烟气脱硝工艺流程

1，2—预热器；3—混合器；4—反应器；5—过滤分离器；6—尾气透平；7—排气筒

3.3.2.3　废活性炭的再生利用

活性炭在使用过程中会逐渐失去吸附能力，必须通过经常更换来达到使用效果。而活性炭价格昂贵，每次更换新炭都会提升企业的运行成本，饱和活性炭再利用具有很强的经济、环境效益。再生就是使失去吸附能力的废活性炭的性质得到恢复，以便重新用于吸附操作的过程。

活性炭的再生方法种类很多，如热再生法、化学再生法、生物再生法、超临界萃取再生法、光催化再生法、微波辐射再生法、超声波再生法等。

热再生法再生效率高、再生时间短。大部分气相吸附和液相吸附的活性炭均可通过此方法再生；化学再生法中的酸碱再生法、溶剂再生法有成功应用案例；生物再生法、超临界萃取再生法等仍处于研发阶段。

热再生法是饱和活性炭再生经历 3 个阶段：干燥、脱挥发分和活化 3 个过程[28]。干燥阶段（大约 100℃）包括脱出水分和挥发性较强的有机物；脱挥发分（650~760℃）阶段，部分有机物裂解成可挥发的碳氢化合物，剩余固体残炭通常留在颗粒活性炭的气孔中；活化阶段（约 930℃），挥发分裂解得到固体残炭和少量颗粒活性炭与氧化性气体反应，恢复活性炭孔隙结构及其吸附特性。该方法主要采用回转炉、耙式炉作为活性炭再生设备。与回转炉相比，耙式炉再生效率高、生产能力大、再生活性炭质量更均匀，但其费用高。

3.3.3　增碳剂节能减排先进技术

我国已把建设资源节约型社会、环境友好型社会作为经济社会发展的重要目标。在节能减排方面，高品质增碳剂行业既承担着共同推进社会进步的紧迫责任，又存在着自身生产力发挥受节能减排的约束限制。随着环境的变化以及资源的消耗，所有的产品都向绿色、环保、节能方向发展，各企业加大了增设节能环保治理及监测设施，在很大程度上节约了能耗，降低了污染。

3.3.3.1 增碳剂生产的粉尘治理技术

增碳剂厂原料堆场、车间内破碎、成品筛分以及包装工序存在无组织粉尘，在其上方分别设置集气罩收集粉尘，再经旋风除尘器及布袋除尘器进行除尘处理，对收集的粉尘进行二次利用，除尘效率可达 98% 以上。旋风除尘器及布袋除尘器在前面已做详细介绍。

3.3.3.2 增碳剂生产的烟气综合治理技术

增碳剂生产工艺简单且成熟，其烟气主要产生在石墨化/煅烧工序。石墨化/煅烧烟气主要污染物为 SO_2、NO_x、烟尘以及微量苯并芘等。目前，增碳剂企业先进烟气综合治理工艺过程基本为：石墨化/煅烧炉烟气收集→汇总烟道→脱硝→沉降室→引风机→脱硫塔→末端湿电除尘、除雾器→烟气排放连续监测系统→烟囱，经处理后烟气达标排放。除尘设备一般采用布袋除尘器，脱硫采用石灰-石膏法湿法脱硫工艺，脱硝采用 SCR 脱硝技术。除尘设备以及 SCR 脱硝技术已在前面的章节做了介绍，此处不做详细介绍。在此重点介绍石灰-石膏法湿法脱硫工艺和深度烟气烟尘兰金涡流微湿电除尘除雾器处理技术。

石灰石（石灰）-石膏湿法脱硫工艺是湿法脱硫的一种，是目前世界上最成熟、应用范围最广的标准脱硫工艺技术。它采用价格低廉且易得的石灰石或石灰作脱硫吸收剂，当采用石灰石时，其经破碎磨成细粉状与水混合搅拌成吸收浆液；当采用石灰为吸收剂时，石灰粉经消化处理后加水制成吸收浆液。在吸收塔内，烟气中的二氧化硫与浆液中的碳酸钙以及鼓入的氧化空气进行化学反应被脱除，生成的最终反应产物为石膏浆液。脱硫后的烟气经除雾器去除雾水，经换热器加热升温后排入烟囱，脱硫石膏浆液经脱水装置脱水后回收。

兰金涡流微湿电除尘除雾器是一种深度除尘技术设备，适用于所有湿法脱硫工艺后的烟气二次除尘、二次脱硫与脱水除雾。目前该技术设备得到国家知识产权局实用新型专利授权，并通过科技部授权的中国高科技产业化研究会与环保部技术中心的科学技术成果审查与评定，认为该设备在我国深化除尘领域实现了技术创新，达到了国际先进水平。投入市场运行的兰金涡流微湿电除尘除雾器，排放烟气含尘浓度 ≤5mg/m³（标态），白烟少，或无白烟。科技成果评定专家一致认同兰金涡流微湿电除尘除雾器是一个投资与运行成本低、效果好、国际领先技术的设备。设备位置如图 3-33 所示。

兰金涡流微湿电除尘除雾器除尘除雾过程为凝并—吸附—解吸。第一步：巧妙的气流均布与导流设计，使烟气中的雾滴与微尘充分凝并，使之变大。第二步：特殊配方材质的吸尘球吸附性能更强，与超大比集尘充分吸附微尘与水雾。第三步：特殊配方材质的吸附球，增大了解吸难度，在设定烟速条件下不会对吸附球周边的液滴再次雾化，从而更加稳定了除尘除雾效果。

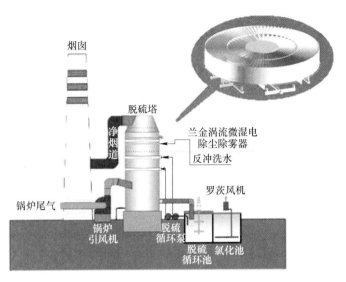

图 3-33 设备位置图

兰金涡流微湿电除尘除雾器的技术特点是吸附球在导流风力作用下悬空公转与自转，达到阻力最小、自动产生微静电、难结垢的目的；安装在湿法脱硫顶部原除雾器位置，不占地，改造项目工期短、投资小；不增加电耗，水耗比一般除雾器小，运行费用低；除尘除雾率高，排放烟气含尘浓度≤5mg/m³（标态），含湿度小，白烟去除率大于80%，可降低 SO_2 排放浓度；操作管理简单，运行维护量小。

3.4 典型案例

3.4.1 石墨电极典型案例

中国平煤神马集团开封炭素有限公司位于河南开封市，主要生产超高功率石墨电极和接头。公司拥有全套生产超高功率石墨电极及接头的成熟生产技术，采用国际先进的成型、焙烧、浸渍、石墨化、机加工等工装设备，全线采用 PLC 控制系统，产品质量优良，是国际知名的电极生产企业。

开封炭素厂用的焙烧炉是车底式焙烧炉，车底式焙烧炉生产时水平方向和垂直方向温差小，温度场分布均匀，炉内温度控制精准；缺点是能耗大、投资大，维护费用、运行费用高，车底式焙烧炉精准的温度控制在生产超高功率石墨电极优势明显。焙烧工序产生的沥青烟气含有苯并芘、苯并蒽、咔唑等多种多环芳烃类物质，且大多是致癌和强致癌物质，污染大，不能直接排放。开封炭素厂采用焚烧法对其烟气进行处理，回收利用焚烧后的高温烟气热量。中钢热能院为其提供了中低温脱硝及余热回收一体化技术，将焚烧炉烟气中低温脱硝和余热利用有机结合起来，实现烟气余热回收与 NO_x 的超低排放，为炭素制品绿色高效生产提供了新的方案。

3.4.1.1 原理

烟气余热利用原理是利用常温空气与焚烧炉热废气进行对流换热，将烟气中的热量传导至空气中，实现烟气余热资源的回收利用。利用鼓风机将常温空气通过管道系统输送至热交换器，在热交换器内与焚烧炉高温废气进行间接换热。换热升温后的热空气在鼓风机风压的作用下进入余热回收管道输送系统。含有大量余热能源的高温空气被输送至高压浸渍工序，用于石墨电极浸渍前的升温。余热利用烟气流程如图 3-34 所示。

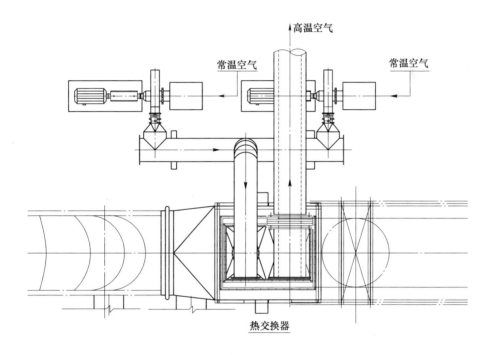

图 3-34　余热利用烟气流程

脱硝技术是对烟气中 NO_x 含量的控制工艺，该环节采用 SNCR-SCR 联合脱硝工艺。采用两套氨水喷头雾化系统。在传统 SCR 脱硝工艺前设置 SNCR 脱硝喷头，将氨水在焚烧炉尾端高温区域雾化，实现焚烧炉热废气的预脱硝，同时多余氨气经过换热器与废烟气进行充分混合，在 SNCR 脱硝工艺喷氨时与 SCR 脱硝工艺喷氨混合，在脱硝反应器内进行还原反应，实现热废气烟气脱硝。

3.4.1.2 工艺流程

该项目主工艺流程由烟气流程、空气流程、氨水流程组成，达到余热回收利用烟气环保治理的目的。图 3-35 所示为系统工艺流程方框图。

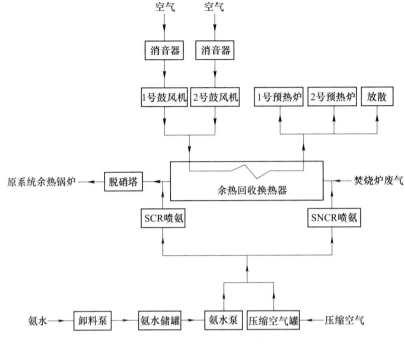

图 3-35　系统工艺流程方框图

（1）烟气流程。中央焚烧炉燃烧产生的热废气经过焚烧炉三段烟道闸板后达到 750~850℃，在该位置进行一次喷氨，利用 SNCR 脱硝原理实现烟气预脱硝。预脱硝处理后的烟气经过烟道进入烟道内置式余热回收换热器，进行换热。换热后的烟气温度维持在 350~430℃ 范围内进入脱硝塔进行 SCR 氮氧化物脱除，氮氧化物达标烟气进入原有余热锅炉进行能源的二次回收。

（2）空气流程。常温空气经过鼓风机进入烟道内置式余热回收换热器与焚烧炉废气进行间接换热。吸收废气余热的空气在换热后温度达到 450~530℃。高温空气经过余热回收输送系统管路送至浸渍预热炉，用于浸渍工序焙烧品预热。

（3）氨水流程。外购氨水经过卸料泵进入氨水储罐，在氨水泵的作用下输送至氨水雾化喷嘴，在喷嘴内与压缩空气混合，在出口形成伞状雾化喷射流，与烟气均匀混合。混合后的含氨烟气在 SNCR-SCR 联合脱硝作用下完成对烟气氮氧化物的脱除。

焚烧炉烟气余热利用及脱硝装备如图 3-36 所示。

3.4.1.3　烟气处理结果

烟气处理结果见表 3-25。

图 3-36　焚烧炉烟气余热利用及脱硝装备

表 3-25　烟气处理结果

序号	项　目	指标
一	余热单元	
1	烟气流量（标态）/m³·h⁻¹	约 15000
2	空气流量（标态）/m³·h⁻¹	约 12500
3	烟气入口温度/℃	750~850
4	烟气出口温度/℃	350~430
5	空气入口温度/℃	常温
6	空气出口温度/℃	450~530
二	脱硝单元	
1	反应器入口烟气温度/℃	300~420
2	反应器入口 NO_x 浓度（以 NO_2 计折算值）（标态）/mg·m⁻³	400
3	反应器出口 NO_x 浓度（以 NO_2 计折算值）（标态）/mg·m⁻³	<50
4	20%氨水消耗量/kg·h⁻¹	约 16
5	脱硝剂	约 20%氨水
6	氨逃逸/×10⁻⁶	<10
7	SO_2/SO_3 转化率/%	<1
8	催化剂使用寿命/年	≥3

3.4.2 活性炭典型案例

大同煤业金鼎活性炭有限公司年产 10 万吨煤基活性炭，是我国规模最大的活性炭生产企业。该公司建设有 3 条生产线，分别为 1 万吨原煤破碎活性炭、4 万吨气体脱硫脱硝活性炭、5 万吨水处理压块活性炭。以大同优良侏罗纪弱黏性煤为原料，采用外热式回转窑炭化，斯列普炉和耙式炉活化。利用块煤作为原煤破碎活性炭原料，将采购块煤中的小粒度的煤用于制备脱硫脱硝活性炭和压块活性炭。其工艺流程如图 3-37 所示。

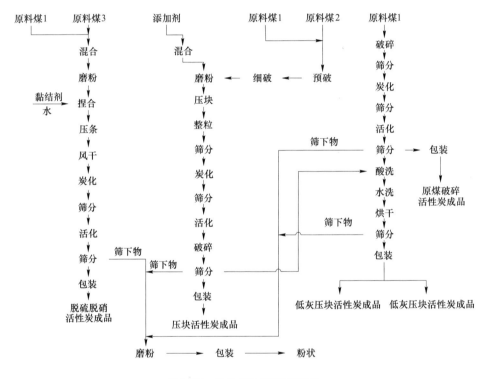

图 3-37 活性炭生产工艺流程

公司原料预处理设备基本采用国内先进的设备，如磨粉采用雷蒙磨和中速辊式磨煤机，成型采用干法辊压造粒机。炭化设备采用外热式回转炭化炉，生产能力约 1 万吨/(年·台)，活化设备采用 560 型斯列普炉和耙式炉，生产能力分别约 0.5 万吨/(年·台) 和 1 万吨/(年·台)。外热式回转炭化炉如图 3-38 所示。560 型斯列普炉如图 3-39 所示。

耙式炉自动化程度高，从加料到出料整个生产过程都可实现自动化。自动控制方式是通过燃烧机自动精确控制炉内温度；通过调节物料在炉床上的机械移动

图 3-38　外热式回转炭化炉　　　　　　图 3-39　560 型斯列普炉

速度来精确控制停留时间；通过控制取气方式（可从炉体顶层、底层、中间任一炉层取出或者三种方式任意组合），调节炉内反应气氛。耙式炉如图 3-40 所示。自动控制室如图 3-41 所示。

图 3-40　耙式炉　　　　　　　　　　图 3-41　自动控制室

公司以弱黏性煤为原料，采用外热式回转炭化炉利用炭化时产生的干馏气体通过焚烧炉燃烧产生的热量作为热源进行连续炭化。炭化炉只在刚启动时需要提供额外的燃料，一旦原料煤发生热解反应产生干馏气体，就可以停止燃料的供应，随后的运行中不需再使用外加燃料，节约了大量能源。

活性炭生产的炭化和活化尾气经余热焚烧炉得到高温烟气，通过余热锅炉产生蒸汽，烟气经冷却、脱硫除尘排出。脱硫采用 MW 多相微雾脱硫除尘器，在除尘的同时，净化 SO_2、HCl、HF 等有害气体，可以在同一设备里进行除尘和脱硫净化。粉尘细微颗粒捕获效率达到 99%，SO_2 去除效率达 95% 以上。公司单位产品能耗远低于国家标准，各工序污染物排放量均满足国家环保标准要求。

3.4.3 增碳剂典型案例

汨罗市鑫祥碳素制品有限公司是一家专业生产高品质石墨化石油焦增碳剂的企业，位于全国"城市矿产"示范基地湖南省汨罗市工业园。公司建设有 10 条高品质石墨化增碳剂生产线，于 2011 年底建成并投产，年产能 5 万吨。生产的增碳剂均经过 2600~2800℃ 高温石墨化，品质均匀、纯度高、石墨化程度高、硫含量低、氮含量低，是优质硬线钢（低松弛预应力钢丝、钢丝绳、钢绞线、钢帘线、弹簧钢丝、镀锌钢丝等强度高、韧性好、伸长率好的钢材品种）冶炼和优质铸铁生产的理想型增碳剂，可替代进口增碳剂。

XX4300 型竖式高温连续石墨化炉是汨罗市鑫祥碳素制品有限公司自主研发的高温连续石墨化设备。主要用于碳材料高端石墨化处理工艺、超高温提纯工艺等领域。具有技术领先、设计合理、维护方便、使用寿命长、节能减排效果明显等优良特点。2010 年 4 月通过工程院学部常委李正邦院士主持的科技成果鉴定，技术成果处于国际领先水平。2012 年列入国家首批 42 项重点循环经济技术设备。目前，已获两项国家发明专利、三项实用型专利、一项美国国际专利。

3.4.3.1 生产工艺

竖式高温连续石墨化工艺如图 3-42 所示。

XX4300 型竖式高温连续石墨化设备由炉体、料仓、给料系统、发热体、供电系统、烟道、防爆阀、测温仪、冷却系统、排料系统等部分组成，其原理为通过自动给料→主供电→预热→高温石墨化→高温缓冲→循环冷却→排料完成连续石墨化工艺。

将煅后石油焦通过斗式提升机提升到竖式高温连续石墨化炉的炉顶料仓，在炉顶料仓内煅后石油焦通过自身重力由下料口进入石墨化炉内，按工艺技术要求，给炉体进行送电。利用煅后石油焦本身的电阻使通入炉内的电能转变为热能，随着石墨化炉下部排料的进行，炉内料层逐渐下移，煅后石油焦被逐步加热到 2600~2800℃，进行高温石墨化，此时将发生碳原子的晶格转变，除去物料中的水分和挥发分，得到高质量热性能稳定的增碳剂。石墨化后的增碳剂逐步下移，经过石墨化炉体下部四周的水冷壁、水冷支架和底部水冷料盘被逐步冷却后，增碳剂的温度降低至室温。冷却后经石墨化炉体底部排料设备排出。石墨化

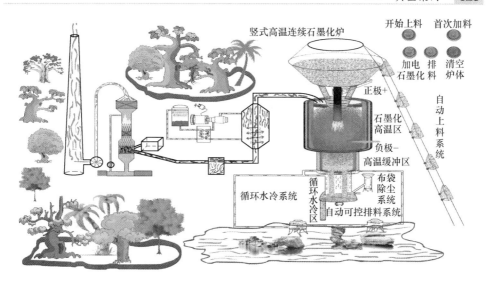

图 3-42 竖式高温连续石墨化工艺

过程中产生的烟气由石墨化炉的炉顶烟管通过自然抽力产生的负压，把烟气输送到烟气处理装置，处理达标后排放。

竖式高温连续石墨化炉局部示意图如图 3-43 所示。

图 3-43 竖式高温连续石墨化炉局部示意图

3.4.3.2 节能减排工艺

节能减排总流程为：石墨化炉烟气收集→汇总烟道→SCR 脱硝→沉降室→引

风机→两级脱硫塔→烟气排放连续监测系统→烟囱，达标排放，完成环境保护清洁生产过程。烟气排放连续监测系统如图 3-44 所示。

图 3-44 烟气排放连续监测系统

烟气除尘装置局部示意图如图 3-45 所示。

图 3-45 烟气除尘装置局部示意图

　　废水主要为烟气处理废水、生活污水，经污水处理系统处理后可循环回用，不外排；噪声主要为设备机械噪声，通过优选设备、隔声降噪、基础减振以及距离衰减等实现噪声厂界达标；固废主要有收尘灰、废气洗涤系统产生的石灰、污泥沉淀以及少量生活垃圾，烟气处理排出的石灰经过洗涤，压块后外卖给水泥厂；原料进、排料工序产生的粉尘采用布袋除尘器进行收集，为使烟尘超低排放，采用兰金涡流微湿电除尘除雾器，使烟囱出口烟气含尘量 $\leqslant 5mg/m^3$（标态）。同时，设备维修等过程中产生少量废矿物油等危险废物，经分类收集、暂存，送有资质单位处置，生活垃圾由当地环卫部门收集、清运，并加强危废暂存间"三防"措施，避免造成二次污染。

竖式高温连续石墨化炉具有能量利用率高、产品质量稳定、可以回收利用挥发分及冷却阶段的余热、自动化程度高、工人劳动强度低、劳动环境好、单位产品耗水量低等诸多优点，符合国家的节能、减排产业发展政策，代表了石墨化石油焦增碳剂生产的发展方向，应大力推广其应用，逐步减少利用艾奇逊石墨化炉改造技术生产石墨化石油焦的落后生产方式。

参 考 文 献

[1] 梁钜鑫，范国庆. 钢铁行业绿色生产状况分析研究 [J]. 四川有色金属，2018（2）：63~66.

[2]《炭素材料》编委会. 中国冶金百科全书：炭素材料 [M]. 北京：冶金工业出版社，2004.

[3] 许斌，王金铎. 炭材料生产技术 600 问 [M]. 北京：冶金工业出版社，2008.

[4] 郑水山，窦红兵，李国军，等. 煤沥青改质生产超高功率石墨电极用黏结剂的研究 [J]. 煤炭加工与综合利用，2005（6）：22~25.

[5] 何莹，郭明聪，高源，等. 炭材料专用浸渍剂沥青的研究进展及应用前景 [J]. 炭素技术，2013，32（4）：72~74，90.

[6] 王勇. 炼钢用石墨电极 [J]. 钢铁技术，2002（1）：10~14.

[7] 冯建国. 适用于电弧炉炼钢的 UHP 石墨电极生产技术路径分析 [J]. 炭素技术，2015，34（2）：60~64.

[8] 钱湛芬. 炭素工艺学 [M]. 北京：冶金工业出版社，2013.

[9] 吴宪平，王福平，崔士国. 新疆煤基活性炭产业发展前景 [J]. 洁净煤技术，2018，24（S1）：99~101.

[10] 梁大明. 中国煤质活性炭 [M]. 北京：化学工业出版社，2008.

[11] 蒋剑春. 活性炭制造与应用技术 [M]. 北京：化学工业出版社，2018.

[12] 惠国栋，许翔，张潇，等. 增碳剂及其选用 [J]. 化工技术与开发，2016，262（3）：60~70.

[13] 杨群收，田永富. 合成铸铁的熔炼及增碳剂的使用 [J]. 金属加工（热加工），2017（11）：46~49.

[14] 孙永功，杨涛，王树宝. 中频感应电炉熔炼铸铁增碳剂的选择及应用 [J]. 金属加工（热加工），2018（1）：65~67.

[15] 李传栻. 铸铁的增碳和常用的增碳剂 [J]. 金属加工（热加工），2010（9）：25~28.

[16] 马国君，杨宗江，赵楠，等. 煤基优质炼钢增碳剂的研究 [J]. 煤炭加工与综合利用，1993（5）：29~32.

[17] 潘三红，米寿杰. 石墨化石油焦增碳剂生产技术的现状与发展 [J]. 炭素技术，2013，

32（3）：13~15.

[18] 杨阳，付东升，郑化安，等．电炉炼钢与针状焦发展现状及市场分析 [J]．燃料与化工，2014，45（5）：5~8.

[19] 康进才，吴沣，胡春玉．超高功率石墨电极原料针状焦的评价及应用 [J]．河南冶金，2019，27（1）：1~3，33.

[20] 闫修谨，李玉财．黏结剂用沥青的生产 [J]．炭素科技，1999，9（4）：28~34.

[21] 冯勇祥，陆木林．国内改质沥青的现状及其发展 [J]．炭素技术，1999（4）：24~28.

[22] 李圣华．均质石墨电极与均质化生产 [J]．炭素技术，2001，1（1）：1~5.

[23] 路培中，娄卫江，于嗣东，等．超高功率石墨电极均质性研究 [J]．炭素技术，2013，32（2）：38~40.

[24] 薛殿贵，顾伟良．车底式炉在石墨电极二次焙烧中的应用 [J]．炭素技术，2013，32（5）：86~89.

[25] 肖劲，吴胜辉，邓松云，等．炭素制品的混捏工艺改进研究 [J]．炭素技术，2012（4）：47~50.

[26] 潘三红，魏中静．双轴搅拌混捏机与逆流高速混捏机混捏凉料技术性能比较 [J]．炭素技术，2012，31（3）：16~19.

[27] 王志强，刘运平．两种混捏系统在石墨电极生产中的比较 [J]．炭素技术，2019，38（3）：54~57.

[28] IHS CHEMICAL. Activated Carbon Chemical Economics Handbook. his. com/chemical，2017.

[29] 苏伟，周理．高比表面积活性炭制备技术的研究进展 [J]．化学工程，2005，33（2）：44~47.

[30] Teng H，Wang S C. Influence of Oxidation on the Preparation of Porous Carbons from Phenol-Formaldehyde Resins with KOH Activation [J]. Industrial & Engineering Chemistry Research，2000，39（3）：673~678.

[31] 赵荣善．外热式回转炉及其工艺在活性炭生产中的应用 [J]．洁净煤技术，2018，24（增刊）：80~83.

[32] 罗富，陆晓东，赵荣善，等．多段炉设备规模化生产煤基活性炭的可行性 [J]．洁净煤技术，2018，24（S1）：70~74.

[33] 戴建东．新型钢铁增碳剂的研制及应用 [D]．哈尔滨：哈尔滨理工大学，2005.

[34] 毕延林．连续式石墨化炉工业实验及电磁场研究 [D]．沈阳：东北大学，2010.

[35] 冯建国．炭素生产中沥青熔化、输送及焙烧吸排料环保清洁生产新举措 [J]．炭素技术，2018，37（6）：75~77.

[36] 赵修富．缩短电极焙烧时间提高产能的探讨 [J]．炭素技术，2009，28（2）：49~51.

[37] 王彦伟，张述，华泽友．浅谈 $\phi600mm$ UHP 电极焙烧工艺优化控制 [J]．炭素技术，2011，30（2）：48~50.

[38] 魏刚，唐鸣宇，王亮．液体加压浸渍过程中浸渍沥青烟气存在状态及处理 [J]．炭素，2017（2）：13~16.

[39] 王楠．我国石墨化工艺设备的现状及展望 [J]．化工装备技术，2016，37（6）：49~52.

[40] 王纯，张殿印．除尘设备手册 [M]．北京：化学工业出版社，2009.

［41］刘平，李六一，周英涛，等．炭素焙烧沥青烟气治理［J］．环境污染与防治，2002，24（1）：34~35.

［42］刘文．预焙阳极敞开式焙烧炉烟气治理方法探讨［J］．中国有色冶金，2009（1）：15~17，21.

［43］张宏利，张冲．沥青烟气净化处理组合工艺［J］．广东化工，2012（2）：127~128.

［44］刘章现，蔡宝森，张胜华．电捕法净化焙烧炉沥青烟气［J］．环境科学与技术，2006（7）：98~99，126.

［45］林文川．蓄热焚烧法沥青烟气处理技术［J］．中国建筑防水，2018，401（21）：30~34.

［46］聂永民，隋启．EIRICH 混捏烟气净化系统的使用与改进［J］．炭素技术，2006，25（2）：35~39.

［47］王素生，蒋金龙，鲜勇，等．浅谈降低焙烧炉烟气污染物排放的方法［J］．炭素，2018（3）：29~34.

［48］张文诚，左小磊，陈晓青．炭素生产过程中焙烧烟气的净化方法及应用［J］．江苏化工，2005，33（1）：44~46.

［49］苑贺楠，何广湘，孔令通，等．工厂燃煤烟气脱硫技术进展［J］．工业催化，2019（9）：8~12.

［50］蒋文举．烟气脱硫脱硝技术手册［M］．北京：化学工业出版社，2007.

［51］于睿，魏昱，崔玲，等．烟气脱硝技术的研究进展［J］．山东化工，2019，48（17）：80~81.

［52］周锋，王大庆．浅谈尿素法 SCR 烟气脱硝技术［J］．科学技术创新，2019（28）：52.

［53］郑雅欣．烧结烟气污染物协同处理关键技术研究［D］．唐山：华北理工大学，2018.

［54］蒋文举．烟气脱硫脱硝技术手册［M］．北京：化学工业出版社，2006.

［55］李广超．大气污染控制技术［M］．北京：化学工业出版社，2008.

4 耐火材料

耐火材料属无机非金属材料，和水泥、玻璃、陶瓷同为传统无机非金属材料；无机非金属材料与金属材料、合金材料、高分子材料等并列，属于材料学学科。从材料的组成结构与性能之间的关系来看，传统的耐火材料是以硅酸盐为基础组成的无机非金属材料；现在的耐火材料不局限于此，其基本组成可以为非氧化物材料、非氧化物与氧化物复合材料、金属与氧化物复合材料、氧化物材料等，故抗侵蚀、抗热震性、耐高温性等性能得以改良和提高。

耐火材料是所有高温工业的基础材料，耐火材料学科研究耐火材料原料及其加工和合成、耐火材料的制造工艺、耐火材料在各高温工业领域的应用技术、用后耐火材料回收再利用技术和耐火材料评估检测技术。耐火材料服务领域广阔，涵盖冶金、水泥、玻璃、陶瓷、机械热加工、石油化工、动力和国防工业等所有高温领域。冶金工业是耐火材料的主要应用领域，约占耐火材料总量的70%，冶金工业用耐火材料是该学科最主要的研究对象，对学科的创新发展、进步一直起主导作用。

耐火材料根据服役条件不同，涉及的种类繁多，在原料、工艺、组成、结构、性能等诸方面各有特点又相互重叠。依其化学组成特点，耐火材料包括酸性耐火材料、中性耐火材料、碱性耐火材料、非氧化物耐火材料等；依其生产工艺特点，耐火材料包括两大类：定形耐火材料和不定形耐火材料。

耐火材料既是冶金工业赖以运行的重要支撑材料，不可或缺，也是冶金工业实现节能降耗、环保和清洁生产、发展冶金新技术、新工艺的重要基础。在保证高温流程稳定性与经济性，助推冶金工业重大技术进步，满足质量、品种和生产效率的提升，助推冶金工业提高能效、降低能源消耗等方面，耐火材料发挥着重要作用。耐火材料发展历史长久，在经济社会占据着重要的位置，在经济建设中发挥重要作用，耐火材料工业的可持续绿色发展也是高温工业发展的重要保障。以冶金工程技术发展需求和耐火材料工业可持续发展为导向，围绕降低消耗、提高能效及绿色发展、减少污染排放等，耐火材料技术发展的关键性议题是耐火材料长寿化、减量化、轻量化、功能化、节能化、环境友好和可持续发展，为冶金工业和冶金学科的发展提供支撑。

我国是耐火材料生产、消费大国，年产耐火材料2300多万吨，产量占世界产量的约65%，并有数百万吨耐火材料和耐火原料出口。

4.1 耐火材料生产工艺概论

耐火材料在生产过程中，虽然不同耐火制品（定形耐火材料）使用的原料不同，具体控制工艺条件也不同，但它们的生产工序和加工方法基本上是相同的。在制品生产过程中一般都要经过原料破碎、细磨、筛分、配料、混练、成型、干燥和烧成等加工工序，而且在这些加工工序中影响制品质量的基本因素也大致相同[1]。

4.1.1 定形耐火材料生产工艺

4.1.1.1 原料加工——破碎和筛分

生产耐火材料用的耐火原料块度通常具有各种不同的形状和尺寸，其大小可由粉末状至350mm左右的大块。单一尺寸颗粒组成的泥料不能获得紧密堆积，必须由大、中、小颗粒组成的泥料才能获得致密的坯体。因此块状耐火原料经拣选后，需进行破粉碎，以达到制备泥料的粒度要求。

耐火原料的破粉碎，是用机械方法（或其他方法）将块状物料减小成为粒状和粉状物料的加工过程，习惯上又称为破粉碎，具体分为粗碎、中碎和细碎。粗碎、中碎和细碎的控制粒度根据需要进行调整。粗碎、中碎和细碎分别选用不同的设备。

粗碎（破碎）——物料块度从350mm破碎到小于50~70mm。粗碎通常选用不同型号的颚式破碎机。其工作原理是靠活动颚板对固定颚板作周期性的往复运动，对物料产生挤压、劈裂、折断作用而破碎物料的。

中碎（粉碎）——物料块度从50~70mm粉碎到小于5~20mm。中碎设备主要有圆锥破碎机、双辊式破碎机、冲击式破碎机、锤式破碎机等。圆锥破碎机的破碎部件是由两个不同心的圆锥体，即不动的外圆锥体和可动的内圆锥体组成的，内圆锥体以一定的偏心半径绕外圆锥中心线作偏心运动，物料在两锥体间受到挤压和折断作用被破碎；双辊式破碎机是物料在两个平行且相向转动的辊子之间受到挤压和劈碎作用而破碎；冲击式破碎机和锤式破碎机是物料通过受到高速旋转的冲击锤冲击而破碎，破碎的物料获得动能，高速冲撞固定的破碎板，进一步被破碎，物料经过反复冲击和研磨，完成破碎过程。

细碎（细磨）——物料粒度从5~30mm细磨到小于0.088mm或0.044mm，甚至约0.002mm。细碎设备有筒磨机、雷蒙磨机（又称悬辊式磨机）、振动磨机、气流磨机和搅拌式磨机等。

影响耐火原料破（粉）碎的因素主要是原料本身的强度、硬度、塑性和水分等，同时也与破（粉）碎设备的特性有关。

在耐火材料生产过程中，将耐火原料从大块破粉碎到5~0.088mm的各粒度料，通常采用连续粉碎作业，并根据破粉碎设备的结构和性能特点，采用相应的设备进行配套，例如采用颚式破碎机、双辊式破碎机、筛分机、筒磨机，或者采用颚式破碎机、圆锥破碎机、筛分机、筒磨机等进行配套，对耐火原料进行连续破粉碎作业。

原料在破粉碎过程中不可避免地会带入一定量的金属铁杂质。这些金属铁杂质对制品的高温性能和外观造成严重影响，必须采用有效方法除去。除铁方法主要为物理除铁法，用强磁选机除铁，对颗粒和细粉选用不同的专用设备。

耐火原料经破碎后，一般是大中小颗粒连续混在一起。为了获得符合规定尺寸的颗粒组分，需要进行筛分。筛分是指破粉碎后的物料通过一定尺寸的筛孔，使不同粒度的原料进行分离的工艺过程。

筛分过程中，通常将通过筛孔的粉料称为筛下料，残留在筛孔上粒径较大的物料称为筛上料，在闭流循环粉碎作业中，筛上料一般通过管道重返破碎机进行再粉碎。

根据生产工艺的需要，借助于筛分可以把颗粒组成连续的粉料筛分为具有一定粒度上下限的几种颗粒组分，如 3~1mm 的组分和小于 1mm 的组分等。有时仅筛出具有一定粒度上限（或下限）的粉料，如小于 3mm 的全部组分或大于 1mm 的全部组分等。要达到上述要求，关键在于确定筛网的层数和选择合理的筛网孔径。前者应采用多层筛，后者可采用单层筛。

4.1.1.2 泥料的制备

生产耐火制品的泥料（也称砖料）是将按一定比例配合的各种原料的粉料，在混练机混练过程中加入水或其他结合剂制得的混合料。它应具有砖坯成型时所需要的性能，如塑性和结合性等。泥料制备工序包括配料和混练两个工艺过程。

根据耐火制品的要求和工艺特点，将不同材质和不同粒度的物料按一定比例进行配合的工艺称为配料。配料规定的配合比例也称配方。

确定泥料材质配料时，主要考虑制品的质量要求，保证制品达到规定的性能指标；经混练后砖料具有必要的成型性能，同时还要注意合理利用原料资源，降低成本。

泥料中颗粒组成的含意包括颗粒的临界尺寸、各种大小颗粒的百分含量和颗粒的形状等。颗粒组成对坯体的致密度有很大影响。只有符合紧密堆积的颗粒组成，才有可能得到致密坯体。

最紧密堆积的颗粒可分为连续颗粒和不连续颗粒。

图 4-1 所示为不连续三组分填充物堆积密度的计算值和实验值，由图可见，堆积密度最大的组成为：55%~65%粗颗粒，10%~30%中颗粒，15%~30%细颗粒。

用不连续颗粒可以得到最大的填充密度，但其缺点是会产生严重的颗粒偏

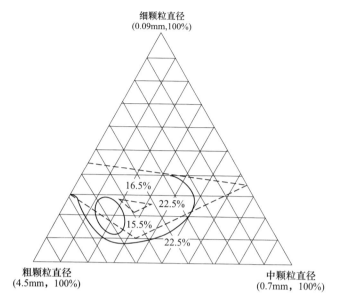

图 4-1　不连续三组分填充物堆积密度的计算值和实验值

虚线—计算结果；实线—实验结果

析，而且也是不实际的。实际生产中，还是选择级配合理的连续颗粒，通过调整各粒级配合的比例量，达到尽可能高的填充密度。

在耐火制品生产中，通常力求制得高密度砖坯，为此常要求泥料的颗粒组成应具有较高的堆积密度。要达到这一目的，只有当泥料内颗粒堆积时形成的孔隙被细颗粒填充，后者堆积时形成的孔隙又被更细的颗粒填充，在如此逐级填充条件下，才可能达到泥料颗粒的最紧密堆积。在实际配制泥料时，要按照理论直接算出达到泥料最紧密堆积时的最适宜的各种粒度的直径和数量比是困难的，但是按照紧密堆积原理，通过实验所给出的有关颗粒大小与数量的最适宜比例的基本要求，对于生产有重要的指导意义。

通过大量的试验结果表明，在下述条件下能获得具有紧密堆积特征的颗粒组成：

（1）颗粒的粒径是不连续的，即各颗粒粒径范围要小。

（2）大小颗粒间的粒径比值要大些。

（3）较细颗粒的数量，应足够填充于紧密排列的颗粒构成的间隙中。当两种组分时，粗细颗粒的数量比为 7∶3；当三种组分时为 7∶1∶2，其堆积密度较高。

（4）增加组分的数目，可以继续提高堆积密度，使其接近最大的堆积密度。

上述最紧密堆积理论，只是对获得堆积密度大的颗粒组成指出了方向，在实际生产中并不完全按照理论要求的条件去做。这首先是因为粉料的粒级是连续的，要进行过多的颗粒分级将使得粉碎和筛分程序变得很复杂；其次，虽然能紧密堆积的颗粒组成是保证获得致密制品具有决定性意义的条件，但在耐火制品生产过程中还可以采用其他工艺措施，也同样能提高制品的致密度。另外，原料的性质、制品的技术要求和后道工序的工艺要求等，都要求泥料的颗粒组成与之相适应。因此，在生产耐火制品时，通常对泥料颗粒组成提出的基本要求是：

（1）应能保证泥料具有尽量大的堆积密度。

（2）满足制品的性质要求，如要求热稳定性好的制品，应在泥料中适当增加颗粒部分的数量和增大临界粒度；对于要求强度高的制品，应增加泥料的细粉量；对于要求致密的抗渣性好的制品，可以采取增大粗颗粒临界粒度和增加颗粒部分的数量，来提高制品的密度，降低气孔率，如镁碳砖。

（3）原料性质的影响，如在硅砖泥料内，要求细颗粒多些，使砖坯在烧成时易于进行多晶转化；但镁砖泥料中的细颗粒过多则易于水化，对制品质量不利。

（4）对后道工序的影响。如泥料的成型性能，用于挤泥成型应减小临界粒度，并增大中间粒度数量；用于机压成型大砖，应增加临界粒度。

普通耐火制品为三级配料，这类制品包括普通黏土砖、高铝砖等。制造耐火制品用泥料的颗粒组成多采取"两头大，中间小"的粒度配比，即在泥料中粗、细颗粒多，中间颗粒少。因此，在实际生产中，无论是原料的粉碎或泥料的制备，在生产操作和工艺检查上，对大多数制品的粉料或泥料，只控制粗颗粒筛分（如 3~2mm 或 2~1mm）和细颗粒筛分（如小于 0.088mm 或小于 0.5mm）两部分的数量。

中、高档耐火制品采用多级配料，如镁碳砖、铝碳滑板砖、刚玉砖等，根据制品的性能要求配料更为细致。

原料组成除规定原料粒度比例外，还有原料种类比例。所用原料的性质及工艺条件应满足制品类型和性能要求。

（1）从化学组成方面看，配料的化学组成必须满足制品的要求，并且应高于制品的指标要求。因为要考虑到原料的化学组成有可能波动，制备过程中可能引入的杂质等因素。

（2）配料必须满足制品物理性能及使用要求。选择原料的纯度、体积密度、气孔率、类型（烧结料或电熔料）等；选择原料的材质。

（3）坯料应具有足够的结合性，因此配料中应含有结合成分。有时结合作用可由配料中的原料来承担。但有时主体原料是瘠性的，则要由具有黏结能力的结合剂来完成，如纸浆废液、糊精、结合黏土和石灰乳等。纸浆废液不影响制品化学组成，而结合黏土和石灰乳影响制品化学组成。所选用的结合剂应当对制品的高温性能无负面作用，黏土和石灰乳可分别用作高铝砖和硅砖的结合剂。

通常配料的方法有重量配料法和容积配料法两种。

重量配料的精确度较高，一般误差不超过 2%，是目前普遍应用的配料方法。重量配料用的称量设备有手动称量秤、自动定量秤、电子秤和光电数字显示秤等。上述设备中，除手动称量秤外，其他设备都可实现自动控制。它们的选用应根据工艺要求、自动控制水平以及操作和修理技术水平确定。

容积配料是按物料的体积比来进行配料，各种给料机均可作容积配料设备，如皮带给料机、圆盘给料机、格式给料机和电磁振动给料机（不适用于细粉）等。容积配料一般多使用于连续配料，其缺点是配料精确性较差。

混练是使不同组分和不同粒度的物料同适量的结合剂经混合和挤压作用达到分布均匀和充分润湿的泥料制备过程。混练是混合的一种方式，伴随有一定程度的挤压、捏和、排气过程在内。

影响泥料混练均匀的因素很多，如合理选择混练设备，适当掌握混练时间，以及合理选择结合剂并适当控制其加入量等，都有利于提高泥料混练的均匀性。另外，加料顺序和粉料的颗粒形状等对泥料混练的均匀性也有影响，如近似球形颗粒的内摩擦力小，在混练过程中相对运动速度大，容易混练均匀；棱角状颗粒料的内摩擦力大，不易混练均匀，故与前者相比需要较长的混练时间。

在泥料混练时，通常混练时间越长，混合得越均匀。在泥料混合初期，均匀性增加很快，但当混合到一定时间后，再延长混合时间对均匀性的影响就不明显了。因此，对于不同类型混合机械所需混合时间是有一定限度的。

物料中瘠性料的比例、结合剂与物料的润湿性等影响混练的难易程度，因此不同性质的泥料对混练时间的要求也不同。如用湿碾机混练时，黏土砖料为 4~10min，硅砖料为 15min 左右，镁砖料则 20min 左右，铝碳滑板砖料约为 30min。混练时间太短，会影响泥料的均匀性；而混练时间太长，又会因颗粒的再粉碎和泥料发热蒸发而影响泥料的成型性能。

用湿碾机混练泥料时，加料顺序会影响混练效果。通常先加入颗粒料，然后加结合剂，混合 2~3min 后，再加细粉料，混合至泥料均匀。

泥料的混练质量对成型和制品性能影响很大。混练泥料的质量表现为泥料成分的均匀性（化学成分、粒度）和泥料的塑性。在高铝砖实际生产中，通常以检查泥料的颗粒组成和水分含量来评定其合格与否。混练质量好的泥料，细粉形成一层薄膜均匀地包围在颗粒周围，水分分布均匀，不单存在于颗粒表面，而且渗入颗粒的孔隙中；泥料密实，具有良好的成型性能。如果泥料的混练质量不好，则用手摸料时有松散感，这种泥料的成型性能就较差。对于高铝砖等困料可以提高泥料的塑性，提高成型性能。

4.1.1.3 成型

将泥料加工成具有一定形状坯体的过程称为成型，成型的坯体具有较致密的均匀的结构，并具有一定的强度。

生产耐火制品的成型方法，常用的有以下几种。

（1）可塑成型。可塑成型（也称挤压成型），一般指含水量16%~25%的呈塑性状态的泥料制坯方法，使可塑性泥料强力通过模孔的成型方法称为挤压成型。通常用连续螺旋式挤泥机或叶片式搅拌机与液压机连用，将泥料混合、挤实和成型。这种成型方法适宜于将可塑泥料加工成断面匀称的条形和管形等坯体。

（2）机压成型。机压成型又称半干法成型，指用含水量在2%~7%左右的泥料制备坯体的方法。一般采用各种压砖机、捣固机、振动机械成型。与可塑成型相比，坯体具有密度高、强度大、干燥和烧成收缩小、制品尺寸容易控制等优点，半干成型是常用的成型方法。

普通的机压成型砖坯的压制过程，实质上是一个使泥料内颗粒密集和空气排出形成致密坯体的过程。其特点是泥料压缩量大，而且压缩量几乎与压力成正比增加；当坯体被压缩到一定程度后，就进入了压制过程的第二个阶段。在这个阶段中，成型压力已增加到能使泥料内颗粒发生脆性和弹性变形的程度，所以在压制时由于泥料内颗粒受压变形和多角形颗粒的棱角被压掉，使坯体内颗粒间的接触面增加，摩擦阻力增大。因此，这一阶段的压制特性表现为跳跃式的压缩变化，即呈阶梯形变化曲线。当压制进入第三阶段时，成型压力已超过临界压力，即使压力再升高，坯体也几乎不再被压缩。

砖坯的上述压制特征说明，泥料的自然堆积密度越大，颗粒间的摩擦力越小，泥料受单位压力作用时的压缩量就越大，砖坯的体积密度也就越高。因此，在泥料中加入一些有机活化剂，增大泥料内颗粒的活动能力和降低泥料与模壁之间的摩擦力，可以提高砖坯压制的密实程度。

提高砖坯成型质量的主要措施：（1）要求泥料具有适当而稳定的颗粒组成。压制砖坯时，如泥料中粗颗粒过多，易使砖坯边角不严，表面粗糙和颗粒脱落。泥料过细，则由于泥料中气膜（或水膜）大，压制时弹性后效大，易引起层裂。（2）压力和水分间必须相适应。泥料中的水分主要起结合作用和润滑作用，它有利于泥料在成型压力作用下颗粒间发生移动。水分含量较低的泥料成型时，其内摩擦较大，要获得致密坯体就必须有较高的成型压力。但水分含量大的泥料不能采用高压力成型，因为高水分泥料成型时的弹性后效大，而且水分易向坯体的不致密处集中，因此采用高压力成型时易产生过压裂纹。

总的来说，成型压力和泥料水分含量要求成反比。例如黏土制品，当采用低压力成型（低吨位压机或手工成型）时，泥料水分一般为6%~9%；而采用高压成型（高吨位压机成型）时，水分就应低些，一般为3%~5%。

目前，成型耐火材料坯体用的机械设备主要有摩擦压砖机、杠杆压砖机、液压机、回转压砖机、振动成型机等。关于生产中具体选用何种设备，需根据制品的形状、尺寸、性能要求以及生产数量等因素综合考虑确定。

4.1.1.4 砖坯的干燥

砖坯干燥的目的是为了提高半成品的强度，以便能够安全运输、堆放和装窑。湿坯经干燥后还能保证在烧成初期可快速升温。特别是水分含量高的砖坯，若干燥不好，烧成时就会产生严重开裂和变形。

砖坯的干燥过程实质上是经预热后的热空气（或热烟气）把热量传递给坯体，坯体吸收热量而提高温度，从而使水分蒸发逸出坯体，并随热气体排出干燥器。水分从坯体排除的过程一般分两个阶段进行，即等速干燥阶段和减速干燥阶段。

在等速干燥阶段中，主要是排除砖坯表面的物理水，水分蒸发在坯体表面进行。随着水分排除，坯体相应地收缩。故此阶段的干燥速度应慢些，以免坯体急剧收缩而产生开裂，这对含水量高的大型或特异型制品尤为重要。当等速干燥阶段基本结束进入减速干燥阶段时，水分的蒸发便由坯体表面逐渐移向坯体内部，这时坯体的干燥速度受温度、孔隙数量及其大小等因素影响，砖坯从载热体中吸收的热量，一方面提高坯体温度，另一方面供给水分蒸发。在这个阶段中砖坯的干燥速度与砖坯的温度，以及水蒸气自孔隙向外传递的速度有关。水分在孔隙中蒸发以后，自坯体的内部移向表面，然后扩散至载热体中。当坯体温度升高，而水分蒸发量恰为水蒸气自孔隙中向外传递的最大量时，此时坯体的安全干燥速度最大。因此，在这个阶段内，若温度过低，就会使水分蒸发量减少，干燥过程延缓；若温度过高，则会造成坯体内部蒸发的大量水分来不及排出，从而使砖坯产生毛细裂纹，甚至开裂。因此，砖坯干燥时，首先要选择和控制适宜的载热体温度和湿度，以保证砖坯具有最大的安全干燥速度。

砖坯干燥时，伴随着水分蒸发过程还常有一些物理-化学变化发生。例如，在硅酸铝制品的泥料中，通常还加入少量的亚硫酸纸浆废液，在干燥时浓缩而对坯体中颗粒进行胶结，使坯体强度增加；硅砖中由胶体状态的 $Ca(OH)_2$ 转变为结晶水化物 $Ca(OH)_2 \cdot H_2O$ 以及它与活性 SiO_2 作用所生成的含水硅酸盐（$CaO \cdot SiO_2 \cdot nH_2O$）等，均可使硅砖坯体强度增加；用水玻璃结合的不烧制品，干燥时水玻璃发生缩聚作用，使坯体的强度得到显著提高等。

4.1.1.5 烧成

烧成是指对砖坯进行煅烧的热处理过程。砖坯经过烧成，可使其中的某些组分发生分解和化合等化学反应，使砖坯烧结形成玻璃质或晶体结合的制品，从而使制品获得较好的体积稳定性和强度，以及其他特性。

耐火制品的性质不仅取决于原料的成分和性质、配料组成和生产方法，而且在很大程度上取决于烧成质量的好坏。烧成是耐火制品生产过程中的一道重要工序，无论是制品的质量或是企业的技术经济指标，如产品质量、劳动生产率、单位产品燃料消耗定额和产品成本等，都在很大程度上取决于烧成的好坏。因此，烧成是耐火材料生产过程中特别关键的工序。

耐火材料烧成窑炉的种类很多，目前耐火制品烧成时，最常用的烧成设备有隧道窑、梭式窑、倒焰窑和热处理窑，此外还有用于特种要求的窑炉，如电加热式窑炉，根据需要控制窑炉内的气氛。通常采用气体燃料（如天然气、煤气）和液体燃料（如重油、轻柴油等），我国已基本取缔直接使用固体燃料。

隧道窑属于连续作业的窑炉，是目前耐火材料生产中比较先进和普遍使用的窑炉。它的主要优点是机械化、自动化程度高，生产能力较大，热效率也高；但隧道窑在烧制不同品种的砖时，其烧成制度的更换不如梭式窑和倒焰窑灵活。

隧道窑沿长度方向分为预热带、烧成带和冷却带。根据制品类型和工艺要求，有普通隧道窑和高温隧道窑两大类型。高温隧道窑烧成温度可达 1650℃ 以上，窑长 50~130m，窑宽 1.1~3.2m，年生产能力 0.5 万~3.2 万吨，单位产品热耗 6600~6900kJ/kg。

梭式窑是一种配有窑车的倒焰窑，由于制品在窑车上烧制，故可以提高窑车周转率，达到提高产能的目的，是替代倒焰窑的新型间歇式窑炉。梭式窑的容积在 10~300m³ 范围内。烧成温度可达到 1750℃。梭式窑特点：（1）可实现快速烧成，系统调节灵活，窑温均匀。（2）燃料消耗低。梭式窑采用轻质砖、薄壁，蓄热量小；烧成周期短；设置了烟气余热回收装置。（3）由于装卸砖在窑外进行，劳动条件改善，机械化和自动化程度达到隧道窑水平。

耐火制品烧成工序包括装窑、焙烧和出窑。所谓装窑就是指按窑炉结构特点和制品烧成时热工制度的要求，在窑内将符合半成品技术条件的砖坯合理排列码放的操作过程。对于隧道窑也称装（窑）车。为了达到上述目的，就必须制定装窑图和装窑技术操作规程，以便统一装窑操作。

砖坯在烧成过程中进行一系列的物理-化学反应，使砖坯变得致密，强度增加，体积稳定，并保证有准确的外形尺寸。

耐火材料在烧成时，根据制品发生变化的特征，整个烧成过程可分为三个阶段：

（1）加热阶段，即从制品进窑或点火时起至达到制品烧成的最高温度时为止。在这个阶段进行砖坯加热，残余水分和化学结晶水分的排出，某些物质的分解和新的化合物的形成，多晶转变以及液相生成等，包括有机和无机结合剂、添加剂的分解、氧化燃烧等，放出 CO_2 和水及其他小分子。在这个阶段，由于上述原因，坯体的重量减轻、气孔率增大、强度降低；随温度增加，达到液相形成温度和物相合成温度，由于液相的扩散、流动、溶解沉析传质过程的进行，颗粒在液相表面张力作用下，进一步靠拢而促使坯体致密化，使其强度增加、体积缩小、气孔率降低，坯体进行烧结。

（2）最高烧成温度时的保温阶段。坯体中各种反应趋于完全、充分，液相数量增加，结晶相进一步成长，砖坯达到致密化。制品在烧成过程中，不仅要使表面达到烧成温度，而且要使制品内部也达到烧成温度。这个温度均匀化的过程是靠传热来实现的，为此需要一定的时间。由此可见，制品越大，装窑密度越高，则此时间就越长。此外，由于窑炉内各部位温度的不均匀性，也需要一定的保温时间。

（3）冷却阶段是指从烧成最高温度至出窑温度。在此阶段中，制品在高温时进行的结构和化学变化基本上得到了固定。在此阶段的初期，制品中还进行着一些物理-化学变化，发生物相的析晶、某些晶体的晶型转变、玻璃相固化、微裂纹产生等过程。冷却制度会影响制品的强度、抗热震性等物理性能。

为了合理进行各种耐火制品的烧成，应预先确定每种制品的烧成制度，其内容包括烧成的最高温度、在各阶段的升温速度、在最高温度下的保温时间、制品冷却的降温速度和在上述各阶段中窑内的气氛性质。

烧成制度可以制成横坐标为时间（h），纵坐标为温度（℃）的曲线，也可以由温度范围、升温速度和时间为内容的列表形式表示。

耐火制品烧成温度主要取决于：（1）使用的原料的性质。原料的主要矿物相的熔点、矿物相之间的最低共熔点温度与烧成温度直接相关。耐火制品参考烧成温度约为主要矿物相熔点温度的 $0.7 \sim 0.85$ 倍。因此，高纯镁砖烧成温度高于镁尖晶石砖；刚玉砖烧成温度高于莫来石砖；碱性耐火制品的烧成温度高于高铝耐火制品。（2）对于相同材质，原料纯度越高，烧成温度越高。纯度高的直接结合碱性制品烧成温度高于硅酸盐结合的碱性制品。（3）原料细粉的粒度。分散度高则比表面积越大，表面自由能越大，烧结动力越大。因此微粉可促进烧结，降低烧成温度。

耐火制品烧成时，在加热和冷却过程中许可的升（降）温速度以及必需的保温时间取决于：（1）加热和冷却时制品内进行的物理化学变化过程中所产生的内应力大小；（2）完成这一物理化学变化所需的温度和时间；（3）烧成过程中耐火制品的温度梯度、热膨胀和冷收缩产生的应力。

4.1.1.6 成品拣选

成品拣选工作，就是拣选工按国家标准，或有关合同条款对不同耐火制品外形要求规定的项目及技术要求，对成品进行逐块检查，剔除不合格品；根据标准规定或使用要求，将合格品进行分级，以保证出厂的耐火制品外形质量符合标准规定的等级。

成品拣选的基本要求是掌握国家标准对不同耐火制品的外形质量要求，以及各项检验项目的检查方法，并在成品拣选过程中能熟练应用。国家标准规定《定型耐火制品尺寸、外观及断面的检查方法》，详见 GB/T 10326—2001。

4.1.2 不定形耐火材料生产工艺[2]

不定形耐火材料是由骨料、细粉和结合剂混合而成的散状耐火材料。必要时可加外加剂。不定形耐火材料无固定的外形，呈松散状、浆状或泥膏状，因而也称为散状耐火材料；此外，不定形耐火材料可以制成预制块使用或构成无接缝的整体构筑物，因此也称为整体耐火材料。不定形耐火材料具有生产工艺简单、生产周期短、节约能源、使用时整体性好、适应性强、便于机械化施工等特点。

不定形耐火材料的基本组成是骨料和细粉耐火物料。根据使用要求，可由各种材质组成。为了使这些耐火物料结合为整体，需加入适当品种和数量的结合剂，并根据不定形耐火材料具体需求加入少量适当的外加剂，以改善不定形耐火材料的可塑性、流动性、凝结性等。

不定形耐火材料化学和矿物组成主要取决于所用的骨料和细粉，另外还与结合剂的品种和数量有密切关系；同时，不定形耐火材料使用性能在很大程度上取决于不定形耐火材料作业性能、施工方法和技术。

不定形耐火材料品种繁多，可根据施工方法、结合方式等来分类。

按结合形式分类有：

（1）水合结合（又称水硬性结合）：室温下通过水化凝结而硬化。

（2）陶瓷结合：高温下，由于烧结形成的非晶质和晶质联结在一起的结合形式。

（3）化学结合：在室温或高温下，通过化学反应（不是水化反应）而产生的硬化，包含无机和有机结合剂两类。

（4）黏着结合：通过产生的吸附作用、扩散作用、静电作用产生的复合结合。

（5）凝聚结合：通过微粒子（胶体粒子）之间相互吸引紧密接触，借助于范德华力而结合在一起。

如果有几种结合剂配合使用，则根据在硬化过程中起主要作用的结合剂性质加以命名。

按施工方式分类有：

（1）耐火捣打料：用捣打（机械或人工）方法施工的不定形耐火材料。

（2）耐火可塑料：具有较高的可塑性，以软坯状、块状或片状等状态交货，施工后加热硬化的不定形耐火材料。

（3）耐火浇注料：主要以干状交货，加水或其他液体混合后浇注施工。亦可制备成预制件交货。

（4）耐火压入料：使用时加水或液态结合剂调和成膏状或浆体，用挤压方法施工的不定形耐火材料。

（5）耐火喷涂料：以机械喷射方法施工的不定形耐火材料。

（6）砌筑接缝材料：这种材料既可用于抹刀或类似工具施工，也可用于灌缝或浸蘸。这种材料可分为三类：水硬性耐火泥浆（细的耐火骨料、耐火粉料和水泥结合剂的混合料）、热硬性耐火泥浆（细的耐火骨料、耐火粉料和磷酸或磷酸盐等热硬结合剂组成的混合料）、气硬性耐火泥浆（细的耐火骨料、耐火粉料和硅酸钠等气硬性结合剂组成的混合料）。

（7）耐火涂抹料：由耐火骨料、耐火粉料和结合剂组成的混合料。以手工或机械涂刷或涂抹方法施工。

（8）干式振动料：不加水或液体结合剂用振动方法施工的不定形耐火材料。

表 4-1 为不定形耐火材料类别代号（在国家标准 GB/T 4513—2000 基础上补充）。

表 4-1　不定形耐火材料类别代号

项目	产品类别致密/隔热	结合形式	施工方法
类别代号	高铝质 黏土质 硅质 碱性 特种	水合结合 陶瓷结合 化学结合 黏着结合 凝聚结合	捣打料（D） 可塑料（K） 浇注料（J） 压入料（Ya） 喷涂料（P） 泥浆（N） 涂抹料（To） 干式振动料

不定形耐火材料生产流程包含原料破碎、细磨、筛分、配料、搅拌混合、包装等工序。根据不同类型的不定形材料，在搅拌混合工序有所差异。以耐火浇注料为例，不同材质、不同结合的浇注料可分为多个品种，具体见表 4-2。

表 4-2　各种浇注料的材质与组成

浇注料材质	主要原料	结合剂
普通硅酸铝质	焦宝石、矾土熟料、红柱石、硅线石、蓝晶石	矾土基铝酸钙水泥、水玻璃、磷酸二氢铝、结合黏土
莫来石质、刚玉质、高铝-尖晶石质、刚玉-尖晶石质、铝镁质	电熔或烧结莫来石、电熔或烧结刚玉、矾土熟料、电熔或烧结镁铝尖晶石、镁砂	纯铝酸钙水泥、磷酸二氢铝、镁砂、$\mu f\text{-}SiO_2$、$\mu f\text{-}Al_2O_3$
镁质、镁铬质、镁钙质、镁铝质	烧结或电熔镁砂、合成镁钙砂、铬矿、合成镁铬砂、电熔或烧结刚玉、镁铝尖晶石砂	聚磷酸钠+CaO、纯铝酸钙水泥、硫酸镁、镁砂、酚醛树脂+有机酸、$\mu f\text{-}Al_2O_3$、$\mu f\text{-}SiO_2$

续表 4-2

浇注料材质	主要原料	结 合 剂
高铝-SiC-C 质、刚玉-SiC-C 质、MgO-C 质、Al_2O_3-MgO-C 质	矾土、电熔或烧结刚玉、SiC、沥青、电熔或烧结镁砂、预处理石墨	纯铝酸钙水泥、酚醛树脂 + 有机酸、μf-SiO_2、μf-Al_2O_3
不锈钢（Fe-Ni-Cr 合金）纤维增强的浇注料	各种耐火原料、各种不锈钢纤维	矾土基铝酸钙水泥、纯铝酸钙水泥、磷酸二氢铝、μf-SiO_2、μf-Al_2O_3

　　不定形耐火材料以其生产工艺流程短、节能等特性十几年来发展迅猛，在许多场合替代耐火材料制品，在我国不定形耐火材料占耐火材料生产总量的约40%，并仍处于增长状态。不定形耐火材料广泛应用于冶金工业、机械工业、能源、化学工业和建筑材料工业的各种窑炉和热工构筑物。以钢铁工业为例，从铁矿烧结、炼铁、炼钢、炉外精炼、连铸，直到轧钢生产等，几乎每一生产环节的冶金炉和热工设备都需使用不定形耐火材料。

　　下面分别介绍几种不定形耐火材料工艺。

4.1.2.1　普通铝酸钙水泥耐火浇注料

　　以普通铝酸钙水泥为结合剂，与耐火骨料和粉料按一定比例配制成的可浇注耐火材料（见耐火浇注料）。此浇注料经加水拌和、振动浇注成型、养护和烘烤后即可直接使用。此种材料既可以在工业炉上直接浇注成整体内衬，也可制成预制块砌筑工业炉内衬。使用温度随所采用的耐火骨料和粉料的耐火性能，以及水泥的性能不同而异。

　　铝酸钙水泥可分为两类：矾土水泥和纯铝酸钙水泥。据此，浇注料也分为两类，即矾土水泥耐火浇注料和铝酸钙水泥耐火浇注料。其矿物组成分别为 CA、CA_2、C_2AS、C_4AF（存在于高铁矾土水泥）和 CA、CA_2、α-Al_2O_3，铝酸钙水泥的耐火性能取决于这些矿物相。而水泥耐火性能的优劣对不定形耐火材料的影响极为重要。一般而论，水泥中含 Fe_2O_3 越高，其耐火性越低。含氧化钙量对耐火性的影响也有此倾向。如水泥中含 Fe_2O_3 较高时，存在的矿物 C_4AF 的熔点仅为1415℃。含氧化钙高时存在的 $C_{12}A_7$ 的熔点仅为1455℃。水泥中含氧化铝的影响与此相反。随着水泥中 Al_2O_3 含量提高，CA 的含量比相应降低，CA_2 含量增加，甚至有游离 Al_2O_3 存在，而这些矿物的熔点则依 CA、CA_2 和 Al_2O_3 的顺序递增，如 CA 为1600℃，CA_2 为1770℃，Al_2O_3 为2050℃。因此，含有 C_4AF 或 $C_{12}A_7$ 和以 CA 为主的普通矾土水泥的耐火性较低，而较纯净的含 CA_2 较多的纯铝酸钙水泥的耐火性较高。实践证明，普通矾土水泥只宜在1300℃以下使用；低铁矾土水泥可用于1500℃温度下；纯铝酸钙水泥使用温度可在1600℃以上。

水泥的矿物 CA、CA_2、$C_{12}A_7$ 水化反应如前所述。CA_2 的水化反应的速度在常温下较 CA 的慢，但随着养护温度的提高，可显著得到提高。若增大 pH 值，可加速 CA_2 的水化。当 CA 水化时，可对其产生促进作用。

养护温度对矾土水泥浇注料的强度有明显的影响。通常在 20℃上下养护可获得较好的强度。低于此温度水化不完全，强度很难达到最高值；高于此温度（30℃以上）时，达到最高值后会出现强度降低现象，其原因在于水化初期生成的 $CaO \cdot Al_2O_3 \cdot 10H_2O$ 逐渐转化成 $2CaO \cdot Al_2O_3 \cdot 8H_2O$ 和 $3CaO \cdot Al_2O_3 \cdot 6H_2O$ 所致。由这几种水化产物的密度对比也可知水化产物之间的转变对水泥石强度的影响。已知 $CaO \cdot Al_2O_3 \cdot 10H_2O$、$2CaO \cdot Al_2O_3 \cdot 8H_2O$、$3CaO \cdot Al_2O_3 \cdot 6H_2O$ 和 $Al_2O_3 \cdot 3H_2O$ 的密度分别为 $1.72g/cm^3$、$1.95g/cm^3$、$2.52g/cm^3$ 和 $2.42g/cm^3$，前两种亚稳相的密度较后两种稳定相低得多，当由 $CaO \cdot Al_2O_3 \cdot 10H_2O$、$2CaO \cdot Al_2O_3 \cdot 8H_2O$ 转化为 $3CaO \cdot Al_2O_3 \cdot 6H_2O$ 和 $Al_2O_3 \cdot 3H_2O$ 时，水泥石内游离水分即孔隙体积大为增加，使晶体的结合变弱，因而导致水泥石的强度降低。

铝酸盐水泥在加热过程中强度的变化。铝酸盐水泥硬化后的水化产物在加热过程中可发生转化反应、脱水分解反应和结晶化等变化。主要水化物 CAH_{10}、C_3AH_6 和 AH_3 的转化和脱水反应以及与不定形耐火材料中的 Al_2O_3 组分可发生的反应如下：

$$CAH_{10} \xrightarrow{>100℃} C_3AH_6 + AH_3 + H_2O$$

$$C_3AH_6 + AH_3 \xrightarrow{225 \sim 295℃} C_{12}A_7 + Ca(OH)_2 + AH + Al_2O_3 + H_2O$$

$$C_{12}A_7 + Ca(OH)_2 + AH + Al_2O_3 \xrightarrow{510 \sim 550℃} C_{12}A_7 + CaO + Al_2O_3 + H_2O$$

$$C_{12}A_7 + CaO + Al_2O_3 \xrightarrow{>600℃} C_{12}A_7 + CA + Al_2O_3$$

$$C_{12}A_7 + CA + Al_2O_3 \xrightarrow{>1000℃} C_{12}A_7 + CA + CA_2 + CA_6$$

水化物的转化和脱水过程中，由于各种水化物密度的不同，使转化和脱水前后的固体实体积变化很大。当发生 $3CAH_{10} \rightarrow C_3AH_6 + 2AH_3 + 18H_2O$ 反应时，实体积要缩小约一半；当发生 $3C_2AH_8 \rightarrow 2C_3AH_6 + AH_3 + 9H_2O$ 反应时，实体积要缩小约 2/3；C_3AH_6 和 AH_3 的脱水也与此相似。由于实体积的改变，使水泥石的结构密实度和强度相应降低。一般而论，铝酸盐水泥制成的浇注料烘干后的耐压强度，较常温下养护的浇注料低 15%~50%。烘干后的水泥硬化体若再经加热，由于结晶水的大量脱出和晶型转化，强度还将继续降低。如经 300℃左右加热后的耐压强度比烘干后的降低 18%~25%，但是，当加热温度提高到水化物的脱水过程完成以后，强度的变化就趋于平缓。如在 400~1000℃时的冷态强度皆变化不大。在此温度范围内的后一阶段，由于膨胀使水泥石的结构趋于密实，分解产物之间产生新的化合反应，水泥石的热态强度反而有所提高。此后，液相大量出现，水泥石逐渐烧结，冷态强度显著增加，而热态强度因液相作用又再度下降。对含粒状料的材料而言，此时水泥石的收缩与粒状料的膨胀之间的差值增大，也对材料的强度不利。铝酸盐水泥制成的浇注料硬化后的冷态和热态强度分别如图4-2和图4-3所示。

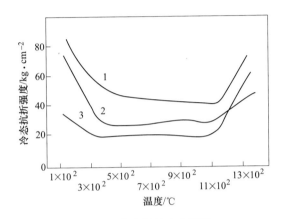

图 4-2　浇注料的冷态强度

1—普通高铝水泥结合高铝浇注料；2—普通高铝水泥结合黏土浇注料；3—低钙高铝水泥结合高铝浇注料

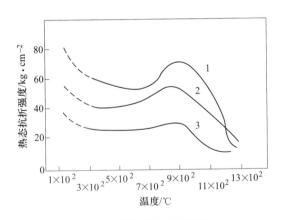

图 4-3　浇注料的热态强度

1—普通高铝水泥结合高铝浇注料；2—普通高铝水泥结合黏土浇注料；3—低钙高铝水泥结合高铝浇注料

水泥浇注料的质量取决于所采用的骨料和粉料的质量、骨料的粒度组成、水泥加入量、用水量和养护温度。对骨料要求烧结充分、致密、气孔率低、杂质含量低。骨料的粒度配比要求设计成紧密堆积，因此宜采用多级配料。常用的级配举例：15~7mm 为 20%、7~3mm 为 25%、3~1mm 为 15%、1~0.074mm 为 10%，小于 0.074mm 为 10%~20%，矾土水泥加入量 10%~20%。还可加入微量的减水剂，以降低用水量、改善施工性能和提高密度。

矾土水泥结合的典型的黏土质和高铝质浇注料的理化性能见表 4-3。

表 4-3　矾土水泥结合的浇注料理化性能

指　标		黏土质	高铝质
化学成分/%	Al_2O_3	45	73
	SiO_2	43	15
	CaO	5.6	6.0
体积密度/g·cm^{-3}	110℃，16h	2.1	2.50
	1000℃，3h	2.02	2.45
常温耐压强度/MPa	110℃，16h	23	43
	1000℃，3h	13	23
	使用温度，3h	42（1450℃）	60（1500℃）
加热线变化/%	110℃，16h	0	0
	1000℃，3h	-0.2	-0.2
	使用温度，3h	+0.2（1450℃）	-0.5（1500℃）
拌和用水量/%		10~13	10~13

4.1.2.2　低水泥、超低水泥结合耐火浇注料

低水泥、超低水泥结合耐火浇注料是指 CaO 含量分别为 1.0%~2.5% 和 0.2%~1% 的浇注料。与普通耐火浇注料不同，低水泥、超低水泥结合耐火浇注料铝酸钙水泥含量减少一半以上，增加氧化物微粉，同时加入适量的分散剂（减水剂）等。

低水泥、超低水泥结合耐火浇注料的材质有黏土质、高铝质、刚玉质、碳化硅质等。其配料组成为：耐火骨料、细粉、微粉（3%~9%）、铝酸钙水泥、外加剂。外加剂主要有三聚磷酸钠、六偏磷酸钠、萘磺酸盐甲醛缩合物和聚氰胺类缩合物等，用量为 0.12%~0.80%。施工时其用水量为 4%~7%。黏土质、高铝质、刚玉质低水泥结合耐火浇注料的性能见表 4-4。

表 4-4　黏土质、高铝质、刚玉质低水泥结合耐火浇注料的性能指标

指　标		黏土质	高铝质	刚玉质
化学成分/%	Al_2O_3	43.5	76	93
	SiO_2	50	10	5
	CaO	<1.5	<1.5	<1.5

续表 4-4

指　　标		黏土质	高铝质	刚玉质
体积密度/g·cm⁻³	110℃，16h	2.30	2.60	3.00
	1000℃，3h	2.26	2.58	2.98
常温耐压强度/MPa	110℃，16h	74	75	90
	1000℃，3h	88	150	120
	使用温度，3h	91	130	170
加热线变化/%	110℃，16h	0	0	0
	1000℃，3h	-0.3	-0.2	-0.2
	使用温度，3h	±0.3	±0.5	±0.5
拌和用水量/%		6.0~6.5	6.0~6.5	4~5

（1）低水泥、超低水泥结合浇注料的粒度级配和致密化。运用 Dinger-Funk 粒度分布方程，添加氧化物微粉，通过多粒级配料得到最密实填充粒度的组成，在实现低水泥化的同时，实现了低水分化，浇注料的拌和用水量只有普通浇注料的 $1/2 \sim 1/3$，因而得到材料低气孔率的致密组织，具有下述优缺点：1）屈服值大，触变性显著，施工时需要大的激振力。2）不仅气孔率低，且在孔径分布上，更小细孔部分的分布增加。同时，透气率也较小，因此材料具有较强的抗熔体浸透性，但在烘炉时带来易炸裂的问题。

（2）低水泥、超低水泥结合浇注料的流动性。在浇注料中，氧化物微粉如 SiO_2、Al_2O_3、Cr_2O_3 等，在水中分散剂存在时，粒子表面形成双电子层的重叠而产生静电斥力，即克服了质点间的范德华力，降低表面能，防止了粒子之间的吸附絮凝；同时也增大了浇注料的流动性，改善了浇注料的作业性能。

（3）低水泥、超低水泥结合浇注料的结合方式。低水泥、超低水泥结合浇注料的结合方式为水合结合和凝聚结合共同作用的结果。铝酸钙水泥水化生成的 CAH_{10} 和 C_2AH_8 都属于六方晶系，结晶形成的片状、针状晶体互相交错攀附、重叠结合，形成牢固的结晶体。使浇注料获得很高的机械强度，水化形成的氢氧化铝凝胶 AH_3 又充填于晶体骨架的空隙，形成比较致密的结构。

微粉的凝聚机理（以 μf-SiO₂ 为例）：当 μf-SiO₂ 与水混合后，由于 μf-SiO₂ 活性很高，会与水作用形成胶粒，此胶体粒子表面因 Si—OH 基解离成 Si—O⁻ 和 H⁺ 而带负电。对低水泥和超低水泥来说，此胶粒会吸附铝酸钙水解过程中缓慢溶出的 Al^{3+} 和 Ca^{2+} 离子，使胶粒表面 ξ 电位下降。当吸附达到"等电点"时即发生凝聚。对无水泥浇注料来说，其凝结作用是靠水分缓慢蒸发过程中，加入作为分散剂的电解质解离出的某种正离子（如 Na⁺ 离子）浓度的提高，胶粒吸附更多的反离子，使扩散层逐渐压缩，直到压缩至 ξ 电位为零时便产生凝结。

另外，加有 μf-SiO$_2$ 的浇注料凝结后，SiO$_2$ 表面形成的硅醇基 Si—OH 在干燥过程中会脱水架桥形成硅氧烷网状结构，从而发生硬化作用，如下所示：

$$\begin{matrix} O & \boxed{O-H\ H-O} & O \\ \diagdown & & \diagup \\ Si & Si & \longrightarrow \ O-Si-O-Si-O + H_2O \\ \diagup \diagdown & \diagup \diagdown \end{matrix}$$

硬化后形成的硅氧烷网状结构中 Si 与 O 之间的键并不随温度升高而断裂，其结构强度是随着热处理温度的提高而提高，同时达到高温时，SiO$_2$ 网状结构还会与其所包裹的 Al$_2$O$_3$ 颗粒反应生成莫来石，正是这种矿物的生成，使浇注料经高温处理后力学强度提高。该浇注料的优点如下：（1）浇注料中的 CaO 含量较低，可减少材料中的低共熔相的生成，从而提高了耐火度、高温强度和抗渣性；（2）浇注料的拌和用水量低，因而材料的气孔率低、体积密度高；（3）成型养护后生成的水泥水化物少，在加热烘烤时不存在大量水合键破坏导致的中温强度下降，而是随着热处理温度的提高而逐渐烧结，强度也逐渐提高。

4.1.2.3 耐火可塑料

耐火可塑料是以捣打、振动或挤压方法施工的泥坯状或泥团状不定形耐火材料，由一定级配的耐火骨料、粉料、结合剂、外加剂，加水或其他液体经过充分混练而成。其按耐火骨料材质分为黏土质、高铝质、刚玉质、硅质、镁质和碳化硅质耐火可塑料等；按结合剂种类可分为水玻璃、磷酸盐、硫酸盐和有机结合剂耐火可塑料等；按硬化方式可分为气硬性或热硬化耐火可塑料两种。

A 可塑料组成

耐火可塑料通常多采用 Al$_2$O$_3$-SiO$_2$ 系骨料，选择烧结良好、吸水率较低的原料。选择能与胶结材料很好烧结的黏土熟料、高铝熟料、电熔刚玉等作骨料。结合黏土通常是可塑料的重要原料，直接影响可塑料性能，除要求其可塑性和结合性良好以外，还应重视黏土的烧结性能和碱含量指标。可塑料中因掺有一定数量的结合黏土，用它砌筑的炉体干燥时会产生收缩，加热冷却后还会进一步收缩，如果收缩量过大就会造成炉体损坏。加入适量的氧化铝等微粉，替代或部分替代黏土，既可减少干燥收缩和高温加热收缩，还可提高高温负荷性能；同时可在可塑料中加入适量的膨胀性材料，如蓝晶石细粉，利用蓝晶石的莫来石化效应产生的体积膨胀抵消可塑料基质的高温收缩。

外加剂主要用于改善和提高耐火可塑料的塑性性能和高温性能。外加剂通常包括塑化剂、增强剂、保存剂和抑制剂等，其加入量一般不超过干料重的 1%。它的用量虽少，但对耐火可塑料的性能改善却较明显，同时还可减少结合黏土粉的加入量。如采用磷酸（盐）胶结剂，易与骨料、粉料和黏土反应，逐渐使耐火可塑料变硬，失去塑性，为此采用有机酸（如草酸），糊精等外加剂，起到保持塑性、增加塑性的作用。增加塑性的外加剂还有木质素磺酸盐、纸浆、木糖浆等。

B 可塑料的生产

耐火可塑料的生产工艺流程大致为原料破碎和粉磨、筛分、配料、混练、挤泥、切坯、包装和储存等。有的在混练与挤泥之间还增加了一道困泥工序。泥料通过困料，既能消除料中部分气体，又能增加泥料塑性。

混练及其之前各工序的工艺条件和所用的设备与耐火砖基本相似。混练时，为了使胶结剂和耐火粉料能均匀地包裹住骨料，最好先加颗粒料，然后加入部分水或其他胶结剂，混湿后再加入细粉和结合黏土。同时补足水或胶结剂的用量，再混练一段时间后出泥。

混好的料如能困置一昼夜或更长一段时间，不仅能消除拌和物中的部分气体，还能增强耐火可塑料的塑性。耐火可塑料的挤泥、切坯和包装工序一般是连续进行的。在料坯制作过程中，泥料经过挤压（揉搓）作用，可以提高耐火可塑料的质量。如能在挤泥同时采用真空脱气措施，泥料的质量会更好。耐火可塑料经切坯后每 4~6 块严密包装起来，置于阴凉仓库内，储存待用。一般在正常情况下，热硬性耐火可塑料能够保存 6 个月左右，气硬性耐火可塑料能够保存 3~6 个月。

为了尽量控制可塑料中的黏土用量和减少用水量，可外加增塑剂。其增塑作用可能有以下数种：使黏土颗粒的吸湿性提高，使黏土微粒分散并被水膜包覆；使黏土中的腐殖物分散并使黏土颗粒溶胶化；使黏土-水系统中的黏土微粒间的静电斥力增高，稳定溶胶；使黏土中的水提高黏度，以形成结实的水膜等。

欲使可塑料的可塑性在其保存期内无显著降低，不能采用水硬性结合剂。若采用气硬性结合剂，在储存时也必须采取密封措施。但是即使如此，由于其中有些结合剂仍可能逐渐凝结，使可塑性逐渐丧失；当可塑料含水较高时，也易因保水性降低，使水分散失而变硬，故为保持可塑料的可塑性在储存过程中长期不变，必须采取缓凝措施。

C 可塑料的性质

耐火可塑料在使用时应具有良好的可塑性。可塑性是泥料受力后易变形而不破坏的性能，一般用可塑指数表示。耐火可塑料的可塑指数一般为 15%~40%，实际多采用 20%~35%，低于 20% 时泥料干硬，施工困难；如果大于 35% 则太软，捣打不实，烧后收缩大。可塑指数合适的耐火可塑料，用手可以揉捏成团，没有水分泌出，也不粘手。

可塑性除与黏土特性和黏土用量有关以外，还与水分的数量相关，它随水量的增多而提高，但水量过高会带来不利的影响。一般以 5%~10% 为宜。

通常可塑料加热至 1200~1300℃ 以上进入烧结冷态强度增高。在 1100~1200℃ 以前热态抗折强度比冷态抗折强度高；当温度达到 1200℃ 以上，部分可塑料呈软化状态，则热态强度比冷态强度低，随温度升高，热态强度与冷态强度呈现完全不同变化趋势，热态强度逐渐降低，冷态强度持续升高。从实际效果考虑，掌握耐火可塑料的热态强度变化特性是很重要的。与相同材质的耐火砖以及其他不定形耐火材料相比，可塑料的抗热震性较好，主要有以下几点：硅酸铝质可塑料在加热过程和高温下使用时，不会产生晶型变化而引起严重变形，加热面附近的矿物组成为莫来石和方石英微晶，玻璃相较少，由加热面向低温侧的结构和物相的物理性质是逐渐变化的。

常用的耐火可塑料有黏土质、高铝质和刚玉质的，其技术性能见表4-5。

表 4-5 耐火可塑料的性能

编 号		1	2	3	4	5
化学成分/%	Al_2O_3	52	54	64	70	92
	SiO_2	39	41	26	19	3
荷重软化温度/℃	开始点	—	—	1330	—	—
	4%	—	—	1520	—	—
耐压强度/MPa	110℃	18.2	15.2	15.2	12.7	70
	800℃	26.4	18.2	20.3	16.3	—
	1400℃	32.9	30.3	38.4	49.5	90
抗折强度/MPa	110℃	3.6	4.6	5.0	3.5	3.5
	800℃	3.3	5.1	2.7	2.6	2.6
	1400℃	6.1	9.1	7.6	10.1	10.1
加热线变化/%	800℃	−0.31	−1.8	−0.10	−0.12	−0.12
	1400℃	+0.34	−0.6	+0.22	−0.03	−0.2
膨胀系数（20~1200℃）/℃$^{-1}$		—	—	$5.1×10^{-6}$	$5.4×10^{-6}$	—
热震稳定性/次		—	—	110	130	30
显气孔率/%		16.8	17.5	—	—	—
体积密度/g·cm^{-3}		2.29	2.30	—	2.60	2.90

耐火可塑料使用温度因材质而异，如普通黏土质的可用于 1200~1400℃，高铝质的可用于 1500~1600℃，刚玉质的可用于 1500~1900℃。为使耐火可塑料烘烤升温时容易脱水，应在工作面每隔 100~150mm 预设 3~6mm 直径的小排气孔，孔深度为壁厚的 2/3。此外，每隔 1000~1500mm 需设置 1~3mm 宽、50mm 深的膨胀缝，以缓冲可塑料的热胀冷缩变化。

4.1.2.4 耐火捣打料

耐火捣打料是用捣打（人工或机械）方法施工并在高于常温的加热作用下硬化的不定形耐火材料，由具有一定级配的耐火骨料、粉料、结合剂、外加剂，加水或其他液体经过混练而成。按材质分类有高铝质、黏土质、镁质、白云石质、锆质及碳化硅-碳质耐火捣打材料等。

根据使用需要可由各种材质的耐火骨料与粉料配制捣打料，同时依据耐火骨料材质和使用要求选用合适的结合剂。某些捣打料可不加结合剂而仅加少量助熔剂以促进其烧结。在酸性捣打料中常用硅酸钠、硅酸乙酯和硅胶等作结合剂；碱性捣打料使用镁的氯化物和硫酸盐等水溶液以及磷酸盐及其聚合物作结合剂，也常使用含碳较高的，在高温下形成碳结合的有机物和暂时性的结合剂。高铝质和刚玉质捣打料常用磷酸和铝的磷酸盐、硫酸盐等无机物作结合剂。当选用磷酸作结合剂时，在存放过程中由于磷酸与捣打料中活性氧化铝发生反应，生成不溶于水的正磷酸铝沉淀而凝结硬化，失去塑性难于施工，因此，要延长捣打料的保存期，必须加入适当的保存剂以阻或延缓凝结硬化的发生，通常选用草酸作保存剂。含碳质捣打料主要使用形成碳结合的结合剂，采用沥青焦油或树脂为结合剂形成碳结合，可以防止熔融金属湿润，提高耐侵蚀性和抗热震性，在白云石质捣打料中还可起到防止白云石熟料水化的作用。

捣打料用于高温窑炉，要求耐火材料必须具有良好的体积稳定性、致密性和耐侵蚀性，所以一般选用高温烧成或电熔原料。捣打料的最大粒径与使用部位和施工方法有关，一般临界粒度为 8mm，也可以放大至 10mm。颗粒料用量为 60% ~ 70%；耐火粉料用量为 30% ~ 40%；胶结剂或水的用量为 6% ~ 10%，当采用结合黏土作胶结剂时，其用量为 5% ~ 10%；外加剂应根据热工设备和施工的要求酌情选定和掺加。多数捣打料未烧结前其常温强度较低，有的中温强度也不高，只有在加热时达到烧结或结合剂中的含碳化合物焦化后才获得良好的结合强度。捣打料的耐火性能和耐熔融物侵蚀能力可以通过优质原料的选择、调整合理配比以及精心施工获得。在高温下捣打料除具有较高的稳定性和耐侵蚀性外，其使用寿命在很大程度上还取决于使用前的烘烤或第一次使用时的烧结质量。若加热面烧结为整体、无龟裂并与底层不分离，则使用寿命可以得到提高。

耐火捣打料的施工质量十分重要，其质量优劣与使用效果密切相关。捣打料通常采用气锤捣打或捣打机捣打，捣打一次加料厚度约为 50 ~ 150mm。耐火捣打料可在常温下进行施工，如采用可形成碳结合的热塑性有机材料作结合剂，多数采用热态搅拌均匀后立即施工，成型后依据混合料的硬化特点采取不同的加热方法促进硬化或烧结。对含有无机质化学结合剂的捣打料，当自行硬化达到相当强度后即可拆模烘烤；对含有热塑性碳素结合剂的材料，需待冷却至具有相当强度后再脱模，在脱模后使用前应迅速加热使其碳化。耐火捣打料补炉的烧结，既可在使用前预先进行，也可在第一次使用时采用合适的热工制度的热处理来完成。捣打料的烘烤升温制度根据材质不同而异。捣打料的主要用途为筑造与熔融物直接接触的冶炼炉炉衬，如高炉出铁沟、炼钢炉炉底、感应炉内衬、电炉顶以及回转窑落料部位等，除用以构成整体炉补外，也可以制造大型预制构件。

4.1.2.5　耐火泥浆

耐火泥浆是用作耐火砌体接缝的不定形耐火材料，又称接缝料，由一定颗粒配比的耐火粉料和结合剂、外加剂组成，加水或液态结合剂调成浆体。耐火泥浆作为接缝材料，既可以调整砖的尺寸偏差使砌体整齐和负荷均衡，并可使砌体构成严密的整体，以抵抗外力的破坏和防止气体、熔融液体的侵入。砌体接缝通常是砌体的薄弱环节，在多数情况下先于砌体损坏，因此其质量对砌体的整体寿命有密切关系。

耐火泥浆依其结合剂凝结硬化特点可分为水硬性、热硬性、气硬性耐火泥浆。水硬性耐火泥浆是以水泥为结合剂，可使用于常温下或可能与水或水汽经常接触之处。热硬性耐火泥浆常用磷酸或磷酸盐等热硬性结合剂制成。此种泥浆硬化后除在各种温度下都有较高强度以外，收缩小、接缝严密、耐侵蚀性强。气硬性耐火泥浆常用硅酸钠等气硬性结合剂配制，这种泥浆可使砌体的接缝严密。

根据所用的耐火粉料的材质不同，常用的耐火泥浆可分为黏土质、高铝质、硅质、镁质、含碳质、隔热质等。通常耐火泥浆的材质与耐火砌体的材质基本一致。对特殊条件要求的泥浆，两者的材质也可不一致，所用耐火泥浆的材质档次应高于被砌筑的材料，如钢包铝碳上水口的耐火泥浆选用铬刚玉材质。

黏土质耐火泥浆采用硬质黏土熟料作为基料，以软质黏土或化学结合剂结合。主要应用于高炉、热风炉、焦炉、均热炉、换热器、锅炉等用黏土砖砌筑的炉体接缝和修补。

高铝质耐火泥浆主体材料选用高铝熟料，结合剂用软质黏土或化学结合剂。根据所砌筑部位的砖体成分和使用要求决定 Al_2O_3 含量。可广泛用于高铝砖砌筑的各种工业窑炉。在热风炉上用于砌筑炉顶、蓄热室、燃烧室等，既可用于高炉炉身上部等部位，还可用于修补工业窑炉炉顶、炉墙等部位。

除以上几种耐火泥浆外，还有碳化硅质耐火泥浆、莫来石质耐火泥浆、刚玉质耐火泥浆、锆质耐火泥浆、铬质耐火泥浆。其性能各异，分别用于与其材质相同的耐火砖的砌筑和修补。此外还有特殊用途的泥浆，如无水（非水性）泥浆、膨胀泥浆等。

制作耐火泥浆的粉料可选用烧结充分的熟料和其他体积稳定的各种耐火原料。粉状料的粒度依使用要求而定，其极限粒度一般小于 1mm，有的小于 0.5mm 或更细。合理的颗粒组成对保证泥浆的施工性能有很大影响，结合剂和外加剂也是一样。普通耐火泥浆使用的结合剂为结合黏土。随着用户的更高要求，化学结合剂得到了越来越广泛的使用。在耐火泥浆中加入各种外加剂可改善耐火泥浆的施工性能，如加入保水剂可延长失水时间，保证施工质量；加入增塑剂可增加泥浆的塑性；加入分散剂、氧化物微粉可改善泥浆的流动性；加入膨胀剂可控制泥浆的加热线变化等。

衡量耐火泥浆的物理性能指标有加热线变化、黏结强度、热膨胀、粒度分析等，作业性能有泥浆稠度、黏结时间。

4.1.2.6　干式振动料

干式振动料是不加水或液体结合剂采用振动方法成型的不定形耐火材料。在振动作用下，材料可形成致密而均匀的整体，加热时靠热固性结合剂或陶瓷烧结剂使其产生强度。干式振动料是由耐火骨料、粉料、烧结剂和外加剂组成的。其特点为：此种材料在振动力作用下易于流动，其中粉料即使在很小的振动力作用下也能填充颗粒堆积间的极小孔隙，获得具有较高充填密度的致密体。使用中靠加热形成一层具有一定强度的使用工作面。而非工作面仍有部分未烧结，呈密堆积结构。这种结构有助于减少由于膨胀或收缩而产生的应力；有助于阻碍裂纹的扩散与延伸；有助于阻止金属熔体的侵入，并便于拆炉清理。这种材料用振动方法在使用现场施工，施工简便、施工期短、无须养护，无须烘烤或短时间烘烤，即可直接快速升温使工作层烧结投入使用。

干式振动料按材质分有酸性振动料（硅砂或硅石质、锆英石质）、中性振动料（刚玉质、高铝质）、碱性振动料（镁质、镁钙质、镁铝质）和刚玉碳化硅振动料等。

合理颗粒级配是提高干式振动料致密度和减少粗颗粒偏析的决定因素。在粗、中、细的颗粒级配上，减少粗颗粒量，能有效减少颗粒偏析。小于 $10\mu m$ 的细粉量过多会导致颗粒偏析现象增加，使气孔率提高。要获得具有较高充填密度和较少颗粒偏析的致密结构，宜适当提高中颗粒比例。一般干式振动料选用的颗粒级配为粗：中：细 = （25~35）：（30~40）：（25~35）。提高干式振动料的体积密度能有效提高其抗侵蚀能力。

振动成型时干式振动料的流动性随颗粒级配、颗粒形状及振动条件而变。无棱角（圆滑）的颗粒比有棱角的颗粒易于流动。

热固性结合剂和陶瓷烧结剂的种类及其加入量是决定干式振动料开始产生结合的温度与起始烧结强度的关键因素。所选用的烧结剂必须在指定的温度下可开始烧结，并具有适合使用要求的强度；不显著降低材料的耐火性能；无有害气体及有害物质产生；不会污染环境；要求烧结体无严重开裂、鼓胀和收缩。热固性酚醛树脂、硅酸盐、硫酸盐、硼酸盐、磷酸盐等可作为热固性结合剂和陶瓷烧结剂，应根据不同使用炉体和使用要求进行合理选择。

干式振动料可采用直接振动与间接振动两种方法在现场施工，获得均匀而致密的整体结构。直接振动法是用振动器直接振动耐火材料，用振动器充分振实一层耐火材料后把毛其表面，充填上新的一层物料，再用振动器充分振实，这样一层一层地进行，直到施工完毕。施工中要避免层与层之间的分层现象。电炉底、感应炉和铝电解槽底采用干式振动料施工时，通常采用直接振动。间接振动是通过固定在内模或外模上的振动器产生的振动力通过模板传递给振动料，从而使其致密化。中间包采用碱性干式振动料施工时，通常采用间接振动。

在感应炉上，根据熔炼目的不同，炉体可采用酸性、中性、碱性干式振动料，干式振动料材质随使用条件而变，如浇铸球墨铸铁管件的感应炉采用硅质料，浇铸合金钢品种的感应炉采用铝镁质料；在有色金属冶炼感应炉中常采用酸性或中性干式振动料；在钢铁连铸中间包中常采用碱性（镁质、镁钙质等）干式振动料；电炉底可以采用镁钙铁砂配制的 $MgO\text{-}CaO\text{-}Fe_2O_3$ 质干式料；在铝电解槽底采用酸性干式料。

4.2 耐火材料生产技术进步现状和发展趋势

随着耐火材料技术快速发展，其材质品种大幅度增加，超越了硅酸盐材料的界限。耐火材料家族中，除了传统硅酸盐结合的黏土砖、叶蜡石砖、高铝砖、镁砖等外，还有高纯氧化物砖、非氧化物砖、非氧化物与氧化物的复合砖、金属与氧化物的复合制品等。功能耐火材料是耐火材料发展的另一特征，使用范围从钢铁连铸控制钢水流量的塞棒、定径水口和滑板，防止钢水在浇铸时氧化的长水口、浸入式水口，到转炉和钢包用的供气元件、中间包用的去除钢水非金属夹杂的过滤器等。这些耐火材料本身已成为冶炼工艺的组成部件之一。对这类耐火材料性能的要求更高（高温下足够的机械强度，耐侵蚀性及抗热震性等），外形尺寸公差要求非常严格。制造这类耐火材料，从原料到设备，从生产工艺到检测手段，都已突破了传统耐火材料生产方式，有的已进入精密陶瓷的高技术领域。耐火材料生产工艺方面的进步表现在多粒级配料、微粉的应用、真空高压力成型和高效的节能烧成窑炉的运用、可控气氛的烧成、精细的机加工等。随着高温工业发展，耐火材料应用方面的新品种有炼钢中间包使用镁质干式料、快换定径水口和浸入式水口，使钢水连铸时间增加到30h以上；湿式喷射浇注料、自流浇注料使不定形耐火材料的施工更加便捷；晶体氧化铝纤维制品在窑炉的运用，大幅度节省了能量消耗等。随着高温工业发展、材料制备新技术的进步，以及节能降耗和环境保护要求，耐火材料将有更多的新工艺、新技术出现[3]。

4.2.1 非氧化物、氧化物与非氧化物的复合材料

耐火材料技术发展了非氧化物材料，如氮化硅结合碳化硅砖、塞隆结合碳化硅砖、高炉微孔碳砖等；发展了非氧化物与氧化物的复合材料、金属与氧化物的

复合材料，如镁碳砖、铝碳砖、铝镁碳砖等。从材料组成结构与性能的关系，非氧化物结合的氧化物材料，组成结构的变革彻底改变了其性能特征，如氮化硅结合碳化硅砖的高温强度不低于常温强度性能，与镁砖相比，镁碳砖的抗侵蚀性、抗热震性成倍提高。

4.2.1.1 非氧化物

这里以碳化硅材料为例来介绍。氮化物结合碳化硅耐火材料是指以碳化硅为骨架，以氮化硅（Si_3N_4）、氧氮化硅（Si_2N_2O）和赛隆（Sialon，为 Si_3N_4 和 Al_2O_3 形成的固溶体）等单相氮化物为结合相的高级耐火材料。因此根据结合方式的不同，氮化物结合耐火材料可分为 Si_3N_4 结合 SiC 制品、Sialon 结合 SiC 制品、Si_2N_2O 结合 SiC 制品。与氧化物耐火材料相比，氮化物结合耐火材料具有高温强度高、抗高温蠕变能力和抗渣碱侵蚀能力强的特点，可应用于大型炼铁高炉、铝电解槽、陶瓷窑具和锅炉等行业。

A Si_3N_4 结合 SiC 制品

Si_3N_4 结合 SiC 制品是指以金属硅粉和不同粒度级配的碳化硅为主要原料，经混练成型在氮气气氛中通过氮化反应原位形成以 Si_3N_4 为结合相的碳化硅制品。

Si_3N_4 结合 SiC 制品主晶相为 SiC，次晶相为 α-Si_3N_4 和 β-Si_3N_4，通常含有少量或微量的 Si_2N_2O 和未反应的游离 Si。从显微结构看，Si_3N_4 结合 SiC 制品基质部分通常由较多量的纤维状或针状 α-Si_3N_4、少量粒状或柱状 β-Si_3N_4 以及 SiC 细颗粒组成，Si_3N_4 交织成三维空间网络，将 SiC 颗粒紧密结合。

B   赛隆结合碳化硅制品

赛隆结合碳化硅制品是指以金属硅粉、氧化铝粉和不同粒度级配的碳化硅为主要原料，经混练成型在氮气气氛中通过氮化固溶反应烧结形成以 β-赛隆作为结合相的碳化硅制品。β-Sialon 是 β-Si_3N_4 中 Si—N 键被 Al—O 键部分取代而成的固溶体，在 Si—Al—O—N 四元特征相图中，β-Sialon 组成由 Si_3N_4 为起点向 4/3AlN·Al_2O_3 方向延伸，组成在相当大范围内变化。

Sialon 结合 SiC 制品主晶相为 SiC，次晶相为 β-Sialon，固溶烧结不好的制品中还可发现少量残余 Al_2O_3。在显微结构上，Sialon 结合 SiC 与 Si_3N_4 结合 SiC 存在较大差异，β-Sialon 晶体主要呈条柱状或短柱状，并在三维空间形成连续的网络将 SiC 颗粒紧密结合。Si_3N_4 结合 SiC 材料中，Si_3N_4 晶体主要为纤维状，这些晶体比表面积大，表面活性高，抗氧化性和抗渣碱侵蚀性不如柱状 β-Sialon 晶体稳定，因此，Sialon 结合 SiC 制品具有比 Si_3N_4 结合 SiC 制品更好的抗氧化性和抗渣碱侵蚀性，是现代大型高炉炉腹、炉腰和炉身等苛刻使用部位的耐火材料。

C   氧氮化硅结合碳化硅制品

氧氮化硅结合碳化硅制品是指以金属硅粉、二氧化硅粉和不同粒度级配的碳化硅为主要原料，经混练成型在氮气气氛中通过氮化反应烧结形成以 Si_2N_2O 作为结合相的碳化硅制品。其主晶相为 SiC，次晶相为 Si_2N_2O。显微结构特征为六方板状 Si_2N_2O 结合相以 $[SiN_3O]$ 四面体连接成三维空间网络，通过与 SiC 表面的 SiO_2 薄膜相黏附，将基质中的细粒 SiC 包裹并与 SiC 粗颗粒形成紧密结合，这种显微结构对材料的长期抗氧化性有利。

我国自主开发的 Si_3N_4 结合 SiC、Sialon 结合 SiC、Si_2N_2O 结合 SiC 等氮化物结合耐火材料性能指标达到国外同类产品先进水平，并在大型炼铁高炉、铝电解槽和陶瓷窑具等行业得到了广泛应用。表 4-6 为我国生产的高炉和铝电解槽用氮化物结合耐火材料的典型性能指标与国外同类产品的对比。数据表明，我国生产的氮化物结合耐火材料的各项指标达到了国外公司同类产品的先进水平。

表 4-6　高炉用氮化物结合耐火材料理化指标

制品类别		Si_3N_4 结合 SiC 砖	Sialon 结合 SiC 砖	美国 Si_3N_4 结合 SiC 砖	美国 Sialon 结合 SiC 砖	法国 Sialon 结合刚玉砖
结合相		Si_3N_4	β-Sialon	Si_3N_4	β-Sialon	β-Sialon
体积密度/$g \cdot cm^{-3}$		2.73	2.70	2.65	2.70	3.21
显气孔率/%		13	15	14.3	14	13
耐压强度/MPa		228.6	220.2	161	213	150
抗折强度/MPa	常温	57.2	52.7	43	47	15.4
	1400℃×0.5h	65.2	49.8	54(1350℃)	48(1350℃)	29.5
热导率 /$W \cdot (m \cdot K)^{-1}$	800℃	18.6	19.4	16.3(1000℃)	20	3.5(1000℃)
	1200℃	15.7(1300℃)	16	16.9	17	—
线膨胀系数(20~1000℃)/℃$^{-1}$		$4.5×10^{-6}$	$5.1×10^{-6}$	$4.7×10^{-6}$	$5.1×10^{-6}$	$6.6×10^{-6}$
化学组成/%	SiC	74.6	>70	75.6	—	84.91(Al_2O_3)
	Si_3N_4	22.80	—	20.6		6.10(N)
	Sialon	—	>20	—		
	Si	0.42	0.39			0.68
	Fe_2O_3	0.25	0.31	0.5		0.17

Si_3N_4 结合 SiC 和 Sialon 结合 SiC 制品具有高温强度高、抗渣碱侵蚀能力强、热震稳定性好和导热能力高的优点，适用于渣侵蚀、碱金属侵蚀、炉料和煤气流的冲刷、磨损，以及由于温度波动产生的热震破坏作用严重的炼铁高炉的炉腹至炉身中下部位。此外，Si_3N_4 结合 SiC 制品具有比普通碳块更好的抗冰晶石侵蚀与冲刷、抗氧化性和导热性，主要用在大型预焙铝电解槽侧墙上，也可用于锌、铜和铅等冶炼行业。

Sialon 结合刚玉制品主要用在炼铁高炉的炉缸部位和 COREX 熔融还原气化炉。与现有高炉炉缸用刚玉莫来石、刚玉预制块和塑性相复合刚玉砖相比，赛隆结合刚玉砖具有更为优良的抗热震性能和抗渣碱侵蚀性能，特别是在高温条件下，具有更好的高温强度，是高炉炉缸内衬用理想材料。Si_2N_2O 结合 SiC 制品具有比 Si_3N_4 结合 SiC 制品更好的抗氧化性和抗热震性，主要用于电力行业锅炉内衬和砂轮、陶瓷等窑具。

4.2.1.2　氧化物与非氧化物的复合材料

传统耐火材料的某些性能特别是抗渣性和抗热震性已无法满足日益发展的冶炼工艺技术的新要求。实践证明，把与炉渣不浸润而且导热性和韧性良好的石墨等炭素材料引入到耐火材料中，将会显著提高耐火材料的抗渣性和抗热震性。这种由耐火材料和炭素材料组合而成的材料称为复合耐火材料。根据碳所结合的材质的不同分为铝碳、镁碳、铝镁碳、铝锆碳和镁钙碳等制品。

A　铝碳质制品

铝碳质制品是以刚玉（或高铝矾土熟料）和石墨为主要原料制成的含碳耐火制品。铝碳砖按生产工艺不同可分为烧成铝碳砖和不烧成铝碳砖。

烧成铝碳砖的生产工艺要点：在氧化铝质主要原料中掺入碳素原料，并添加硅粉、SiC 粉、铝粉等少量其他原料，以酚醛树脂为结合剂，经配料、混合、等静压成型（或机压成型），在还原气氛中烧成。不烧铝碳砖的工艺要点与其他不烧砖相同。

烧成铝碳砖属于陶瓷结合或陶瓷-碳复合结合材料，它大量用作连铸用滑动水口滑板、长水口、浸入式水口、下水口砖和整体塞棒等。不烧铝碳砖属于碳结合材料，由于抗氧化性明显优于镁碳砖，抗碱渣的侵蚀性能优良，因此在铁水预处理设备中得到了广泛的应用。铝碳质制品主要有烧成微孔铝碳砖、Al_2O_3-SiC-C 砖、铝碳滑板砖和连铸用铝碳质耐火制品等。

B　镁碳砖

镁碳砖是炼钢工业的新型优质耐火材料之一，它有着良好的抗渣性和热震稳定性，广泛地用于电炉、转炉等炼钢设备的炉衬材料。镁碳砖生产所用的主要原料是优质镁砂，高纯石墨及金属硅、碳化硅等添加物，一般以酚醛树脂作结合剂。镁碳砖的生产工艺流程如图 4-4 所示。

镁碳砖具有耐高温、抗渣性强、抗热震性好和高温强度高等优点。主要应用于转炉炉衬和底部供气元件、电炉热点部位及炉墙、盛钢桶、炉外精炼炉等。镁碳砖正逐步向多品种发展，向低碳镁碳砖发展，可降低热导率，减少对钢水质量的影响。

4.2.1.3　非氧化物结合

相比于氧化物，非氧化物多为共价键化合物，原子结合能大。因此，非氧化物结合的耐火材料不但强度大，而且高温下难于与其他物质反应，即抗渣侵蚀性良好。氮化物如 Sialon、Alon、Si_2N_2O 等，抗铁水侵蚀性和抗渣渗透性优良。但是，氮化物通常易氧化，因此，一般多作为含碳和非氧化物耐火材料或炼铁系统

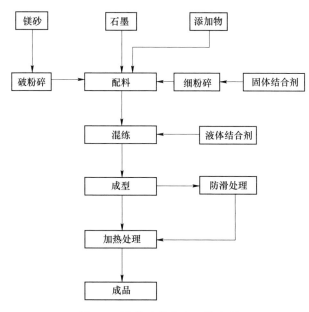

图 4-4　镁碳砖的生产工艺流程

用耐火材料的结合物相。

赛隆结合刚玉制品是指以金属硅粉、氧化铝粉和不同粒度级配的刚玉为主要原料，经混练成型在氮气气氛中通过氮化固溶反应烧结形成以 β-Sialon 作为结合相的刚玉制品。其主晶相为刚玉，次晶相为 β-Sialon。由于 β-Sialon 是在富铝的环境下形成的，故晶体生长发育程度好于赛隆结合碳化硅。制品中的 β-Sialon，呈典型的六方长柱状，柱状 β-Sialon 相互交织将刚玉颗粒结合在一起。

Sialon 结合刚玉制品和 SiC 制品作为高炉风嘴、陶瓷杯、透气砖、滑动水口材料以及窑具等，已在冶金和建材行业得到实际应用，部分制品取得显著的使用效果。研究以 Al_2O_3、Si_3N_4、金属 Si 等为前驱物质，获得的原位生成 Sialon 增强 Al_2O_3-SiC-C 浇注料，体积密度大、强度高，而且，抗渣侵蚀性明显增强，在 $1536m^3$ 高炉主沟上试用，一次性通铁量可达到 15 万吨以上水平。表 4-7 列出了不同方式结合 SiC 质窑具的物理化学性能。

表 4-7　不同方式结合的 SiC 质窑具理化指标典型值

项 目	氧化物结合			氮化物结合		氮氧化物结合	重结晶
	黏土结合	二氧化硅结合 A	二氧化硅结合 B	氮化硅结合 A	氮化硅结合 B		
氧化气氛最高使用温度/℃	1450	1500	1550	1600	1600	1600	1650
显气孔率/%	15	14	14	13	13~15	13	—

项　目		氧化物结合			氮化物结合		氮氧化物结合	重结晶
		黏土结合	二氧化硅结合 A	二氧化硅结合 B	氮化硅结合 A	氮化硅结合 B		
体积密度/g·cm⁻³		2.52	2.60	2.57	2.60	2.55~2.62	2.61	3.10
耐压强度/MPa		>100	>100	>105	150	—	>100	1000
抗折强度 /MPa	室温	22	23.5	21	43	44	36	—
	1400℃	13.5	20	18	40	41	33	126.5 (1482℃)
热膨胀率/%		0.46	0.47	0.47	0.45	0.47	0.47	0.40

4.2.2　氧化物微粉工程技术

粉体工程技术在耐火材料广泛应用。以下以 SiO_2 微粉为例介绍微粉在不定形耐火材料中的作用。微粉 SiO_2 含量可达 85%~98%，二氧化硅微粉的颜色随 C、Fe_2O_3 含量增高而色泽由白、灰白到灰、深灰变化。其细度小于 1μm 的占 80% 以上，平均粒径在 0.1~0.3μm，比表面积为 20~28m²/g。硅微粉呈大小不一的圆球状，且表面较为光滑，有些可能是两个或多个圆球粒黏凝在一起的。这种微小光滑的球状体可以起到润滑作用，减少物料颗粒之间的摩擦力，从而改善物料的可加工性能。SiO_2 微粉的作用机理一般认为是：（1）超微粉填充在骨料与粉料的空隙间，可使用水量降低，成型体排除水分后，留下的孔洞也较少，可提高材料体积密度和降低显气孔率，从而改善材料的结构强度，优化材料性能。（2）SiO_2 微粉在水中能形成胶体，微粉粒子在其周围吸附分散剂形成溶媒层，从而提高浇注料的流动性，降低了用水量。（3）SiO_2 微粉的颗粒细小，表面自由能大、晶格缺陷多、活性大，在中高温下较易与耐火原料中的 Al_2O_3 发生莫来石化反应，从而能提高低水泥浇注料的中高温烧后强度。（4）SiO_2 微粉的结合机理。掺加 SiO_2 微粉的浇注料凝结后，SiO_2 颗粒表面形成的硅醇基（$\equiv Si-OH$），经干燥脱水架桥，形成了硅氧烷 $\left[-\underset{|}{\overset{|}{Si}}-O-\underset{|}{\overset{|}{Si}}-O-\underset{|}{\overset{|}{Si}}-\right]$ 网状结构，硅与氧之间的键在温度升高后不易断裂，因此强度也逐渐提高。另一种结合被称为是由 SiO_2 微粉与 MgO 和 H_2O 作用产生的 MgO-SiO_2-H_2O 结合。μf-SiO_2 与 MgO 细粉和 H_2O 作用生成含结构水少的 MgO-SiO_2-H_2O 凝胶，加热过程中失重少，且在较宽温度范围内逐渐脱水，因而快速升温对结构的破坏作用不大。对于 MgO-SiO_2-H_2O 结合体系的耐火浇注料，借助 XPS 检测发现，110℃、24h 烘干后的试样中，在 MgO 颗粒表面上形成某种类似于滑石的硅酸镁类水合物（见下式）：

$$3MgO + 4SiO_2 + H_2O \longrightarrow 3MgO \cdot 4SiO_2 \cdot H_2O$$

且硅酸镁类水合物包裹在镁砂颗粒表面，在加热过程中转化为镁橄榄石，且能够彼此连接成网状结构，从而显著抑制镁砂颗粒的水化，并提高浇注料强度。形成类似滑石的硅酸镁类水合物，也表明该结合体系为水合结合和凝聚结合的复合结合。

MgO-SiO_2-H_2O 凝聚结合具有以下特点：（1）MgO-SiO_2-H_2O 是含结晶水较少的凝胶，在加热过程中缓慢脱水，有利于采用这种结合体系的浇注料的快速烘烤；（2）随着温度的升高，SiO_2 与 MgO 反应生成高熔点相镁橄榄石（$2MgO \cdot SiO_2$），可避免采用水玻璃、聚磷酸钠结合剂带入 Na_2O 或用水泥作为结合剂引入 CaO 的不利影响；（3）可以大幅度改善浇注料的流动性，提高其致密度。MgO-SiO_2-H_2O 结合体系主要用于铝镁质、镁质、镁铝质等浇注料，如钢包浇注料、连铸中间包挡渣堰预制件、电炉顶预制件等。

氧化铝微粉具有与氧化硅微粉相似的作用，其使用也较广泛。以优质白刚玉、高纯富铝尖晶石和 D_{50} 为 $4.59\mu m$、$2.15\mu m$ 两种 Al_2O_3 微粉为主要原料制备了刚玉-尖晶石浇注料，研究了 Al_2O_3 微粉加入量（质量分数分别为 8%、12% 和16%）对刚玉-尖晶石浇注料性能的影响。结果表明：（1）随微粉加入量增加，浇注料基质的流动性能提高；微粉粒度较细时基质的流动性较好。（2）增加 Al_2O_3 微粉加入量，刚玉-尖晶石浇注料的密度增加，强度明显提高，抗渣侵蚀性和抗渣渗透性明显改善。

在不定形耐火材料中引入一定量的微粉可以改善和提高不定形耐火材料的施工性能和使用性能，并由此产生了低水泥和超低水泥浇注料、自流耐火浇注料、喷射耐火浇注料等不定形耐火材料新品种。比较低水泥浇注料和普通浇注料各项内在性能可以看出，低水泥浇注料无论是常温、中温还是高温性能都优于普通浇注料，低水泥浇注料强度高，中高温处理后的强度不下降反而显著升高，此外显气孔率、高温抗折强度、耐磨性以及耐侵蚀性也明显好于普通浇注料。

用于定形耐火材料，氧化物微粉具有粒径小，使材料紧密堆积，具有的高活性增强材料的烧结性能，提高材料体积密度、强度性能和高温荷重温度等优良特性。应用于刚玉砖、高铝砖、刚玉莫来石窑具、滑板、"三大件"、硅莫砖等产品。

4.2.3 耐火原料的技术进步

烧结刚玉、烧结和电熔镁铝尖晶石、矾土均化合成料、铁铝尖晶石等原料的开发应用，满足了耐火材料性能改良、提高的需求。在 20 世纪 90 年代烧结刚玉仅使用于滑板、"三大件"、透气砖等少数功能耐火材料（单件重量约几十千克），现在已在大、中型钢包包衬铝镁浇注料和铝镁不烧砖、RH 精炼炉浸渍管、铁沟料上使用，合成原料用量数十倍增长。

4.2.3.1 烧结刚玉

烧结刚玉是指以煅烧氧化铝（或工业氧化铝）为原料，经磨细制成料球或坯体，在1850~1950℃的高温下烧结而成的耐火熟料。含 Al_2O_3 99%以上的烧结刚玉显气孔率为4.0%以下，体积密度达到 $3.55g/cm^3$，高温下具有较好的体积稳定性与化学稳定性，不受还原气氛、熔融玻璃液和金属液的侵蚀，常温、高温机械强度和耐磨性较好。

烧结刚玉的生产以工业氧化铝粉为主要原料。企业全部采用国产氧化铝粉或部分采用国产氧化铝粉替代进口氧化铝粉进行生产。

为了使氧化铝易于烧结，压型前通常对氧化铝进行微粉碎处理。氧化铝的细度对烧结氧化铝的致密度有重要影响。成型方法有滚动成球、压球等，应尽量提高坯体的体积密度。烧结刚玉的煅烧温度约在1850~1950℃，多数以竖窑方式煅烧。高温竖窑的内部直径与烧结刚玉产能密切相关。高温竖窑内孔直径有600mm、1000mm、1200mm，现在最大的竖窑直径达到1500mm。随着竖窑窑体内孔直径的增大，窑炉效率得到提高，单位产品的能耗得到降低，刚玉产能得到大幅度提升。

烧结刚玉显微结构有下述特征：α-Al_2O_3 结晶粗大，中位径多在 $20~80\mu m$，其晶体二维形貌呈平板状并互相穿插交错；α-Al_2O_3 晶体内含许多 $5~15\mu m$ 的圆形封闭气孔；而开口气孔则较少，一般2%~3%。几种烧结刚玉产品性能见表4-8。与电熔白刚玉比较，烧结刚玉优点表现在：组成结构均匀，气孔多呈微米级、颗粒形状适应成型性强、烧结活性和强度高等方面。

表4-8 烧结刚玉的理化指标

生产企业	Al_2O_3/%	Na_2O/%	SiO_2/%	Fe_2O_3/%	体积密度/g·cm⁻³	显气孔率/%
青岛安迈	99.35	0.28	0.13	0.05	3.55	约3
扬州晶鑫	99.33	0.25	0.10	0.05	3.52	约4
浙江自立	99.34	0.27	0.12	0.06	3.50	约4

烧结刚玉以其优良的抗热震性、优良的抗侵蚀性、优良耐高温性，首先用于钢铁冶金关键的功能耐火材料，如滑板、上下水口、浸入式水口、长水口、塞棒、透气砖、座砖，后来用于钢包刚玉-尖晶石浇注料、铝镁不烧砖、RH浸渍管等大批量消耗性材料。烧结刚玉2003年的用量约3万吨，2018年扩大到约70万吨。

4.2.3.2 矾土均化合成料

矾土均化料生产可以高效利用矾土资源，是获得化学组成、结构组成均匀的高质量原料有效途径。通过调整工艺，充分利用矾土粉矿，走均化、成型、高温煅烧工艺路线。高铝均化料在山西、河南等地快速发展，产能、产量分别达到百万吨和几十万吨。高铝均化料产品已批量走向市场，用于水泥窑耐磨浇注料、高铝浇注料等。均化料的生产方式主要以隧道窑煅烧为主，少数企业以燃气竖窑和回转窑煅烧。

我国已经制定并发布高铝均化料合成原料产品标准，根据氧化铝含量分为90、88、85、80、70、60、50 等牌号，常见的牌号主要为 88、85、80 三个（见表 4-9）。以隧道窑煅烧均化料的工艺路线成本高于回转窑或竖窑煅烧。几种窑炉煅烧能耗不同，见表 4-10。

表 4-9 矾土基均化合成料的性能指标要求（GB/T 32832—2016）

| 牌号 | 化学组成/% | | | | | 体积密度 /g·cm⁻³ | 吸水率 /% |
	Al_2O_3	Fe_2O_3	TiO_2	CaO+MgO	K_2O+Na_2O		
FNJ-88	87~89	≤1.8	≤4.0	≤0.6	≤0.6	≥3.30	≤2.5
FNJ-85	84~86	≤1.8	≤4.0	≤0.6	≤0.6	≥3.15	≤2.5
FNJ-80	79~81	≤1.8	≤4.0	≤0.6	≤0.6	≥3.00	≤2.5
FNJ-70	69~71	≤1.5	≤3.0	≤0.5	≤0.5	≥2.75	≤3.0
FNJ-60	59~61	≤1.5	≤3.0	≤0.5	≤0.5	≥2.65	≤3.0
FNJ-50	49~51	≤1.5	≤3.0	≤0.5	≤0.5	≥2.55	≤3.0

表 4-10 不同窑炉煅烧 GL-88 级高铝均化料的燃料消耗及熟料体积密度

煅烧窑炉	回转窑	隧道窑	燃气竖窑	连体倒焰窑
吨料天然气消耗/m³	220	190~210	70~100	100~130
熟料体积密度/g·cm⁻³	约3.15	3.35~3.45	约3.3	3.35~3.45

过去世界上均化铝矾土主要由美国 CE 公司和英国 ECC 公司生产，这些公司因受资源限制，仅能生产部分级别均质料。如美国 CE 公司主要利用乔治亚州当地和附近的高铝矾土，采用湿法生产高铝矾土均质料，工艺流程主要包括湿法挤压成型、烘干、回转窑煅烧、出料，其 Al_2O_3 含量约为 47%、60% 和 70%（产品牌号 Mulcoa）；英国 ECC 公司利用当地的高岭土，采用高压水漂洗、净化、湿法挤压、回转窑烘干、隧道窑煅烧、出料的工艺生产 Al_2O_3 含量为 42%~44%（产品牌号 Molochite）的均质料；而美国 CE 公司生产 Al_2O_3 含量为 90% 的均质料（产品牌号 α-star）是利用中国高铝矾土，经湿法挤压成型、烘干、倒焰窑煅烧、出料的工艺路线制备。

国内生产工艺主要有两种：

（1）破碎—湿磨—脱水—真空挤压成坯—烘干—高温烧成—出料。

（2）破碎—湿磨—脱水—烘干—混匀和混练—机压成型—高温烧成—出料。

以山西某企业为例说明矾土均化料工艺流程：矿石配料、矿石经破碎后进入4 台球磨机湿磨，进入 5 个料浆池均化，泥浆经压滤机压滤成泥坯，再经真空挤泥机成型坯料，坯料经干燥，装入10台连体窑高温烧成。该生产线年产量约2万吨。

4.2.3.3 氮化硅铁合成料

耐火材料中氮化硅大多作为结合物相，而很少作为主体物相。这是由于纯氮化硅原料成本高，并且难以烧结。闪速燃烧法合成的氮化硅铁为氮化硅与铁的复合体系，其中既有氮化硅，又有含铁物相，其元素组成为：Si 48%~53%，Fe 12%~16%，N≥30%，O≤2.5%。此外，闪速燃烧合成的氮化硅铁生产成本相比其他生产方式大幅度降低，仅相当于其他生产方式生产成本的 1/10~1/3。该工艺是将粒度为 74μm 的 FeSi75 合金原料由闪速炉炉顶连续加入到 1400~1600℃ 氮气（N_2 的体积分数 99.99%）炉中，FeSi75 合金在高温氮气中边下降边闪速燃烧，生成的氮化硅铁受重力作用落入产物池中。

闪速燃烧合成法制备出的氮化硅铁物相中除含有柱状结晶的 $\beta\text{-}Si_3N_4$、微小圆形颗粒的 $\alpha\text{-}Si_3N_4$ 和 Fe_3Si 外，仅含有少量的 SiO_2，不含 Si_2N_2O；微观结构中大量柱状氮化硅晶体的长径比较高，铁相材料以 Fe_3Si 和 $\alpha\text{-}Fe$ 两种形式存在，并分布于柱状 Si_3N_4 结晶所包裹材料的内部；外观结构疏松，活性较强。此工艺能在低压下（0.01~3MPa）连续、大规模和低成本地合成氮化硅铁。

氮化硅铁主要用于浇注料、炮泥和复合耐火材料等耐火材料中。炮泥加入氮化硅铁后，在高温下试样表面的 Si_3N_4 能氧化生成 SiO_2 保护膜，阻碍炮泥的进一步氧化，提高炮泥的抗氧化性能。炮泥中的氮化硅铁在反应触媒——金属塑性相 Fe 和 C 的参与下反应生成 Si_2N_2O、SiC 和 AlN 新相，强化了炮泥的基质和组织结构，提高材料的中温和高温强度；而且，试样内部 Si_3N_4 氧化生成的 SiO_2 活性较高，能与材料中的 Al_2O_3 反应生成莫来石，更进一步提高高温强度及材料的耐冲刷性，延长出铁时间。高温下 N_2 和 CO 等气体的逸出使试样中产生气孔，提高了炮泥在实际使用过程中的开孔性能，同时生成的 N_2 和 CO 具有减少与铁水接触界面的摩擦作用，而且一部分气体又储存于气孔中，这一双重作用均抑制了铁水及熔渣向炮泥中的渗入及蚀损，提高了材料的抗侵蚀和渗透性能。

4.2.3.4 铁铝尖晶石

以氧化铝或高铝熟料、铁鳞、少量焦炭为原料，通过控制反应炉内的焦炭量、空气以及惰性气体的通入量来实现对 $CO_2(g)$ 与 $CO(g)$ 含量的控制，进而使炉内的气氛稳定在 FeO 存在的区域，确保与 Al_2O_3 反应的是二价铁。合成温度为 1550℃。

镁铁铝尖晶石砖是适应水泥回转窑生成带耐火材料无铬化趋势而出现的。镁铁铝尖晶石砖的制备方式主要有两类：一是首先合成出以二价铁存在的铁铝尖晶石，再以合成出的铁铝尖晶石和镁砂为原料经成型、烧成等工艺制备，简称预合成法；二是以镁铁砂和镁铝尖晶石等为原料经成型、烧成等工艺直接制备，简称直接法。受制于铁铝尖晶石的合成难度，国内的一些企业主要采用直接法制备镁铁铝尖晶石砖，该类砖中的铁为三价铁，而预合成法制备的镁铁铝尖晶石砖中的铁主要为二价铁，铁的价态不同导致了这两种方式生产的砖的理化指标和使用性能会有所差异。根据多家水泥生产企业的应用汇总，预合成法制备的镁铁铝尖晶石砖的突出特点如下：（1）窑皮形成迅速；（2）挂窑皮性能好；（3）窑皮稳定，停窑时不剥落；（4）抗侵蚀性好，没有碱裂、疏松现象；（5）热导率小，回转窑筒体温度低。

4.2.3.5 轻量化合成料

热工炉窑工作衬轻量化是耐火材料的一个重要研究方向：第一，工作衬耐火材料轻量化能有效降低热工炉窑热量散失；第二，由于轻量耐火材料中具有较多的气孔，在温度剧变时能够有效容纳热应力，提高材料的抗热剥落性能。然而，材料的导热与其强度、抗渣性是互相矛盾的。因此，低导热耐火材料的强度和抗渣性是耐火材料轻量化研究的关键：（1）与普通刚玉相比，微孔刚玉体积密度降低约 16%，真密度检测值可能因微气孔的存在而有所降低；显气孔率有一定增加，闭口气孔率大幅度提升，约为普通刚玉骨料的 2.5 倍；热导率降低约 30%。微孔刚玉骨料孔径分布较集中，大部分孔径都在 $1\mu m$ 以下；而普通刚玉骨料孔径分布范围较广，大部分孔径集中在 $1\sim10\mu m$。微孔刚玉及普通刚玉的中位孔径分别为 $0.43\mu m$ 和 $0.95\mu m$。（2）微孔刚玉骨料与熔渣反应界面形成了一层连续的隔离层，隔离层中主要为大量的 CA_2 及 CA_6 柱状晶体；而普通刚玉骨料与熔渣反应界面的柱状晶体分布不连续，导致熔渣大量侵蚀或渗透进入骨料内部。（3）由于微孔刚玉骨料孔径更为细小，在熔渣与骨料反应过程中第二相更容易达到过饱和，大量的第二相晶核生成，且细小的孔径将会导致第二相体积分数增加，第二相熟化速率增大。熔渣达到饱和时，微孔刚玉的第二相熟化速率为普通刚玉的 7.9 倍，因此其抗渣性能明显优于普通刚玉骨料的。

耐火原料轻量化可以降低耐火材料热导率，降低高温容器或窑炉的外壳温度。研究工作者研制了微孔烧结刚玉、微孔镁铝尖晶石、微孔矾土均化料等。

4.2.4 不定形耐火材料技术发展

不定形耐火材料已经成为我国耐火材料的主流发展方向之一，不定形耐火材料总量已达到约 1000 万吨，在耐火材料总量中的比例已达到 40%，在高温工业中的实际应用比例和应用技术水平也已接近国际先进水平。结合体系的纯净化和高效施工技术是不定形耐火材料技术发展的典型代表。

4.2.4.1 结合体系的纯净化

铝酸钙水泥是耐火浇注料组分中常用的水硬性结合剂，但当材料中水泥带入的 CaO 含量较高时，因所含的 CaO 在高温下生成钙长石、钙铝黄长石、铝酸三钙等低熔物，使得材料的耐火度降低，抗热震性、高温抗折强度、抗蠕变性以及抗侵蚀性等高温使用性能均变差。为了提高耐火材料的高温性能，其结合系统由普通结合发展为低水泥、超低水泥，甚至无水泥结合。应尽可能减少或消除由结合剂带入的杂质成分，减少由浇注料结合剂铝酸钙水泥带入的 CaO 对耐火浇注料的不利影响。无水泥结合主要为：（1）溶胶结合耐火浇注料；（2）氧化铝水合结合，如 Aphabond、ρ-Al$_2$O$_3$；（3）微粉凝聚结合，微粉如硅微粉、Cr$_2$O$_3$ 微粉、氧化铝微粉和莫来石微粉等。"自结合"是不定形耐火材料技术进展的一个重要方向。

A 硅溶胶结合浇注料

硅溶胶约 100℃ 脱水，结构发生变化，打开气孔通道，游离水、结构水均可顺利排出，因此硅溶胶结合浇注料具有优良的抗爆裂性能。水泥水化物在 200~500℃ 较高温度下脱掉结构水，其浇注料烘烤时极易发生爆裂，因此含水泥浇注料需要小心养护和控制脱水速度，以免发生爆裂。而以硅溶胶作为结合剂替代铝酸钙水泥，可避免上述缺陷。

硅溶胶结合浇注料有优良的中、高温强度性能和抗热震性。高温下硅溶胶与活性氧化铝微粉反应生成"自结合"莫来石可增强材料的力学性能，使材料的强度大幅提高。"自结合"的材料没有钙长石等低熔点物质，因而具有优良抗侵蚀性。

硅溶胶结合普通浇注料已广泛应用于炼铁系统用高炉铁沟、混铁车、鱼雷罐等铁水运输设备，炼钢系统用中间包永久衬和电炉炉顶的三角区，加热炉和均热炉，铸造行业用无芯感应炉、炉底和铸桶，炼铝工业用炼铝炉的熔池、炉门和侧墙，高温回转窑烧成带和焚烧炉等。例如，硅溶胶结合刚玉-莫来石浇注料已成功应用于高炉风口处和烧结厂点火炉的炉顶及侧墙，有效简化了干燥和烘烤工艺，缩短了炉衬的烘烤时间（浇注成型 12h 后立即拆模烘炉，烘烤 24h 便投入正常生产），可比水泥结合刚玉-莫来石浇注料节省近 7d 时间，这样既增加了炉体的服役时间，提高了设备的利用率，又节约了烘炉的燃料，达到节能、减排和增效的要求。硅溶胶结合快干浇注料也成功用于高炉热态修补、高炉的热风炉主管三岔口处的热修、高炉出铁口的热态修补。

B 水合氧化铝

水合氧化铝结合是另外一种"自结合"，在刚玉体系、刚玉尖晶石体系，水合氧化铝高温下转化为刚玉相，并与材料基质形成紧密结合，表现出优良的抗侵蚀性和抗热震性。

为了进一步提高高纯铝镁系材料的抗侵蚀性能，人们趋于采用 ρ-Al$_2$O$_3$ 或 Aphabond 取代水泥作结合剂。

4.2.4.2 不定形耐火材料高效施工技术

目前，筑衬的施工方法在向着省工、省时、省力和机械化、高效化的方向发展，如湿式喷射技术的湿式喷射耐火浇注料、中间包喷涂料等，与此相关的施工设备也得到发展。

湿式喷射法是指预先将耐火混合料（粗、中、细颗粒料、结合剂和添加剂）与水混合搅拌成可泵送的泥料（即具有一定的自流性或挤压输送性），加入喷射机内，根据泥料的性质不同，采用不同的特殊泵通过软管输送到喷嘴处（在喷嘴处根据泥料状态和施工要求不同，加或不加由压缩空气输送的絮凝剂）混合均匀，再借助高压空气通过喷嘴将泥料喷射到受喷衬体上。

湿式喷射料为具有一定可塑性的泥料时，如中间包涂料、可塑性泥料，在喷嘴处不再加闪速絮凝剂。当喷射具有一定触变性或自流性的泥料时，如普通浇注料、自流浇注料，则必须在喷嘴处加入闪速絮凝剂（或闪速凝结剂）。因此，喷射不同流变特性的泥料需采用不同喷射装置，尤其是所采用的泥料泵有较大的差别。

目前，湿式喷射采用的泥料泵主要有如下几种类型：螺旋泵（单轴偏心泵）、挤压泵（管泵）、双活塞泵（泵送压力大）、气压（回转）泵。实践证明，只有双活塞泵（泵压大）才能较好地泵送高黏度材料，如浇注料、自流浇注料等，其他的泥料泵不能泵送高黏度材料，但可泵送低黏度的塑性料，如中间包涂料等。因此湿法喷射不同的材料时，必须根据泥料的特性（主要是流变特性）来进行合理的选择。

同时，湿式喷射机的喷嘴结构对其喷涂效果也有较大影响，尤其是加有闪速絮凝剂的喷嘴结构必须考虑闪速絮凝剂能否与泥料均匀混合。对喷嘴系统来说，长度与挤压出口直径是影响喷涂层质量的主要因素。较长的喷嘴可提高泥料输送的直线度的稳定性，使回弹损失下降；但喷嘴过长，由于闪速促凝剂的作用，会因泥料硬化而堵塞喷嘴，一般最佳长度约为 200mm。

4.2.5　耐火材料装备技术进步

随着我国耐火材料工业的快速发展，重点耐材企业的质量、环保、节能意识不断增强，设备更新升级加快，装备水平提高。目前，从原料制备的超细磨、高强混碾、电子自动称量，成型工序的高吨位全自动液压机、电动螺旋压力机、机械手，到烧成工序的各类全程自动控制高温炉窑，已在全行业各重点企业得到了广泛应用和推广。我国耐火材料生产发展特点是装备向大型化、现代化、自动化方向发展，工艺更加节能环保，操作管理自动化、智能化水平提高。

4.2.5.1　装备水平显著提升

数字化和自动控制技术在完成精确、快速控制，实现稳产、高产、优质、低耗、安全运转、改善劳动条件、提高经济效益等方面都发挥着重要的作用。我国耐火材料装备机电一体化方面发展的进程大大加快，大型企业的生产机械装备都配备有相应完整的电气传动、自动检测和控制装置，即配料、混合、成型、干燥、烧成等工序所需设备配有自动化控制系统；同时一些耐火材料生产装备还呈现出大型化、专业化的特点，提高了耐火材料的生产效率和保证了产品质量的稳定性。

（1）自动配料系统。包括可调速加料装置、自动称量装置、自动化控制系统等。采用全自动化控制，实现与混合设备的加出料动作配合，提高了生产线作业效率。

（2）混合设备。采用 PLC 实现混合机进料、排料、混合时间的自动化控制，根据经验确定最佳混练工艺，通过人机界面输入控制系统，保证了混练质量的稳定性。同时，混合设备也向大型化、专业化发展，混合机容积大的已达到1200L，有的批次处理料量达到 3000kg；还开发了特殊产品专用混合、混练机，如炮泥专用混合机、轻质不定形耐火材料专用混合搅拌机、浇注料施工用连续搅拌混合装备，连铸"三大件"专用的混合造粒设备——高速混练机，可满足各种耐火材料生产的需要。

（3）成型设备实现升级换代。国内福州海源、山东桑德机械、辽锻等设备制造企业研制生产的大吨位液压成型设备、电动螺旋压砖机等在各耐火材料企业也取得了广泛应用。例如福建海源生产耐火制品用 600～3600t 系列全自动液压机，这些自动液压机是集机、电、液、气、计算机一体化的高科技含量产品，能自动完成压制全过程，减少人为因素影响，降低人工成本，提高生产效率；电动数控螺旋摩擦压力机在成型过程中 PLC 自动控制打击速度、打击力、打击次数，高效、节能，比传统摩擦压力机节能 40%～50%。部分大型企业或上市企业，如辽宁营口青花、海城后英、河南濮耐、北京利尔、瑞泰科技等，部分装备已接近或达到国际先进水平。营口青花集团从日本三石深井和德国莱斯公司先后购进10 台 2000～3600t 全自动液压机和机械手，还从德国购进了爱力许混砂机 2台（套）等世界顶级水平的设备，实现了微机化控制；海城后英集团在从德国莱斯公司购进 2000t 全自动液压机后，又从日本购进 7 台机械手与之配套。

（4）煅烧/烧成设备。以节能和智能化为核心的窑炉高温技术有了很大发展：高温竖窑内径从 700～1800mm 形成系列；高温隧道窑年生产能力从 5000 吨到 4 万吨，烧成温度达到 1700℃ 以上，有企业引进的新型高温隧道窑将传统的双层拱顶结构改为新型平吊顶结构，解决了窑顶保温问题，使窑内温度更均匀，且实现了先进的智能化操作，与传统采用双层拱隧道窑相比，单位产品燃油消耗可减少 20kg/t。现代轻体节能梭式窑采用轻型薄壁窑衬结构（窑衬采用轻质材料，壁厚减少到 460mm 以下）及高速对流的窑内传热，使窑升温快，窑体蓄热少，燃料消耗仅是普通倒焰窑的 30%～40%。近来还出现一种连体窑，是将几个单个炉窑串联在一起，窑底、窑墙、窑顶为空心结构，无助燃风机，无烧嘴，既可以单独使用又可以连续使用，能充分利用已烧窑的蓄热和烟气余热，并能实现现有窑炉难以达到的高温工艺和速烧工艺，比常规窑炉节能 50% ~ 80%。

4.2.5.2 生产工艺更加节能环保

窑炉是耐火材料生产工序中主要能耗装备。近年来，能耗高、劳动条件恶劣、污染严重的倒焰窑、土窑大部分已淘汰。河南拆除老式窑炉 2000 余座，山西拆除 1300 余座，辽宁省拆除污染严重的炉窑 1193 座、治理各类高温窑炉 1653 座。新型节能的原料煅烧窑炉和制品烧成窑炉得以推广应用，如高温竖窑、高温超高温节能隧道窑和现代轻体梭式窑等，提高了生产效率，降低了能耗，减少了污染物的排放。

除了对烧成工序的窑炉进行节能技术改造外，对耐火材料生产工艺的其他工序也做了大量的技术改进。比如在耐火砖成型方面，将传统摩擦压力机升级改造成程控螺旋摩擦压力机，例如山东淄博将全市 2000 台双盘摩擦压力机升级改造为节能数控螺旋压力机，较传统摩擦压力机节约电能 40% ~ 60%，且产品的成型压力有保证，改造后产品的合格率也提高了 1.20%，操作人员由原来的 3 人减为 2 人。

随着国家对环保治理力度的加大，促使耐火材料生产企业对耐火材料装备进行升级改造，生产过程更加环保、清洁。例如在各产生粉尘的环节配套除尘装置，含尘气体经处理达标后排放，增加粉尘回收装置，收回的粉尘用做原料，降低成本。耐火材料窑炉将直接燃煤改为以煤制气作为清洁燃料，配套建设窑炉烟气除尘、脱硫、脱硝等治理装置，烟气经治理达标后排放。

4.2.5.3 工艺操作自动化水平提高

耐火材料生产操作自动化水平提高、生产效率提高、劳动强度及人工成本降低、产品的生产稳定性提高。例如在浙江长兴某公司的一条价值 400 多万元的浇注料全自动生产线上，只有两个工人操作。控制员每天都在屏幕前监控着 28 个仓位和一台自动搅拌机的工作情况，另外一人负责将成品堆放整齐，这个工作也全部由程序控制，工人只要确认产品摆放位置正确就行。两个人就干完了这个日产 40t 浇注料的生产线的所有工作。

虽然我国耐火材料生产企业的装备水平有了很大的改善，生产自动化程度有所提高，人工成本降低，产品质量稳定性也有了很大提高，但是与先进国家相比还有一定的差距。这是因为我国耐火材料行业小企业多，企业装备参差不齐，先进与落后装备并存，整体装备水平不高。

4.2.6 耐火材料技术发展方向

耐火材料是各高温工业尤其是冶金工业重要的基础材料，是高温工业技术进步和可持续发展不可缺少的支撑材料。耐火材料为高温工业服务，最基本的发展特点是通过科技进步，发展高效、长寿、节能、环境友好耐火材料，满足高温工业生产和技术发展需求；最基本的目标是提高耐火材料高温服役功能和寿命，以提高高温装置生产效率和能效，减少能耗和耐火材料消耗。优良的高温服役性能、长寿、低耗是高温工业对耐火材料发展的一贯要求，耐火材料的发展趋势也是以此为导向。当前我国钢铁、水泥、石化等行业发展面临能源、资源约束和环境容量等重大问题，正处于去产能、向中高端制造转型升级阶段，围绕节能减排、提高生产效率、发展新工艺新技术，对耐火材料在长寿低耗、功能化、节能和环保等方面提出了新的更高的要求。这将推动我国先进耐火材料的发展，尤其是在功能性、节能型新材料的设计研发，以及旨在提高材料使用寿命的微观结构设计、性能调控、材料制备新工艺研究和高温应用基础研究等方面的科技创新。

4.2.6.1 加强基础研究与应用技术研究

系统、深入、先进的理论基础研究和应用基础研究是耐火材料技术高水平创新、发展未来的耐火材料的重要前提。基础研究涉及满足特定性能的耐火材料的组成设计与微结构设计；新型耐火材料化合物研究及低成本合成技术；由材料晶格结构调控耐火材料本征热物性；气孔尺寸、形状、分布、气孔率与耐火材料抗热震性、抗侵蚀性相互关系（渣不渗透的气孔临界尺寸等的确立）；满足绿色制备工艺的耐火材料；电、磁场作用下耐火材料与渣、金属熔体的相互反应，对金属熔体纯净度的影响、对夹杂物的影响；耐火材料服役环境（高温、负荷、化学、场等）下服役行为与材料微结构演化的相互关系。应用基础研究涉及耐火材料（定形、不定形、烧成、不烧等）在使用过程与高温介质（如渣、熔钢、水泥等）的物理化学作用；耐火材料的原位反应（如低碳耐火材料、非氧化物复合耐火材料中的功能添加剂演变过程）机理及科学规律、材料基因重组、结构和性能优化、耐材新的潜在功能开发的基础研究；耐火材料结构、性能综合平衡研究（研究耐火材料，特别是低碳化、轻量/轻质化耐火材料的显微结构与抗渣性、抗热震性及导热系数等高温性能之间的最佳平衡关系），为制备性价比更高的耐火材料提供理论基础；耐火材料服役的数值模拟计算与仿真，实现耐火材料热震损毁行为、耐火材料的渣蚀行为等模拟计算，揭示其与高温熔渣界面的变化及外生夹杂对钢等质量的影响规律，为耐火材料功能化开发和特殊钢冶炼提供支撑。

4.2.6.2 发展耐火材料精准化设计

耐火材料设计向科学化和精细化发展。随着高温工业和高温技术的发展，对耐火制品的性能要求日趋提高，使用效益最大化成为客户和生产者追求的目标。耐火材料的组成、结构、性能设计，生产工艺，配置、施工技术和应用技术都日趋精密化。研究通过对材料组成、结构和工艺的精细、特殊设计，赋予耐火材料具有特种形式的结构和特定的使用功能，如耐火材料应用状态下的自修复功能、原位反应自保护功能、洁净钢液功能等，调控和提升耐火材料的关键使用性能，适应高温服役环境需求，提高耐火材料服役寿命、降低消耗。材料设计向高温功能化发展，实现耐火材料应用功能化及炉衬长寿。材质和结构上发展复合材料和复合结构，提高材料高温使用性能和优化配置。

耐火材料设计、制造、应用一体化的技术发展趋势。耐火材料技术开发和技术进步不再仅限于单个产品性能的提高，而是从功能增加及整个系统价值提升的广阔角度对材料进行全过程设计。为了提高产品的使用寿命和服役，技术工作从原料控制、生产控制延伸到了使用控制，信息、光电、计算机模拟、仿真和控制等现代技术与耐火材料、机械等技术融合集成，以技术集成创新和系统创新带动产业技术的提升。

4.2.6.3 持续发展不定形耐火材料技术

提升和发展不定形耐火材料理论基础、应用技术、评价技术、控制技术。不定形耐火材料节能、高效、绿色环保，具有易于实现机械化、自动化施工，易于进行后期修补延长寿命，以及节约工时和材料等优点。耐火材料产品的不定形化趋势仍将继续，不定形耐火材料研究仍将是最活跃和较集中的方向，包括不定形耐火材料理论基础的完善和创新发展、新型结合体系开发、各类功能性添加剂产品和技术开发、高性能不定形耐火材料的开发、作业性能控制和优化、高温服役性能提升、应用领域拓宽、应用效果改善等，开发和构建具有自主知识产权的不定形耐火材料系列外加剂产品体系。

4.2.6.4 高效节能耐火材料的技术

高温大都属于高耗能行业，特别是钢铁、有色金属、化工、建材四大高耗能行业的能源消费占全国能源消费总量的 32.7%。工业窑炉的能耗占了相当比重，我国热工炉窑的能耗占全国总能耗的 21%，按照 2010 年全国能耗统计数据约 32 亿吨标准煤来计算，热工炉窑用能当量为 6.7 亿吨标准煤。然而当前我国热工炉窑装备的热效率只有 40%，与国外热工炉窑的热效率相比具有较大差距，高温行业节能任务重但潜力巨大。耐火材料的蓄热、保温、热导率等性能与高温工业能耗或能源利用效率密切相关，但我国在隔热耐火材料的发展明显滞后，品种少、热性能指标落后，在一定程度上限制了高温窑炉能效的提高，发展系列高效隔热耐火材料和技术是高温工业提高热工装置热效率的重要基础和迫切需要。

4.3 耐火材料生产节能减排先进技术

伴随钢铁工业工艺进步，耐火材料产品结构调整，黏土砖等酸性耐火材料、低档耐火材料比例下降，不定形耐火材料、功能耐火材料（如转炉出钢滑板、中间包滑板）和非氧化物耐火材料等比例上升（如图 4-5 所示）。大量新产品、新技术成功开发和推广应用，有效促进了相关高温工业的技术进步：高炉陶瓷杯用微孔刚玉砖和高炉热风炉系列低蠕变耐材产品在高炉使用实现了高炉长寿；"中间包透气上水口""洁净钢用无炭无硅水口""梯度复合功能耐火材料""金属-氮化物结合滑板"等新产品开发有效促进了连铸技术的发展。

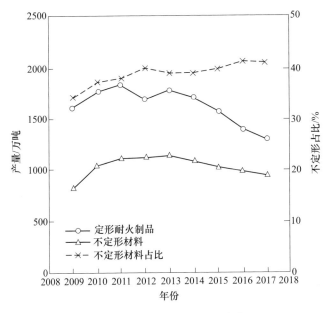

图 4-5 耐火材料产品结构变化

耐火材料品质、种类和应用技术水平明显提高，耐火材料服役寿命提高，各类冶金炉炉龄有较大幅度提高，转炉寿命达到约万次，大、中型钢包炉龄达到100 次以上，铁水包寿命达到 500~1000 次。钢铁窑炉寿命的提高和耐火材料大包体制管理，促使单位耐火材料消耗明显降低，耐火材料吨钢消耗由 20 世纪末的 25kg/t 钢降低到约 18kg/t 钢。耐火材料向长寿化、减量化方向发展。

耐火材料是高温工业的重要基础材料。在全球大力发展低碳经济形势下，实现高温工业的"绿色化"与耐火材料行业自身的"绿色化"不无关系。绿色耐火材料生产是我国当前和今后耐火材料行业可持续发展的重要战略。我国耐火材料行业协会将绿色耐火材料的理念概括为：品种质量优良化，资源能源节约化，发展节能型耐火材料和耐火资源综合利用；生产过程节能、环保化，使用过程环境友好、无害化。本节试践行"绿色耐火材料"的若干理念，并介绍国内外近年来在这些方面的实践新动态，大力发展国家产业政策允许和鼓励的节能型、利废型、生态型的耐火材料技术和产品。

4.3.1 耐火材料绿色生产、节能减排技术

4.3.1.1 耐火材料绿色生产

A 发展不定形耐火材料

不定形耐火材料是由骨料、细粉和结合剂混合而成的散状耐火材料。同烧成的定形耐火材料比，不定形耐火材料因具有生产工艺简单、生产周期短、从制备

到施工的综合能耗低、可机械化施工且施工效率高、可通过局部修补并在残衬上进行补浇而减少材料消耗、适宜于复杂构形的衬体施工和修补、便于根据施工和使用要求调整组成和性能等优点，在世界各国都得到了迅猛发展。不定形耐火材料在整个耐火材料中所占的比例，已成为衡量耐火材料行业技术发展水平的重要标志。

20 世纪 80 年代以来，发达工业国家的耐火材料总产量逐年下降，但不定形耐火材料的总产量却稳中有升，因而不定形耐火材料与定形耐火材料的比例总体上升[4]。作为世界耐火材料技术领先国家，日本在 1992 年率先成为不定形耐火材料产量超过定形耐火材料的国家，2009 年，其不定形耐火材料产量占耐火材料总产量的比例超过 65%[5]；美国和欧洲诸国如英、德、法等，这一比例也都已达到或超过 50%[6,7]；据耐火材料行业协会统计，2008~2010 年中国不定形耐火材料分别占耐火材料总产量的 33.8%、34.3% 和 37.2%，2018 年其比例上升到 40%[8,9]。

不定形耐火材料由于交货时无需烧成，即使是预制件也只需在较低温度热处理即可，因此符合低碳经济和绿色耐火材料的理念。从烧成消耗燃料和产生排放的角度作一简单计算，就可以认识发展不定形耐火材料的重大意义。已知每节约 1kg 标准煤，可减排 CO_2、SO_2 和氮氧化合物分别为 2.493kg、0.075kg 和 0.0375kg；每吨烧成耐火制品的平均标煤消耗约 300kg；每吨不定形耐火材料按节煤 150kg 计，我国耐火材料总产量姑且按 2000 万吨计，若不定形耐火材料比例由 35% 每提高 5 个百分点，则减少的煤耗和排放见表 4-11。由表 4-11 可见，降能耗和减排总量是相当可观的。

表 4-11　不定形耐火材料比例提高后节能减排效果预算

比例提高百分点及所达比例/%	10（达 45%）	15（达 50%）
年节约标准煤/万吨	30	45
二氧化碳年减排量/万吨	74.790	112.185
二氧化硫年减排量/t	22500	33750
氮氧化合物年减排量/t	11250	16875

为促进我国不定形耐火材料的推广应用，应重视以下"四化"。

a　预制件化

用浇注料做成的各种预制件具有以下优点：（1）无需在现场浇注施工，只需拼装组合，简化筑衬，省去了现场对施工机具所做的准备；（2）由于在交货时已经完成了浇注、养护、干燥和烘烤步骤，为用户节省了大量时间，加快了设备周转率和利用率；（3）施工不受环境或季节条件的限制；（4）采用浇注成型可制成各种大小不同、形状各异的预制件，特别是适合制作机压成型难以实现的大型和异型构件，大者可重达数吨（如高炉出铁沟上用的撇渣器、电炉顶，如图4-6所示）；（5）由于预制块到现场无需长时间烘烤就可投用，且对烘烤条件无苛刻要求，因此更加方便用户使用。

图 4-6　电炉顶用预制件外貌

2000 年以来，钢包工作衬采用预制块，高炉风口采用组合大砖（单重约800kg），陶瓷燃烧器采用浇注成型的预制件，中小高炉出铁沟采用储铁式预制件，加热炉采用预制件炉顶和烧嘴，国外甚至还有浇注滑板等的，说明预制件的应用范围增加。

b　用户友好化

施工性能是不定形耐火材料有别于定形制品的一个重要性能。以浇注料为例，其凝结和硬化特征受多种因素的影响，如结合剂种类、原料杂质、微粉特征、环境温度等。浇注料对这些因素的敏感性常常会给使用带来各种不便。因此，如何保证浇注料具有相对稳定的施工性能是从事不定形耐火材料研发及生产必须关注的。

普通铝酸钙水泥结合浇注料的凝结行为受环境温度影响较大，尤其在低温环境下，初凝时间过长甚至不凝，对强度发展不利。安迈公司针对此问题开发了一种温度低敏感型水泥，并对比研究了新型水泥在不同结合体系、不同二氧化硅微粉及不同环境温度下的初凝和强度发展情况。将干混后物料在塑料袋内分别密封保存 1d 和 3d 后的多次重复检测结果表明，无论是在低水泥还是超低水泥体系，温度低敏感水泥的检测结果可重复性强，且受干料保存时间的影响不大。从含不同二氧化硅微粉的低水泥体系的超声波检测曲线可看出，普通水泥对二氧化硅微粉的性质十分敏感，从可能快速凝结到可能不凝波动剧烈；而温度低敏感水泥对二氧化硅微粉性质的敏感性明显低于普通水泥，初凝时间从约 500min 到 1500min，显示出很好的适应性。当以红柱石代替板状刚玉为原料时，含二氧化硅微粉的低水泥浇注料的凝结行为表明，温度低敏感水泥对骨料的改变也表现出高适应性。在低温环境下，应用温度低敏感水泥可以获得更好的强度。与普通铝酸钙水泥相比，新型温度低敏感水泥不仅具有对环境温度不敏感的特点，还具有对浇注料体系杂质不敏感的优点。应用温度低敏感水泥可为用户提供便利，保证浇注料施工性能的稳定，真正体现了对"用户友好"的理念。

硅溶胶结合的浇注料对环境温度的影响不敏感，从零下 5℃到夏季 45℃高温均可以施工，无需促凝剂或缓凝剂。对振动浇注、自流浇注或喷射施工均具有较好的适应性。

与定形耐火材料相比，不定形耐火材料的品种繁多，给技术研究和生产应用带来了一定的麻烦。因此，研究开发配方简单、普适性强且应用范围广的新品种（如多功能不定形耐火材料）必将受到用户欢迎，也符合"用户友好"的理念。

c 高性能化

与发达国家耐火材料的发展水平相比，目前我国耐火材料虽总量大，但产品结构不合理，产品质量欠稳定；低端产品比例高，但高性能、功能化和环境友好型的高端产品比例小。面对这样的现状，加速开发高技术含量、高附加值的不定形耐火材料是进一步提高不定形耐火材料在整个耐火材料中比例的关键。

氧化物-非氧化物复合制品的制备是定形制品工艺途径，烧成时需要控制气氛，此法工艺复杂，设备投资较大，且难以满足生产大型、异型制品的要求。非氧化物复合耐火制品的成型方法主要为机压法和振动加压法。就成型本身而言，振动加压法比机压法更为合理。因为振动便于使颗粒发生一定的重排而趋于紧密堆积，从而在较小的外力下达到致密化；而单纯机压难有颗粒重排过程，不利于致密化，也易压碎颗粒料。与此相比，采用浇注成型方法不仅可以获得紧密堆积，而且拌和料中加入的水蒸发后形成气孔通道，有利于气相参与的碳化或氮化原位反应的进行，有利于提高非氧化物转化率，可得到非氧化物网络发育较好、结构更合理的复合材料。因此，用浇注成型方法制备原位非氧化物复合耐火材料是不定形耐火材料实现高性能化的重要途径之一。

d 使用环节高效化

不定形耐火材料的施工、养护、烘烤、监测、维护、解体的难易，影响到其被接受的程度。实践表明，现场施工的不定形耐火材料的性能发挥和使用效果很大程度上取决于其施工和烘烤质量。发展高效乃至自动化施工手段，快速养护、快速烘烤甚至免烘烤，机器人监测、维护和高效解体手段等，十分必要。这些方法有湿式喷射、机器人喷涂施工、微波烘烤、热态在线修补技术和装备、自动测厚和监控等。

B 大力发展资源节约型耐火材料

耐火材料属高资源消耗型产业。以高铝矾土为代表的天然原料，近年来供应紧张，价格上涨。原料煅烧或电熔需消耗大量的热能，而煤电的价格也在上涨，天然原料的熟料和合成原料价格趋高，大大加重了耐火材料企业的生存压力。因此，发展资源节约型耐火材料十分必要。

a 原料、制品性能应与使用要求合理匹配

耐火原料对耐火制品的性能和质量有直接影响。原料和制品的性能要求取决于其使用条件。过去我国的大宗原料比国外的便宜很多，人们往往大手大脚，不怎么关注性能与具体使用条件之间的匹配是否经济合理，存在"大材小用"式的"能力"浪费。目前，国内 Al_2O_3-SiO_2 系材料普遍存在 Al_2O_3 含量富余现象，如电力工业循环流化床锅炉用耐磨浇注料的 Al_2O_3 含量多在70%（质量分数）以上，有的材料设计指标甚至高达85%（质量分数）以上。似乎所用材料 Al_2O_3 含量越高，就越耐磨和耐用。国外如 FW 和 ALSTOM 公司对大型 CFB 用浇注料 Al_2O_3 含量的要求并不高，有的甚至在60%（质量分数）以下。这表明其设计理念和原材料选择的不同。过高的 Al_2O_3 含量会引起抗热震、抗剥落和体积稳定及导热性等方面的问题。

"物尽其用"应成为耐火原料和制品追求的目标。工业窑炉和热工设备内衬各部位的工况条件不同，其损毁原因和形式也不相同，窑炉和热工设备的寿命或使用率往往取决于内衬最薄弱部位的寿命。采用不同材质或品级的衬材综合砌筑，材尽其用，有利于达到均衡蚀损，降低耐火材料消耗。这种观念虽已被应用于各种工业窑炉的炉衬设计，但在材料配置方面考虑得还较粗糙，选材上留有过大的保险系数，造成一定的功能富余和材料浪费。

在产品的用料复合方面，受原料价格的影响，目前仅在有些高档产品上采用了复合用料。可以将复合的思路推广到所有可能复合的产品上，以降低产品的原料成本，甚至可以改善产品的效能。用复合的产品砌筑的炉衬，可达到炉衬结构的二维复合，有利于从整体上降低炉衬材料成本，也可以带来综合的好处，如实现结构轻量化、节能等。

b 天然原料的直接应用

天然原料受热后因发生物理化学变化而导致体积不稳，因此在生产烧成制品时，所用原料尤其是骨料大多都要经预先高温煅烧。而不定形耐火材料是多组分、多物相的非均质体系，它与烧成定形制品的明显不同在于：在使用前，其基质处于未反应的远离平衡态的状态；使用时在高温和时间的驱动下，其基质的各组分将遵循相平衡关系趋于达到平衡。因此，如控制得当，可形成有利于改善使用性能的产物。

c 不烧耐火材料制品

定形耐火制品的主体为耐火砖。按照高温（通常 1000℃ 以上）烧成与否，又可以分为烧成砖和不烧砖。后者不经高温烧成，多数经过较低温度烘烤即可投入使用，因而节能，而且和不定形耐火材料类似，其体系内也存在不平衡相，在使用中会发生如相变、分解、化合反应，如设计利用得好，可实现原位耐火材料的效应。

碳结合制品如镁碳砖、铝碳制品等是不烧砖的典型代表。近年来，随着洁净钢冶炼技术的发展，钢包用含碳耐火材料的低碳化、无碳化研究很热，如树脂结合或化学结合的铝镁不烧砖、镁钙不烧砖、镁铬不烧砖等发展活跃，有望部分替代 $MgO\text{-}C$、$MgO\text{-}Cr_2O_3$ 等耐火材料。

4.3.1.2 耐火材料生产过程的节能技术

耐火熟料生产过程中的耗能通常包括生料进厂储运、轻烧、破碎、磨细、压球、煅烧、电熔等工序及辅助设施的耗能。耐火制品生产过程中的耗能一般包括耐火熟料进厂储运、干燥、破粉碎、磨细、筛分、配料、混合、成型，砖坯的干燥和烧成等工序及辅助设施的耗能。

经过对耐火材料主要产品产量及能耗调查后推算，每年能源消耗约 1603 万吨标煤。按能源品种分别为：电每年 $99.9×10^8 kW \cdot h$，煤 1171.4 万吨/年，油 21.7 万吨/年。我国单位耐火材料产品能源消耗高于先进工业化国家。

在耐火材料整个的生产过程中，原料煅烧和制品烧成是主要的耗能工序，仅燃料一项所占能耗比重就在 80% 以上。加强耐火材料工业窑炉管理、降低窑炉燃料消耗，是耐火材料节能工作的重点。

A 制定强制性标准和窑炉技术目录

补充完善"耐火材料工业窑炉热平衡测定计算方法统一规定"：组织科研力量，制定烧成各种耐火原料和制品的"有效热"；通过调研与实际标定，制定耐火材料工业窑炉"热效率"强制性标准。

制定耐火材料工业窑炉技术目录，鼓励发展高新技术，淘汰落后技术和落后窑炉，制止落后窑炉的重复建设，全面提升耐火材料工业生产水平，从而推动节能工作的进步。

B 研究开发新型窑炉

根据耐火材料生产产品的差异和生产工艺的不同，高温窑炉有隧道窑、梭式窑、推板窑、竖窑等多种类型。因此，研究开发新型窑炉成为工艺改进的重要组成部分。例如，用于轻烧氧化镁的反射炉已有 70~80 年历史，只能焙烧块矿，产品质量差、能耗高、劳动条件不好，急需开发新型菱镁石轻烧窑。块状菱镁石轻烧窑可借鉴煅烧冶金石灰的经验。推荐设计双膛窑和带竖式预热器的回转窑，同时可考虑出窑料的热选去硅。细粒状菱镁石轻烧窑可借鉴开发旋风预热悬浮炉，提高固气比，提高热效率。新型菱镁石轻烧窑应考虑经济回收 CO_2。

三相电弧炉以"熔块法"生产电熔刚玉和电熔镁砂，成为耐材行业耗能大户，仅辽宁、河南两省折算就每年耗能 250 万吨标煤，而且产品质量不稳定、污染严重。因此，电熔炉生产工艺改造势在必行。目前已在河南义马黄河冶炼厂建有单极直流电炉生产电熔刚玉，预计可降低电耗 $200kW \cdot h/t$，降低石墨电极消耗 30%~40%，降低原料消耗约 20%。

耐火制品烧成设备在淘汰落后的倒焰窑时，改成隧道窑；但隧道窑更适用于规模生产，对多变的市场要求难以适应，造成大量隧道窑开工率不足，而梭式窑有适应市场多变的优越性，但能耗较高。故应开发新型的间歇式隧道窑，该窑型可以认为是在梭式窑的基础上，前端增加了预热带，后端增加了冷却带，具有隧道窑的高"热效率"优点[10]。

C　燃料结构合理化和利用清洁能源

燃料燃烧后的产物应不污染产品，或者污染程度在产品质量允许范围内。因此煅烧精料和烧成优质制品时，必须坚持采用低灰分液体燃料或高热值气体燃料。由于我国单位国民生产总值占用燃料过高，造成燃料资源紧缺，相对而言，煤多、燃油少，高炉、焦炉、转炉等回收煤气不敷使用。

由于国家环保政策的影响，耐火材料行业的很多窑炉都进行了煤改气技术改造，包括煅烧原料的窑炉和烧成产品的窑炉。天然气是清洁能源，与燃煤相比，改用天然气后各种污染物的排放量明显降低。河南省作为耐火材料生产大省，基本取缔燃煤窑炉，普遍实施煤改气工程；山东省、浙江省、江苏省也普遍实施煤改气工程；山西、辽宁也部分实施煤改气工程，但仍有少量燃煤窑炉。

在耐火材料行业窑炉上推广电加热方式。电加热有能源清洁、炉内温度和气氛易于控制、尾气和污染物排放量小等优点。在烧成周期长的高档耐火制品的生产上，因为电加热不需要空气，随尾气排放损失的热量非常小，故节能效果明显。以电阻发热材料即发热体作为电热转换元件的单阻式加热方法最为简单，并应用广泛。目前应用的主要是特种材料发热体，如 SiC 发热体使用温度可达 1600℃，硅化钼发热体可达 1800℃，二氧化锆发热体在氧化气氛下使用温度可达 2200℃，碳素发热体在中性或还原气氛下可达 3300℃。

D　高温空气燃烧技术及空燃双预热技术

预热助燃空气可以增大助燃空气带入的显热量，可以有效节约燃料。这种节能不仅在于它的显热取代一部分燃料的化学热，而且还可以减少烟气量，从而减少排烟带走的热量。预热温度越高，节省燃料越多。通过理论计算，助燃空气预热到400℃比预热到150℃可节省能耗17%，预热到600℃可节能28%。

隧道窑热空气助燃有两种方式。一是直接从冷却带抽出多余的热风，通过风机鼓入烧嘴进行助燃，这种方式的助燃空气温度受到风机、管道等限制，目前通常为350~400℃。根据目前国内实际情况，在风机投入成本增加不大的情况下，可以将助燃风的使用温度提高到500℃左右。这种方式尽管可以使助燃空气温度提高，但是从窑内直接抽出余热，隧道窑需要提供更多的热空气，加大了窑炉的负荷，节能效果并不十分明显。

隧道窑热空气助燃的第二种方式是将从冷却带抽出的热风在烧成带的双层拱内加热到1000℃左右，再通过烧成带侧墙内的气道以高温引射空气送入烧嘴助燃。高温空气助燃同时还可以提高燃烧温度和改善燃烧过程。采用这种加热助燃空气的方式，节能可达30%以上，大大降低隧道窑的燃料消耗。

空气温度预热到800~1000℃以上，燃烧区空气含氧量在2%~21%（通常低于15%）。将高温空气喷入炉腔，维持低氧状态，同时将燃料输送到气流中产生燃烧，这就是高温空气燃烧技术，也称为无焰燃烧技术。高温空气燃烧技术被誉为21世纪关键技术之一。国际上亦十分重视高温空气燃烧技术的开发研究工作[11]。

与传统燃烧过程相比，高温空气燃烧具有显著不同的特征，主要表现在以下4个方面：

（1）火焰体积显著扩大。高温空气燃烧通常用扩散燃烧或扩散燃烧为主的燃烧方式，燃料与助燃空气在燃烧室内边混合边燃烧。由于燃烧区氧气体积浓度远远小于21%，使得燃料与氧气在燃烧器喷口附近的接触机会相对减少，仅有少量的燃料能与氧气接触发生燃烧，而大量的燃料只有扩散到燃烧室内较大的空间，与助燃空气充分混合后才能发生燃烧。因此，从燃料燃烧的整个过程来看，燃烧反应时间延长，反应空间显著增大，火焰体积也因此成倍扩大。

（2）火焰温度场分布均匀。燃料在低氧气氛中燃烧，反应时间延长，火焰体积成倍扩大，使得燃料燃烧的放热速率及放热强度有所减缓和减弱，火焰中不再存在传统燃烧的局部高温高氧区，火焰峰值温度降低，温度场的分布也相对均匀。

（3）降低 NO_x 污染。燃烧过程中生成的 NO_x 主要为热力型 NO_x，其中主要为 NO。NO 的生成速度主要与火焰中的最高温度、氧气和氮气浓度及气体在高温下的停留时间等因素有关，其中以温度的影响最大。由于高温空气燃烧火焰峰值温度及燃烧区氧气体积浓度降低，故使 NO 的生成大大减少。另外，从反应活化能的角度来看，由于高温空气燃烧火焰体积成倍扩大，使得单位体积火焰释放的能量降低，而氧原子与氮气反应的活化能要远高于氧原子与燃气反应的活化能，氧原子与燃气反应更易进行，从而抑制了氧原子与氮气的反应。

（4）低燃烧噪声。由燃烧噪声形成的机理可知，燃烧噪声与燃烧速率的平方及燃烧强度成正比。采用高温空气燃烧，由于氧气体积浓度的降低，尽管预热温度提高，但燃烧速率不会增大甚至反而减少；燃烧强度是指单位体积的热量释放率，由于高温空气燃烧火焰体积成倍增大，燃烧强度反而大为降低。

高温空气燃烧技术是在蓄热燃烧技术的基础上发展起来的，同时结合了低氧燃烧技术的特点。高温空气燃烧技术不仅具备蓄热燃烧技术高节能率和低 CO_2 排放率的优点，也具备了低氧燃烧的低 NO_x 生成率和炉温均匀化的优点。因此，高温空气燃烧既可克服热燃料的燃烧温度过高、NO_x 排放量增大和噪声水平增高等缺点，也可以克服低氧燃烧的降低燃烧温度、燃烧效率和燃烧稳定性的缺点[12]。

梭式窑一般用来生产高档材料，炉膛温度高达 1600℃ 以上。烟气温度接近炉膛温度，烟气带走的热量多。梭式窑的烟气出窑后进入烟道中，需首先进行降温，否则会烧毁空气预热器。当梭式窑烧成温度为 1700℃ 以上时，烟道内衬也必须采用高档耐火材料（如刚玉莫来石质材料）才能满足长期使用的要求。烟气带走的热量，约占梭式窑热支出的 45% 左右。烟气温度高，为余热利用提供了很好的条件。而在实际生产中，多数企业并没有充分利用这一有利因素，只是在烟道中置入空气预热器将空气进行预热，并且空气预热温度都比较低（300～400℃），废烟气所含大量的余热被浪费掉了。将梭式窑烟气余热充分加以利用，是梭式窑节能的一个重要且十分有效的途径。

当梭式窑采用焦炉煤气为燃料，炉膛烟气温度为 1400℃ 时，空气预热从 300℃ 提高到 500℃，燃料节约率可以从 24% 提高到 35%。

采用空燃（空气和燃气）双预热技术，将助燃空气温度预热到 500℃，同时将煤气预热到 300℃，将使梭式窑的节能量大幅度提高。

预热空（燃）气的节能效果不仅取决于预热空（燃）气温度的高低，还与燃料特性、燃烧方法和炉膛排烟温度有关。在空（燃）气预热温度相同的条件下，所用燃料的发热量越低，炉膛排烟温度越高，空气消耗系数越大，预热空（燃）气节约燃料的效果越大。

E 空燃比自动控制技术

烟气带走物理热大的一个重要原因就是燃烧时的空气过剩系数过大。隧道窑整个热风/烟气系统复杂，在各带的空气系数一般不同，且相差较大。在保证烧成气氛能满足的情况下，应该使燃料尽可能完全燃烧，降低空气过剩系数。

梭式窑多用于附加值高、批量小、产品结构复杂、对烧成气氛要求较高的产品烧成，这类产品的烧成温度通常比较高（≥1600℃）。因此，梭式窑都选择液化石油、天然气、煤层气、城市煤气、重油、柴油和焦炉煤气等高热值燃料作为热源。这类燃料具有热值高、价格高、易于控制的特点。理论计算得知，烟气中O_2含量每增加1%，燃耗就增加2.6%。充分燃烧使燃料燃烧化学热达到最大，是窑炉节能的有效途径，要做到这一点，必须严格控制烧成过程中的空气过剩系数。

为实现这一目的，一方面应采用一些先进的燃烧技术与设备，如脉冲燃烧技术、高速调温烧嘴、烟气回流技术等；另一方面，采用微机控制系统，自动控制燃烧空气过剩系数，在最大程度上避免人为造成的不利影响，使窑内燃烧始终处于最佳状态，减少燃料的不完全燃烧，降低窑内温差，缩短烧成时间。

F　风机变频控制

隧道窑在日常运行过程中，风机的电耗也是一项较大的能源消耗。窑用风机选型都较大，在实际使用时，应根据需要通过阀门调节控制风量。通常风机阀门开启度都不会达到100%，大多数在60%~90%，个别时候风机的阀门开度仅有百分之十几。而风机的转速、功率都是恒定的，风机阀门阻力消耗了大量的电能。因此，近几年来在隧道窑上，对凡是需要调节风量的风机都采用了变频控制，使用时根据需要通过变频器来调节风机电机的转速来调节风量的大小，以有效地降低风机的电能消耗。

风机采用变频控制不仅能够有效地降低电能消耗，也使窑内压力的控制更加准确，避免了人工操作时的波动，从而提高烧成成品率。一般情况下，使用变频器所增加的投资可以通过电费的节约在1~2年内收回。

G　轻质窑衬材料与窑体结构优化设计

隧道窑窑墙与窑顶散热量约占全部热支出的5%，对于间歇性的梭式窑，这个比例会更高。可通过降低窑体和窑具的积、散热来达到节能目的，途径主要有两方面。

a　选用轻质耐火材料

要减少窑体散热量，必须合理地选用低蓄热、容重小、强度高和隔热性能好的耐火材料作为窑具、炉衬和窑车的砌筑材料。隧道窑窑车及架子砖从隧道窑带出的热量占烧成热支出的2%~3%，窑车蓄热量大也是产生上下温差的重要原因之一。实验表明：采用轻质砖做车衬时，产品热耗是传统重质耐火砖做车衬时的91%；采用轻质砖和硅酸铝耐火纤维做车衬时，产品热耗是传统重质耐火砖做车衬的79.5%~85.8%；采用全硅酸铝耐火纤维做车衬（承重部位采用强度高的材料）时，产品热耗最低，是重质砖做车衬时的59.1%~66.3%。此外，其他条件不变，当窑具与产品质量比减小到1/3时，窑具单位吸热也降低到原来的

$1/3^{[13]}$。

一般来说，轻质材料越靠近高温工作面保温性能越好，节能效果也越好。这就需要在窑炉设计中采用高档轻质耐火材料，如工作面采用氧化铝空心球制品、刚玉莫来石轻质砖等。采用高档轻质材料还可以有效降低窑墙厚度，从而减少窑衬蓄热，有利于窑炉的快速升温和节能。

工程实践中，除了窑车曲封、窑车台面砖等易受碰撞或受力部位外，都可采用轻质耐火材料砌筑，利用轻质材料蓄热少、隔热性好的特点，不仅可以降低窑车的蓄热量，减少窑车出窑带走的物理热，也可使车下温度降低，减少散热损失。梭式窑的窑墙外壁温度一般可控制在 80℃ 以下，窑顶温度一般可控制在 100℃ 以下。在借鉴国外经验的基础上，中钢洛耐院设计了盒子砖，盒子砖内填纤维棉，取得了良好的使用效果；在窑车上应用，与同类型窑车相比，车下温度可降低 30℃ 以上。

b　改进窑体结构

对窑炉结构进行节能优化设计，包括整体结构、每层耐火材料的厚度及密度、窑顶形式（平顶、三心拱、拱顶等）、曲封结构、燃烧系统（包括烧嘴的选择、布置位置等）、压力制度、热工制度（包括温度曲线）、余热利用系统设置、供风系统、排烟系统等。只有当这些参数合理、协调，才能达到最优化的节能效果。

窑体散热量除了与砌筑的耐火材料有密切联系外，还与窑体的散热面积有关，即窑体的主要尺寸。现代隧道窑为了烧成均匀，尽可能降低窑内高，窑内高随意变动的可能性不大。因此，为了减少散热量，节能降耗，应从窑长和窑内宽两方面来考虑，其主要措施有：

（1）适当增大窑内宽，减小窑内高宽比。一般来说，如果窑内高宽比在 0.5~0.3 之间，可大幅度减小上下温差，加快进车速度，从而提高产品的质量、产量及有效热利用率[14]。虽然窑内宽的增加使窑体总散热面积也增大，但由于产品产量得到大幅度提高，故总的来说单位产品的热耗还是有所降低的。

（2）适当缩短窑长。虽然窑体增长时产品产量有所增加，但也会带来窑内阻力、冷空气漏入量、窑内上下温差等的增大，结果非但不能降低单位产品热耗，还降低了产品的质量和增加了建窑费用。相反，适当缩短窑长节能效果还比较显著。

（3）窑顶的砌筑。国内隧道窑窑顶大多数采用拱顶砌筑，窑顶与窑底温差大，虽然一般采取倒焰式气体流动加热制品可适当减小断面上下温差，但上下温差对制品的烧成质量依然有一定的影响。温度在 1600℃ 以下的窑炉采用平顶较为合适，这样有利于提高装窑率，各部分火道也便于控制，使烧成带窑顶温度和与窑底温差都大幅降低，取得良好的节能效果；当温度高于1600℃时，宜采用拱顶形式（单心拱、三心拱），有利于提高窑顶寿命。多心拱结构可以在保证窑顶寿命的同时，使窑顶接近于平顶形式，是一种提高隧道窑产量、降低能耗的有效方法[15]。

（4）双窑门结构及压力平衡系统。提高窑炉各部分的严密性是控制空气系数的有效措施。据测算，从窑头及预热带漏入的空气量占总烟气量的1/3～1/2。具体技术措施有窑头采用双窑门结构，设计压力平衡系统等。

（5）预热带气幕。对隧道窑来说，利用抽出的热风作为预热带的气幕风，一方面可增加气幕带入的显热；另一方面可减少窑内温差，有利于提高产品的产量和质量，从而降低单位产品的能耗，节约生产成本。

（6）涂层技术。涂层技术应用范围很广，其中红外辐射涂层和多功能涂层在窑炉中的应用值得关注。如热辐射涂料（HRC），在高温阶段涂在窑壁耐火材料上，材料的辐射率从0.7升至0.96，可节能$1.38304 \times 10^8 J/(m^2 \cdot h)$；在低温阶段涂上HRC后，窑壁辐射率从0.7升至0.97，可节能$1900.6 \times 10^4 J/(m^2 \cdot h)$[16]。

H　烟气余热干燥

隧道窑烟气带出热约占热支出的30%左右，有些操作不好的窑炉甚至更高。在传统的窑炉设计中，无论是隧道窑、梭式窑还是其他窑炉，都没有对烟气加以利用，而是直接排放。隧道窑离窑烟气温度通常为250～300℃，量也很大（通常为每小时几万立方米）。

隧道窑的烟气带走的余热和抽热风带走的热量在热平衡中所占比例最大，通过它们实行节能的可行性大，且节能空间也较大。

对于抽热风带出的显热，由于它的载能体为无污染坯体的空气，故可直接供给干燥砖坯用；而对于烟气带走的显热，由于烟气中含有少部分污染坯体的气体，故一般通过烟气余热回收装置热交换后，再将换热后的热空气送入干燥器内干燥坯体。通过烟气余热回收装置回收的热量，其节能效果和产生的经济效益也是较可观的。例如，某厂隧道窑使用热管烟气余热回收装置，烟气回收率达30%，节能效果较好[17]。另外，这部分余热还可以提高坯体入窑温度，减少燃料消耗量。

在工程实践中通常将隧道窑的烟气用排烟机送入隧道式干燥窑中直接干燥制品，或者送入隧道式干燥窑的地下风道中间接干燥制品。还可以在装有砖坯的干燥车轨道以下设置烟道，将烟气引入地下烟道，加速砖坯自然干燥，缩短砖坯在干燥器内的干燥时间，从而降低干燥能耗；另一方面，自然干燥的加强可以提高砖坯的干燥成品率，有效降低产品能耗。近年来，有部分耐火材料生产企业采取在回车线上增加二次干燥窑（余热为热源）的做法，提高坯体入窑温度，增加其带入的显热，使成品率得到进一步提高。另外，还可以将抽出的热风供给喷雾干燥器，干燥坯体粉料。

梭式窑是周期运行的窑炉，制品在烧成过程中，梭式窑窑衬和窑车衬砖要吸收大量热量，这些热量在冷却过程中又被白白释放掉；同时，制品在冷却过程中放出的热量也无法被利用。这些原因导致了梭式窑的单位产品能耗远高于隧道窑。

梭式窑高温止火后，需要冷却一定的时间将炉温降到300℃以下才能打开窑门、拉出窑车。在高温到出窑这段冷却时间内，炉衬、窑车和制品需要将大量的蓄热释放掉，这部分热量的利用也是梭式窑节能的一个重要途径。这个阶段的余热利用可以和烟气余热利用统一来考虑。采取的措施是将梭式窑的烟气引入干燥器（干燥室、隧道干燥器）中：在梭式窑烧成期间，利用梭式窑的烟气余热作为干燥窑的热源，在冷却期间将炉衬、窑车和制品释放的蓄热作为干燥器热源加以利用。

由于梭式窑运行的不连续性，使得其提供的余热量和余热温度也不稳定。为了弥补这一不足，可以采用辅助加热方式作为补充热源，在梭式窑停窑、低温阶段为干燥器补充热量。辅助热源可以是热风炉提供的热空气，或采用电加热方式，通过调节自动控制系统，对热源进行合理分配，既充分利用了梭式窑的炉衬、窑车的蓄热和烟气的余热，也能保证干燥窑始终处于稳定的工作状态。

进一步充分回收利用窑炉的两项气体余热和拓宽余热的利用范围依旧是窑炉节能降耗的一个重要方向。其关键是积极开发利用更多节能相关的装置和技术，如研制具有换热效率更高、使用寿命更长、投资成本更低廉等优越性能的换热装置。

I　低温快烧技术

要降低预热带及烧成带制品带走的显热，目前主要采用的烧成技术是低温快烧技术。低温快烧技术是一项先进的烧成技术，在节能降耗和提高生产效率等方面具有重要意义。一般来说，凡烧成温度有较大幅度降低（如降低幅度在80~100℃以上）、烧成时间相应缩短，且产品性能与通常烧成的性能相近的烧成方法都可称为低温快烧。

通过热平衡计算可知，若烧成温度降低100℃，单位产品热耗可降低10%以上，且烧成时间缩短10%，产量增加10%，热耗降低4%[18]。

要进一步利用低温快烧技术对耐火材料烧成产生更好的节能效果，就必须研究采用新原料，改进现有生产工艺技术，优化窑炉结构。例如：某耐火厂用电熔刚玉作原料，磷酸二氢铝作结合剂的纯刚玉制品，1480~1540℃保温24h烧成与

1800℃烧成的纯刚玉制品，在使用温度为1800℃的炉窑上使用效果接近。在保证使用效果的前提下，降低烧成温度能够节约能源。在现代耐火材料工艺技术的水平上，降低制品的烧成温度有很多方法，如加入超微粉或纳米粉，加入助烧剂，采用特殊结合剂等[19]。

J　高速调温烧嘴

在使用高速烧嘴时，焰气喷出速度快，使周围形成负压，将大量窑内气体吸入烟气内，进行充分搅拌混合，延长了烟气在窑内的滞留时间，增加了烟气与制品的接触时间，从而提高了对流传热效率。另外，窑内气体与烟气充分搅拌混合，使烟气温度与窑内气体温度更接近，提高了窑内温度场的均匀性，减少了高温烟气对被加热体的直接热冲击。但当烧嘴的供热量下降，致使喷出的焰气处于过度流或者层流状态时，卷吸作用大幅度衰减，回流基本消失，炉内温度的均匀性亦随之大幅度下降。

美国人 Bickley 在20世纪50年代末发明高速调温烧嘴（Iso-jet），它是使燃料在燃烧室内进行完全燃烧后加入调温空气（二次空气）来调节焰气的温度，然后从喷火口高速喷出，喷速可达150m/s。高速调温烧嘴解决了高速烧嘴在窑炉低温阶段问题。它可以掺入数十倍于助燃空气的调温空气，使焰气温度降至几十摄氏度，并以100m/s的速度高速喷出，极大地改善了炉内温度的均匀性，并强化了对流给热，对提高产品质量、缩短烧成时间、降低燃耗有明显效果，从而获得了广泛的应用[20]。

K　脉冲燃烧控制技术

脉冲燃烧控制技术是一种通过控制烧嘴的燃烧时序和燃烧时间来控制窑炉温度，且每个烧嘴可以进行单独调节和控制的技术。这种控制方式的动态性能好、控制温度波动小、节约燃料，目前已得到广泛重视和应用。

顾名思义，脉冲燃烧控制采用的是一种间断燃烧的方式，使用脉冲调制技术，通过调节燃烧时间的占空比（通断比）实现窑炉的温度控制。这个系统并不调节某个区域内燃料输入的大小，而是调节在给定区域内的每个烧嘴被点燃的频率和持续时间[21]。燃料流量可通过压力调整预先设定，烧嘴一旦工作，就处于满负荷状态，保证烧嘴燃烧时的燃气出口速度不变。当需要升温时，烧嘴燃烧时间加长，间断时间减小；需要降温时，烧嘴燃烧时间减小，间断时间加长。

普通烧嘴的调节比一般为1∶4左右。当烧嘴在满负荷工作时，燃气流速、火焰形状、热效率均可达到最佳状态；但当烧嘴流量接近其最小流量时，热负荷最小，燃气流速大大降低，火焰形状达不到要求，热效率急剧下降。高速烧嘴在满负荷流量50%以下工作时，上述各项指标距设计要求就有了较大的差距。脉冲燃烧则不然，无论在何种情况下，烧嘴只有两种工作状态：一种是满负荷工作，另一种是不工作，只是通过调整两种状态的时间比进行温度调节，所以采用脉冲燃烧可弥补烧嘴调节比低的缺陷，需要低温控制时仍能保证烧嘴在最佳燃烧状态工作。

脉冲燃烧控制的主要优点为：

（1）传热效率高，节能效果明显，可节约燃气10%。

（2）可提高炉内温度场的均匀性。

（3）无需在线调整，即可实现燃烧气氛的精确控制。

（4）可提高烧嘴的负荷调节比，高达5%~95%。

（5）脉冲控制采用电磁阀，系统简单可靠，抗干扰能力强，造价低。

（6）减少NO_x的生成，减少大气污染。

为了进一步提高工业炉燃烧系统的性能，又发展了脉冲/比例调节高速调温燃烧系统。该系统既可按脉冲控制高速烧嘴的工况运行，又可按高速调温烧嘴的工况运行，相互取长补短以获取最佳效果。

L　推广富氧燃烧技术

空气中含有约79%体积的非反应气体（主要是氮气），不但不利于燃料的完全充分燃烧，还要吸收部分燃料与氧气反应放出的热量，降低烟气温度，增大烟气生成量。目前，采用富氧燃烧技术能有效克服这种不足，达到有效节能。

富氧燃烧是指氧含量超过21%的富氧空气作为助燃气体，这种燃烧方式称为富氧燃烧。富氧燃烧的原理是：空气中的氧含量高，燃料燃烧更加充分。燃料分子在富氧状态下会更加活跃，燃料分子与氧气分子结合得更加完全，从而释放更多的热量。同时富氧燃烧能够有效降低燃烧后各种排放物的有害程度，对于节能减排有很好的应用前景。富氧燃烧节能技术在实际应用中，通常是使用26%~30%的富氧空气，超过这个比例会使得制造富氧空气的成本变得较高，但是节能效果并不等比例的提高。

与用普通空气燃烧相比，富氧燃烧有以下优点：

（1）火焰温度和黑度提高。

（2）降低燃料的燃点温度，加快燃烧速度，减少燃尽时间，大幅提高燃烧热效率，节能效果显著。

（3）提高了燃料的燃尽率，基本杜绝了CO的排放，排烟黑度降低。燃烧分解和形成的可燃有害气体充分燃烧，减少有害气体的产生。降低过量空气系数，排烟量明显降低，减少热污染。

（4）窑内温度分布更加合理，有效延长了窑体使用寿命。

（5）有利于提高产品产量和质量，提高成品率。

（6）既适合新建窑炉，又适合旧窑炉的改造。

（7）为整合其他污染物的控制，提供了一条新的途径。

发达国家早在 20 世纪 60 年代就已开始对窑炉富氧燃烧进行研究。有资料表明，玻璃熔化炉、石灰窑、冲天炉、锻造加热炉、水泥生产窑、耐火材料生产窑、砖瓦窑以及其他各种工业窑炉应用富氧助燃可获得明显的节能效果，有效减少大气污染，综合效益显著[22]。

M 烟气再循环与 O_2/CO_2 混合富氧燃烧技术

O_2/CO_2 混合富氧燃烧技术能够同时实现 SO_2、NO、CO_2 等污染物的减排，是一种污染物综合排放低的环境友好型燃烧方式。该技术采用烟气再循环，以烟气中的 CO_2 替代助燃空气中的氮气，与氧气一起参与燃烧，可直接回收 CO_2。与常规空气燃烧相比，SO_2、NO 排放量低，排烟量仅为传统方式 $1/4$，从而大大减少排烟损失，热效率得以显著提高。该技术有以下优点：

（1）在 O_2/CO_2 气氛下，NO_x、SO_x 的生成量减少，烟气中的 NO_x 减少 $2/3$ 以上。烟气排放量的减少，相应的 SO_x 浓度增大，有利于 SO_x 的脱除。

（2）烟气中的 CO_2 浓度高达 95%，利于回收。采用液化处理以 CO_2 为主的烟气时，SO_2 同时被液化回收。

4.3.1.3 生产工艺的节能

耐火材料的成本主要由原料成本、能耗、人工、设备等生产成本和财务费用构成。节能降耗是一个长期的工作，实施的措施有降低需高温烧成产品的烧成温度、改变生产工艺技术等，以获得节能效果。以下举例说明。

A 滑动水口的烧成工艺

滑动水口材质体系的演变与其工艺技术的发展密不可分，工艺技术是实现材料结构和性能的重要手段。工艺技术的发展促进了材质体系的演变，同时材质体系的发展推动了工艺技术的变革。特别是烧成工艺的发展对材质体系的变革起决定作用。氧化物体系的滑动水口一般在大气气氛下烧成，氧化物-碳复合体系在还原气氛下（埋碳）高温烧成（1450~1600℃）；氧化物-非氧化物复合体系中非氧化物结合的滑动水口在氮气气氛下中温（约1000℃）烧成，金属复合的滑动水口多在弱还原气氛下低温热处理，可使滑板烧成能耗大幅度降低（50%以上），生产成本下降。

B 二步煅烧镁质原料干法成型工艺

二步煅烧镁砂成型工艺大部分为半干法成型工艺，即菱镁矿先一步轻烧（1000~1100℃）后，破碎至细颗粒和细粉、加水混合搅拌，泥料再在对辊机挤压成型，坯体经干燥后进行1700℃以上高温竖窑煅烧，成为二步煅烧镁砂。镁白云石原料的煅烧也是这个工艺。近些年中档砂，特别是高纯烧结镁砂的工艺有所变化，采用干法成型工艺，即对一步煅烧的轻烧粉体直接干法成型，不加水和任何液态结合剂，主要利用氧化镁粉体的塑性。实施干压成型通常采用两次压球工艺，先预压，排除细粉中的空气，再二次进入高压对辊机成型。这个工艺成型的坯体不需要进行干燥，直接入窑煅烧，节省干燥工艺过程，效率提高、节省燃料消耗。这个方法适合于中档镁砂、高纯镁砂、镁白云石砂、镁铬砂等碱性原料的生产制备。这是其他原料成型方式所没有的，也无法效仿。

C 生产电熔刚玉倾倒式电弧炉

传统的生产刚玉的电炉为脱壳炉法（间歇式熔块法），即每冶炼完一炉要等炉子里的熔融原料冷下来后，脱掉外壳，再重新冷炉装料，进行第二炉的冶炼。脱壳炉冶炼方式能耗高。现在刚玉冶炼基本淘汰脱壳炉方法，改为倾倒炉法（半连续式倾倒法），即冶炼一炉完成后，将刚玉熔体倒出来，刚玉熔融体在炉外冷却，电炉进行下一炉次的热装料和冶炼，工作效率提升的同时，能耗也下降。倾倒法能连续生产，机械化程度高，热能利用合理，单位耗电量低，没有乏料，不必每次都修炉，生产效率高。对于棕刚玉、亚白刚玉来说，其原料中的碳化物也进一步降低了，提高刚玉的质量水平。表 4-12 为倾倒法与熔块法技术指标比较。

表 4-12 倾倒法与熔块法技术指标比较

电弧炉容量	工艺方法	单位耗电（量块法技术）/kW	小时产量/kg·h⁻¹	单位料耗/t·t⁻¹
2400kV·A	倾倒法	2540	1050	1.4
2400kV·A	熔块法	2820	880	2.4

除上述差别外，棕刚玉产品质量也有差别。倾倒法与熔块法生产的刚玉结晶集合体较多、晶体尺寸较小，因玻璃质和钛矿物分布在晶界上，所以自锐性大于熔块法。而熔块法生产的刚玉单晶体较多、晶体尺寸较大、磨料强度和硬度较高。但该倾倒式方法不适合电熔镁砂的冶炼，其熔融温度太高。

D 湿式喷射技术

湿式喷涂技术是发展较快的高效率造衬技术。以下以高炉内衬湿式喷射来说明该技术的进展。先进的浇注料喷射施工技术（如图 4-7 所示）与遥控热态喷补技术相结合试验开发了高炉遥控热态湿法喷射造衬技术。该技术的实施使炉衬寿命提高，具有节能、环保、低碳的效果。湿法浇注料遥控喷射造衬回弹率极低，一般在 5% 以下。由于浇注料为加水预搅拌好的，加水量精准适量，所以喷涂现场粉尘极少，喷涂情况易于观察，最重要的是可形成均匀、致密的高强整体结构。

根据施工喷射厚度，喷射浇注料的临界粒度可以达到 15mm，而干法喷涂料的临近粒度一般不超过 5mm，因此喷射浇注料可适合各种厚度的高强度结构衬层。喷射浇注料是利用速凝技术将浇注料以喷射的方式进行施工，因此具有低水泥浇注料的特性，两者的体积密度、耐压强度等性能接近（喷射料体密度偏低

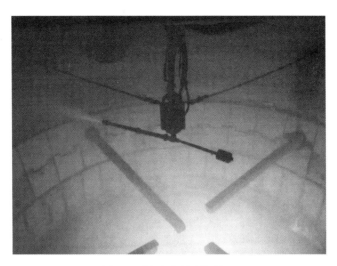

图 4-7　湿式喷射现场施工

$0.03 \sim 0.05 \mathrm{g/cm}^3$）。

选择硅溶胶结合喷注料取代原有的低水泥材料，以溶胶作为结合剂，不存在结合剂界面迁移问题，在受热时水分可有序排除，从而具有极佳的快烘防爆性能。溶胶结合料虽然低温强度（600℃以下）相对较低，但随温度升高，纳米 SiO_2 与 Al_2O_3 反应可形成莫来石结合相，强度迅速提高；特别是在高温下，由于其不含水泥，高温热态性能优异。该材料较适合炉身中部以下内衬喷注。

设备方面采用大型可伸缩机械手喷注，由于配重的灵活变动，枪身稳定不摇摆；反弹量极小，人员可以站在高炉底部遥控机械手；该设备喷注速度可达 25t/h，高效且环保。该大型机械手仍有其进步空间，如可在枪头处设置"探距仪"，对凹凸不平处可随时调整转速，满足不规则炉型的喷补要求。

4.3.1.4　耐火材料生产过程的减排技术

耐火材料属于资源型产业，为钢铁冶金、水泥、石化等高温行业服务，我国的耐火材料生产企业在生产过程中难以避免的产生大量的烟尘以及氮氧化物、二氧化硫、二氧化碳等废弃物，是空气污染的主要原因。因此，节能减排技术的应用（如生产过程中的脱硫、脱硝、烟尘处理等）可有效帮助耐火材料行业绿色健康、可持续的发展。图 4-8 所示为某厂烟气脱硫脱硝一体化设备。

A　脱硫技术

a　湿法烟气脱硫

湿法脱硫技术大多使用浆液泵将液体吸收剂喷入脱硫装置内，在湿状态下完成脱硫的工艺。湿法脱硫工艺上常用的吸收液制浆材料包括石灰法、钠碱法、氧化镁法、氨法等。湿法脱硫工艺具有脱硫反应速度快、系统操作简单、脱硫效率

图 4-8　烟气脱硫脱硝一体化设备

较高、技术成熟等优点；但同时存在着运行能耗高、一次投资大、脱硫设备腐蚀、脱硫副产物处理难，容易造成二次污染等问题。湿法烟气脱硫装置考虑到其中大量的液态物资一般配套旋风除尘器或者洗涤塔一同使用。旋风除尘器的除尘效率一般能达到 90%。因为湿法脱硫的反应生成物中含有酸性成分，所以容易对湿法除尘器设备内部造成腐蚀；同时由于无法完全脱水，所以在排放烟囱附近易产生局部的酸雨对厂房及设备带来腐蚀风险。图 4-9～图 4-11 所示分别为氧化镁法脱硫流程、氨法脱硫流程和海水法脱硫流程。

　　b　半干法烟气脱硫

　　半干法脱硫技术是利用烟气的温降脱硫吸收液中的水分在脱硫过程中蒸发，最终生成干粉状的脱硫产物。比较成熟的半干法脱硫工艺有循环流化床脱硫和旋转喷雾干燥法脱硫。半干法脱硫就有脱硫效率高、运行设备结构简单、脱硫副产物循环利用、无废水排放（没有二次污染）等优点。但该方法的运行成本较高，在脱硫干燥过程中容易形成脱硫设备内壁的积灰，核心设备循环流化床和旋转雾化器设备维护要求较高。循环流化床脱硫装置通常配套旋风除尘器和布袋除尘器，而旋转喷雾干燥法需要配套布袋除尘器。布袋除尘器的除尘效率非常高，通常能达到 99%，布袋对除尘颗粒物的粒径大小适应性也极强。布袋除尘不适应于高温、高湿的烟气除尘；在达到布袋除尘器高效的除尘效率的同时，必然带来烟气的压降。常规布袋除尘器的气体阻力大约为 1500Pa。图 4-12 和图 4-13 所示分别为 CFB 循环流化床半干法脱硫流程和喷雾半干法脱硫流程。

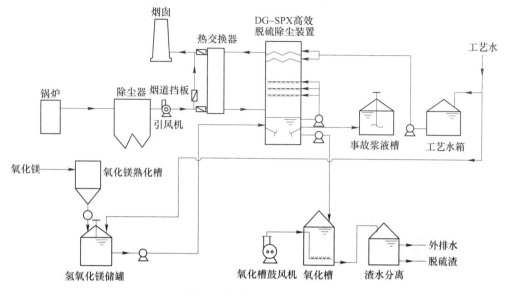

图 4-9 氧化镁法脱硫流程

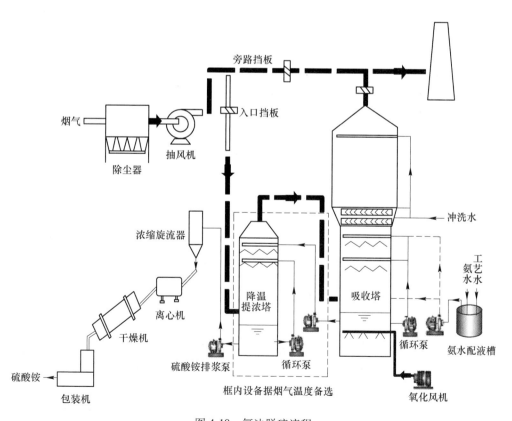

图 4-10 氨法脱硫流程

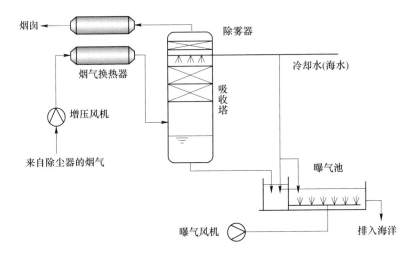

图 4-11　海水法脱硫流程

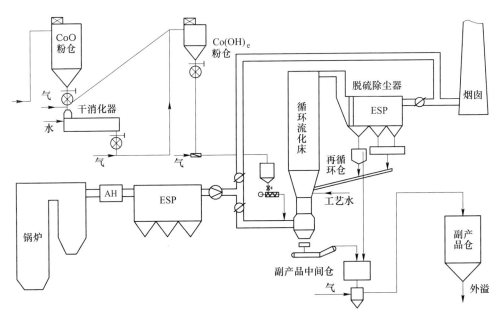

图 4-12　CFB 循环流化床半干法脱硫流程

c　干法烟气脱硫

干法脱硫技术是采用粉状脱硫剂在干态下与烟气中的硫化物反应。由于在脱硫反应过程中没有液体脱硫剂的使用，所以终产物都是固体粉末而且没有任何设备腐蚀的风险，同时由于固体粉末脱硫剂不存在水的蒸发，所以脱硫工程中对系统的温度影响非常小。但干法脱硫技术也有很多局限性，例如脱硫效率低、要求

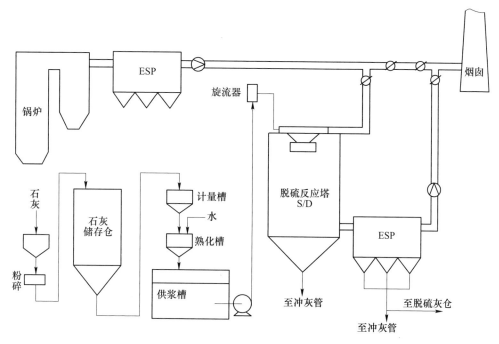

图 4-13　喷雾半干法脱硫流程

烟气温度高、脱硫剂的使用效率低、脱硫剂研磨给料系统故障率高等。根据干法脱硫的反应温度，下游的除尘设备可以静电除尘器。静电除尘器的集尘效率最大能够达到99%，而且其设备压力损失仅为200Pa。相比布袋除尘器电除尘的一次投资大，设备运行操作要复杂，后续设备检修、维护工作要求高。

B　脱硝技术

a　SCR（Selected Catalyst Reduction）选择性催化还原法

SCR法原理是将以氨水或尿素溶液等还原性物质通过喷枪、喷嘴等设备喷入脱硝反应器入口烟道内，在290~420℃温度区间内和催化剂的作用下将烟气中氮氧化物还原成 N_2 和 H_2O，从而降低 NO_x 的排放量。SCR技术具有工艺成熟可靠、脱硝效率高（70%~90%）、无二次污染等优点。但是SCR工艺也存在着初始设备一次投资大尤其是催化剂部分的投资较大，且SCR催化剂对反应温度有严格要求；另外还有催化剂堵塞的风险，还需要配套气体吹灰装置。SCR反应器含催化剂的系统压降约为1500Pa。图4-14所示为SCR流程。

b　SNCR（Selected Non-Catalyst Reduction）选择性非催化还原法

SNCR法从字面含义已经得知其是不需要催化剂的还原法，通常情况下SNCR应用于反应温度较高的炉腔内。通过喷嘴装置向反应炉内均匀喷入尿素、氨气等还原剂，还原剂在窑炉内迅速分解使得烟气中的 NO_x 在高温条件下与其发

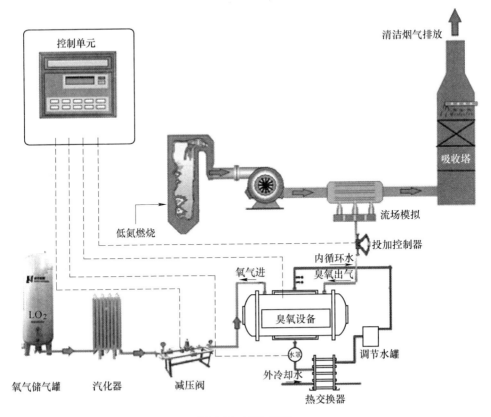

图 4-14   SCR 流程

生化学反应生成氮气和水。氨气有毒、有刺激性气味且易挥发。SNCR 法需要在特定的高温环境下运行，炉内工作温度的控制对 SNCR 系统运行影响很大。当炉内温度达不到 SNCR 系统工作温度要求时，氨的逃逸率就会增加，大量没有反应的氨进入到大气当中会引发新的环境问题；而当炉内反应温度过高后，氨又会发生分解从而影响脱硝效率，所以 SNCR 法脱硝效率不高，且还原剂的消耗量也很大。在配套有玻璃窑余热回收系统中还极有可能伴随有氨盐腐蚀或者高黏性钱盐副产物堵塞余热锅炉换热管道等现象。SNCR 方法的优点在于其设备工艺简单，不需要新建额外的脱硝装置，整个脱硝过程在反应炉内直接完成。因为其不需要催化剂和催化剂反应器所以投资低。图 4-15 所示为 SNCR 流程。

耐火材料与高温工业相互依存、彼此促进、协同发展。耐火材料支撑着高温工业技术进步，我国耐火材料产业取得了长足进步，规模不断扩大，已成为世界上最大的生产国、消费国和出口国。应加强耐火原料开采与运输、耐火材料生产、用后耐火材料储存和回收再利用等环节的环境管理，防止水土流失，减轻对生态环境的影响；加大粉尘治理，健全作业场所防尘、降尘和除尘设

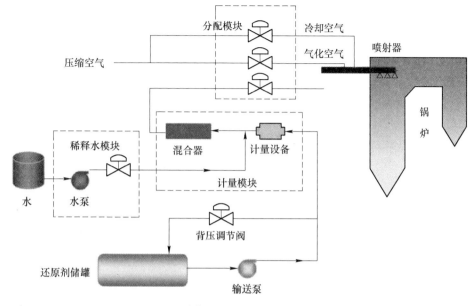

图 4-15　SNCR 流程

施，配备降噪设施，按照国家规定配套建设脱硫、脱硝等设施，减少污染物排放；加强耐火材料行业的节能减排，采取有效措施，发挥比较优势，做强做优耐火材料特色产业。

4.3.2　绿色耐火材料

绿色耐火材料指具有对人体健康无害化、对环境友好、对冶炼金属无害化、更节能高效等类型的耐火材料。以下举例说明。

4.3.2.1　纳米复合板

纳米复合板是一种高效隔热材料。

针对钢包耐火材料内衬传热导致的热量损失，各个钢铁公司和耐火材料厂家也有针对性地做了不少工作，目前钢包主流保温材料大概分三大类：叶蜡石薄片砖、硅酸铝纤维板和反辐射绝热板。使用叶蜡石薄片砖做保温层的钢包热损失很大，钢包外壁平均温度达 350℃左右；使用 20mm 硅酸铝纤维板做保温层的钢包热损失较大，钢包外壁平均温度达 290℃左右，温度仍然偏高；单独使用 5mm 微孔绝热板做保温层的钢包热损失较小，钢包外壁平均温度达 280℃左右，但由于材料本身强度和使用温度限制，在钢包使用后期该材料粉化严重，形成空洞，安全隐患很大。因此，新型的轻质、高强、耐高温、超低导热钢包绝热保温材料及其应用技术的开发无论是对节能降耗、资源环保、还是对钢产量和钢质量的影响，都有着重要意义。

　　纳米孔绝热材料是根据传热原理，使用纳米级粉体（如图 4-16 所示），添加适当的配料，运用特殊的成型工艺制备的新一代保温隔热材料。其隔热保温效果是目前传统材料的 3~4 倍以上，并且没有传统材料生产使用时对人体和环境的污染，因此，正不断在各个行业替代传统的保温材料；同样的保温层厚度，外壁温度更低；同样的保温层外壁温度，保温层厚度更薄，设备体积更小。由于保温隔热效果好，综合的优化设计可显著降低设备使用能耗。

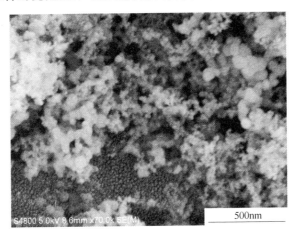

图 4-16　纳米二氧化硅扫描电镜图

　　我国约 20%~30% 的钢包使用纳米隔热板。洛耐院生产的纳米板的性能指标见表 4-13。纳米隔热板厚度约 10mm，含碳工作衬的钢包包壳外侧温降约 70℃，不含碳的铝镁质工作衬的钢包外壳温降 80~90℃，外壳温度为 280~300℃。

表 4-13　洛耐院生产的纳米板的性能指标

性能指标	Lny-1000				
密度/g·cm^{-3}	0.3~0.55				
长期使用温度/℃	约 1050				
耐压强度/MPa	压缩 10%，>2				
线收缩（1000℃）/%	<2				
导热系数/W·(m·K)$^{-1}$	200℃	400℃	600℃	800℃	1000℃
	0.028	0.038	0.043	0.055	0.063

　　上海宝钢 1930CCM 连铸机中间包上使用厚度 5mm 纳米复合隔热板（其工作层镁质涂料约 40mm，永久衬 185mm，轻质砖厚度 30mm），包壳温度降低 83℃。随着连铸炉次增加，包壳温降更明显。钢水温降的标准偏差降低 10.39%，波动幅度明显收窄，有利于提高连铸浇钢过程中钢水温度的稳定性，提高铸坯质量。

对于纳米孔轻质绝热材料而言，一是材料的体积密度非常小，降低了固体热传导；二是它具有纳米孔结构，气孔内的空气分子失去了自由流动的能力，而是相对地附着在气孔壁上，气体的热对流和热传导可以忽略，这时材料处于近似于真空状态；三是它通过近于无穷多的界面使热辐射经反射、散射和吸收而降到最低。纳米孔隔热材料气孔率可达 80% 以上，其孔洞尺寸多数在 50nm 以下，气体分子的相对运动受到限制，相互碰撞被阻断，从材料内部消除了对流传热，从根本上切断了气体分子的热传递，从而可获得低于静止空气的导热系数。纳米二氧化硅制备的微孔绝热材料在使用过程中随着温度升高到一定程度，材料内部热量的传递由热传导为主转变为热辐射为主，而它对 $3 \sim 8\mu m$ 的辐射波长几乎是透明的，而遮光剂可以大幅度降低高温下材料内部的辐射热传递，提高纳米孔绝热材料的隔热性能。图 4-17 所示为试样在不同温度的热导率。

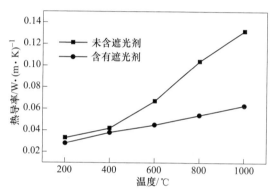

图 4-17　试样在不同温度的热导率

两种试样的热导率都比较小，这是因为试样中由硅灰堆积形成的微纳米孔对试样的热导率起决定作用；但是，含遮光剂试样的热导率比不含遮光剂试样的低，并且不像不含遮光剂试样那样随着热面温度的升高而急剧增大，而是近乎匀速增大，这是因为氧化锌具有反射红外辐射的特性，温度越高反射的红外线越多。

图 4-18 所示为典型试样（含有遮光剂）的显微结构照片，从图中可以看出，该隔热板样品中纤维分散均匀；同时，样品呈现出一种疏松的多孔结构，由于其纤细的纳米多孔网络结构增加了固态传热通路，纳米级的孔隙尺寸限制了内部气体运动，使其能有效限制固相传热、气相传热及热对流。在模拟试验中，选取该试样对其高温隔热和使用性能进行了测试。试样的密度为 $0.45g/cm^3$，长期使用温度为 1000℃，线收缩（1000℃）小于 2%。

图 4-19 所示为不同厚度样品模拟试验升温时热面温度所对应冷面温度的关系曲线。从图中可以看出，样品冷面温度随热面温度升高而逐渐升高，但随试样

图 4-18　高铝纤维质量分数为 15% 的试样（含有遮光剂）的显微结构

厚度的增加而降低，但冷面温度都比较低，未超过 170℃。当热面温度为 1000℃时，冷面温度最高才达到 160℃，说明该试样使用时具有较好的隔热性能。

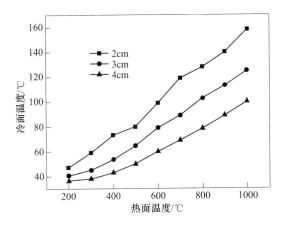

图 4-19　不同厚度样品模拟实验升温时热面温度所对应冷面温度

4.3.2.2　RH 炉无铬化

RH 精炼法属于真空循环脱气法的一种，具有脱气快、降温少、合金收得率高、冶炼钢种范围广、精炼效果好等特点。RH 精炼炉工艺的发展带动了耐火材料的发展和进步，从早期的高铝质耐火材料发展到普通烧成镁铬质耐火材料后进一步采用直接结合镁铬砖、半再结合或再结合镁铬砖[23]。为应对严苛的使用环境，在下部槽、环流管等 RH 关键部位应用的高纯再结合镁铬砖中氧化铬含量高达 24%[24,25]。但镁铬砖在生产和使用过程中会产生致癌物质六价铬，不仅对劳动作业者和周围环境产生致命性的影响，也会对土壤和地下水存在严重的污染，从而备受社会诟病。近年来，欧美、日韩和我国台湾地区的钢铁企业为顺应环保需求，均在积极推进 RH 精炼炉用耐火材料无铬化，实现了局部生产应用[4]。在我国，宝钢是国内较早开展这项工作的钢铁企业，经过几年的努力，已经完成了 RH 耐火材料全面无铬化[5,6]。目前，镁铝尖晶石砖、铁铝尖晶石砖、镁钙锆砖已成功替代镁铬砖在水泥窑上取得了应用[26~31]，而业内同行也在积极研发如镁尖晶石砖、铝尖晶石砖、镁锆砖、刚玉尖晶石预制块、镁碳砖等 RH 炉用无铬质耐火材料，并取得了长足进展。

RH 真空精炼炉从下到上依次为浸渍管、环流管、下部槽、中部槽、上部槽和热弯管等。RH 炉冶炼一般精炼温度在 1560~1650℃，局部最高可达 1700℃以上，真空度最高可达 66Pa，同时在吹氧、氩气流的作用下混合着渣液的钢液往复进行循环流动，不断冲刷、侵蚀着冶炼炉的耐火材料衬体。另外，RH 炉为间歇式生产冶炼，温度的反复波动造成了耐材使用环境的进一步恶化，耐材寿命进一步降低。其中，浸渍管、环流管和下部槽是侵蚀最为严重的部位，浸渍管的寿命最低，通常只有真空室下部衬砖的 20%~30%。

（1）镁铝尖晶石砖。方镁石和尖晶石对于 SiO_2、CaO 都具有较强的固溶性，体现了良好的热震稳定性，但其抗精炼渣的侵蚀性渗透性与镁铬质材料有一些差距[2]。

（2）镁铝锆尖晶石砖。$MgO\text{-}Al_2O_3\text{-}ZrO_2$ 砖是在镁铝尖晶石砖中添加 ZrO_2 制得。通过引入 ZrO_2 可以促进组织结构中结合相的发育，进而提高抗侵蚀性。

（3）镁碳砖。对低碳镁碳砖进行的研究表明，石墨含量 3% 镁碳砖由电熔镁砂、精细石墨粉和金属 Si 粉制作而成。将这种低碳镁碳砖用于 300t RH 炉真空室下部，发现其使用寿命比镁铬砖寿命高 15%，取得了较好的使用效果。

中钢集团耐火材料有限公司作为国内最早生产 RH 炉用镁铬砖的企业之一，其紧跟无铬化的技术发展方向，研发了金属复合抗渗微孔镁尖晶石砖，在国内率先完成了 RH 炉用耐材整体无铬化，引领了无污染环保型耐火材料的发展。

（1）金属复合抗渗微孔镁尖晶石砖以各种纳米级致密高纯氧化物为主要原料，使材料复合以后呈镶嵌状结构，提高材料制品韧性、抗热震性，提高抗结构剥落性，制备出高温强度高、抗热震好、微孔化、抗渣侵蚀、抗氧化优异的无铬化耐火材料。该产品开发了 4 个牌号，可以根据 RH 炉各部位的使用要求进行配置。无铬化系列产品牌号和指标见表 4-14。

表 4-14　无铬化系列产品牌号和指标

理化指标	金属复合抗渗微孔镁尖晶石砖			
	LNWG-1	LNWG-2	LNWG-3	LNWG-4
MgO/%	≥83	≥81	≥80	≥80
体积密度/g·cm⁻³	≥3.05	≥3.0	≥3.0	≥3.0

续表 4-14

理化指标	金属复合抗渗微孔镁尖晶石砖			
	LNWG-1	LNWG-2	LNWG-3	LNWG-4
显气孔率/%	≤10	≤10	≤10	≤10
常温耐压强度/MPa	≥110	≥110	≥110	≥110
耐火度/℃	≥1790	≥1790	≥1790	≥1790
0.2MPa 荷重软化温度/℃	>1720	>1700	≥1700	≥1700
高温抗折强度（1450℃×1h）/MPa	≥10	≥8	≥7	≥7
热震稳定性（1100℃水冷）/次	≥5	≥4	≥3	≥7

（2）高压成型，气孔率低，但气孔量并不减少。当孔径小于 10μm 后，导热系数非常小。气孔孔径呈单峰分布，比呈双峰分布的导热系数小。由于气孔率低、气孔孔径小，故影响渣向耐火材料渗透。砖中气孔微细化并分布均匀的组织结构不仅能降低透气度，而且可改善抗热震性。

（3）在高温使用过程中原位生成非氧化物，这些非氧化物填充穿插在方镁石骨架结构中起到增强增韧作用，从而显著提高材料的各种气氛（氧化和还原）高温强度和抗热震性，改善其抗氧化性和抗渣性能，能够满足洁净钢、超低碳钢冶炼的需要。

（4）含有一定量的有机物，高温下形成大量的镶嵌状结构，大大提高了渣的润湿角，提高了材料的抗热剥落与炉渣的渗透性。

4.3.2.3 低碳镁碳砖

低碳镁碳耐火材料一般是指总碳含量不超过 8%（质量分数），以镁砂、石墨为原料，通过有机结合剂结合而成的一类材料。镁碳砖的低碳化，可以降低材料的热导率，提高材料的抗氧化性能，并有利于其与渣结合形成致密的工作层，起到阻止熔渣侵蚀原砖层的作用。但对于镁碳耐火材料来说，其优良的性能主要在于碳，降低碳含量，势必造成材料的某些性能下降：一方面，材料的热导率下降，弹性模量增大，从而使材料的抗热震性变差；另一方面，碳含量降低后，使熔渣与材料的润湿性增强，材料的抗渗透性变差。

通过采用纳米尺度的炭黑以及复合石墨化炭黑改性酚醛树脂，形成杂化树脂（HB：Hybrid Binder）和高性能杂化树脂（High Performance Hybrid Binder）。在基质组成中引入不同形态纳米尺度的炭黑（单球型、聚集型）和复合石墨化炭黑，所研制的低碳镁碳砖的组成与性能见表 4-15 和图 4-20、图 4-21，所研制的低碳镁碳砖在抗热震性、抗氧化性、抗渣性以及导热性等方面与传统镁碳砖相比都有显著的改善和提高。

表 4-15　纳米技术镁碳砖的特征性能

	项　目	1	2	3	4
	镁砂	96.0	96.0	94.5	96.0
	炭黑	—	—	—	—
	单球体类型 A	1.0	—	—	—
	团聚体类型 C	0.5	—	—	—
	团聚体类型 D	—	1.5	1.0	1.0
	复合石墨化炭黑	—	—	2.0	2.0
	树脂结合剂	2.5（HB）	3.2（HHB）	3.0（HHB）	3.0（HHB）
处理前	显气孔率/%	4.5	5.0	4.5	7.5
	体积密度/g·cm^{-3}	3.19	3.17	3.16	3.13
1000℃×5h 处理后	显气孔率/%	9.5	9.5	8.0	—
	体积密度/g·cm^{-3}	3.13	3.13	3.13	—
	抗折强度/MPa	5.0	5.0	8.0	—
1400℃×5h 处理后	显气孔率/%	10.0	9.0	7.5	—
	体积密度/g·cm^{-3}	3.12	3.13	3.13	—
	抗折强度/MPa	3.0	4.0	8.0	—

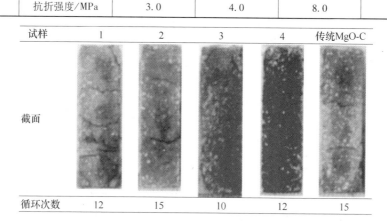

试样	1	2	3	4	传统MgO-C
截面					
循环次数	12	15	10	12	15

图 4-20　纳米结构基质低碳镁碳砖与传统镁碳砖的抗热震性比较

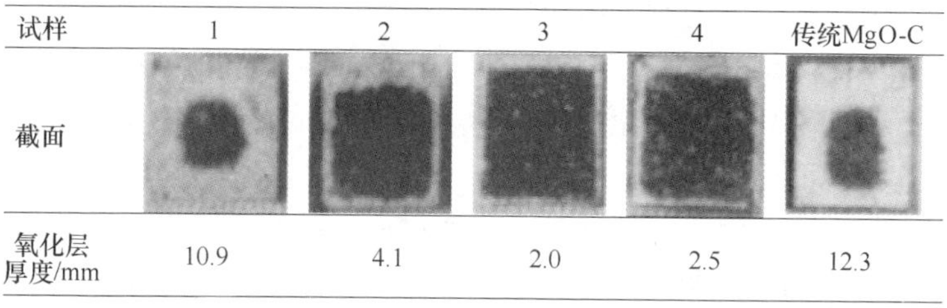

试样	1	2	3	4	传统MgO-C
截面					
氧化层厚度/mm	10.9	4.1	2.0	2.5	12.3

图 4-21　纳米结构机制低碳镁碳砖与传统镁碳砖的抗氧化性比较

近几年，以日本为代表，应用纳米技术的低碳镁碳砖已有了较大的发展。所采用的低碳镁碳砖大致可以分为两类：（1）在使用条件下原位形成纳米碳纤维结合的低碳镁碳砖。这种砖中的 $w(C)=1\%$，在 VOD 钢包上的使用寿命是传统镁铬砖的 2 倍；（2）纳米结构基质低碳镁碳砖，砖中的 $w(C)=3\%\sim5\%$。在日本，这种砖作为镁铬砖的替代产品已广泛地应用于 RH 精炼炉，其使用寿命明显优于传统镁铬砖。

国内两种低碳镁碳砖典型的性能指标见表 4-16。

表 4-16　两种低碳镁碳砖典型的物理化学性能指标

项 目		DMT-4	DMC-6
200℃烘烤处理后	显气孔率/%	2.4	1.8
	体积密度/g·cm^{-3}	3.15	3.12
	耐压强度/MPa	109.2	88.0
	抗折强度/MPa	43.4	35.7
1000℃×3h 处理后（还原气氛）	显气孔率/%	10.1	8.0
	体积密度/g·cm^{-3}	3.04	3.01
	耐压强度/MPa	38.7	47.0
	抗折强度/MPa	15.4	9.8
	线变化率/%	−0.03	+0.22
1650℃×3h 处理后（还原气氛）	显气孔率/%	10.1	8.0
	体积密度/g·cm^{-3}	3.04	3.01
	耐压强度/MPa	60.1	72.1
	抗折强度/MPa	10.7	9.9
	线变化率/%	+0.06	+0.26
化学成分	$w(MgO)/\%$	93.12	86.62
	$w(C)/\%$	4.10	5.85

4.3.2.4　环保型硅酸盐纤维

环保型可降解无机纤维是一种新型的耐高温节能隔热材料，它在人体和土壤环境中能够快速降解，不会对人体和自然环境产生危害。

由于环保型可降解耐火纤维的化学成分不同于普通硅酸铝系列耐火陶瓷纤维，它含有 CaO、MgO 等碱土金属氧化物，这样的纤维在人体体液中具有非持久性，可以被人体体液逐渐分解，排出体外，对人体环境的影响可以通过人体自身的新陈代谢进行消除。因此，环保型可降解耐火纤维的这些优点被认为是替代传统硅酸铝纤维的"绿色"耐火纤维产品。表 4-17 和表 4-18 是环保纤维的主要性能指标。

表 4-17　环保纤维的主要性能指标

产品名称	可溶纤维赛顿®摩擦绒
产品代码	SDKR-2Z
产品颜色	白或灰白
纤维平均长度/μm	50 ± 25
使用温度/℃	≥1000
纤维直径/μm	2~4
莫氏硬度	5~6
渣球含量（ϕ≥0.212mm）/%	≤1
烧失率/%	0.5
表面处理	润滑脂
化学成分/%	Al_2O_3	≤1
	SiO_2	57~67
	$CaO + MgO$	29~40

表 4-18　鲁阳生产环保纤维的主要性能指标

产品名称		可溶®纤维毯 N1260	
代码		LYMX-1260T	
分类温度/℃		1260	
抗拉强度/kPa	96kg/m³	≥50	
	128kg/m³	≥60	
加热线收缩（1260℃×24h）/%		<2	
渣球含量（ϕ≥0.212mm）/%		≤12	
燃烧性能等级		A1 级	
导热系数（平均温度）/W·(m·K)$^{-1}$	容重/kg·m^{-3}	96	128
	400℃	0.11	0.10
	600℃	0.18	0.16
	800℃	0.30	0.24
容重/kg·m^{-3}		96/128	

　　可降解耐火纤维的降解机理为：从纤维表面开始溶解，膨胀，使结构疏松，表面积迅速扩大，纤维被分散；纤维中的非晶态二氧化硅与水作用，不断地溶解，可降解纤维中的硅酸镁、硅酸钙消耗了水中的氢离子，使模拟肺液的 pH 值增加，pH 值增加的模拟肺液进一步地侵蚀纤维。

　　不同添加剂对纤维降解性能的影响为：可降解耐火纤维中 ZrO_2 或 Al_2O_3 含

量增加，可降解耐火纤维的降解性能下降，Al_2O_3 对降解性能的影响比 ZrO_2 要大。

图 4-22~图 4-25 所示为 Superwool607 纤维和 A2 纤维在降解前后的 SEM 图。从图中可以看到，溶解后的纤维基本上没有了完整的纤维形态，比没有溶解前的更加疏松。纤维溶解前的可降解纤维的纤维颗粒没有团聚现象。SEM 图中颜色发白的是纤维侵蚀较严重的纤维，含钙量较高；颜色较深的是纤维没有被侵蚀或者是侵蚀程度较小的，硅含量较高的纤维。从放大倍数较高的 SEM 图可以看出纤维被模拟肺液腐蚀。

图 4-22 Superwool607 纤维 SEM 形貌

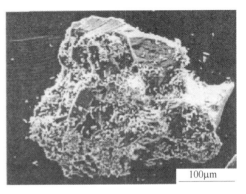

图 4-23 Superwool607 纤维降解后的 SEM 形貌

图 4-24 A2 纤维 SEM 形貌

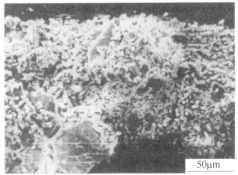

图 4-25 A2 纤维降解后的 SEM 形貌

任何陶瓷纤维都有其最高使用温度，也称其极限使用温度，超过这一温度，纤维的高温收缩现象开始发生，并且愈加明显。在实际的使用过程中表现为纤维内衬出现大于 1cm 的裂缝，最终严重影响高温窑炉的使用寿命。

图 4-26、图 4-27 所示为 Superwool607 纤维和 A2 纤维在 1250℃烧后的 SEM 形貌。从图中可以看出，纤维在超过最高使用温度下热处理后，纤维之间出现了晶体析出，而从宏观上看纤维会出现粉化。

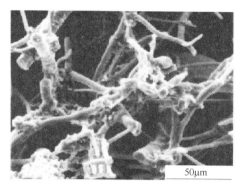 

图 4-26 Superwool607 纤维 1250℃ 烧后 SEM 形貌   图 4-27   A2 纤维 1250℃ 烧后 SEM 形貌

可降解陶瓷纤维可替代部分传统的陶瓷纤维，有的可降解陶瓷纤维持续使用温度可达 1260℃，同时具有优异的隔热性能，并且具有较宽的安全使用温度范围。如果吸入肺部，它能快速溶解于肺液中，并且易于从肺中排出，即它具有很低的生物持久性。

可降解陶瓷纤维已被做成许多形状制品，应用于许多高温领域中。真空成型能使该纤维加工成各种形状，包括管、环、复合成型的燃烧室等。为优化该陶瓷纤维在使用中的性能，陶瓷纤维制品可切割、也可不切割使用。环保降解耐火纤维制品广泛应用于冶金、化工、机械、建材、电子、陶瓷、玻璃、船舶等行业所使用的加热炉、热处理炉、均热炉、锻造炉、裂解炉、工业锅炉、烧成窑的炉衬和感应炉、钢包盖、烧嘴等。此外，还作为增强纤维，可用于金属、塑料、橡胶和陶瓷中；用做过滤材料和催化剂载体，具有与传统陶瓷纤维同样好的使用效果。

4.3.2.5 环保型铁沟料

高炉出铁沟用耐火材料是影响高炉生产的主要因素之一，主沟用耐火材料最为关键。Al_2O_3-SiC-C 质浇注料是品质优异、适应性广泛的铁沟用耐火材料。

高炉出铁沟用耐火材料的损毁主要是高温铁水和熔渣的热冲击引起的裂纹及化学侵蚀和渗透以及冲刷蚀损，随着钢铁新技术的发展，国内外高炉的有效容积不断提高，高温鼓风、高风压操作等诸多冶炼技术的进步以及铁矿石品位降低，为高炉铁沟带来了单次出铁量大、铁水温度高、流速加快、渣铁比高等更为苛刻的使用条件。

目前，具有优良性能的含碳铁沟浇注料已成为耐材工作者研究开发的热点。然而大量报道的结果表明碳含量普遍偏低，一般没有超过 5%，并且碳源多数以沥青碳和树脂碳为主，不加石墨或石墨加入量很少。然而球状沥青含有苯并芘组分，在高温使用过程中会产生致癌的黄色浓烟，焦炭中存在约 1% 的硫分和 1% 的挥发分（各种烷烃和芳香烃），会对操作人员的健康产生威胁且污染环境。随着环保压力的增加和人员自身安全意识的提高，开发低污染、高性能的浇注料已成为高炉铁沟用浇注料研究的重点。

根据高炉出铁沟的实际使用情况和对铁沟用浇注料的要求，选用的主要原料为棕刚玉、致密刚玉、特级矾土、碳化硅、α-Al$_2$O$_3$ 微粉、二氧化硅微粉、水泥等。分散剂为 SHP、FS20、8D-1。

用含造粒炭黑为环保型碳源制备碳含量为 1.5% 的 Al$_2$O$_3$-SiC-C 质浇注料，并以含球沥青为碳源的浇注料为对比实验（球沥青加入量 3%，标记为 L），比较浇注料基础性能。

向铁沟用耐火浇注料中引入造粒炭黑可以降低材料的显气孔率，提高材料的体积密度和强度。以添加 1.5%~3% 造粒炭黑的浇注料的综合性能为佳。另外，复合添加球沥青和造粒炭黑也可制备出性能优异的铁沟浇注料，但是环保性能要劣于仅使用造粒炭黑的材料。

所研制的高炉出铁沟用 Al$_2$O$_3$-SiC-C 质浇注料的理化性能指标见表 4-19。

表 4-19　研制的高炉出铁沟用 Al$_2$O$_3$-SiC-C 质浇注料理化性能指标

项　目		ASC-1	复验时单值允许偏差
施工需水量/%		3.5~4.0	±0.2
体积密度/g·cm^{-3}	110℃×24h	≥3.10	≥-0.05
	1450℃×3h	≥3.05	≥-0.05
耐压强度/MPa	110℃×24h	≥60	≥-3
	1450℃×3h	≥80	≥-3
高温抗折强度/MPa	1450℃×1h	≥2	≥-0.5
加热永久线变化/%	1450℃×3h	±0.3	±0.05
化学组成/%	Al$_2$O$_3$	≥70	≥-1
	SiC+C	≥18	≥-0.5
	C	≥3	≥-0.5
环保性能/×10^{-6}	苯并芘	≤10	≤+1

高炉出铁沟用 Al$_2$O$_3$-SiC-C 质浇注料属于现场浇注成型，主要通过搅拌机在现场混料施工。在实际操作中，铁沟一般带有一定的热量，在浇注料施工过程以及养护过程中浇注料中的易挥发物质就开始挥发。

图 4-28 所示为常州东方特钢出铁沟的施工现场，照片为现场浇注完成后 0.5h 的情况。两种出铁沟浇注料方案的流动性良好，硬化时间合适，施工性能优良。但是，采用传统技术方案的出铁沟浇注料施工后黄烟四起，现场气味浓重，污染较为严重；而采用环保铁沟料方案的现场，无烟尘泛起，只有少量的水蒸气，现场环境良好。因此，新开发的环保型出铁沟浇注料表现出优异的环境友好性。

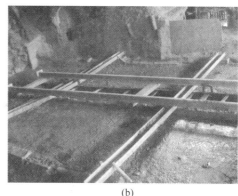

(a) (b)

图 4-28 出铁沟浇注料的施工烘烤现场照片

（a）传统型沥青碳源的浇注料；（b）环保型炭黑碳源的浇注料

以常州东方特钢铁沟的实际使用为例，使用本单位原出铁沟浇注料产品和国内某厂家产品时的通铁量为 11 万～13 万吨，而使用本单位所研制新型环保高炉出铁沟浇注料以后通铁量提高到 17 万～19 万吨，同期国内某厂家产品的通铁量仍维持不变，表明该产品性能良好，具有良好的耐渣铁侵蚀性，使用寿命明显增长。表 4-20 是环保铁沟料和传统铁沟料使用指标实测对比。

表 4-20 环保铁沟料和传统铁沟料使用指标实测对比

使用厂家		济钢	太钢	沙钢永兴	常州特钢
使用天数/天	环保铁沟料	70	76	90	125
	传统铁沟料	45	62	60	75
出铁量/万吨	环保铁沟料	15	17	18	19
	传统铁沟料	10	14	12	12
苯并芘含量 /$\times 10^{-6}$	环保铁沟料	0.7			
	传统铁沟料	125			
施工现场环境	环保铁沟料	无烟，无味			
	传统铁沟料	有浓黄烟，有刺激性气味			

在国内其他钢厂的使用结果表明，该产品具有优异的环保性能，明显改善了炉前的操作环境，并不同程度提高了铁沟的出铁量，减少了维修次数，提高了高炉的利用系数。

4.3.2.6 加热炉用辐射涂料

A 涂层材料简介

统计数据的分析表明，目前我国热工炉窑的平均热效率不足 40%，比工业发

达国家低 10%~20%。这一数据表明，我国热工装备行业的节能潜力巨大。热工
窑炉的热量损失主要有两个方面：一方面热量通过炉衬和炉外壁散热损失；另一
方面炉窑内壁发射率较低，使得热量不能有效地辐射到炉膛中，加热效率低下。
红外高辐射节能涂层技术是在物体表面涂覆一层具有红外高辐射率的材料，使物
体表面具有很强的热辐射吸收和辐射能力，辐射传热效率提高的高效节能新技
术，开发红外高辐射节能涂层材料可以有效提高窑炉的换热效率。

　　远红外线加热技术的开发已经有几十年的历史，特别是在最近 20 年，该项
技术的发展十分迅速，应用范围也越来越广。美国、日本等国家在该领域的研究
和应用已经产生了相当可观的经济效益。目前国际上著名的红外辐射涂料有英国
CRC 公司的 ET-4 型涂料，美国 CRC 公司的 C-10A、G-125 及 SBE 涂料，日本
CRC 公司的 CRC1100、CRC1500 远红外涂料和美、欧、澳联营公司的 Enecoat 涂
料，最高辐射率可达 0.9~0.94，节能效果 5%~20%，电阻炉最高节能 30%。日
本国内数百座工业炉在使用了热辐射节能涂料后，钢铁行业节能效果在 5%~
16%，一般平均在 8%以上；在石油化工行业、加热炉及分解炉中的节能率一般
在 2%~5%。国外的热辐射材料推向国内市场后，在我国也引起了众多企业的关
注。如上海宝钢、沙钢、兴澄钢铁厂、金山石化、武钢、鞍钢、攀枝花钢厂、首
钢等数十家企业先后也进行了热辐射材料的推广使用，并取得了极大的成绩。

　　我国在国家能源开发与利用的发展战略和相关产业政策的支持下红外辐射材
料和红外辐射加热技术得到快速发展，在红外辐射材料的基础研究和实际应用方
面都取得了许多成果。国家"973"项目中有关于远红外辐射研究的专门课题。
中科院上海硅酸盐研究所、南京航空航天大学、北京科技大学、武汉理工大学、
吉林大学、天津大学等单位相继开展了红外辐射材料的研究，据有关报道，国内
节能涂料最高辐射率已经超过 0.9。南京航空学院的周建初等研究了以 Fe_2O_3、
MnO_2 为基体的陶瓷，在 2.5~5μm 有很高的辐射率。山东慧敏科技开发有限公司
开发的微纳米节能涂料，涂层的辐射率达到 0.93%，应用在热风炉格子体表面不
仅起到了很好的节能效果而且有利于提高热风炉的寿命。

　　随着耐高温红外辐射节能涂料研究工作的深入开展，其产品质量和使用技术
不断改进，日趋完善，近年来的大量研究与探索表明，耐高温节能涂料的研究发
展方向主要有以下几个方面：

　　(1) 涂料颗粒的超细化涂料颗粒在超细化、纳米化后增加了粒子间的平均
间距，减小了单位体积内的粒子数，降低了其密度，能够提高热辐射的透射深度
以降低吸收指数和折射系数，从而达到提高物体辐射率与吸收率的效果。

　　(2) 涂料成分的复合化。单一物体的辐射率与吸收率毕竟是有限的，由于
物体的单色吸收指数随辐射波的波长的不同而不断变化，物体的发射与吸收也都
呈现出一定的选择性，故解决这一问题的办法就是采用多种材料成分复合化，使

物体在不同温度下和不同波长范围内的辐射特性能够互补而相互增强。

（3）涂料功能的多样化，工业上对涂料辐射特性的要求具有多样性。这对耐高温节能涂料的开发提出了更明确的要求，应针对各种不同的使用场合开发出具有选择性、高辐射率或高吸收率的产品，以便进一步起到"有的放矢"的效果。

B　制备工艺及性能

选用高能球磨工艺制备超细粉体，按图 4-29 技术路线将粉体基料、添加剂、减水剂、稳定剂和消泡剂放入球磨罐中球磨一定的时间即得到堇青石质高辐射率节能涂料，然后将涂料喷涂或刷涂到炉衬耐火材料上，将不同方案的涂层材料分别在 1000℃、1100℃、1200℃、1300℃、1400℃ 温度下烧制，分别测试其常温物理性能、高温性能、与基体材料的黏接强度以及红外辐射率。

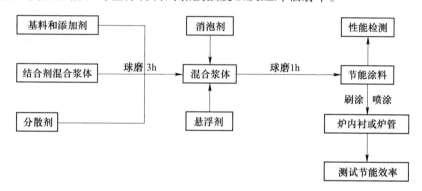

图 4-29　辐射涂料制备工艺及施工

通过实验，得到涂料浆体合适的分散剂为聚丙烯酸铵。聚丙烯酸铵（PAAN）为阴离子型聚电解质，一方面能电离出酸根离子，增加粉体表面的 ξ 电位，阻碍颗粒间的相互靠近；另一方面，它是一种长链高分子物质，能吸附在 ZrO_2 粉体表面起到空间位阻作用，因此能有效降低浆料的黏度，提高流动性。涂料浆体合适的添加剂：PAAN 为分散剂，氨基树脂为成膜剂，磷酸二氢铝为结合剂，CMC 为增稠流平剂，制备的氧化锆浆体性能较稳定，涂层经过高温烧成后不易开裂，与基体结合紧密。涂料浆体合适的固含量为 75% 左右。

表 4-21 为涂料样品在不同温度烧成后的发射率，涂层样品在常温、100℃、

表 4-21　发射率测试结果

测试温度/℃		室温	100	300	500	600
烧成温度/℃	1500	0.92	0.929	0.951	0.938	0.916
	1600	0.927	0.931	0.964	0.926	0.913
	1700	0.912	0.926	0.946	0.923	0.902

300℃和500℃时的发射率呈先升高再下降趋势，但变化幅度较小。影响材料发射率的因素主要有材料类型、内部结构以及材料的晶体尺寸。相同温度下烧成的样品在不同温度下测试其发射率也有一定的差异性，随着测试温度的升高呈现先升高再降低的趋势，但变化也不是太大，基本上都能保持0.9以上的发射率。

涂料可采用刷涂和喷涂方式进行，涂覆厚度保持0.1mm左右。涂层经过1750℃煅烧后与基体结合紧密，没有出现裂纹和分层现象。图4-30所示为涂层的可施工性能。涂料不但以其优良的红外辐射性能来改善工业炉炉内传热方式和过程，提高工业炉的能源利用率及其生产能力，而且还能保护炉衬材料，延长工业炉使用寿命，降低生产维护费用，最终达到增产、节能及降低生产成本的目的。涂料可广泛使用于窑炉耐火材料工作衬，可以在耐火砖、耐火纤维等表层施工。可应用于陶瓷窑炉、各类热处理炉、加热炉、耐火材料烧成窑炉等。红外高辐射节能涂料是多学科有机结合以及综合应用的成果。该类涂料可以广泛地应用于高温蒸汽管道、热交换器、冷凝器、高温炉窑、石油裂解设备、发动机部位、冶金行业的金属高温防护等。图4-31所示为热辐射涂料的施工和显微结构照片。

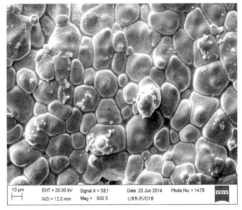

图 4-30　涂层的可施工性能

4.3.2.7　其他轻质耐火产品

A　纤维组块

目前我国新型耐火材料研究在配方、组成、结构与性能方面均取得长足进步，出现了一些高端的重量轻、耐高温、导热系数低的新材料，进入世界前列。但还要在使用上大力推广，以取得显著的节能减排效果，带来更大的经济效益。

新型耐火材料研发的目的是要在保证材料使用寿命的前提下，最大限度提高其节能减排效果以及最大量节约材料。主要体现在：（1）耐火材料的轻量化，减少单位体积耐火材料用量，以降低耐火材料消耗；（2）降低耐火材料导热系数以减少工业炉能耗。

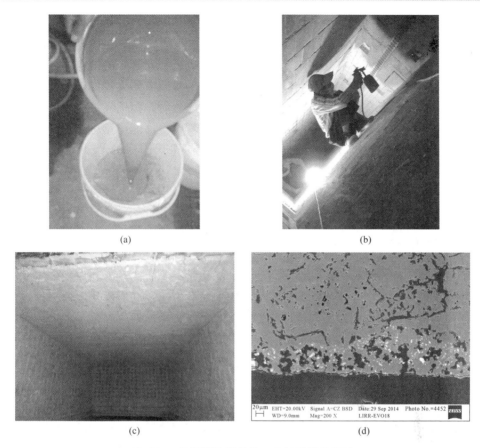

图 4-31　热辐射涂料的施工和显微结构照片

（a）涂料产品；（b）涂料施工；（c）窑炉涂层用后宏观形貌；（d）涂层用后微观形貌

　　在对武钢、宝钢、鞍钢、攀钢、唐钢、济钢、本钢、通钢等公司调研后发现，国内几乎所有的轧钢加热炉，绝大部分台车式、室式锻造加热炉都采用重质耐火材料（可塑料、浇注料、耐火砖）内衬，因这些重质耐火材料导热系数大（约为纤维耐材的 4 倍），使得炉顶、炉墙内衬绝热保温性能极差，炉子外壁温度在 $140\sim250℃$，炉体散热损失大，浪费能源，恶化环境。在外国只有日本钢铁等企业的加热炉内衬完全纤维化了，达到了理想的节能环保效果；美国只有部分企业的高温加热炉内衬全纤维化了。因此，为使高温加热炉达到节能减排的理想效果，对国内外现有加热炉重质耐火材料内衬进行纤维化改造十分必要且市场广阔。

　　陶瓷纤维模块是陶纤毯经折叠压缩后定尺寸切块的制品，可根据要求的尺寸制造。其特点是体积密度比较低，为 $180\sim240kg/m^3$，$800℃$ 下的导热系数约为 $0.34W/(m\cdot K)$；因为是陶瓷纤维毯压缩成型，高温下利用模块自身膨胀可相互挤压，提高了陶纤衬里的严密性，抵抗烟气侵蚀和冲刷能力较强（烟气冲刷速度小于 25m/s 时）。陶纤模块炉衬的施工时间较短，一般加热炉在一周时间内就可以安装完成；施工可以在任何温度的防雨条件下进行，安装好的炉衬不需要养护和烘炉，大大缩短了施工周期。但陶纤模块炉衬的安装需要做较详细的前期施工设计，并且由专业技术人员施工。目前，从实际应用看，陶瓷纤维模块的优点非常适合石油化工装置加热炉的施工和操作条件，其整体性能稳定可靠；另外，其纯纤维结构使其能够吸收炉内的部分噪声，非常有益于工厂的环保要求。通过上述比较可知，陶瓷纤维模块在目前使用中的陶瓷纤维炉衬中的优势最为明显。经过近些年的应用，一般认为陶瓷纤维模块的适应性最强，可靠性更高，是陶瓷纤维类炉衬的首选。

陶瓷纤维模块具有容重小、蓄热量低、急冷急热不开裂、吸音性能好以及不需要烘炉等优良性能，克服了其他保温材料的一些固有缺点，可以有效地保证加热炉长期高效的保温性能，有效提高加热炉的热效率。但在设计和应用中应充分考虑提出的注意事项，才能使陶瓷纤维模块炉衬的应用效能最优化。根据加热炉的使用条件，合理应用陶瓷纤维模块炉衬，对工厂节约燃料、降低工程造价、缩短施工周期（或检修时间）、降低设备噪声等均有明显的效果。它尤其适用于石油化工装置加热炉的节能改造，既有利于提高工厂企业的经济效益，也有利于满足节能环保的要求。

B 环保炮泥

近年来，随着高炉容积不断扩大，热风温度和炉顶压力不断提高，原燃料条件相对变差所伴随的渣量不断上升和焦炭平均质量的下降，导致高炉出铁口所承受的条件越来越差，高温渣铁在高压下快速流出时对铁口的强烈冲刷和化学侵蚀的加剧使得铁口炮泥面对更严峻的挑战。为了保证铁口稳定和定期出净渣铁，高炉对铁口炮泥提出了更高的要求；同时，随着人们对环境保护认识的不断提高，要求炮泥对环境友好同时改善炉前操作环境的需求也不断呼唤着新型环保炮泥的大批量成功应用。

传统无水炮泥通常是以煤焦油和沥青为结合剂生产而成，相应产品优良的可塑性是其作为无水炮泥的首选结合剂。众所周知，煤焦油和煤沥青中含有的多种有害多环芳烃在高温下挥发会对周围环境产生一定的危害，尤其是煤焦油结合剂中的苯并芘含量较高，苯并芘是一种疑似较强致癌物质，如果可能，在实践中更应该尽量避免采用煤焦油作为炮泥的结合剂。

试验所用原料包括矾土熟料、碳化硅、氧化铝微粉、焦粉、球黏土、绢云母、蓝晶石等，结合剂分别采用传统焦油和新型环保树脂（见表 4-22 和表 4-23）。

环保树脂炮泥热处理后强度显著提高的主要原因是环保树脂的残碳量高，烧结后形成了更加牢固的碳结合，同时在炮泥升温过程中气体排放少，显气孔率低，结构更加致密。

表 4-22　主要原材料化学成分（质量分数）　　　　　　　（%）

原料	Al_2O_3	SiO_2	Fe_2O_3	R_2O	TiO_2	水分	SiC	C	灰分
88 矾土熟料	88.24	4.12	1.29	0.25	3.17	0.21			
碳化硅			0.76			0.20	96.91		
氧化铝	99.49	0.02	0.01	0.31		0.37			
焦炭						0.39		87.65	10.74
球黏土	34.80	50.50	0.91			2.83			
绢云母	13.86	76.80	1.37	3.66		0.45			
蓝晶石	55.64	40.20	0.74	0.16		0.27			

表 4-23　焦油和环保树脂性能指标

结合剂	密度/$g \cdot cm^{-3}$	残炭量/%	灰分/%	水分/%	黏度/$MPa \cdot s$
焦油	1.18	15.44	0.13	2.3	120
环保树脂	1.22	35.82	0.07	0.5	150

2016 年 12 月底环保树脂炮泥开始在某高炉上进行了 4 个月的实践应用试验，试验结果见表 4-24。从表中可以看出，环保树脂炮泥在出铁时间、铁口深度和炮泥单耗上均略好于焦油炮泥，尤其是出铁时间和铁口深度的稳定性有很好的提升，实践表明新型环保树脂炮泥完全可以满足高炉的生产要求。

表 4-24　新型环保树脂炮泥试验技术指标比较

炮泥	传统焦油炮泥	新型环保树脂炮泥
使用时间	2016.7.1~10.31	2017.1.1~4.30
高炉炉号	5 号	5 号
出铁次数	618	597
利用系数/$t \cdot (m^3 \cdot d)^{-1}$	2.269	2.261
钻口直径/mm	60	60
开口耗时/min	8~10	6~10
铁口深度/m	3.96	4.03
钻头消耗指标/个·次$^{-1}$	1.62	1.45
单次出铁量/t	962	1000
铁水温度/℃	1507	1517
见渣系数	0.89	0.91
打泥压力/MPa	19~22	20~22
平均出铁时间/min	163	168
炮泥单耗/$kg \cdot (t \cdot p)^{-1}$	0.43	0.41

4.3.3　耐火材料的综合利用

我国年生产耐火材料达到 2000 多万吨，已成为世界第一生产大国，每年消耗耐火材料约 2000 万吨，由此我国每年消耗数千万吨的耐火矿物。由于耐火资源也是其他行业的原料资源，故有色冶金行业迅速发展导致矿物资源消耗的增加，如金属铝行业对铝矾土的年消耗量达到约 1.8 亿吨。而我国铝土矿资源储量仅占世界总量的 3%，我国是铝土矿资源贫乏的国家。合理利用资源、节约资源是我们长期的责任和任务。我国每年产生约数百万吨的用后耐火材料。合理利用这近数百万吨的用后耐火材料，经过拣选、分类和特殊的工艺处理后，能够获得各类有价值的原料，制作不同种类耐火材料，每年可节省千万吨的耐火原料资源，同时也创造新的经济价值。

做好废弃耐火材料、废弃尾矿回收利用工作，不仅可以节约国家的矿物资源和能源，而且也可减少对环境的污染，降低耐火材料的生产成本。废弃耐火材料资源再利用可以产生显著的社会效益和经济效益，是利在当代功在千秋的大事，有利于我国经济的可持续发展。

4.3.3.1　用后耐火材料的再利用

对用后耐火材料再生利用的途径或方法有如下几种：（1）用后耐火材料降档使用。用后耐火材料用于生产不接触熔钢部位的耐火材料，工作衬材料再生用于永久衬，如钢包铝镁浇注料再生用于钢包永久衬浇注料。有的耐火厂采用玻璃窑用后的废电熔锆刚玉砖进行再利用，制作含锆的高铝砖等。钢铁厂用后镁钙砖就近破粉碎后作为钢厂的冶金辅料直接使用。有的钢厂将从转炉拆下来的用后镁碳砖作为转炉的修补料使用；有的用废弃镁碳砖加工成颗粒作为电炉填充料使用。（2）耐火砖再生用于不定形耐火材料。如用后镁碳砖经过破粉碎加工处理，与石墨分离，再生的镁砂作为原料制备中间包镁质干式料，或转炉大面修补料；用后高铝砖经破碎处理，作为普通耐火浇注料的原料使用。（3）中高档用后耐火材料用于生产同类产品。如用后镁碳砖再生镁砂制备镁碳砖；宝钢用超过 90% 的废砖量研制出再生铝镁碳砖，其性能已接近或达到新产品的水平。（4）经过精加工和处理，使之成为优质的高附加值的材料，如微粉生产和合成新材料等。（5）修复再使用。如钢包滑板用后修复再利用。

耐火材料在使用过程中因受到多种介质的侵蚀而变质，在拆炉和运输过程中会引入粉尘等杂质，因此，在使用用后耐火材料时存在许多不确定因素，将废弃耐火材料充分利用需要多学科技术的综合。例如，日本在除去废旧耐火材料中的熔渣杂质时引入了色选系统（如图 4-32 所示），即通过浅色和深色对比，采用高压气流作为分选动力来分离不同颜色的物料颗粒。该技术主要借鉴了粮食工业中根据颜色不同分拣粮食颗粒中的同等密度、同等粒度的不同颜色的杂质颗粒，比如在碾米行业中的色选机就是最常用的设备，用来分拣白色米粒中的其他颜色的米粒和霉变米粒。利用色选系统可有效地从浅色的可回收的铝质材料块中拣选除去深色的铁杂和熔渣块。

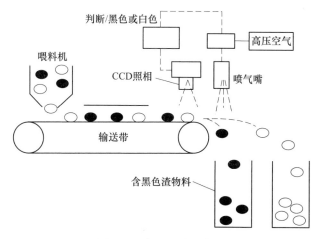

图 4-32   色选系统示意图

我国的钢包剥皮套浇，用后 Al_2O_3-SiC-C 铁沟料的回收再利用，MgO-C 砖的回收再利用，用后滑板的修复，高纯刚玉砖、铬刚玉砖、高铬砖等的回收再利用，熔铸制品切磨边角料的应用，工业铝废渣的利用等，是近年来践行绿色耐火材料理念的好做法。

4.3.3.2   耐火矿物尾矿利用

我国每年开采几千万吨耐火矿物，产生的耐火矿物尾矿量可能达到约千万吨。应根据其特性进行尾矿的再利用。下面以菱镁矿为例进行说明。每年菱镁矿选矿产生的尾矿达到几十万吨。其再利用的方向有耐火材料行业、建材和化工等。

（1）合成镁橄榄石原料。根据菱镁矿选矿工艺，主要反浮选去除滑石类硅酸盐矿物，另外也带走部分菱镁矿，尾矿的主要化学组成是氧化镁和氧化硅，氧化镁含量约 40%，氧化硅含量 16%～19%，灼减 33%～38%。其两者比例基本符合镁橄榄石的化学组成。该合成镁橄榄石的项目正在推进中。

（2）在建材行业上的利用。利用尾矿中菱镁石轻烧后转化为轻烧镁而具有镁水泥特性的特点，制作建筑材料。也可以制作墙体保温砌块：菱镁矿浮选尾矿细度达到 -0.074mm，而且大多为碳酸盐矿物，容易发泡，是生产墙体保温材料的理想原料。保温砌块的生产工艺流程为：原料—配料—搅拌—调浆—浇注—蒸养—切割—养护—检验—包装—出厂，其重要工序为浇注、发泡、养生。砌块重量轻，按不同级别分为 $300～800kg/m^3$，仅为黏土砖的 1/3 左右。砌块外观无缺陷、无裂缝，规格尺寸合格，容重 600kg/m³，强度 3.5MPa。浮选菱镁矿尾矿墙体实体材料在 7 天后抗折强度不再发生变化，抗压强度变化也很小，说明这种方法制备的墙体实体材料水化快。而且镁质材料具有质轻的特点，体积密度小，可减轻建筑物的自重。这种保温材料密度低、抗折破坏力高、干缩变形小，可代替红砖，减少了黏土的使用，保护了耕地。

由于菱镁矿浮选尾矿粒度很细，-0.074mm 达到 80% 以上，颜色是白色或浅灰色，故可以做成各种颜色的建筑物涂料，用于外墙体粉刷，起美化作用。

4.4 典型案例

4.4.1 耐火原料生产节能案例

4.4.1.1 海城轻烧镁的悬浮炉

我国以菱镁石为原料主要通过反射炉轻烧加工的轻烧氧化镁粉，数量大、用途广。轻烧氧化镁粉是菱镁矿煅烧的第一步，年产 400 万~600 万吨。辽宁地区的轻烧镁窑炉中包括轻烧反射式竖窑约 1700 座、悬浮焙烧炉约 10 座。反射式竖窑是主要的菱镁石轻烧窑炉。主要用来轻烧粒度 140~200mm 的菱镁石块料。

悬浮炉是在载热气体作用下，使细粒状或粉状物料悬浮于热气流之中，气、固间发生激烈的传热和传质过程的一种窑炉。悬浮焙烧炉是新型轻烧镁的窑炉。进入悬浮炉的原料在悬浮状态下完成预热、焙烧和冷却的全过程。焙烧天然菱镁石、石灰石碎矿时，要求入炉原料粒度小于 2mm，原料水分 1%~2%；当焙烧浮选菱镁石精矿粉时，要求入炉原料粒度小于 0.2mm，原料水分小于 10%。焙烧用燃料可以是燃气或煤气。年产量一般在 1 万~80 万吨。图 4-33 所示为悬浮炉的一个典型的生产系统配置。该系统有 6 个旋风器，前 3 个旋风器为预热段，原料经过预热后，温度已接近焙烧温度；第 4 个旋风器、焙烧器和热风炉为焙烧段，焙烧器下部直段扩大部分安装 2~3 支烧嘴，燃料经烧嘴喷入焙烧器，在原料颗粒与气体的混合物中燃烧，燃料燃烧和原料分解几乎同时瞬间完成，传热速率 420℃/min，单位容积生产率达 580kg/(m³·h)，分解率达 99.2% 以上。热效率约 58%，热耗 4180~5016kJ/kg。热风炉在开工时用来点燃焙烧器的烧嘴，在正常生产过程中继续为焙烧器提供热风，热风炉用燃料占生产总用量的 10%~20%；第 5、6 旋风器为冷却段。悬浮炉的特点：（1）单位产品热耗低；（2）生产强度高，产品质量均一；（3）立体布置，占地少、备品备件少、维修工作量很少、自动化水平高；（4）负压操作，劳动条件好、环境污染小。

后英公司建设投产的两台大型轻烧镁粉悬浮炉，分别为干法、湿法（经浮选）线，也是世界最大生产线，日产轻烧镁粉 1350 吨/台，产能 80 万吨/年，其产量是普通反射炉的约几十倍，能耗是反射炉的 50%。悬浮炉设备采用的是全封闭式生产管道，用静电处理办法，自动化程度较高，实现粉尘的

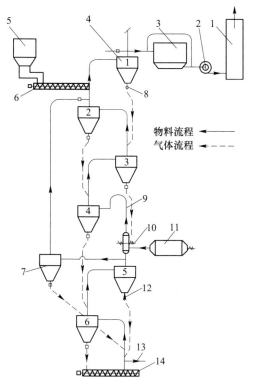

图 4-33 悬浮炉系统

1—烟囱；2—排废气风机；3—袋式除尘器；4—旋风器；5—储料槽；6—螺旋加料机；7—旁通旋风器；
8—格式阀；9—焙烧器；10—烧嘴；11—热风炉；12—摆动阀；13—风阀；14—螺旋输送机

零排放。图 4-34 所示为后英公司两台大型轻烧镁粉悬浮炉外貌。图 4-35 所示为传统的反射炉外貌。

辽宁省采用悬浮炉等节能型窑炉轻烧氧化镁的产能达到约 200 万吨，改变了轻烧镁的产业结构。悬浮炉和反射炉两种煅烧方式的性能对比见表 4-25。

表 4-25 两种轻烧炉对比

炉型	能耗（标煤）/kg·t⁻¹	日产量/t	氧化镁活性（水合法）/%	粉尘
悬浮炉	142	500~1350	70~86	轻微
反射炉	270~300	10~40	30~60	高

4.4.1.2 燃气竖窑煅烧矾土

煅烧窑炉的技术进步及限制使用固体燃料煅烧高铝矾土熟料和焦宝石等，消除了固体燃料灰分进入耐火原料，使天然耐火原料的质量品级得到大幅度提升，

图 4-34　大型轻烧镁粉悬浮炉外貌

图 4-35　传统的反射炉外貌

减少煅烧原料的杂质含量（2%～3%），提高了烧结密度。同时政府注重环保，限制企业生产使用固体燃料（煤炭、焦炭），鼓励使用清洁能源。山西、河南等地销毁了1000多座燃煤的煅烧矾土熟料的老式竖窑，彻底取消燃煤竖窑。图4-36所示为山西阳泉煅烧矾土熟料的燃气竖窑。

图4-36　山西阳泉煅烧矾土熟料的燃气竖窑

（1）以天然气为燃料的燃气竖窑是煅烧矾土熟料的主要方式。燃气竖窑的能耗大幅度降低，与过去的土竖窑比较，能耗降低60%，燃耗100～140m³/t天然气。图4-36所示为煅烧矾土熟料的燃气竖窑。同时限制高能耗的倒焰窑煅烧矾土料，2016年以来阳泉地区拆除了大量煅烧原料的倒焰窑。

（2）天然气竖窑装备采用环保设施，在竖窑上方出口处设置管道引出烟气，对排放的烟气进行湿法脱硫脱硝处理；对上料装置进行封闭，阻止粉尘泄漏。河南有的煅烧原料企业将露天竖窑改在车间内，以减少粉尘外泄。

（3）对窑型进行改造，增大窑炉的容积，提高产量，降低燃煤单耗。

4.4.2　耐火材料生产过程节能案例

4.4.2.1　电动程控螺旋压力机

耐火材料行业广泛使用摩擦压力机压制耐火制品，压力机技术水平处于20世纪50～60年代的水平，还处于"大马拉小车、头脑简单、四肢发达"的工作状态。摩擦压力机承受的是短期冲击负荷，即压力机的负载具有强烈的冲击性，在一个完整的工作周期内只在较短的时间内承受工作载荷，而在较长的时间内是空程运转；由于压力机的工作负荷一般在设计值的60%左右，电机长时间处于空载，而一般电机空载功率因数为0.2～0.3，所以摩擦压力机消耗电力很多都浪费掉了。从能量传递来看，摩擦压力机是通过摩擦力将能量从飞轮传递到滑块上，而摩擦力的大小要达到准确控制是非常困难的，因此打击力不均匀，导致生产的产品一致性差。

近些年，我国开发研制的电动程控螺旋压力机，由于其自动化程度高、成型质量好、安全节能，在滑板、水口、镁碳砖、镁铬砖、高铝砖、硅砖等制品生产中得到广泛应用，逐步取代摩擦压力机。其机械原理图如图4-37所示。

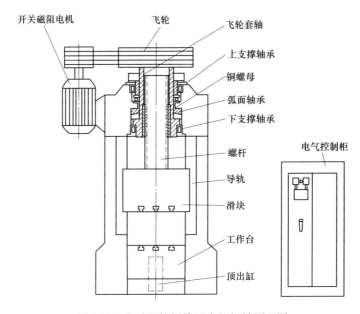

图4-37 电动程控螺旋压力机机械原理图

电动程控螺旋压力机具有以下特点：

（1）结构简单，传动链短。电动机直接带动飞轮和螺杆频繁正反转。易损件少，维护简便费用低（维护费用降低60%）。

（2）采用开关磁阻电动机驱动，可频繁启停及正反转切换；具有启动转矩大、启动电流小、调速范围宽（50~3000r/min范围内无级调速）、功率因数大（达0.98以上）、过载能力强、制动力巨大、可靠性高等优点。

（3）实现压制过程的全自动程序控制，精准控制打击力度、打击速度、打击次数，可实现先轻后重、多次压制。

（4）按钮式操作，降低工人劳动强度，减少操作人员1~2人；不需要专业技能的机手，将人为因素的影响程度减到最低，保证材料成型的一致性，坯体质量稳定，成品率高（98%以上）。

（5）系统能耗比传统摩擦压力机降低50%以上。压制时电机转动，上料、出砖、清理模具时电机停转。

（6）安全性高。在电机制动和制动器的双重作用下，滑块可在任何位置制动停车，防止意外发生。设有红外线安全保护接口，有效防止人身意外伤害事故的发生[32,33]。

淄博桑德机械设备有限公司的 SD10 系列和 SD20 系列电动程控螺旋压力机在耐火材料行业应用推广多年。表 4-26 是上虞自立股份有限公司在镁碳砖生产过程中的统计数据。表 4-27 是营口濮耐股份有限公司的生产统计数据。

表 4-26　上虞自立股份有限公司的生产统计数据

设备名称	班次	人员	产量		班产量		人员效率		电耗 /kW·h	吨电耗 /kW·h	吨维修 费用/元
			块	吨	块	吨	块	吨			
SD10-630	61	122	16226	203	265	3.249	133	1.624	4938	20.833	2.16
J67-630	61	183	20198	227	331	3.739	110	1.246	9850	38.933	5.27
对比/%	—	—	80.3	89.4	80	86.8	121	130	50	53.5	41

表 4-27　营口濮耐股份有限公司的生产统计数据

设备名称	产量/块	电耗/kW·h	吨电耗/kW·h	块电耗/kW·h	有效班产量/块	平均合格率/%
SD10-630	9636	3488	34.627	0.362	357	98.85
J67-630	13507	20520	103.31	1.519	436	
对比/%	71	17	34	24	82	

4.4.2.2　先进节能隧道窑

随着环保要求和一些先进的燃烧技术和设备（如高温空气燃烧技术、烟气再循环技术、高速调温烧嘴等）应用的日益成熟，选用洁净燃料和应用先进燃烧技术与设备是未来工业窑炉节能的一个新亮点。

中钢集团洛阳耐火材料研究院有限公司（简称中钢洛耐院）为安徽海螺暹罗耐火材料有限公司设计建造的 1800℃ 高温隧道窑的设计参数如下：

（1）最高设计温度：1800℃。

（2）长期最高使用温度：1780℃。

（3）窑体总长度：128.1m。

（4）窑腔内宽：2.35m。

（5）烧成周期：70~104h。

（6）燃料：天然气。

（7）产品：镁铝尖晶石制品。

（8）年生产能力：2.5 万吨。

该隧道窑预热带和冷却带采用平顶结构，烧成带采用三拱心结构，既保证了使用寿命，也降低了拱顶高度，降低了窑内上下温差。窑腔高宽比约 0.37，随着窑内高度的减小，窑内上下温差也明显减小，提高了产品的质量。

在窑衬设计上，选用蓄热低、隔热性能好的耐火材料，减少了窑体的蓄热和散热。采用特殊结构的低蓄热窑车,窑车衬砖的膨胀变形得到了明显改善,在保证窑车使用寿命的同时,也减少了窑车带走的热量。窑头采用双窑门设计和热风幕设计,减少了进车时对隧道窑内部温度的影响。

采用高温空气燃烧技术和烟气余热干燥技术。从冷却带抽出的热风,一部分经过窑体上设计的特殊通道被继续加热到900℃后作为助燃空气参与燃料的燃烧,提高了燃料的燃烧速度,有助于燃料的完全燃烧;另一部分送入干燥窑,用于耐火制品的干燥。隧道窑的风系统如图4-38所示。

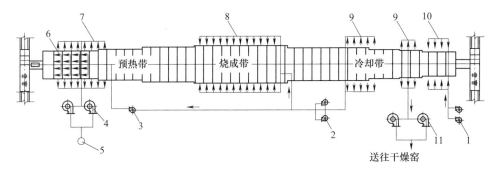

图 4-38 隧道窑风系统

1—冷却送风机;2—抽热及助燃风机;3—气幕风机;4—排烟风机;5—烟囱;6—气幕管道;
7—排烟管道;8—助燃风管道;9—抽热风管道;10—冷却风管道;11—抽热风机

隧道窑的整体控制系统采用集散式结构,实现了隧道窑温度、压力的自动控制,以及天然气、助燃空气、抽热风和冷却风的流量控制。隧道窑设计有在线式氧含量检测系统,实现了窑炉空燃比的精准控制,使窑内始终处于最佳燃烧状态,降低了燃料的不完全燃烧率,减少了能耗。采用新型高效能风机,全部采用变频控制,明显降低了单位产品的耗电量。

该隧道窑单位产品耗热量为3380kJ/kg,耗电量为8.5kW·h/t,远低于行业内同类产品能耗(单位产品耗热量为5480kJ/kg,单位产品耗电量为25kW·h/t)。

中钢洛耐院为郑州某公司设计建造的硅莫砖烧成隧道窑,设计温度1600℃,长期使用温度1400℃,窑长112m,年生产能力2.4万吨。采用相同的节能技术和措施,实际单位产品耗热量为1480kJ/kg,也明显低于国内同类隧道窑2520kJ/kg的耗热量。

4.4.2.3 节能减排梭式窑

中钢洛耐院为苏州某公司设计建造的高温梭式窑的设计参数如下:

(1)设计温度:1800℃。

(2)最高使用温度:1700℃。

(3)长期使用温度:1650℃。

(4)窑内容积:14.1m³。

（5）燃料：天然气。

（6）产品：高档氧化铝、氧化锆制品。

该梭式窑采用蓄热量低的氧化铝空心球制品作为工作衬，明显降低了窑体蓄热；采用导热系数低的隔热材料作为保温层，炉墙外壁温度控制在80℃以下，炉顶温度控制在100℃以下，减少了窑炉整体的散热损失。

采用新型高速燃烧器，该燃烧器可将高温烟气高速喷入窑内，形成强烈的搅拌作用，窑内气体呈紊流状态，温度更加均匀；由于对流换热的加强，明显降低了窑内温差，提高了产品质量，也达到了节约能源的目的。同时，该燃烧器具有氮氧化物排放量低的特性，从根源上减少了污染物的生成。

梭式窑采用PLC自动控制系统，可实现窑内温度和压力的全自动控制。配合高效燃烧器的宽适用温度范围，可以精确控制窑内温度，实现燃气和助燃空气的最佳比例调节，实现烧嘴自动点火、火焰监控、安全防爆和预设温度曲线等多种功能。窑内温度和空气过剩系数的精确控制，有效降低了能源损失。

梭式窑的烟道上设置了高效换热器，可将助燃空气温度预热到400℃，如图4-39所示。与同类窑炉相比，该梭式窑每炉次可节约天然气约3000m³，节能效果显著，也大幅减少了污染物的排放。

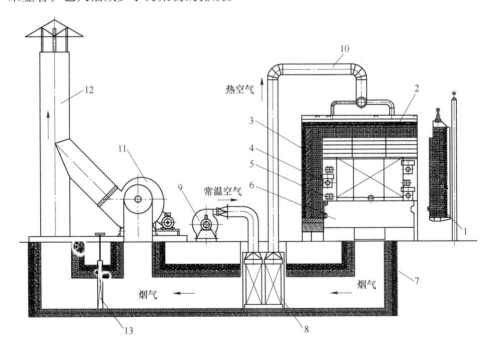

图 4-39 梭式窑立面图

1—窑门；2—窑顶；3—窑墙；4—烧嘴；5—观火孔；6—窑车；7—烟道；8—换热器；
9—助燃风机；10—助燃风管道；11—排烟风机；12—烟囱；13—闸板

4.4.3 耐火材料绿色应用及节能技术案例

4.4.3.1 RH 精炼炉无铬化耐火材料

宝钢自 2003 年开始着手 RH 炉耐材无铬化的工作,几年后全面实现了无铬化。根据 RH 炉各部位的精炼要求和特点选取不同的材质(如图 4-40 所示),采用刚玉-尖晶石浇注料整体浇注浸渍管,其优势是可以整体制作大型预制件的管体,从结构上消除砌筑砖缝,从而杜绝管体工作层渗钢,减少浸渍管下端口掉砖等。宝钢开发的整体浇注技术已扩展到环流管(如图 4-41 所示)。

图 4-40　RH 炉精炼结构

图 4-41　整体浇注(环流管、浸渍管)

RH 炉下部槽由早期的烧成镁尖晶石锆质、铝尖晶石预制块逐步过渡到镁尖晶石不烧砖。现宝钢 RH 炉衬主要采用镁尖晶石不烧砖砌筑,其主原料是采用镁砂和镁铝尖晶石,采用压砖机压制成型。镁尖晶石砖随着使用次数增加,砖体经高温烧结使组织结构致密化,熔损速率趋于稳定并下降,通过对比未观察到明显的剥落损坏发生,表明该无铬材料可在 RH 真空设备炉衬的冲刷严苛部位替代镁铬砖。宝钢 2008 年实现了整槽炉衬采用不烧镁尖晶石无铬耐火材料,2011 年 RH 精炼炉用耐火材料中无铬耐材约占 15%,2012 年下半年全面推广无铬耐火材料。2013 年宝钢炼钢厂的 5 台 RH 炉内衬耐火材料全面实现整槽无铬化,不再使用镁铬砖。宝钢 RH 炉关键部位用耐火材料理化指标见表 4-28。

金属复合抗渗微孔镁尖晶石砖在 5 号 RH 下部槽使用,使用 304 炉之后的侵蚀情况如图 4-42 所示。侵蚀较快的部位为下降管的包壁即冲击部位,冲击部位残砖厚度为130mm（残砖最短处），侵蚀220mm，侵蚀速率0.72mm/炉。表面几乎没有挂渣现象，非常光滑。

表 4-28 宝钢 RH 精炼炉关键部位耐火材料产品性能[24]

项 目	镁尖晶石砖		刚玉尖晶石预制砖	铝尖晶石浇注料
使用部位	上部槽	中、下部槽	下部槽	浸渍管、环流管
体积密度/g·cm⁻³	≥3.0~0.05	≥3.0~0.05	≥3.3	≥3.0
显气孔率/%	≤14	≤13	≤15	≤17
高温抗折强度/MPa	≥4 （1450℃，1h）	≥6 （1450℃，1h）	≥3 （1450℃，1h）	≥13 （1450℃，1h）
热震稳定性（1100℃水冷）/次	≥5	≥2.5平均	≥8平均	—
Al_2O_3+MgO/%	≥93	≥95	≥97	≥95
Cr_2O_3/%	≤0.1	≤0.1	—	—
T.C/%	≤1	≤1	—	—

图 4-42 金属复合抗渗微孔镁尖晶石砖在 5 号 RH 炉下部槽使用 304 炉后照片

金属复合抗渗微孔镁尖晶石砖在 5 号 RH 浸渍管使用，使用 115 炉正常下线之后侵蚀情况如图 4-43 所示。检查工作表面光滑平整，变质层厚 3~5mm。浸渍管残砖厚度为 130mm，侵蚀 70mm，侵蚀速率 0.61mm/炉。浸渍管工作面表面挂渣较少，侵蚀均匀，表面平整。

用下部槽使用后的残砖做扫描电镜分析，电镜照片如图 4-44 所示。图中 FM 为电熔镁砂，MA 镁铝尖晶石，Al 为金属铝粉。金属复合抗渗微孔镁尖晶石砖残存工作面仅有少量钢渣成分渗入，渣侵蚀和渗透很少。工作面主晶相为尖晶石，Fe_2O_3 渗透到尖晶石相中，但组织结构基本完整，颗粒尚未脱落和剥离，具有良好的韧性。

图 4-43   金属复合抗渗微孔镁尖晶石砖在 5 号 RH 浸渍管使用 115 炉后照片

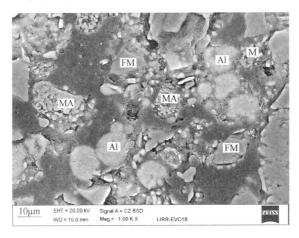

图 4-44   下部槽使用后残砖 SEM 照片

4.4.3.2 钢包隔热衬体

采用中钢集团洛阳耐火材料研究院有限公司提供的绝热材料在涟钢 210 厂钢包进行试验，选择了 9 号钢包进行试验，并选择 15 号钢包作为对比钢包。9 号钢包和 15 号钢包的尺寸均为 $\phi4380/\phi4004mm \times 4300mm$。在工作过程中钢水的出钢温度为 1570℃，钢水驻包时间平均为 120min。表 4-29 是钢包外壳温度记录。

9 号钢包和 15 号钢包耐火衬里结构如下：

9 号钢包：工作层为 200mm 刚玉尖晶石（渣线部位 230mm 低碳镁碳砖），永久层为 100mm 高铝浇注料，保温层为 15mm 的复合保温材料（10mm 多晶纤维保温板+5mm 微孔绝热板）。9 号钢包于 2016 年 8 月 13 日筑包完成并烘包结束。

15 号钢包：工作层为 200mm 刚玉尖晶石（渣线部位 230mm 低碳镁碳砖），永久层为 115mm 高铝浇注料。10 号钢包于 2016 年 8 月 17 日筑包完成并烘包结束。其中 9 号钢包在粘贴复合保温层时只粘贴包壁及渣线部分，包底不粘贴。

表 4-29　钢包外壳温度记录　　　　（℃）

序号	9号钢包渣线	9号钢包包壁	15号钢包渣线	15号钢包包壁	序号	9号钢包渣线	9号钢包包壁	15号钢包渣线	15号钢包包壁	序号	9号钢包渣线	9号钢包包壁	15号钢包渣线	15号钢包包壁	序号	9号钢包渣线	9号钢包包壁	15号钢包渣线	15号钢包包壁
1	162	158	220	210	21	174	167	219	211	41	178	172	225	230	61	179	169	225	226
2	170	160	210	208	22	180	163	218	225	42	181	177	219	223	62	176	183	231	226
3	170	165	223	217	23	183	172	232	225	43	178	171	229	226	63	185	174	234	230
4	165	162	226	220	24	176	168	215	220	44	178	177	232	232	64	180	176	226	231
5	171	164	231	228	25	186	172	218	216	45	165	182	212	230	65	175	168	229	224
6	180	170	223	230	26	176	170	218	219	46	184	165	223	238	66	180	179	231	229
7	182	168	228	216	27	181	173	224	221	47	182	169	227	230	67	176	170	219	225
8	175	175	210	227	28	174	168	225	234	48	176	179	231	228	68	180	183	235	229
9	173	168	220	228	29	169	163	228	231	49	183	169	226	231	69	179	168	228	219
10	169	160	225	221	30	172	165	219	226	50	179	174	229	227	70	168	177	230	230
11	171	163	223	231	31	179	175	225	231	51	180	182	219	224	71	190	186	236	232
12	183	165	216	223	32	168	189	220	236	52	181	176	224	228	72	187	180	229	231
13	178	180	200	215	33	180	176	222	232	53	176	169	228	232	73	179	170	226	217
14	180	175	203	219	34	188	180	221	220	54	177	168	221	222	74	187	181	234	236
15	173	168	219	215	35	183	175	224	226	55	182	190	232	221	75	191	185	224	228
16	181	182	226	231	36	181	178	227	230	56	155	182	210	232	76	187	179	229	235
17	189	180	200	210	37	183	176	230	227	57	169	171	219	224	77	185	179	234	226
18	172	168	216	211	38	174	169	221	219	58	186	179	231	235	78	183	188	231	224
19	173	167	227	217	39	176	170	219	228	59	175	169	231	229	79	186	190	237	235
20	181	161	218	220	40	180	176	231	220	60	182	173	222	219					

9 号钢包永久层第一包役第一套渣线使用时渣线外壳平均温度为 178℃，包壁外壳平均温度为 173℃；15 号钢包永久层第一包役第一套渣线使用时渣线外壳平均温度为 224℃，包壁外壳平均温度为 225℃；结果表明，9 号钢包（试验包）和 15 号钢包（对比包）在永久层第一包役的整个使用过程中包壳外壁温度均基本保持稳定。在永久层第一套渣线的使用过程中，9 号钢包渣线部位外壳平均温度比 15 号钢包低 46℃，包壁部位外壳平均温度低 52℃。

4.4.4　资源综合利用案例

4.4.4.1　用后镁碳砖的再利用

用后镁碳砖再利用有多种方法，有的将用后镁碳砖加工成颗粒作为电炉填充料、转炉大面修补料、中间包干式料。这里从再生料制备镁碳砖和中间包干式料两个方面来说明。

A　用后镁碳砖的基本性能

以太钢炼钢厂钢包用后镁碳砖为例说明用后镁碳砖的性能特征（见表4-30）。用后镁碳砖表面有 1~3mm 左右的挂渣层，宏观上看未发现明显的侵蚀现象。分别对工作面和原砖层做气孔、体积密度分析，结果见表4-30。从表中可以看出变质层的体积密度大于原砖层的体积密度。用后镁碳砖气孔率增加（3%~5%砖气孔率增加）、体积密度下降。对原砖层化学分析结果表明，MgO 76.16%，Al_2O_3 8.71%，碳含量10.62%。分别对工作层和原砖层进行 XRD 分析，结果如图 4-45 所示。由图 4-45 可以看出，不同区域的主要矿物相基本相同，矿物相的

表 4-30　用后镁碳砖基本性能

砖的部位	体积密度/g·cm⁻³	气孔率/%
变质层	2.79	6.76
原砖层	2.69	10.85

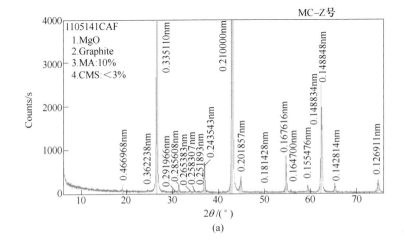

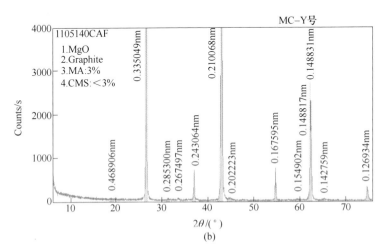

图 4-45　用后镁碳砖热面层和原砖层的 XRD 分析

(a) 热面层（靠近工作面）；(b) 原砖层

含量有一定的差异，热面层由于离钢水较近故温度高，残砖中有较多的镁铝尖晶石生成。该镁铝尖晶石是由镁碳砖中添加的金属铝粉，高温下使用过程中转化为碳化铝、氧化铝，又与砖中基质的方镁石反应形成的。从图4-46的残砖电镜分析照片可以看出这种现象，图4-46（a）中心部位浅灰色为铝粉形成的镁铝尖晶石；图4-46（b）是镁铝尖晶石包裹的尚未反应的层状碳化铝。

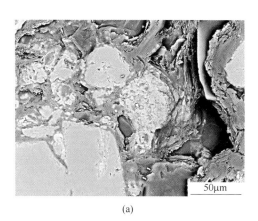 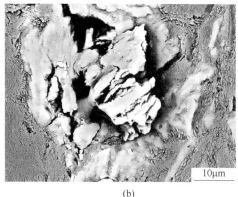

(a)   (b)

图4-46　用后镁碳砖的显微结构

（a）基质中形成的镁铝尖晶石（中部）；（b）镁铝尖晶石包裹的层状碳化铝

B　用后镁碳砖处理工艺

预处理过程如下：（1）分选。从钢厂车间废弃材料中选出用后的镁碳砖，即与其他用后耐火材料、渣等物料分离。（2）去除杂质层。去除附着的异物，如黏附的钢渣。（3）水处理。块度100mm，水浸渍24h。（4）干燥处理。（5）破碎和进一步分离。破碎至10mm假颗粒；镁砂颗粒与石墨的分离，使再生镁砂的石墨含量小于2%。所谓镁碳砖的"碳结合"是指镁砂与石墨以及炭化的结合剂之间是弱的分子间力，镁砂与石墨之间、镁砂之间均没有所谓的"烧结"。通过湿碾机等设备碾压、揉搓，实现镁砂颗粒与石墨的分离。（6）分离处理。通过筛分选出合格精料，用于不同目的。

水化处理的目的是镁碳砖中碳化铝的水化，以排除再利用过程中水化反应产生体积膨胀效应，对材料性能带来不利影响。其水化反应式为：

$$Al_4C_3 + 12H_2O \longrightarrow 4Al(OH)_3 + 3CH_4$$

C　再生料的利用

以再生料为主要原料制备镁碳砖，是最为高效的利用方式。宝钢以转炉和钢包渣线用后镁碳砖为原料，经过拣选，除去表面夹杂、渣和氧化层、水化等处理后，进行镁碳砖的再生，按最致密堆积的颗粒组成设计，添加3%特殊复合添加剂，外加热固性酚醛树脂结合剂 3%~4% 进行配料，260MPa 的压力液压成型和 200℃ 低温处理，其再生镁碳砖的性能见表 4-31。再生镁碳砖接近有关镁碳砖 A 级实物水平，把研制的再生镁碳砖用于 40t LF 炉和 120t 钢包上，分别达到了 50 炉次和 120 炉次的使用寿命，达到了 MT-14A 的实际使用水平，取得了相当满意的效果。

表 4-31　再生镁碳砖的性能指标

理化指标	试样编号			
	1 号	2 号	3 号	4 号
$w(MgO)/\%$	80	76	80	77
$w(C)/\%$	12	14	11	14
耐压强度/MPa	60	52	60	52
体积密度/g·cm^{-3}	3.04	3.01	3.08	3.04
气孔率/%	3	2	3	2
高温抗折强度（1400℃×0.5h）/MPa	13	12	13	12
废砖使用量/%	97	97	80	80

中间包用镁铝碳质干式料的制备：以用后镁碳砖、刚玉质透气砖、钢包铝镁浇注料等为主要原料，酚醛树脂和硼酸为结合剂，干式料振动成型，包壁、包底厚度为 70~80mm；在 200~400℃ 条件下烘烤、脱模，即得中间包干式料工作衬体。在江苏某钢铁公司的连铸中间包上使用，钢种为普碳钢、特种钢，钢水浇注时间为 14~20h，用后渣线残存厚度为 30~40mm。

镁铝碳干式料物理化学性能指标见表 4-32。由化学分析可知，干式料的主要组成为 MgO、Al_2O_3 和 C，此三项化学组成之和约 90%。从组成来看，干式料中氧化镁占比例约 60%，镁砂是主体原料，该干式料仍属于碱性材料。

表 4-32　镁铝碳质干式料的理化性能指标

化学组成/%					体积密度	加热线变化率
T.C	SiO_2	Al_2O_3	MgO	B_2O_3	/g·cm^{-3}	（1500℃）/%
3.46	4.50	23.72	59.82	0.88	2.0~2.2	0~-0.6

4.4.4.2　铝铬渣的再利用制备棕刚玉

铝铬渣是铝热还原反应冶炼金属铬所衍生的副产物。在冶炼金属铬时利用金属铝与工业氧化铬发生激烈的化学反应，生成的 Al_2O_3 迅速向刚玉相转变，同时与未反应完全的 Cr_2O_3 固溶，生成铝铬固溶体，即铝铬渣。中国是铬铁合金生产大国，据不完全统计，每年产生 50 万~60 万吨的铝铬渣，20 世纪 70 年代前，铝铬渣一般被当作工业垃圾处理，堆积成害，后经研究发现铝铬渣具有良好的高温性能，主要化学组成是氧化铝和氧化铬，少量氧化硅、碱性氧化物。铝铬渣可作为耐火原料应用，例如将铝铬渣添加到高铝砖中可提高高铝砖的抗渣性，利用氧化铬的特性。

电熔刚玉是氧化铝在电弧炉中熔融后冷却固化的产物，其晶体结构为 $\alpha\text{-}Al_2O_3$。电熔刚玉作为一种高档的耐火材料，具有优良的性能。为实现铝铬渣无害化、经济化处理，采用电熔碳化还原法将铝铬渣中的 Al_2O_3 和 Cr_2O_3 进行分离，使 Al_2O_3 转化为纯度达到 95% 以上的自制电熔刚玉原料，并通过标准反应热效应法对此工艺原理进行分析。对所制备的自制电熔刚玉组成成分及性能进行检测，并将其与棕刚玉进行对比。

经过热力学计算，铝铬渣中的 K_2O 和 Na_2O 分别在 1100K 和 1300K 左右与 C 发生还原反应，生成金属 K 和 Na 蒸气，在电弧搅拌的作用下挥发；SiO_2、MgO 和 TiO_2 在 2000K 以上的温度同 C 发生还原反应，但反应趋势较小，很难完全去除；CaO 即使在 2300K 的高温下仍然不会被 C 还原，铝铬渣中的 CaO 被完全保留下来。综上所述，反应过程如图 4-47 所示[33]。

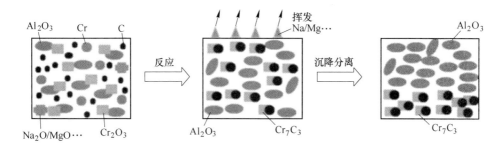

图 4-47 铝铬渣熔融碳化还原反应制备电熔刚玉原理

从表 4-33 可以看出，以铝铬渣为原料，采用碳热还原电熔法制备的自制电熔刚玉的 Al_2O_3 含量（质量分数）为 96.36%，较之前的铝铬渣中的 Al_2O_3 含量（质量分数）提高了 11.94%，与棕刚玉的相当，主要杂质为 CaO，还有少量的 MgO 和 SiO_2，以及残留的金属铬单质。碳的含量控制较好，为 0.049%，可满足作为刚玉制品的要求。此工艺制备的刚玉制品在化学成分上同现有的棕刚玉制品 Al_2O_3 含量基本相似。

表 4-33　制备电熔刚玉化学成分（质量分数）　　　　　　　（%）

名称	Al_2O_3	CaO	Cr_2O_3	MgO	MCr	C	K_2O	SiO_2
棕刚玉	96.360	2.520	0.063	0.680	0.310	0.049	0.010	0.240

参 考 文 献

[1] 汤长根. 耐火材料生产工艺. 冶金工业部技工学校教材编审办公室（内部资料），1986：40~68.

[2] 王守业，石干. 耐火材料工艺. 中钢集团洛阳耐火材料研究院有限公司（内部资料），2006：190~229.

[3] 李红霞，王刚，等. 冶金工程技术学科方向预测及技术路线图报告（内部资料），2017.

[4] Buhr A，Schmidtmeier D，Wams G. New results for CA-470T1 temperature independent cement-robustness against low temperature and impurities［C］//Proc of UNITECR'2009，Salvador，Brazil，2009：51.

[5] Frasson S C，Antonio R，Cristiano R，et al. New multifunctional castables for multiple applications［C］// Proc of UNITECR'2009，Salvador，Brazil，2009：214.

[6] Wang Huifang，Zhou Ningsheng，Zhang Sanhua. Enhancing cold and hot strengths of SiC-based castables by In−Situ formation of Sialon through nitridation［C］// Proc of UNITECR'2009，Salvador，Brazil，2009：179.

[7] Peters D. Improved monolithic refractory lining system［C］// Proc of UNITECR'2009，Salvador，Brazil，2009：2.

[8] Meunier P，Soudier J. The drying of refractory castables：from tests to models［C］//Proc of UNITECR'2009，Salvador，Brazil，2009：44.

[9] 侯万果. 高铝矾土和煤矸石生料的原位反应对 Al_2O_3-SiO_2 质浇注料性能的影响［D］. 洛阳：河南科技大学，2009.

[10] 魏同，吴运广. 我国耐火材料生产节能方向［J］. 耐火与石灰，2007，32（1）：4~8.

[11] 代朝红，温治，朱宏祥，等. 高温空气燃烧技术的研究现状及发展趋势（上）［J］. 工业加热，2002，31（4）：14~18.

[12] 朱瑾娟. 高温空气燃烧技术的特点与发展现状［J］. 能源与环境，2012（1）：31~33.

[13] 宋端. 陶瓷隧道窑热耗的定量分析［J］. 陶瓷，1999（3）：7~13.

[14] 王静茹. 美国 SD 卫生陶瓷燃气隧道窑的节能探讨［J］. 陶瓷，2005（5）：28~29.

[15] 樊松伟. 浅谈耐火材料隧道窑节能的设计与操作［N］. 中国建材报，2014-5-26.

[16] 曾令可，邓伟强. 广东省陶瓷行业的能耗现状及节能措施［J］. 佛山陶瓷，2006（2）：1~4.

[17] 贺虹，贺燮炎. 100m 电瓷燃气轻体隧道窑热管烟气余热回收装置的设计［J］. 陶瓷科学与艺术，2006（5~6）：16~19.

[18] 林衡，饶平根，吕明. 日用陶瓷低温快烧技术的发展现状［J］. 佛山陶瓷，2008（9）：39~42.

[19] 徐平坤. 发展耐火材料对节能环保的影响［J］. 再生资源与循环经济，2017，10：40~44.

[20] 武立云，林铁莉. 脉冲/比例调节调温高速燃烧系统［J］. 工业加热，1997，5：11~14.

[21] 兰霄，田小果. 脉冲燃烧控制技术［J］. 自动化与仪器仪表，2005，5：3~4，12.

[22] 王志增，路宁，张旭. 工业炉窑富氧燃烧技术的应用实践［J］. 节能，2013，32（11）：

37～39.

[23] 王诚训，等．炉外精炼用耐火材料 ［M］．北京：冶金工业出版社，1996：40～42.

[24] 曹变梅，王杰曾，袁林，等．水泥窑用镁铬砖 Cr^{6+} 化合物的化学性质和解毒 ［J］．水泥，2004（5）：8～11.

[25] 陈浩，王玺堂，程鹏．冶金炉用镁铬砖污染防治及损毁机理分析 ［J］．材料导报，2009，23（2）：496～499.

[26] 方斌祥，牟济宁，郑怡裕，等．RH 炉无铬耐火材料的研究进展 ［C］∥第十三届全国耐火材料青年学术报告会暨 2012 年六省市金属（冶金）学会耐火材料学术交流会文集，郑州，2012：375～380.

[27] 赵明，陈荣荣，沈钟铭，等．宝钢 RH 精炼炉用耐火材料无铬化的实现 ［J］．耐火材料，2013，47（6）：433～436.

[28] 桂明玺．水泥回转窑用碱性耐火材料的无铬化 ［J］．国外耐火材料，2005，25（6）：44～49.

[29] 郭宗奇，Josef Nievoll．氧化镁—铁铝尖晶石耐火材料在水泥回转窑中的应用 ［J］．中国水泥，2007（5）：63～67.

[30] 徐延庆，叶国田．水泥回转窑用含 ZrO_2 耐火材料 ［J］．耐火材料，2003，37（2）：105～107.

[31] 田江涛．绿色耐火材料成型设备-SD 系列电动程控螺旋压力机 ［C］∥第十三届全国耐火材料青年学术报告会，郑州，2012.

[32] 赵婷婷，王浩，杨思一，等．数控多击式螺旋压力机的研制 ［J］．制造技术与机床，2009，11：79～82.

[33] 赵鹏达，赵惠忠，高红军，等．铝铬渣制备电熔刚玉的热力学原理及性能 ［C］∥2019 年 5 月耐火材料原料学术会议，天津．

索　引